普通高等学校新教学设计数学系列教材

线性代数应用案例及解题技巧教程

主　编　李兴华
参　编　华秀英　董　刚

机械工业出版社

本书主要依据高等院校非数学类专业线性代数课程的教学要求和本课程教学大纲，将应用案例、解题技巧和综合训练题整合，并结合哈尔滨理工大学线性代数教学团队多年的教学经验编写而成.

全书共分3篇，第1篇为应用案例，第2篇为解题技巧，第3篇为综合训练. 本书秉承新形态教材建设理念，侧重实用性，每节习题配置分层、分类，从简单的计算到难度各异的解答题、证明题和应用题等均有设置，每章专题部分精选部分考研真题.

本书可供高等院校非数学类专业的学生使用，也可作为职业技术学院和现代产业学院的教学用书.

图书在版编目（CIP）数据

线性代数应用案例及解题技巧教程/李兴华主编.
北京：机械工业出版社，2024. 8. --（普通高等学校新教学设计数学系列教材）. -- ISBN 978-7-111-76414-4

Ⅰ. O151. 2

中国国家版本馆 CIP 数据核字第 2024733GV9 号

机械工业出版社（北京市百万庄大街 22 号　邮政编码 100037）
策划编辑：韩效杰　　责任编辑：韩效杰　汤　嘉
责任校对：龚思文　丁梦卓　闫　焱　　封面设计：张　静
责任印制：李　昂
北京捷迅佳彩印刷有限公司印刷
2024 年 8 月第 1 版第 1 次印刷
184mm×260mm · 15. 75 印张 · 381 千字
标准书号：ISBN 978-7-111-76414-4
定价：49. 80 元

电话服务
客服电话：010-88361066
　　　　　010-88379833
　　　　　010-68326294

网络服务
机　工　官　网：www. cmpbook. com
机　工　官　博：weibo. com/cmp1952
金　　书　　网：www. golden-book. com
机工教育服务网：www. cmpedu. com

前　言

中国特色社会主义进入新时代，教育、科技、人才是全面建设社会主义现代化国家的基础性、战略性支撑. 为适应国家对高等教育的要求，本书的目标是为创新人才培养打好数学基础，有效地促进本科数学课程教学质量的提高.

线性代数理论在量子力学、流体力学、计算机图形学、电子电气、经济管理学、医药化学、生物种群研究等多个学科中有广泛应用，学以致用是学习科学理论的首要目标. 本书以科普性的语言介绍了实际问题的背景知识，给出的应用案例与教学内容有机融合，为广大读者提供一个实践机会和解决实际问题的空间. 本书依据高等院校非数学类专业线性代数课程的教学要求与《硕士研究生入学考试线性代数课程的考试大纲》编写. 充分考虑当前实际教学要求，本书习题配置分层、分类，从简单的计算到难度各异的证明题和应用题等均有设置.

全书共分 3 篇，第 1 篇为应用案例；第 2 篇为解题技巧，每章包括知识要点、例题分析、习题精练、习题解答和专题；第 3 篇为综合训练，综合训练篇由综合训练题、过程性模拟题和实训自测题等组成. 第 2 篇在知识要点部分，编者提炼出该章的主要概念、重要定理和结论及学生应掌握的基本计算方法等，以便读者能够提纲挈领地掌握该章的基本概念、基本理论和基本方法；在例题分析、习题精练、习题解答和专题部分，按难易程度分别对每一章节的典型题进行了分类、剖析和解答，其中专题部分设有全国硕士研究生入学考试题目，丰富和拓展了读者所学知识. 在第 3 篇中，综合训练题帮助读者进行同步自测，实训自测题涉及一些技巧性强的试题，以提高读者分析问题和解决问题的能力，培养具有较好数学思维能力的优秀人才.

本书第 2 篇的第 1 章至第 3 章由李兴华编写，第 3 篇由华秀英编写，第 1 篇及第 2 篇的第 4 章和第 5 章由董刚编写. 本书是黑龙江省高等教育教学改革一般研究项目（SJGY20220336）的研究成果之一. 哈尔滨理工大学教务处、工科数学教学中心和机械工业出版社对本书的出版给予了大力支持，在此致谢! 由于作者水平有限，书中难免有疏漏之处，恳请读者批评、指正.

编者

目　录

第3篇　综合训练

第 1 篇
应用案例

第 1 章 行列式应用案例

1. 量子力学和电磁学中的波函数

在物理学中，尤其是量子力学和电磁学中，行列式的一个具体应用是斯莱特行列式(Slater determinant)，它用于描述多电子系统中的电子的波函数. 斯莱特行列式提供了一种处理费米子(如电子)的反对称性质的方法，这种反对称性是由于泡利不相容原理导致的. 斯莱特行列式最原初的形态是一个由单电子波函数即分子轨道波函数构成的行列式：

$$\Psi(x_1,x_2,\cdots,x_n)=\frac{1}{\sqrt{n!}}\begin{vmatrix}\psi_1(x_1) & \psi_2(x_1) & \cdots & \psi_n(x_1)\\ \psi_1(x_2) & \psi_2(x_2) & \cdots & \psi_n(x_2)\\ \vdots & \vdots & & \vdots\\ \psi_1(x_n) & \psi_2(x_n) & \cdots & \psi_n(x_n)\end{vmatrix}.$$

让我们考虑一个简单的例子：一个包含两个电子的系统. 在量子力学中，每个电子的状态可以由波函数描述. 如果我们有两个电子，其波函数分别是 $\psi_1(x_1)$ 和 $\psi_2(x_2)$，其中 x_1 和 x_2 表示电子的位置和自旋状态. 斯莱特行列式用于构造这两个电子的总波函数，以保证波函数的反对称性.

斯莱特行列式的形式为

$$\Psi(x_1,x_2)=\frac{1}{\sqrt{2}}\begin{vmatrix}\psi_1(x_1) & \psi_2(x_1)\\ \psi_1(x_2) & \psi_2(x_2)\end{vmatrix}.$$

这里的 $\Psi(x_1,x_2)$ 是两个电子的总波函数，行列式的计算给出：

$$\Psi(x_1,x_2)=\frac{1}{\sqrt{2}}(\psi_1(x_1)\psi_2(x_2)-\psi_1(x_2)\psi_2(x_1))$$

在这个行列式中：

(1) 对角线元素之积 $\psi_1(x_1)\psi_2(x_2)$ 表示第一个电子处于状态 ψ_1 且第二个电子处于状态 ψ_2 的情况.

(2) 反对角线元素之积 $-\psi_1(x_2)\psi_2(x_1)$ 表示第一个电子处于状态 ψ_2 且第二个电子处于状态 ψ_1 的情况，带有负号以保持波函数的反对称性. 下面我们计算一个更具体的例子：

计算两个波函数 $\Psi_1=\frac{1}{\sqrt{2}}\begin{vmatrix}2 & 1\\ 3 & 4\end{vmatrix}$ 和 $\Psi_2=\frac{1}{\sqrt{2}}\begin{vmatrix}3 & 4\\ 2 & 1\end{vmatrix}$ 的值，试分析这在物理学上有什么具体含义?

解

$$\Psi_1=\frac{1}{\sqrt{2}}\begin{vmatrix}2 & 1\\ 3 & 4\end{vmatrix}=\frac{2\times4-1\times3}{\sqrt{2}}=\frac{5}{\sqrt{2}},$$

$$\Psi_2=\frac{1}{\sqrt{2}}\begin{vmatrix}3 & 4\\ 2 & 1\end{vmatrix}=\frac{3\times1-4\times2}{\sqrt{2}}=\frac{-5}{\sqrt{2}}.$$

交换了行列式的两行，行列式值变号，在物理学中意味着交换了两个电子的状态，波函数也完全相反，因此，斯莱特行列式允许我们正确地描述多电子系统的波函数，遵守泡利不相容原理. 这对理解和计算多电子、原子和分子的电子结构非常重要.

2. 流体力学

在流体力学中，行列式可用于描述流体元素的体积变化，这有助于我们理解流体的压缩性和膨胀性. 一个常见的应用是通过雅可比行列式(Jacobian determinant)来分析流体粒子随时间的体积变化. 雅可比行列式在描述流体从一个状态到另一个状态的映射时非常有用，特别是在考虑流体的可压缩性时.

让我们考虑一个流体元素，它在初始时刻 t_0 处于体积 V_0 的状态，并随时间演化. 我们想要计算在稍后的时刻 t 该流体元素的体积 $V(t)$，可以通过考虑流体速度场的梯度来实现，即考虑流体粒子的位置如何随时间变化.

假设流体粒子的位置由向量函数 $\boldsymbol{X}(t)$ 描述，其中 t 是时间. 流体粒子在时刻 t 的速度可以表示为 $\boldsymbol{u}=\frac{\mathrm{d}\boldsymbol{X}}{\mathrm{d}t}$. 流体元素体积的变化率可以通过雅可比行列式 J 来描述，这个行列式是流体速度梯度张量的行列式：

$$J=\det\left(\frac{\partial \boldsymbol{X}(t)}{\partial \boldsymbol{X}(t_0)}\right).$$

这里，$\frac{\partial \boldsymbol{X}(t)}{\partial \boldsymbol{X}(t_0)}$是流体粒子位置的梯度张量，它描述了流体元素从初始状态 $\boldsymbol{X}(t_0)$ 到 $\boldsymbol{X}(t)$ 的变化. 如果 $J>1$，这意味着流体元素在时间 t 时的体积比在 t_0 时的体积大，流体正在膨胀. 如果 $J<1$，则意味着流体元素正在压缩. $J=1$ 表示流体元素的体积保持不变，这通常在不可压缩流体（例如水）中出现.

给出 A，B 两个流体速度梯度张量的行列式 $J_A=\begin{vmatrix}3&2&1\\1&2&1\\2&3&3\end{vmatrix}$，$J_B=\begin{vmatrix}2&2&1\\5&7&3\\1&2&1\end{vmatrix}$，通过计算行列式值判断这些流体的状态.

解 $J_A=\begin{vmatrix}3&2&1\\1&2&1\\2&3&3\end{vmatrix}=3\times2\times3+2\times1\times2+1\times3\times1-1\times2\times2-2\times1\times3-1\times3\times3=6>1$，所以 A 流体正在膨胀.

$J_B=\begin{vmatrix}2&2&1\\5&7&3\\1&2&1\end{vmatrix}=2\times7\times1+2\times3\times1+5\times2\times1-1\times7\times1-2\times3\times2-2\times5\times1=1$，所以 B 流体的体积保持不变.

通过这种方式，雅可比行列式在流体力学中成为一个强有力的工具，用于分析和理解流体元素随时间的体积变化，进而帮助我们理解流体的动态行为，例如压缩、膨胀和扭曲.

第 2 章 矩阵应用案例

1. 经济学中的投入产出分析

投入产出分析是一种由瓦西里·里昂惕夫提出的经济学分析方法，用于描述不同行业或部门之间的经济交易. 该模型通过分析各行业之间的供应和需求关系，评估整个经济体的结构和动态. 投入产出分析不只在各种长期及短期预测和计划中得到了广泛的应用，而且适用于不同经济制度下的预测和计划，无论是自由竞争的市场经济还是中央计划经济.

设某国的经济体系分为 n 个部门，这些部门生产商品和提供服务. 设 $\boldsymbol{x}$ 为 $\mathbf{R}^n$ 中产出向量，它列出了每一部门一年中的产出. 同时，经济体系的另一部分(称为开放部门)不生产商品或提供服务，仅仅消费商品或服务，设 $\boldsymbol{b}$ 为最终需求向量(或最终需求账单)，它列出经济体系中的各种非生产部门所需的商品或服务. 此向量代表消费者需求、政府消费、超额生产、出口或其他外部需求. 由于各部门生产商品以满足消费者需求，生产者本身创造了中间需求，需要一些产品作为生产部门的投入. 部门之间的关系是很复杂的，而生产和最终需求之间的联系也不明确. 里昂惕夫思考是否存在某一生产水平 $\boldsymbol{x}$ 恰好满足这一生产水平的总需求($\boldsymbol{x}$ 称为供给)，并提出里昂惕夫投入－产出模型：

$$\{总产出\ \boldsymbol{x}\} = \{中间需求\ \boldsymbol{Cx}\} + \{最终需求\ \boldsymbol{b}\}$$

其中 $\boldsymbol{C}$ 称为消耗矩阵，元素 c_{ij} 表示每生产 1 单位 i 行业产品，j 行业需要提供的产品量，单位通常取百万美元.

以下是一个简化的投入产出分析的例子：

假设有一个简化的经济系统，包含农业和制造业两个行业. 农业产出一部分用于自己的再生产，一部分提供给制造业；制造业同样将一部分产出用于自身，另一部分提供给农业. 假设农业自用比例为 0.1，提供给制造业的比例为 0.4；制造业自用比例为 0.5，提供给农业的比例为 0.3. 如果总产出向量为 $\begin{pmatrix}10\\20\end{pmatrix}$(农业为 10 单位，制造业为 20 单位)，试用矩阵乘法来计算最终的需求量 $\boldsymbol{b}$.

解　设总产出向量 $\boldsymbol{x}=\begin{pmatrix}x_{农}\\x_{制}\end{pmatrix}$，最终需求量 $\boldsymbol{b}=\begin{pmatrix}b_{农}\\b_{制}\end{pmatrix}$，

投入产出关系满足方程组 $\begin{cases}1\cdot x_{农}=0.1x_{农}+0.3x_{制}+b_{农},\\1\cdot x_{制}=0.4x_{农}+0.5x_{制}+b_{制},\end{cases}$ 即 $\boldsymbol{x}=\boldsymbol{Cx}+\boldsymbol{b}$，消耗矩阵 $\boldsymbol{C}$ 可以表示为一个 2×2 矩阵 $\begin{pmatrix}0.1&0.3\\0.4&0.5\end{pmatrix}$，$\boldsymbol{b}=(\boldsymbol{E}-\boldsymbol{C})\boldsymbol{x}$.

用矩阵乘法计算出这种经济模式下需求向量如下：

$$\boldsymbol{b}=(\boldsymbol{E}-\boldsymbol{C})\boldsymbol{x}=\begin{pmatrix}1-0.1 & -0.3\\ -0.4 & 1-0.5\end{pmatrix}\begin{pmatrix}10\\20\end{pmatrix}=\begin{pmatrix}0.9 & -0.3\\ -0.4 & 0.5\end{pmatrix}\begin{pmatrix}10\\20\end{pmatrix}=\begin{pmatrix}3\\6\end{pmatrix},$$

农产品需求量为 3 单位，制造业产品需求量为 6 单位.

2. 生态系统研究

考虑一个简单的生态系统，包括两种物种，其种群变化可以用矩阵乘法表示. 当前种群数量矩阵是 $\boldsymbol{X}=\begin{pmatrix}1000\\2000\end{pmatrix}$，变化率矩阵是 $\boldsymbol{R}=\begin{pmatrix}1.05 & 0.01\\ 0.02 & 1.03\end{pmatrix}$. 需要计算下一周期的种群数量.

解 $\boldsymbol{RX}=\begin{pmatrix}1.05 & 0.01\\ 0.02 & 1.03\end{pmatrix}\begin{pmatrix}1000\\2000\end{pmatrix}=\begin{pmatrix}1050+20\\20+2060\end{pmatrix}=\begin{pmatrix}1070\\2080\end{pmatrix}$.

这个结果对帮助生物学家理解种群如何随时间变化，生态系统管理至关重要.

3. 计算机图形学

计算机图形学中，一个二维对象需要绕原点旋转 30°. 我们如何使用一个旋转矩阵和对象的坐标向量来实现这一变换？

解 旋转矩阵(30°)：$\boldsymbol{T}=\begin{pmatrix}\cos30° & -\sin30°\\ \sin30° & \cos30°\end{pmatrix}$，对象坐标向量 $\boldsymbol{X}=\begin{pmatrix}x\\y\end{pmatrix}$，

$$\boldsymbol{Y}=\boldsymbol{TX}=\begin{pmatrix}\cos30° & -\sin30°\\ \sin30° & \cos30°\end{pmatrix}\begin{pmatrix}x\\y\end{pmatrix}=\begin{pmatrix}\dfrac{\sqrt{3}x-y}{2}\\ \dfrac{x+\sqrt{3}y}{2}\end{pmatrix}.$$

上式为旋转后的坐标位置.

4. 建筑工程

设简支梁如图 1.2-1 所示.

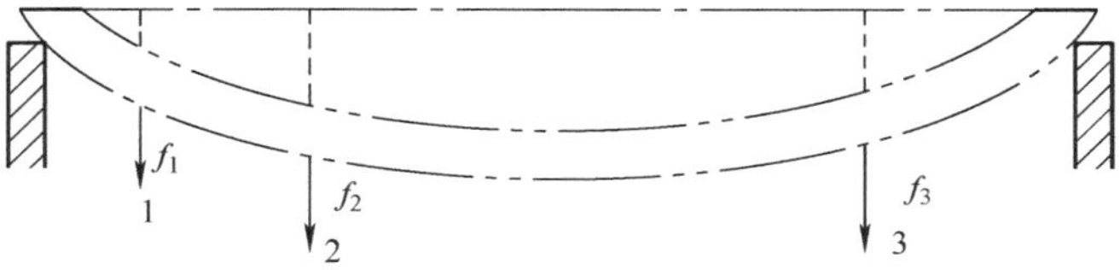

图 1.2-1

在梁的三个位置分别施加力 f_1,f_2,f_3 后，设在该处产生的综合变形为图示的 y_1,y_2,y_3，通常称为挠度. 根据胡克定律，在材料未失去弹性的范围内，力与它引起的变形呈线性关系，所以有

$$\boldsymbol{y}=\boldsymbol{Df}.$$

即

$$\begin{pmatrix}y_1\\y_2\\y_3\end{pmatrix}=\begin{pmatrix}d_{11} & d_{12} & d_{13}\\ d_{21} & d_{22} & d_{23}\\ d_{31} & d_{32} & d_{33}\end{pmatrix}\begin{pmatrix}f_1\\f_2\\f_3\end{pmatrix}.$$

假设只施加一个力 f_1，其余两个力 f_2,f_3 为零，则引起的挠度为 $y_1=d_{11}f_1$，$y_2=d_{21}f_1$，$y_3=d_{31}f_1$，如果施加的力为 1 个单位，则在 1，2，3 三个位置引起的挠度分别为 d_{11},d_{21},d_{31}. 如果利用这个概念来理解其余 d，可以用实测的方法来得到矩阵 $\boldsymbol{D}$ 中的各个元素. 挠度越大，表明这个简支梁越柔软，所以矩阵 $\boldsymbol{D}$ 称为柔度矩阵. 柔度矩阵的逆矩阵就是刚度矩阵.

已知柔度矩阵 $\boldsymbol{D}=\begin{pmatrix}0.003 & 0.002 & 0.001\\ 0.002 & 0.003 & 0.001\\ 0.001 & 0.002 & 0.003\end{pmatrix}$，单位为 cm/N.

（1）设在位置 1，2，3 处施加的力为 30N，40N，50N，求其挠度.

（2）设要在位置 3 处产生 0.2cm 的挠度，其他两处挠度为零，试求应施加的力.

解　（1）挠度

$$\boldsymbol{y}=\begin{pmatrix}0.003 & 0.002 & 0.001\\ 0.002 & 0.003 & 0.001\\ 0.001 & 0.002 & 0.003\end{pmatrix}\begin{pmatrix}30\\ 40\\ 50\end{pmatrix}=\begin{pmatrix}0.22\\ 0.23\\ 0.26\end{pmatrix},$$

（2）刚度矩阵　$$\boldsymbol{D}^{-1}=\begin{pmatrix}583.3333 & -333.3333 & -83.3333\\ -416.6667 & 666.6667 & -83.3333\\ 83.3333 & -333.3333 & 416.6667\end{pmatrix}.$$

应施加的力为 $\boldsymbol{f}=\boldsymbol{D}^{-1}\begin{pmatrix}0\\ 0\\ 0.2\end{pmatrix}=\begin{pmatrix}-16.6667\\ -16.6667\\ 83.3333\end{pmatrix}.$

5. 营养学

20 世纪 80 年代，剑桥大学提出一种用低热量的粉状食品代替饮食的食谱，通过精确平衡碳水化合物、蛋白质和脂肪的总摄入量，实现减肥.

营养素	每 100g 食物所含营养素/g			剑桥减肥食谱每天所提供营养素量/g
	脱脂奶粉	大豆粉	乳清蛋白粉	
蛋白质	36	51	13	33
碳水化合物	52	34	71	45
脂肪	0	7	1.1	3

实际上剑桥减肥食谱中所谓“营养均衡”的 3 种饮料（属于用来控制饮食的蛋白质补品）一天只提供 330kcal 热量，等同于半绝食. 这种节食法具有危险性，甚至有潜在的致命危险. 事实上，按照美国食品药品监督管理局的标准，所有该类蛋白质补品（无论是液体还是粉末状）均应在标签上标示：“警告：含极低热量（每天低于 800kcal）的蛋白质饮食会导致严重的疾病或死亡. 没有医师的指导，请勿用于减肥. 如果您正在服用任何药物，在使用本产品时必须经医师特别护理. 婴儿、儿童、孕妇及哺乳妇女请勿使用.”

国际知名的治疗肥胖症的专家 Dr. Sami Hashim 曾经说过：“任何人每天的饮食若低于 600kcal 热量的话，就应该去住医院了.”

如此激进的节食法对人体而言会造成灾难性的影响. 在体重急速下降的同时，会导致心脏功能异常以及对人体极为重要的矿物质大量缺乏.

（1）根据剑桥减肥食谱，要想减肥，我们先计算一下每天每种食物的食用量为多少？

（2）现在用我国常见的食品作为剑桥减肥食谱中饮食，如果正常人每天摄入量为 1500 ~ 2000kcal，计算一下满足剑桥减肥食谱的摄入量前提下，每日所需能量能否达标？

每 100g 食物所含能量/kcal		
脱脂奶粉	大豆粉	乳清蛋白粉
371	471	374

解 （1）设脱脂奶粉、大豆粉、乳清蛋白粉每日摄入量分别为 $100x_1$g，$100x_2$g，$100x_3$g，解方程组

$$\begin{cases} 36x_1+51x_2+13x_3=33, \\ 52x_1+34x_2+71x_3=45, \\ 7x_2+1.1x_3=3, \end{cases}$$

即 $\begin{pmatrix} 36 & 51 & 13 \\ 52 & 34 & 71 \\ 0 & 7 & 1.1 \end{pmatrix}\begin{pmatrix} x_1 \\ x_2 \\ x_3 \end{pmatrix}=\begin{pmatrix} 33 \\ 45 \\ 3 \end{pmatrix}$，记为 $\boldsymbol{Ax}=\boldsymbol{b}$，则 $\boldsymbol{x}=\boldsymbol{A}^{-1}\boldsymbol{b}$，

$$\boldsymbol{x}=\begin{pmatrix} \frac{370}{11859} & \frac{-35}{14773} & \frac{-740}{3429} \\ \frac{32}{8241} & \frac{-99}{36827} & \frac{152}{1191} \\ \frac{-130}{5261} & \frac{90}{5261} & \frac{510}{5261} \end{pmatrix}\begin{pmatrix} 33 \\ 45 \\ 3 \end{pmatrix}=\begin{pmatrix} \frac{97}{352} \\ \frac{94}{241} \\ \frac{166}{677} \end{pmatrix}\approx\begin{pmatrix} 0.277 \\ 0.392 \\ 0.233 \end{pmatrix}.$$

每天约需要脱脂奶粉 0.277 单位，大豆粉 0.392 单位，乳清蛋白粉 0.233 单位. 也就是 27.7g 脱脂奶粉，39.2g 大豆粉和 23.3g 乳清蛋白粉.

（2）利用矩阵乘法计算每日能量：

$$(371 \quad 471 \quad 374)\begin{pmatrix} x_1 \\ x_2 \\ x_3 \end{pmatrix}=371\times0.277+471\times0.392+0.233\times374=374.541.$$

每日摄入能量为 374.541kcal，此时无法维持身体健康，也就是说如果我们盲目按照这份减肥食谱选择食物会严重影响健康.

第 3 章 线性方程组应用案例

1. 在电工学中的应用

对于一个电源外接一个负载的简单电路，可直接用欧姆定律求解电流、电压及功率. 但是在多数电路工程中，电路都是很复杂的. 如图 1.3-1 所示多电源、多负载的电路，要分析计算各电阻上的电流、电压，除了要使用欧姆定律外，还要使用另外两个电路分析的基本定律——基尔霍夫电流定律(KCL)和基尔霍夫电压定律(KVL).

在介绍基尔霍夫定律之前，先了解一下电路中的几个名词：

1）支路：电路中一条不分叉的路径为一条支路. 图 1.3-1 中有 6 条支路，它们是 I_1，I_2，I_3，I_4，I_5，I_6.

2）节点(也叫结点)：电路中汇聚 3 条及 3 条以上支路的点称为节点. 短路线连接的点(等电位点)可看作同一个点. 图 1.3-1 中，电路共有 a，b，c，d 共 4 个节点.

3）回路：电路中从某点出发，经某一路径回到该点，这条路径称为一个回路.

4）网孔：不含其他回路的回路称网孔. 图 1.3-1 中，所示电路有 3 个网孔 Ⅰ，Ⅱ，Ⅲ.

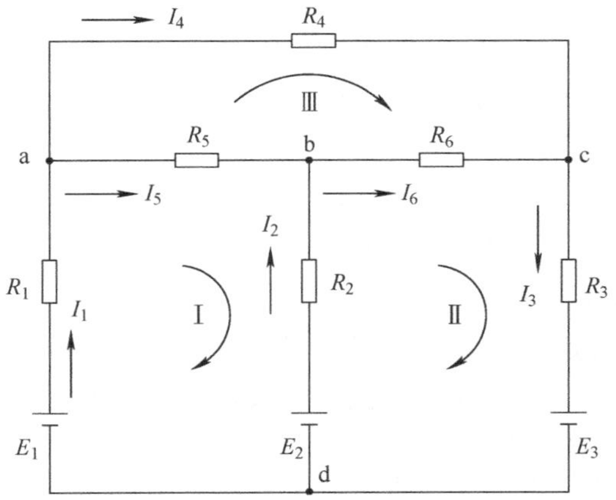

图 1.3-1

基尔霍夫电流定律(Kirchhoff's Current Law，KCL)：任一瞬间，流进某节点的电流等于流出该节点的电流. 在规定流进节点的电流为正，流出节点的电流为负(或规定流出节点的电流为正，流进节点的电流为负)之后，该定律又可叙述为任一瞬间，流进(或流出)任一节点的电流的代数和为零.

基尔霍夫电压定律(Kirchhoff's Voltage Law，KVL)：对于电路中的任一回路，沿任意绕行方向的各段电压的代数和等于零.

图 1.3-1 所示的电路中

(1) 写出各节点电流方程组，并求解；

(2) 若已知 $E_1=120\text{V}$，$E_2=80\text{V}$，$E_3=20\text{V}$，$R_1=R_2=R_6=10\Omega$，$R_3=5\Omega$，$R_4=60\Omega$，$R_5=15\Omega$，求各支路电流.

解 (1)

对于节点 a：$I_1-I_4-I_5=0$；

对于节点 b：$I_2+I_5-I_6=0$；

对于节点 c：$I_4+I_6-I_3=0$；

对于节点 d：$I_3-I_1-I_2=0$.

于是各支路电流的求解就归结为如下齐次线性方程组求解

$$\text{KCL}:\begin{cases} I_1 -I_4-I_5=0,\\ I_2+I_5-I_6=0,\\ -I_3+I_4+I_6=0,\\ -I_1-I_2+I_3=0.\end{cases}$$

$$\text{系数矩阵}\ \boldsymbol{A}=\begin{pmatrix}1&0&0&-1&-1&0\\0&1&0&0&1&-1\\0&0&-1&1&0&1\\-1&-1&1&0&0&0\end{pmatrix}\to\cdots\to\begin{pmatrix}1&0&0&-1&-1&0\\0&1&0&0&1&-1\\0&0&1&-1&0&-1\\0&0&0&0&0&0\end{pmatrix},$$

$$\text{得同解方程组}\begin{cases} I_1-I_4-I_5=0,\\ I_2+I_5-I_6=0,\\ I_3-I_4-I_6=0,\end{cases}\text{移项得}\begin{cases}I_1=I_4+I_5,\\ I_2=-I_5+I_6,\\ I_3=I_4+I_6.\end{cases}$$

$$\text{方程组通解为}\begin{pmatrix}I_1\\I_2\\I_3\\I_4\\I_5\\I_6\end{pmatrix}=k_1\begin{pmatrix}1\\0\\1\\1\\0\\0\end{pmatrix}+k_2\begin{pmatrix}1\\-1\\0\\0\\1\\0\end{pmatrix}+k_3\begin{pmatrix}0\\1\\1\\0\\0\\1\end{pmatrix},\ \text{其中}\ k_1,k_2,k_3\ \text{为实数}.$$

由于电流为正数，所以 $0<k_2<k_3$，$k_1>0$.

通过初等行变换将系数矩阵 $\boldsymbol{A}$ 化为行最简形，我们发现行最简形矩阵的最后一行全为零，即最后一个方程可以用前面三个方程的线性组合表示. 所以我们对于有 n 个节点的电路，可以选取$(n-1)$个独立节点写出 KCL 方程.

(2) 此电路有三个网孔，Ⅰ、Ⅱ、Ⅲ，选取顺时针方向为回路绕行方向，根据基尔霍夫电压定律(KVL)可列电压方程为

$$\text{KVL}:\begin{cases}I_1R_1+I_5R_5-I_2R_2=E_1-E_2,\\ I_2R_2+I_6R_6+I_3R_3=E_2-E_3,\\ I_4R_4-I_6R_6-I_5R_5=0.\end{cases}$$

将已知条件代入方程

$$\begin{cases}10I_1+15I_5-10I_2=40,\\ 10I_2+10I_6+5I_3=60,\\ 60I_4-10I_6-15I_5=0,\end{cases}\text{即}\begin{cases}2I_1+3I_5-2I_2=8,\\ 2I_2+2I_6+I_3=12,\\ 12I_4-2I_6-3I_5=0,\end{cases}$$

联立 KCL 和 KVL 方程求解可得

$$\begin{cases}I_1-I_4-I_5=0,\\ I_2+I_5-I_6=0,\\ I_3-I_4-I_6=0,\\ 2I_1+3I_5-2I_2=8,\\ 2I_2+2I_6+I_3=12,\\ 12I_4-2I_6-3I_5=0,\end{cases}$$

解得 $I_1=2\text{A}$，$I_2=1\text{A}$，$I_3=4\text{A}$，$I_4=1\text{A}$，$I_5=2\text{A}$，$I_6=3\text{A}$.

2. 在化学中的应用

某些反应容器中同时发生几个反应，且不同的反应之间存在着这样的关系：前面的反应产物全部或部分是后面反应的产物. 对于这样的反应，化学方程式描述了化学反应的物质消耗和生产数量. 这类方程式的配平可根据质量守恒来进行. 丁烷的化学式为 C_4H_{10}，是无色、无味、易挥发的气体，密度比空气大，在低温、高压下可以液化，作为液化气罐中的燃料使用. 当丁烷气体燃烧时，丁烷（C_4H_{10}）与氧气（O_2）结合生成二氧化碳（CO_2）和水（H_2O），这个反应用方程表示为 $C_4H_{10}+O_2\rightarrow CO_2+H_2O$. 请通过解方程组的方法配平化学反应方程式.

解　为配平这个方程式，设 x_1 单位的 C_4H_{10} 和 x_2 单位的 O_2 燃烧，产生 x_3 单位的 CO_2 和 x_4 单位的 H_2O，即

$$x_1C_4H_{10}+x_2O_2 = x_3CO_2+x_4H_2O.$$

于是，根据质量守恒有 $\begin{cases}4x_1=x_3,\\ 10x_1=2x_4,\\ 2x_2=2x_3+x_4,\end{cases}$ 即 $\begin{cases}4x_1-x_3=0,\\ 5x_1-x_4=0,\\ 2x_2-2x_3-x_4=0,\end{cases}$

系数矩阵 $\boldsymbol{A}=\begin{pmatrix}4&0&-1&0\\5&0&0&-1\\0&2&-2&-1\end{pmatrix}\rightarrow\cdots\rightarrow\begin{pmatrix}1&0&0&-\frac{1}{5}\\0&1&0&-\frac{13}{10}\\0&0&1&-\frac{4}{5}\end{pmatrix}$,

得同解方程组 $\begin{cases}x_1-\frac{1}{5}x_4=0,\\ x_2-\frac{13}{10}x_4=0,\\ x_3-\frac{4}{5}x_4=0,\end{cases}$ 移项得 $\begin{cases}x_1=\frac{1}{5}x_4,\\ x_2=\frac{13}{10}x_4,\\ x_3=\frac{4}{5}x_4.\end{cases}$

方程组通解为 $\begin{pmatrix}x_1\\x_2\\x_3\\x_4\end{pmatrix}=k_1\begin{pmatrix}\frac{1}{5}\\ \frac{13}{10}\\ \frac{4}{5}\\ 1\end{pmatrix}$，$k_1\in\mathbf{R}$.

由于在一般情形下，化学方程式系数为尽可能小的整数，故取 $k_1=10$ 得到

$$2C_4H_{10}+13O_2 = 8CO_2+10H_2O.$$

3. 量纲分析法

量纲分析(Dimensional analysis)是自然科学中一种重要的研究方法，它根据一切量所必须具有的形式来分析判断事物间数量关系所遵循的一般规律. 通过量纲分析可以检查反映物理现象规律的方程在计量方面是否正确，甚至可提供寻找物理现象某些规律的线索.

在国际单位制中，有以下七个基本量纲：长度、质量、时间、电流、热力学温度、物质的量、发光强度，它们的量纲分别记为 L，M，T，I，Θ，N 和 J.

在实际中，也有些量是无量纲的，比如常数 e 等，此时记为[e] =1.

量纲齐次原则 当用数学公式表示一个物理定律时，等号两端必须保持量纲的一致性，这种性质称为量纲齐次性. 根据量纲齐次原理，可以有下面的量纲分析法的基本定理.

π 定理(Buckingham Pi)设有 m 个物理量 $q_1,q_2,\cdots,q_m$ 满足某定律：$f(q_1,q_2,\cdots,q_m)=0$，$D_1,D_2,\cdots,D_n$ 是基本量纲($n\leqslant m$)，q_j 的量纲可以表示为

$$[q_j]=\prod_{i=1}^{n}D_i^{a_{ij}}(j=1,2,\cdots,m),$$

矩阵 $\boldsymbol{A}=(a_{ij})_{n\times m}$称为量纲矩阵，若 $\boldsymbol{A}$ 的秩 $R(\boldsymbol{A})=r$，可设线性齐次方程组 $\boldsymbol{AX}=\boldsymbol{0}$($\boldsymbol{X}$ 是 m 维向量)，有 $m-r$ 个线性无关的解为 $\boldsymbol{x}_k=\begin{pmatrix}x_{k_1}\\x_{k_2}\\\vdots\\x_{k_m}\end{pmatrix}$，其中($k=1,2,\cdots,m-r$)，则 $\pi_k=\prod_{j=1}^{m}q_j^{x_{k_j}}$ 为 $m-r$ 个相互独立的无量纲的量，且有 $F(\pi_1,\pi_2,\cdots,\pi_{m-r})=0$ 与 $f(q_1,q_2,\cdots,q_m)=0$ 等价，其中，F 为一未知函数.

试利用量纲分析法来计算烤鸭应该烤多长时间. 烤炉设置为 200℃，0.5kg 烘烤 20min. 问这条规则是否合理？请给出理由.

解 问题分析：设 t 表示烤鸭烘烤时间. 首先 t 与烤鸭的尺寸有关，假设烤鸭在几何上是彼此相似的，用 l 表示烤鸭的某个特征尺度，如假设 l 代表烤鸭的长度. 还需要考虑生肉与烤炉之间的温度差 ΔT_{m}，同时当烤鸭的内部温度达到一定数值时才算烤好了，因此烤肉与烤炉之间的温度差 ΔT_{c} 也是一个确定的烹调时间变量. 最后，我们知道不同的食物需要不同的与尺寸有关的烹调时间；如烤一盘小点心只需要 10min，而烤一盘牛肉或烤鸡可能需要 30min 到 1h，关于食物间差异因素，可以用特定未烹调食物的热传导系数 k 来表示，于是我们建立如下模型：$t=f(\Delta T_{\mathrm{m}},\Delta T_{\mathrm{c}},l,k)$.

量纲分析：该问题中涉及变量 ΔT_{m}，ΔT_{c}，l，k，t，设它们之间的关系为

$$\pi=\Delta T_{\mathrm{m}}{}^{x_1}\Delta T_{\mathrm{c}}{}^{x_2}l^{x_3}k^{x_4}t^{x_5}, \tag{1}$$

式中，x_1,x_2,x_3,x_4,x_5 为待定常数，π 为无量纲量.

由于自变量 ΔT_{m} 和 ΔT_{c} 度量单位体积的能量，因而有量纲$[\Delta T_{\mathrm{m}}]=\mathrm{ML^2T^{-2}/L^3}=\mathrm{ML^{-1}T^{-2}}$，$[\Delta T_{\mathrm{c}}]=\mathrm{ML^{-1}T^{-2}}$，$[\pi]=1$，$[l]=\mathrm{L}$，$[t]=\mathrm{T}$. 热传导系数 k 定义为每秒穿过单位横截面的总能量除以垂直于这个截面的温度梯度，即

$$k=\frac{\text{能量}/(\text{面积}\times\text{时间})}{\text{温度}/\text{长度}},$$

故$[k]=(ML^2T^{-2})(L^{-2}T^{-1})/[(ML^{-1}T^{-2})(L^{-1})]=L^2T^{-1}$.

把上述变量和参数的量纲代入式(1)得

$$1=(ML^{-1}T^{-2})^{x_1}(ML^{-1}T^{-2})^{x_2}L^{x_3}(L^2T^{-1})^{x_4}T^{x_5}. \tag{2}$$

由式(2)式得下列方程组

$$\begin{cases} x_1+x_2=0, \\ -x_1-x_2+x_3+2x_4=0, \\ -2x_1-2x_2-x_4+x_5=0, \end{cases} \tag{3}$$

求得方程组(3)的基础解系为

$$\boldsymbol{\eta}_1=(-1,1,0,0,0)^{\mathrm{T}},\boldsymbol{\eta}_2=(0,0,-2,1,1)^{\mathrm{T}}. \tag{4}$$

由式(4)的两个线性无关解得到两个无量纲量

$$\pi_1=\Delta T_{\mathrm{m}}^{-1}\Delta T_{\mathrm{c}} \text{ 和 } \pi_2=l^{-2}kt.$$

根据 π 定理，存在函数 f 使得 $f(\Delta T_{\mathrm{m}}^{-1}\Delta T_{\mathrm{c}},l^{-2}kt)=0$，
即可以表示为

$$t=\frac{l^2}{k}H\left(\frac{\Delta T_{\mathrm{c}}}{\Delta T_{\mathrm{m}}}\right), \tag{5}$$

其中，H 是 π_1 的某个函数.

如果用烤鸭质量 m 来表示烘烤时间，可以假定烤鸭在几何上相似，假设烤鸭的密度是常数，则质量是密度乘以体积，而体积正比例于 l^3，可以得到 $m\propto l^3$. 另外，假设烤炉设定一个不变的烘烤温度，而且指定烤鸭初始温度接近室温(20℃)，于是$\dfrac{\Delta T_{\mathrm{c}}}{\Delta T_{\mathrm{m}}}$是一个无量纲量，$k$ 对于烤鸭是常数. 结合式(5)，得到比例式

$$t\propto m^{\frac{2}{3}}. \tag{6}$$

如果烘烤 $m_1$kg 的烤鸭需要 t_1h，$m_2$kg 的烤鸭需要 t_2h，就有$\dfrac{t_1}{t_2}=\left(\dfrac{m_1}{m_2}\right)^{\frac{2}{3}}$. 烤鸭质量加倍而烘烤时间只是增加到乘以因子 $2^{\frac{2}{3}}\approx1.59$.

我们将所得到的结果与题目所叙述的规则比较，假设 ΔT_{m}，ΔT_{c} 和 k 都与烤鸭的长度和质量无关，考虑烘烤 4kg 和 1kg 的两只烤鸭. 按照题意，烘烤时间比为$\dfrac{t_1}{t_2}=\dfrac{20\times\frac{4}{0.5}}{20\times\frac{1}{0.5}}=4$.

另一方面，由量纲分析可知：$\dfrac{t_1}{t_2}=\left(\dfrac{m_1}{m_2}\right)^{\frac{2}{3}}=\left(\dfrac{4}{1}\right)^{\frac{2}{3}}\approx2.52$.

综合上述，由题意预测：烘烤 4kg 的烤鸭所用时间是烘烤 1kg 烤鸭的时间的 4 倍. 而通过量纲分析预测前者的烘烤时间只需要后者约 2.5 倍的时间.

第 4 章
矩阵的特征值与特征向量应用案例

1. 物体受力分析

在工程中，一个物体受到两个力的作用：$\boldsymbol{F}_1=(5,3)\mathrm{N}$ 和 $\boldsymbol{F}_2=(-2,4)\mathrm{N}$. 计算这两个力的内积，以确定它们之间的夹角和物体所受的合力.

解　力的内积 $\boldsymbol{F}_1\cdot\boldsymbol{F}_2=5\times(-2)+3\times4=2\mathrm{N}^2$,

$$\text{夹角 }\alpha\text{：}\cos\alpha=\frac{(\boldsymbol{F}_1,\boldsymbol{F}_2)}{\|\boldsymbol{F}_1\|\ \|\boldsymbol{F}_2\|}=\frac{2}{\sqrt{5^2+3^2}\times\sqrt{(-2)^2+4^2}}\approx0.0767,$$

夹角约为 85.6°

合力

$$\boldsymbol{F}=\boldsymbol{F}_1+\boldsymbol{F}_2=(3,7)\mathrm{N}$$

2. 控制系统设计

在控制工程中，系统的状态方程可以表示为矩阵形式. 对角线上的元素通常表示单个状态变量对自身的影响. 例如，在物理系统中，它可能代表阻尼或自然频率. 非对角线元素表示不同状态变量之间的相互作用或依赖，例如，在多变量系统中，它可能代表一个状态变量如何影响另一个状态变量. 如果能够找到一个对角矩阵，使得原始状态矩阵 $\boldsymbol{A}$ 能够通过相似变换对角化，这意味着我们可以将复杂的多变量系统简化为一组独立的单变量系统.

考虑一个系统的状态矩阵，如 $\boldsymbol{A}=\begin{pmatrix}-2&1&-1\\1&-1&0\\-1&0&-3\end{pmatrix}$，找到一个可逆矩阵 $\boldsymbol{P}$ 和对角矩阵 $\boldsymbol{D}$，使得 $\boldsymbol{P}^{-1}\boldsymbol{AP}=\boldsymbol{D}$，以简化系统的分析和设计.

解　令 $|\lambda\boldsymbol{E}-\boldsymbol{A}|=0$，求得特征值为 $\lambda_1=-2$，$\lambda_2=-2-\sqrt{3}$，$\lambda_3=-2+\sqrt{3}$，解齐次线性方程组 $(\lambda_i\boldsymbol{E}-\boldsymbol{A})\boldsymbol{x}=\boldsymbol{0}(i=1,2,3)$，

求得对应的特征向量分别为

$$\boldsymbol{\xi}_1=(-1,1,1)^{\mathrm{T}},$$
$$\boldsymbol{\xi}_2=(-1+\sqrt{3},-2+\sqrt{3},1)^{\mathrm{T}},$$
$$\boldsymbol{\xi}_3=(-1-\sqrt{3},-2-\sqrt{3},1)^{\mathrm{T}}.$$

因此对角矩阵 $\boldsymbol{D}$ 和可逆矩阵 $\boldsymbol{P}$ 分别为

$$\boldsymbol{D}=\begin{pmatrix}-2&0&0\\0&-2-\sqrt{3}&0\\0&0&-2+\sqrt{3}\end{pmatrix},\boldsymbol{P}=\begin{pmatrix}-1&-1+\sqrt{3}&-\sqrt{3}-1\\1&-2+\sqrt{3}&-2-\sqrt{3}\\1&1&1\end{pmatrix}.$$

含义：矩阵 $\boldsymbol{P}$ 提供了一种基于系统特征向量的坐标变换，使得系统的状态方程可以用对角矩阵 $\boldsymbol{D}$ 来表示. 这简化了系统的分析和设计，因为对角矩阵更容易处理.

3. 化学反应动力学

在化学反应动力学中，可以使用矩阵来描述不同物质之间的反应速率. 每一行和每一列通常代表一个特定的化学物质. 每个元素表示与行和列对应的化学物质之间的反应速率. 这些值通常基于反应的速率常数和反应物的浓度. 矩阵中的正数通常表示产物的生成速率，而负数表示反应物的消耗速率. 对角线上的元素通常代表单一化学物质在反应过程中的总消耗或生成速率. 这些值可能是负的(如果物质是反应物)或正的(如果物质是产物). 非对角线上的元素表示两种不同化学物质之间的相互作用，如一种物质转化为另一种物质的速率.

考虑一个描述反应速率的矩阵

$$\boldsymbol{K}=\begin{pmatrix}-0.1 & 0.2\\ 0.3 & -0.2\end{pmatrix},$$

找到一个可逆矩阵 $\boldsymbol{P}$ 和对角矩阵 $\boldsymbol{D}$，使得 $\boldsymbol{P}^{-1}\boldsymbol{KP}=\boldsymbol{D}$，以简化反应速率的分析.

解 令 $|\lambda\boldsymbol{E}-\boldsymbol{A}|=0$，求得特征值为 $\lambda_1=-0.4,\lambda_2=0.1$，解齐次线性方程组 $(\lambda_i\boldsymbol{E}-\boldsymbol{A})\boldsymbol{x}=\boldsymbol{0}(i=1,2)$，求得对应的特征向量分别为

$$\boldsymbol{\xi}_1=\left(-\frac{3}{2},1\right)^{\mathrm{T}},\boldsymbol{\xi}_2=(1,1)^{\mathrm{T}}.$$

因此对角矩阵 $\boldsymbol{D}$ 和可逆矩阵 $\boldsymbol{P}$ 分别为

$$\boldsymbol{D}=\begin{pmatrix}-0.4 & 0\\ 0 & 0.1\end{pmatrix},\boldsymbol{P}=\begin{pmatrix}-1.5 & 1\\ 1 & 1\end{pmatrix}.$$

含义：这里，矩阵 $\boldsymbol{P}$ 揭示了化学反应速率矩阵的特征向量，对角矩阵 $\boldsymbol{D}$ 的特征值则反映了反应的主要动力学特性. 这有助于更好地理解和预测化学反应的进程.

4. 人口迁移模型

假设有两个城市：城市 A 和城市 B. 我们想要研究人口在这两个城市之间的迁移. 假设我们有如下信息：每年有一定比例的人口从城市 A 迁移到城市 B，以及从城市 B 迁移到城市 A. 同时，每个城市都有其固定的人口增长率. 用一个 2×2 矩阵来表示这个系统，其中矩阵中的每个元素有如下意义：

a 为城市 A 的年人口留存率；

b 为每年从城市 B 迁移到城市 A 的人口比例；

c 为每年从城市 A 迁移到城市 B 的人口比例；

d 为城市 B 的年人口留存率.

假设具体数字如下：

$a=0.9$(城市 A 每年保留 90% 的人口)；

$b=0.05$(每年有 5% 的人口从城市 B 迁移到城市 A)；

$c=0.07$(每年有 7% 的人口从城市 A 迁移到城市 B)；

$d=0.85$(城市 B 每年保留 85% 的人口).

因此，矩阵 $\boldsymbol{A}$ 如下所示：

$$\boldsymbol{A}=\begin{pmatrix}0.9 & 0.05\\ 0.07 & 0.85\end{pmatrix}.$$

(1) 试求一个可逆矩阵 $\boldsymbol{P}$ 和对角矩阵 $\boldsymbol{D}$，使得 $\boldsymbol{P}^{-1}\boldsymbol{AP}=\boldsymbol{D}$；

（2）若已知城市 A 和城市 B 在 2023 年人口分别为 1000 万和 500 万，试预测 2033 年两城市人口，并说明矩阵对角化在分析城市间人口迁移问题中的意义.

解 （1）令 $|\lambda\boldsymbol{E}-\boldsymbol{A}|=0$，求得特征值为 $\lambda_1=\dfrac{7}{8}-\dfrac{\sqrt{165}}{200}\approx0.8108$，$\lambda_2=\dfrac{7}{8}+\dfrac{\sqrt{165}}{200}\approx0.9392$，解齐次线性方程组$(\lambda_i\boldsymbol{E}-\boldsymbol{A})\boldsymbol{x}=\boldsymbol{0}(i=1,2)$，求得对应的特征向量分别为

$$\boldsymbol{\xi}_1=\left(\frac{5}{14}-\frac{\sqrt{165}}{14},1\right)^{\mathrm{T}},\boldsymbol{\xi}_2=\left(\frac{5}{14}+\frac{\sqrt{165}}{14},1\right)^{\mathrm{T}},$$

因此，对角矩阵 $\boldsymbol{D}$ 和可逆矩阵 $\boldsymbol{P}$ 分别为

$$\boldsymbol{D}=\begin{pmatrix}\dfrac{7}{8}-\dfrac{\sqrt{165}}{200} & 0\\ 0 & \dfrac{\sqrt{165}}{200}+\dfrac{7}{8}\end{pmatrix}\approx\begin{pmatrix}0.8108 & 0\\ 0 & 0.9392\end{pmatrix},$$

$$\boldsymbol{P}=(\boldsymbol{\xi}_1,\boldsymbol{\xi}_2)=\begin{pmatrix}\dfrac{5}{14}-\dfrac{\sqrt{165}}{14} & \dfrac{5}{14}+\dfrac{\sqrt{165}}{14}\\ 1 & 1\end{pmatrix},$$

使得 $\boldsymbol{P}^{-1}\boldsymbol{AP}=\boldsymbol{D}$.

（2）2023 年人口用向量 $\boldsymbol{x}=\begin{pmatrix}x_{\mathrm{A}}\\ x_{\mathrm{B}}\end{pmatrix}=\begin{pmatrix}1000\\ 500\end{pmatrix}$表示，

2033 年人口为 $\boldsymbol{A}^{10}\boldsymbol{x}=(\boldsymbol{PDP}^{-1})^{10}\begin{pmatrix}x_{\mathrm{A}}\\ x_{\mathrm{B}}\end{pmatrix}=\boldsymbol{PD}^{10}\boldsymbol{P}^{-1}\begin{pmatrix}1000\\ 500\end{pmatrix}\approx\begin{pmatrix}488.6286\\ 348.4173\end{pmatrix}$，

即 2033 年城市 A 有人口 488.6286 万人，城市 B 有人口 348.4173 万人.

第一个特征值约等于 81.08%，第二个特征值约等于 93.92%. 这些特征值表示系统的长期行为. 较大的特征值(93.92%)表明系统有一个稳定的人口分布趋势. 特征向量提供了人口分布的方向，代表人口迁移的主要模式. 对角矩阵$\begin{pmatrix}0.8108 & 0\\ 0 & 0.9392\end{pmatrix}$表示系统的主要组成部分或“模式”. 在这个例子中，对角矩阵揭示了两个主要的人口迁移模式的稳定性.

通过对矩阵进行对角化，我们可以更清楚地看到长期两个城市人口迁移的主要趋势. 这可以帮助城市规划者和政策制订者更好地理解和预测人口动态，从而做出更明智的决策.

如果一个特征值比另一个大得多，这可能意味着一个城市人口将变得更加密集，而另一个则可能面临人口减少的风险. 这样的信息对于资源分配和未来规划至关重要.

5. 人口统计数据分析

假设有一个小镇的人口统计数据，包括年龄、收入和教育水平，我们想分析这些变量之间的关系. 为此，我们可以构建一个实对称协方差矩阵，其中每个元素表示两个变量之间的协方差. 矩阵示例：设 $\boldsymbol{A}$ 是一个 3×3 的实对称协方差矩阵，其中，

$$\boldsymbol{A}=\begin{pmatrix}\sigma^2_{\text{年龄}} & \sigma_{\text{年龄,收入}} & \sigma_{\text{年龄,教育}}\\ \sigma_{\text{年龄,收入}} & \sigma^2_{\text{收入}} & \sigma_{\text{收入,教育}}\\ \sigma_{\text{年龄,教育}} & \sigma_{\text{收入,教育}} & \sigma^2_{\text{教育}}\end{pmatrix},$$

这里，对角线上的元素 $\sigma^2_{\text{年龄}}$，$\sigma^2_{\text{收入}}$，$\sigma^2_{\text{教育}}$分别表示年龄、收入和教育水平的方差，其他元素表示相应变量间的协方差.

通过对这个矩阵进行相似对角化，我们可以找到描述数据变化的主要方向(即主成分). 这些主成分有助于我们理解数据中的主要变化趋势，对于数据降维、特征提取和模式识别等任务非常有用.

假设我们得到以下协方差矩阵数据 $\boldsymbol{A}=\begin{pmatrix}4&2&1\\2&6&3\\1&3&9\end{pmatrix}$，试求矩阵的特征值与特征向量，并求可逆矩阵 $\boldsymbol{P}$ 和一个对角矩阵 $\boldsymbol{D}$，使得 $\boldsymbol{P}^{-1}\boldsymbol{AP}=\boldsymbol{D}$.

解　令 $|\lambda\boldsymbol{E}-\boldsymbol{A}|=0$，求得特征值为 $\lambda_1=5$，$\lambda_2=7-\sqrt{19}$，$\lambda_3=7+\sqrt{19}$，解齐次线性方程组 $(\lambda_i\boldsymbol{E}-\boldsymbol{A})\boldsymbol{x}=\boldsymbol{0}(i=1,2,3)$，求得对应的特征向量分别为 $\boldsymbol{\xi}_1=(-1,-1,1)^{\mathrm{T}}$，$\boldsymbol{\xi}_2=\left(\frac{5+\sqrt{19}}{2},\frac{-3-\sqrt{19}}{2},1\right)^{\mathrm{T}}$，$\boldsymbol{\xi}_3=\left(\frac{5-\sqrt{19}}{2},\frac{-3+\sqrt{19}}{2},1\right)^{\mathrm{T}}$.

因此对角矩阵 $\boldsymbol{D}$ 和可逆矩阵 $\boldsymbol{P}$ 分别为

$$\boldsymbol{D}=\begin{pmatrix}5&0&0\\0&7-\sqrt{19}&0\\0&0&7+\sqrt{19}\end{pmatrix},\boldsymbol{P}=\begin{pmatrix}-1&\frac{5+\sqrt{19}}{2}&\frac{5-\sqrt{19}}{2}\\-1&\frac{-3-\sqrt{19}}{2}&\frac{-3+\sqrt{19}}{2}\\1&1&1\end{pmatrix}.$$

第 5 章 二次型应用案例

1. 结构工程

在结构工程中，材料的应力分析可以用二次型表示.

当外力垂直于物体表面作用时，在材料内部产生的应力称为**正应力**. 它通常分为两种类型：拉应力(Tensile stress)和压应力(Compressive stress). 当外力试图压缩物体时产生的应力称为压应力，如柱子承受上部结构的重量. 正应力会改变物体的长度，但不会改变其横截面形状.

当外力试图拉伸物体时产生的应力成为拉应力，如拉力作用在梁或绳上. 当外力平行于物体表面作用时，在材料内部产生的应力称为**剪应力**，如剪刀剪纸或者螺丝紧固两块板时产生的应力. 剪应力会导致物体内部相邻部分在平行方向上相对滑动，通常不会改变物体的长度，但会改变其形状或内部结构.

在设计桥梁、建筑物或机械部件时，工程师会计算和评估正应力和剪应力，以确保结构在预期负荷下的性能和安全. 考虑一个二维材料的应力张量

$$\boldsymbol{\sigma}=\begin{pmatrix}80 & 20\\ 20 & 60\end{pmatrix},$$

求表示这个应力张量的二次型，并解释其物理意义.

解　这个张量的二次型表示为 $Q(\boldsymbol{X})=\boldsymbol{X}^{\mathrm{T}}\boldsymbol{\sigma}\boldsymbol{X}$，其中 $\boldsymbol{X}=\begin{pmatrix}x\\ y\end{pmatrix}$，所以二次型为 $Q(x,y)=(x\quad y)\begin{pmatrix}80 & 20\\ 20 & 60\end{pmatrix}\begin{pmatrix}x\\ y\end{pmatrix}=80x^2+40xy+60y^2$.

物理意义：这个二次型表示了在给定应力下材料的应力能量分布，其中对角项 $80x^2$ 和 $60y^2$ 表示主轴方向的正应力，而非对角项 $40xy$ 表示剪应力.

2. 热传导问题

在热传导问题中，可以使用正交变换来简化温度分布的描述.

考虑一个热传导问题，温度分布的二次型 $Q(x,y)=4x^2-4xy+y^2$ 描述了温度分布的模式，试分析热量在不同方向上的传播情况.

解　要使用正交变换将这个二次型化为标准形，我们首先需要找到它的矩阵表示，然后对这个二次型使用正交变换，使其化为标准形.

$$Q(x,y)=(x\quad y)\begin{pmatrix}4 & -2\\ -2 & 1\end{pmatrix}\begin{pmatrix}x\\ y\end{pmatrix},$$

这里的矩阵$\begin{pmatrix}4 & -2\\ -2 & 1\end{pmatrix}$就是二次型的矩阵表示.

令 $|\lambda E - A| = 0$，求得特征值为 $\lambda_1 = 0$，$\lambda_2 = 5$，解齐次线性方程组 $(\lambda_1 E - A)x = 0$，得 $\lambda_1 = 0$ 所对应的特征向量为 $\xi_1 = \left(\frac{1}{2},\ 1\right)^{T}$. 解齐次线性方程组 $(\lambda_2 E - A)x = 0$，得 $\lambda_2 = 5$ 所对应的特征向量为 $\xi_2 = (-2,\ 1)^{T}$.

由于 ξ_1 与 ξ_2 是实对称矩阵不同特征值所对应的特征向量，它们一定是正交的，所以将它们进行单位化就得到标准正交向量组 $\eta_1 = \begin{pmatrix} \frac{1}{\sqrt{5}} \\ \frac{2}{\sqrt{5}} \end{pmatrix}$和 $\eta_2 = \begin{pmatrix} -\frac{2}{\sqrt{5}} \\ \frac{1}{\sqrt{5}} \end{pmatrix}$，正交矩阵 $P = (\eta_1, \eta_2) = \begin{pmatrix} \frac{1}{\sqrt{5}} & -\frac{2}{\sqrt{5}} \\ \frac{2}{\sqrt{5}} & \frac{1}{\sqrt{5}} \end{pmatrix}$和对角阵 $D = \begin{pmatrix} 0 & \\ & 5 \end{pmatrix}$，使得 $P^{-1}QP = D$.

正交变换的矩阵 P(特征向量组成的矩阵)表示了温度分布模式从原来的坐标系转换到新的坐标系的过程. 在新的坐标系中，温度分布的特性(比如梯度或热流线)沿着正交的方向展开，这可以帮助我们更好地理解和分析热传导问题.

对角阵 D 的对角线元素是原矩阵的特征值，代表在新坐标系中二次型沿着对应轴的变化率. 在物理上，这对应于不同方向上的热传导率或温度梯度的变化.

正交变换的关键在于它能将复杂的热传导问题简化，使得各个方向上的热传导成分相互独立，从而便于分析和处理.

特征值为 0 和 5，这表明在正交变换后的坐标系中，二次型沿一个方向(对应特征值 0)不变，而在另一个方向(对应特征值 5)变化显著. 在热传导中，这意味着热量沿某一特定方向传导较快，而沿另一个方向几乎没有传导.

特征向量表示了正交变换的方向. 在新的坐标系中，这些方向表示了热传导最显著和最不显著的方向. 这种分解有助于我们理解和分析热量如何在不同方向上传播. 通过将原始问题转化为这种更简单的形式，我们能够更容易地分析和理解热传导过程的本质.

3. 转动动能

考虑一个刚体在三维空间中的转动. 刚体的动能可以用二次型表示，这在物理学中被称为转动动能. 转动动能取决于刚体的转动惯量 I 和角速度 ω.

转动动能 T 可以表示为二次型 $T = \frac{1}{2}\omega^{T} I \omega$，转动惯量张量 I 可以表示为 $I = \begin{pmatrix} I_{xx} & I_{xy} & I_{xz} \\ I_{xy} & I_{yy} & I_{yz} \\ I_{xz} & I_{yz} & I_{zz} \end{pmatrix}$，其中，$I_{xx}$，$I_{yy}$和 I_{zz}是主转动惯量，而其他元素表示惯量的耦合.

若已知某刚体转动动能 $T = 2\omega_1^2 + 2.5\omega_2^2 + 1.5\omega_3^2 + 5\omega_1\omega_2 + 3\omega_1\omega_3 + 3\omega_2\omega_3$，试分析刚体在转动过程中主轴方向的主转动惯量大小.

解　首先将二次型写成矩阵形式

$$T = 2\omega_1^2 + 2.5\omega_2^2 + 1.5\omega_3^2 + 5\omega_1\omega_2 + 3\omega_1\omega_3 + 3\omega_2\omega_3 = \frac{1}{2}(\omega_1 \quad \omega_2 \quad \omega_3)\begin{pmatrix} 4 & 5 & 3 \\ 5 & 7 & 3 \\ 3 & 3 & 3 \end{pmatrix}\begin{pmatrix} \omega_1 \\ \omega_2 \\ \omega_3 \end{pmatrix}$$，转

动惯量张量 $\boldsymbol{I}=\begin{pmatrix}4&5&3\\5&7&3\\3&3&3\end{pmatrix}$，角速度 $\boldsymbol{\omega}=\begin{pmatrix}\omega_1\\\omega_2\\\omega_3\end{pmatrix}$，应用正交变换简化问题，将转动惯量矩阵正交相似对角化.

令 $|\lambda\boldsymbol{E}-\boldsymbol{I}|=\boldsymbol{0}$，求得特征值为 $\lambda_1=0$，$\lambda_2=7-\sqrt{31}$，$\lambda_3=7+\sqrt{31}$，解齐次线性方程组 $(\lambda_i\boldsymbol{E}-\boldsymbol{I})\boldsymbol{x}=\boldsymbol{0}\,(i=1,2,3)$，求得对应的特征向量分别为 $\boldsymbol{\xi}_1=(2,-1,-1)^{\mathrm{T}}$，$\boldsymbol{\xi}_2=\left(\frac{7-\sqrt{31}}{9},\frac{5-2\sqrt{31}}{9},1\right)^{\mathrm{T}}$，$\boldsymbol{\xi}_3=\left(\frac{7+\sqrt{31}}{9},\frac{5+2\sqrt{31}}{9},1\right)^{\mathrm{T}}$.

由于 $\boldsymbol{\xi}_1,\boldsymbol{\xi}_2$ 与 $\boldsymbol{\xi}_3$ 是实对称矩阵不同特征值所对应的特征向量,它们一定是正交的,所以将它们进行单位化就得到标准正交向量组

$$\boldsymbol{\eta}_1=\begin{pmatrix}\frac{2}{\sqrt{6}}\\\frac{-1}{\sqrt{6}}\\\frac{-1}{\sqrt{6}}\end{pmatrix},\ \boldsymbol{\eta}_2=\begin{pmatrix}\frac{7-\sqrt{31}}{\sqrt{310-34\sqrt{31}}}\\\frac{5-2\sqrt{31}}{\sqrt{310-34\sqrt{31}}}\\\frac{9}{\sqrt{310-34\sqrt{31}}}\end{pmatrix},\boldsymbol{\eta}_3=\begin{pmatrix}\frac{7+\sqrt{31}}{\sqrt{310+34\sqrt{31}}}\\\frac{5+2\sqrt{31}}{\sqrt{310+34\sqrt{31}}}\\\frac{9}{\sqrt{310+34\sqrt{31}}}\end{pmatrix},$$

正交矩阵 $$\boldsymbol{P}=(\boldsymbol{\eta}_1,\boldsymbol{\eta}_2,\boldsymbol{\eta}_3)\approx\begin{pmatrix}0.8165&0.1304&0.5624\\-0.4082&-0.5585&0.7221\\-0.4082&0.8192&0.4028\end{pmatrix},$$

对角矩阵 $\boldsymbol{D}=\begin{pmatrix}0&&\\&7-\sqrt{31}&\\&&7+\sqrt{31}\end{pmatrix}\approx\begin{pmatrix}0&&\\&1.4322&\\&&12.5678\end{pmatrix}$，使得 $\boldsymbol{P}^{\mathrm{T}}\boldsymbol{IP}=\boldsymbol{D}$.

使用正交变换，我们可以将转动惯量张量 $\boldsymbol{I}$ 化为对角形式. 在对角化后的坐标系中(主轴坐标系)，惯量耦合项消失，这使得问题变得更加简单.

对角化后的转动惯量张量的对角线元素(特征值)表示沿主轴方向的主转动惯量. 这些值直接影响刚体沿这些轴的转动特性.

特征向量表示主轴的方向. 这些轴是刚体自然转动的轴，沿这些轴的转动不会由于惯量的不均匀分布而受到干扰.

通过对转动惯量张量进行对角化，我们能够更加直观和简单地分析刚体的转动动力学问题. 这种方法在工程设计、航天器控制系统设计等领域中非常重要，因为它有助于优化结构，确保动态稳定性.

4. 能量分析

在物理学中，正定二次型在物理学中通常表示系统的稳定状态. 如果一个能量函数是正定的，那么对于所有非零的变量值，能量总是正的，这意味着系统处于稳定的平衡状态. 考虑一个能量函数 $E(x,y)=2x^2+3xy+2y^2$，判断它是否为正定，解释其物理含义.

解 能量函数 $$E(x,y)=2x^2+3xy+2y^2=(x\quad y)\begin{pmatrix}2&1.5\\1.5&2\end{pmatrix}\begin{pmatrix}x\\y\end{pmatrix}.$$

要判断它是否正定，我们需要查看其对应矩阵的特征值. 矩阵为

$$\boldsymbol{E}=\begin{pmatrix}2 & 1.5\\1.5 & 2\end{pmatrix}.$$

因为它是实对称矩阵且各阶顺序主子式均大于零，由赫尔维茨定理可知 $\boldsymbol{E}=\begin{pmatrix}2 & 1.5\\1.5 & 2\end{pmatrix}$ 正定，所以 $E(x,y)=2x^2+3xy+2y^2$ 是正定的.

物理含义：正定性意味着能量函数总是非负的，对应于物理系统在任何状态下都具有非负能量，这是物理学中的一个重要特性.

5. 金融投资风险

在金融领域，正定二次型可以用于评估投资组合的风险. 正定二次型用于投资组合风险度量意味着，无论投资组合的构成如何，其风险度量总是非负的. 这与金融领域中风险度量的基本原则相一致，即风险不可能是负值.

正定性还指示了风险随投资组合中资产比例的变化而变化的方式. 通过分析这种关系，投资者可以了解如何通过调整资产配置来使风险最小化. 假设有一个投资组合的风险度量 $R(x,y)=5x^2+2xy+3y^2$，判断它是否为正定，解释其在投资风险分析中的重要性.

解　风险度量 $R(x,y)=5x^2+2xy+3y^2=(x\quad y)\begin{pmatrix}5 & 1\\1 & 3\end{pmatrix}\begin{pmatrix}x\\y\end{pmatrix}$，对应的矩阵为 $\begin{pmatrix}5 & 1\\1 & 3\end{pmatrix}$.

判断正定性时需要考察特征值. 由于特征值都是正的（因为它是实对称矩阵且顺序主子式均为正），所以 $R(x,y)$ 是正定的.

$R(x,y)$ 可以表示为二次型，它在投资风险分析中有重要作用. 二次型 $R(x,y)$ 有正定性意味着投资组合在任何情况下都具有一定的风险水平，这有助于投资者理解和量化投资组合的整体风险.

第 2 篇
解题技巧

第 1 章 行列式

1.1 n 阶行列式

一、知识要点

1. 排列及其逆序

(1) 排列

由 1，2，…，n 组成一个有序数组，称为一个 n 元排列. n 元排列共有 $n!$ 个.

(2) 逆序

在一个排列中，若一对数的前后位置与它们的大小次序相反，则称这一对数构成一个逆序.

(3) 逆序数

一个排列中，逆序的总数称为这个排列的逆序数.

(4) 对换

一个排列中，某两个元素的位置互相交换，这种交换称为一个对换，对换改变排列的奇偶性.

2. 行列式的定义

(1) 二阶和三阶行列式的定义

二阶和三阶行列式的定义可由对角线法则给出.

$$\begin{vmatrix} a_{11} & a_{12} \\ a_{21} & a_{22} \end{vmatrix} = a_{11}a_{22} - a_{12}a_{21},$$

$$\begin{vmatrix} a_{11} & a_{12} & a_{13} \\ a_{21} & a_{22} & a_{23} \\ a_{31} & a_{32} & a_{33} \end{vmatrix} = a_{11}a_{22}a_{33} + a_{12}a_{23}a_{31} + a_{13}a_{21}a_{32} - a_{11}a_{23}a_{32} - a_{12}a_{21}a_{33} - a_{13}a_{22}a_{31}.$$

(2) n 阶行列式的定义

定义 由 n^2 个数 $a_{ij}(i,j=1,2,\cdots,n)$ 排成 n 行 n 列的式子

$$\begin{vmatrix} a_{11} & a_{12} & \cdots & a_{1n} \\ a_{21} & a_{22} & \cdots & a_{2n} \\ \vdots & \vdots & & \vdots \\ a_{n1} & a_{n2} & \cdots & a_{nn} \end{vmatrix} = \sum_{j_1j_2\cdots j_n} (-1)^{\tau(j_1j_2\cdots j_n)} a_{1j_1}a_{2j_2}\cdots a_{nj_n}$$

称为 n 阶行列式，简记为 $|a_{ij}|_n$ 或 $\det(a_{ij})$. 称 a_{ij} 为行列式的 (i,j) 元(第 i 行第 j 列的元素)，其中 $j_1j_2\cdots j_n$ 是一个 n 元排列，$\sum\limits_{j_1j_2\cdots j_n}$ 表示对 $1,2,\cdots,n$ 的所有排列求和.

注 (1) 当 $n=1$ 时，$|a|=a$，例 $|-5|=-5$，$|7|=7$，即一阶行列式是这个数本身.

(2) 当 $n=2$，3 时，由定义得到的二阶和三阶行列式值与前面用对角线法则求得的结果一致.

(3) $|a_{ij}|_n$ 是一个数值，是 $n!$ 项单项式的和，其中一般项是 $(-1)^{\tau(j_1j_2\cdots j_n)}a_{1j_1}a_{2j_2}\cdots a_{nj_n}$，且 $a_{1j_1}a_{2j_2}\cdots a_{nj_n}$ 是取自行列式的不同行不同列的 n 个元素的乘积.

(4) 利用定义可以证明下三角行列式(当 $i<j$ 时，$a_{ij}=0,i,j=1,2,\cdots,n$)，

$$\begin{vmatrix} a_{11} & 0 & \cdots & 0 \\ a_{21} & a_{22} & \cdots & 0 \\ \vdots & \vdots & & \vdots \\ a_{n1} & a_{n2} & \cdots & a_{nn} \end{vmatrix} = a_{11}a_{22}\cdots a_{nn}.$$

(5) 利用定义可以证明上三角行列式(当 $i>j$ 时，$a_{ij}=0,i,j=1,2,\cdots,n$)，

$$\begin{vmatrix} a_{11} & a_{12} & \cdots & a_{1n} \\ 0 & a_{22} & \cdots & a_{2n} \\ \vdots & \vdots & & \vdots \\ 0 & 0 & \cdots & a_{nn} \end{vmatrix} = a_{11}a_{22}\cdots a_{nn}.$$

二、例题分析

例 1 解方程组 $\begin{cases} 2x_1+9x_2=1, \\ 3x_1+5x_2=-7. \end{cases}$

解 由于 $D=\begin{vmatrix} 2 & 9 \\ 3 & 5 \end{vmatrix}=-17\neq 0$,

$$D_1=\begin{vmatrix} 1 & 9 \\ -7 & 5 \end{vmatrix}=68,\quad D_2=\begin{vmatrix} 2 & 1 \\ 3 & -7 \end{vmatrix}=-17,$$

因此
$$x_1=\frac{D_1}{D}=\frac{68}{-17}=-4,\quad x_2=\frac{D_2}{D}=\frac{-17}{-17}=1.$$

例 2 计算行列式 $D=\begin{vmatrix} 2 & -6 & 11 \\ 5 & -1 & -4 \\ 5 & -1 & 1 \end{vmatrix}$.

解 利用 3 阶行列式的对角线法则计算得

$$\begin{aligned} D &= \begin{vmatrix} 2 & -6 & 11 \\ 5 & -1 & -4 \\ 5 & -1 & 1 \end{vmatrix} \\ &= 2\times(-1)\times 1+(-6)\times(-4)\times 5+11\times 5\times(-1)- \\ &\quad 2\times(-4)\times(-1)-(-6)\times 5\times 1-11\times(-1)\times 5=140. \end{aligned}$$

例3 求下列排列的逆序数，并确定奇偶性.

（1）2143765；

（2）$2n$，1，$2n-1$，2，$2n-2$，3，…，$n+1$，n；

（3）1，3，5，…，$2n-1$，2，4，6，…，$2n$.

分析 计算一个排列的逆序数，只要将排列的每个数的逆序即比它大的数的个数算出，然后将每个数的逆序相加，即得这个排列的逆序数.

解 （1）2前面没有数故其逆序数为0；1前面有1个比它大的数，即2，故1的逆序数为1；以此类推，4的逆序数为0，3的逆序数为1，6的逆序数为1，5的逆序数为2.

故 $\tau(2143765)=0+1+0+1+0+1+2=5$，此排列为奇排列.

利用同样的方法可得

（2）该排列的逆序数为 n^2，排列的奇偶性与 n 的奇偶性相同.

（3）该排列的逆序数为 $\frac{1}{2}n(n-1)$，当 $n=2,3,6,7,10,11,\cdots$ 时，排列为奇排列；当 $n=4,5,8,9,12,13,\cdots$ 时，排列为偶排列.

例4 （1）在4阶行列式中，$a_{33}a_{22}a_{14}a_{41}$ 应带什么符号？

（2）写出4阶行列式中带正号且包含因子 a_{23} 和 a_{32} 的项.

解 （1）调整该项元素位置，使4个元素的行下标按自然顺序排列，即 $a_{14}a_{22}a_{33}a_{41}$，则列下标排列为4231，其逆序数为 $\tau(4231)=5$，故该项应取负号.

（2）由行列式的定义可知，包含因子 a_{23} 和 a_{32} 的项必为 $a_{11}a_{23}a_{32}a_{44}$ 和 $a_{14}a_{23}a_{32}a_{41}$，其列下标排列的逆序数分别为 $\tau(1324)=1$ 和 $\tau(4321)=6$. 又因所求项带正号，故取列下标为偶排列的项是 $a_{14}a_{23}a_{32}a_{41}$.

例5 计算行列式 $\begin{vmatrix} 0 & 0 & 0 & 7 \\ 0 & 0 & 2 & 0 \\ 0 & 3 & 0 & 0 \\ 4 & 0 & 0 & 0 \end{vmatrix}$.

解 由行列式的定义得

$$\begin{vmatrix} 0 & 0 & 0 & 7 \\ 0 & 0 & 2 & 0 \\ 0 & 3 & 0 & 0 \\ 4 & 0 & 0 & 0 \end{vmatrix} = (-1)^{\tau(4321)}7\times2\times3\times4=168.$$

例6 求下列排列的逆序数：

（1）431256；　　（2）$n(n-1)\cdots21$.

解 （1）在排列431256中，1前面有2个比它大的数；2前面有2个比它大的数；3前面有1个比它大的数；4前面没有比它大的数；5前面没有比它大的数；6前面没有比它大的数. 因此这个排列的逆序数为

$$\tau(431256)=2+2+1+0+0+0=5.$$

（2）利用同样的方法可得

$$\tau[n(n-1)\cdots21]=(n-1)+(n-2)+\cdots+1+0=\frac{n(n-1)}{2}.$$

三、习题精练

1. 利用对角线法则计算下列 3 阶行列式：

(1) $\begin{vmatrix} 2 & 0 & 1 \\ 1 & -4 & -1 \\ -1 & 8 & 3 \end{vmatrix}$；　　(2) $\begin{vmatrix} a & b & c \\ b & c & a \\ c & a & b \end{vmatrix}$；

(3) $\begin{vmatrix} 1 & 1 & 1 \\ a & b & c \\ a^2 & b^2 & c^2 \end{vmatrix}$；　　(4) $\begin{vmatrix} x & y & x+y \\ y & x+y & x \\ x+y & x & y \end{vmatrix}$.

2. 按自然数从小到大为标准次序，求下列各排列的逆序数：

(1) 1234；　　(2) 4132；

(3) 3421；　　(4) 2413；

(5) $13\cdots(2n-1)(2n)(2n-2)\cdots2$.

四、习题解答

1. 解　(1)
$$\begin{vmatrix} 2 & 0 & 1 \\ 1 & -4 & -1 \\ -1 & 8 & 3 \end{vmatrix} = 2\times(-4)\times3+0\times(-1)\times(-1)+1\times1\times8-0\times1\times3-2\times(-1)\times8-1\times(-4)\times(-1)$$
$$= -24+8+16-4=-4;$$

(2)
$$\begin{vmatrix} a & b & c \\ b & c & a \\ c & a & b \end{vmatrix} = acb+bac+cba-bbb-aaa-ccc$$
$$=3abc-a^3-b^3-c^3;$$

(3)
$$\begin{vmatrix} 1 & 1 & 1 \\ a & b & c \\ a^2 & b^2 & c^2 \end{vmatrix} = bc^2+ca^2+ab^2-ac^2-ba^2-cb^2$$
$$=(a-b)(b-c)(c-a);$$

(4)
$$\begin{vmatrix} x & y & x+y \\ y & x+y & x \\ x+y & x & y \end{vmatrix} = x(x+y)y+yx(x+y)+(x+y)yx-y^3-(x+y)^3-x^3$$
$$=3xy(x+y)-y^3-3x^2y-3y^2x-x^3-y^3-x^3$$
$$=-2(x^3+y^3).$$

2. 解　利用例 6 的方法可得

(1) 逆序数为 0；

(2) 逆序数为 4；

(3) 逆序数为 5；

(4) 逆序数为 3；

(5) 逆序数为 $n(n-1)$.

1.2 行列式的性质

一、知识要点

1. 行列式转置定义

将行列式 D 的行与列互换得到的行列式称为行列式 D 的转置行列式，记为 D^{T} 或 D'，即

$$D=\begin{vmatrix} a_{11} & a_{12} & \cdots & a_{1n} \\ a_{21} & a_{22} & \cdots & a_{2n} \\ \vdots & \vdots & & \vdots \\ a_{n1} & a_{n2} & \cdots & a_{nn} \end{vmatrix},\ D^{\mathrm{T}}=\begin{vmatrix} a_{11} & a_{21} & \cdots & a_{n1} \\ a_{12} & a_{22} & \cdots & a_{n2} \\ \vdots & \vdots & & \vdots \\ a_{1n} & a_{2n} & \cdots & a_{nn} \end{vmatrix}.$$

2. 性质

性质 1 行列式与其转置行列式的值相等，即

$$\begin{vmatrix} a_{11} & a_{12} & \cdots & a_{1n} \\ a_{21} & a_{22} & \cdots & a_{2n} \\ \vdots & \vdots & & \vdots \\ a_{n1} & a_{n2} & \cdots & a_{nn} \end{vmatrix}=\begin{vmatrix} a_{11} & a_{21} & \cdots & a_{n1} \\ a_{12} & a_{22} & \cdots & a_{n2} \\ \vdots & \vdots & & \vdots \\ a_{1n} & a_{2n} & \cdots & a_{nn} \end{vmatrix}.$$

注 性质 1 说明行列式中行和列具有同样的地位，因此，下面叙述行列式的性质，凡是对行成立的，对列同样也成立.

性质 2 互换行列式的两行(列)，行列式变号，绝对值不变.

$$D=\begin{vmatrix} a_{11} & a_{12} & \cdots & a_{1n} \\ \vdots & \vdots & & \vdots \\ a_{i1} & a_{i2} & \cdots & a_{in} \\ \vdots & \vdots & & \vdots \\ a_{j1} & a_{j2} & \cdots & a_{jn} \\ \vdots & \vdots & & \vdots \\ a_{n1} & a_{n2} & \cdots & a_{nn} \end{vmatrix}=-\begin{vmatrix} a_{11} & a_{12} & \cdots & a_{1n} \\ \vdots & \vdots & & \vdots \\ a_{j1} & a_{j2} & \cdots & a_{jn} \\ \vdots & \vdots & & \vdots \\ a_{i1} & a_{i2} & \cdots & a_{in} \\ \vdots & \vdots & & \vdots \\ a_{n1} & a_{n2} & \cdots & a_{nn} \end{vmatrix}.$$

推论 1 若行列式有两行(或两列)对应元素相同，则行列式等于零.

性质 3 若行列式中某一行(或列)有公因子 k，则公因子 k 可以提到行列式外面，或者说，用 k 乘以行列式的某一行(或列)等于用 k 乘以此行列式，即

$$\begin{vmatrix} a_{11} & a_{12} & \cdots & a_{1n} \\ \vdots & \vdots & & \vdots \\ ka_{i1} & ka_{i2} & \cdots & ka_{in} \\ \vdots & \vdots & & \vdots \\ a_{n1} & a_{n2} & \cdots & a_{nn} \end{vmatrix}=k\begin{vmatrix} a_{11} & a_{12} & \cdots & a_{1n} \\ \vdots & \vdots & & \vdots \\ a_{i1} & a_{i2} & \cdots & a_{in} \\ \vdots & \vdots & & \vdots \\ a_{n1} & a_{n2} & \cdots & a_{nn} \end{vmatrix}.$$

推论 2 若行列式有两行(列)对应元素成比例，则行列式的值为零.

性质 4 若行列式的某一行(列)元素都是两数之和，则可按照此行(列)将行列式拆成两个行列式的和，即

$$\begin{vmatrix} a_{11} & a_{12} & \cdots & a_{1n} \\ \vdots & \vdots & & \vdots \\ b_{i1}+c_{i1} & b_{i2}+c_{i2} & \cdots & b_{in}+c_{in} \\ \vdots & \vdots & & \vdots \\ a_{n1} & a_{n2} & \cdots & a_{nn} \end{vmatrix} = \begin{vmatrix} a_{11} & a_{12} & \cdots & a_{1n} \\ \vdots & \vdots & & \vdots \\ b_{i1} & b_{i2} & \cdots & b_{in} \\ \vdots & \vdots & & \vdots \\ a_{n1} & a_{n2} & \cdots & a_{nn} \end{vmatrix} + \begin{vmatrix} a_{11} & a_{12} & \cdots & a_{1n} \\ \vdots & \vdots & & \vdots \\ c_{i1} & c_{i2} & \cdots & c_{in} \\ \vdots & \vdots & & \vdots \\ a_{n1} & a_{n2} & \cdots & a_{nn} \end{vmatrix}.$$

性质 5　把行列式的某一行(列)中每个元素都乘以数 k，加到另一行(列)中对应元素上，行列式的值不变，即

$$\begin{vmatrix} a_{11} & a_{12} & \cdots & a_{1n} \\ \vdots & \vdots & & \vdots \\ a_{i1} & a_{i2} & \cdots & a_{in} \\ \vdots & \vdots & & \vdots \\ a_{j1} & a_{j2} & \cdots & a_{jn} \\ \vdots & \vdots & & \vdots \\ a_{n1} & a_{n2} & \cdots & a_{nn} \end{vmatrix} = \begin{vmatrix} a_{11} & a_{12} & \cdots & a_{1n} \\ \vdots & \vdots & & \vdots \\ a_{i1} & a_{i2} & \cdots & a_{in} \\ \vdots & \vdots & & \vdots \\ a_{j1}+ka_{i1} & a_{j2}+ka_{i2} & \cdots & a_{jn}+ka_{in} \\ \vdots & \vdots & & \vdots \\ a_{n1} & a_{n2} & \cdots & a_{nn} \end{vmatrix}.$$

二、例题分析

例 1　计算下列各行列式：

(1) $\begin{vmatrix} 2 & 1 & 4 & 1 \\ 3 & -1 & 2 & 1 \\ 1 & 2 & 3 & 2 \\ 5 & 0 & 6 & 2 \end{vmatrix}$；　(2) $\begin{vmatrix} -ab & ac & ae \\ bd & -cd & de \\ bf & cf & -ef \end{vmatrix}$.

解　(1) $\begin{vmatrix} 2 & 1 & 4 & 1 \\ 3 & -1 & 2 & 1 \\ 1 & 2 & 3 & 2 \\ 5 & 0 & 6 & 2 \end{vmatrix} \xlongequal{c_4-c_2} \begin{vmatrix} 2 & 1 & 4 & 0 \\ 3 & -1 & 2 & 2 \\ 1 & 2 & 3 & 0 \\ 5 & 0 & 6 & 2 \end{vmatrix} \xlongequal{r_4-r_2} \begin{vmatrix} 2 & 1 & 4 & 0 \\ 3 & -1 & 2 & 2 \\ 1 & 2 & 3 & 0 \\ 2 & 1 & 4 & 0 \end{vmatrix}$

$$\xlongequal{r_4-r_1} \begin{vmatrix} 2 & 1 & 4 & 0 \\ 3 & -1 & 2 & 2 \\ 1 & 2 & 3 & 0 \\ 0 & 0 & 0 & 0 \end{vmatrix} = 0;$$

(2) $\begin{vmatrix} -ab & ac & ae \\ bd & -cd & de \\ bf & cf & -ef \end{vmatrix} = adf\begin{vmatrix} -b & c & e \\ b & -c & e \\ b & c & -e \end{vmatrix} = adfbce\begin{vmatrix} -1 & 1 & 1 \\ 1 & -1 & 1 \\ 1 & 1 & -1 \end{vmatrix} = 4abcdef.$

例 2　计算行列式 $D = \begin{vmatrix} 5 & 1 & 1 & 1 \\ 1 & 5 & 1 & 1 \\ 1 & 1 & 5 & 1 \\ 1 & 1 & 1 & 5 \end{vmatrix}$.

解　由行列式的性质得

$$D \xlongequal[c_1+c_4]{\substack{c_1+c_2\\c_1+c_3}} \begin{vmatrix} 8 & 1 & 1 & 1 \\ 8 & 5 & 1 & 1 \\ 8 & 1 & 5 & 1 \\ 8 & 1 & 1 & 5 \end{vmatrix} = 8\begin{vmatrix} 1 & 1 & 1 & 1 \\ 1 & 5 & 1 & 1 \\ 1 & 1 & 5 & 1 \\ 1 & 1 & 1 & 5 \end{vmatrix} \xlongequal[r_4-r_1]{\substack{r_2-r_1\\r_3-r_1}} 8\begin{vmatrix} 1 & 1 & 1 & 1 \\ 0 & 4 & 0 & 0 \\ 0 & 0 & 4 & 0 \\ 0 & 0 & 0 & 4 \end{vmatrix} = 512.$$

例 3 计算行列式 $D=\begin{vmatrix} 50 & 7 & 8 & 9 \\ 4 & 2 & 0 & 0 \\ 6 & 0 & 3 & 0 \\ 8 & 0 & 0 & 4 \end{vmatrix}$.

解 由行列式的性质得

$$D \xlongequal[c_1-2c_4]{\substack{c_1-2c_2\\c_1-2c_3}} \begin{vmatrix} 50-14-16-18 & 7 & 8 & 9 \\ 0 & 2 & 0 & 0 \\ 0 & 0 & 3 & 0 \\ 0 & 0 & 0 & 4 \end{vmatrix} = 48.$$

例 4 计算行列式 $D=\begin{vmatrix} 1 & 2 & 3 & 4 \\ 1 & 3 & 3 & 4 \\ 1 & 2 & 4 & 4 \\ 1 & 2 & 3 & 5 \end{vmatrix}$.

解 由行列式的性质得

$$D \xlongequal[i=2,3,4]{r_i+(-1)r_1} \begin{vmatrix} 1 & 2 & 3 & 4 \\ 0 & 1 & 0 & 0 \\ 0 & 0 & 1 & 0 \\ 0 & 0 & 0 & 1 \end{vmatrix} = 1.$$

三、习题精练

1. 证明:

(1) $\begin{vmatrix} ax+by & ay+bz & az+bx \\ ay+bz & az+bx & ax+by \\ az+bx & ax+by & ay+bz \end{vmatrix} = (a^3+b^3)\begin{vmatrix} x & y & z \\ y & z & x \\ z & x & y \end{vmatrix}$;

(2) $\begin{vmatrix} a^2 & (a+1)^2 & (a+2)^2 & (a+3)^2 \\ b^2 & (b+1)^2 & (b+2)^2 & (b+3)^2 \\ c^2 & (c+1)^2 & (c+2)^2 & (c+3)^2 \\ d^2 & (d+1)^2 & (d+2)^2 & (d+3)^2 \end{vmatrix} = 0.$

2. 计算行列式 $\begin{vmatrix} 1 & 3 & 1 & 2 \\ 1 & 5 & 3 & -4 \\ 0 & 4 & 1 & -1 \\ -5 & 1 & 3 & -6 \end{vmatrix}$.

3. 计算行列式 $D=\begin{vmatrix} -1 & 1 & 3 & 5 \\ 1 & 3 & 5 & -1 \\ 3 & 5 & -1 & 1 \\ 5 & -1 & 1 & 3 \end{vmatrix}$.

4. 计算行列式$\begin{vmatrix}1&2&3&4\\2&3&4&1\\3&4&1&2\\4&1&2&3\end{vmatrix}$.

5. 求 $n(n\geqslant2)$阶行列式$\begin{vmatrix}a&1&\cdots&1\\1&a&\cdots&1\\\vdots&\vdots&&\vdots\\1&1&\cdots&a\end{vmatrix}$的值.

6. 求行列式$\begin{vmatrix}a_1&1&1&1\\1&a_2&0&0\\1&0&a_3&0\\1&0&0&a_4\end{vmatrix}$的值，其中 $a_1a_2a_3a_4\neq0$.

四、习题解答

1. 证

(1) $$\begin{vmatrix}ax+by&ay+bz&az+bx\\ay+bz&az+bx&ax+by\\az+bx&ax+by&ay+bz\end{vmatrix}\xlongequal[\text{分开}]{\text{按第一列}}a\begin{vmatrix}x&ay+bz&az+bx\\y&az+bx&ax+by\\z&ax+by&ay+bz\end{vmatrix}+b\begin{vmatrix}y&ay+bz&az+bx\\z&az+bx&ax+by\\x&ax+by&ay+bz\end{vmatrix}$$

$$\xlongequal{\text{分别再分}}a^2\begin{vmatrix}x&ay+bz&z\\y&az+bx&x\\z&ax+by&y\end{vmatrix}+0+0+b^2\begin{vmatrix}y&z&az+bx\\z&x&ax+by\\x&y&ay+bz\end{vmatrix}\xlongequal{\text{分别再分}}a^3\begin{vmatrix}x&y&z\\y&z&x\\z&x&y\end{vmatrix}+b^3\begin{vmatrix}y&z&x\\z&x&y\\x&y&z\end{vmatrix}$$

$$=a^3\begin{vmatrix}x&y&z\\y&z&x\\z&x&y\end{vmatrix}+b^3\begin{vmatrix}x&y&z\\y&z&x\\z&x&y\end{vmatrix}(-1)^2=(a^3+b^3)\begin{vmatrix}x&y&z\\y&z&x\\z&x&y\end{vmatrix};$$

(2) $$\begin{vmatrix}a^2&(a+1)^2&(a+2)^2&(a+3)^2\\b^2&(b+1)^2&(b+2)^2&(b+3)^2\\c^2&(c+1)^2&(c+2)^2&(c+3)^2\\d^2&(d+1)^2&(d+2)^2&(d+3)^2\end{vmatrix}=\begin{vmatrix}a^2&a^2+(2a+1)&(a+2)^2&(a+3)^2\\b^2&b^2+(2b+1)&(b+2)^2&(b+3)^2\\c^2&c^2+(2c+1)&(c+2)^2&(c+3)^2\\d^2&d^2+(2d+1)&(d+2)^2&(d+3)^2\end{vmatrix}$$

$$\xlongequal[\substack{c_3-c_1\\c_4-c_1}]{c_2-c_1}\begin{vmatrix}a^2&2a+1&4a+4&6a+9\\b^2&2b+1&4b+4&6b+9\\c^2&2c+1&4c+4&6c+9\\d^2&2d+1&4d+4&6d+9\end{vmatrix}$$

$$\xlongequal[\text{分成二项}]{\text{按第二列}}2\begin{vmatrix}a^2&a&4a+4&6a+9\\b^2&b&4b+4&6b+9\\c^2&c&4c+4&6c+9\\d^2&d&4d+4&6d+9\end{vmatrix}+\begin{vmatrix}a^2&1&4a+4&6a+9\\b^2&1&4b+4&6b+9\\c^2&1&4c+4&6c+9\\d^2&1&4d+4&6d+9\end{vmatrix}$$

$$\xlongequal[\text{第二项}\substack{c_3-4c_2\\c_4-9c_2}]{\text{第一项}\substack{c_3-4c_2\\c_4-6c_2}}2\begin{vmatrix}a^2&a&4&9\\b^2&b&4&9\\c^2&c&4&9\\d^2&d&4&9\end{vmatrix}+\begin{vmatrix}a^2&1&4a&6a\\b^2&1&4b&6b\\c^2&1&4c&6c\\d^2&1&4d&6d\end{vmatrix}=0.$$

2. 解 $\begin{vmatrix} 1 & 3 & 1 & 2 \\ 1 & 5 & 3 & -4 \\ 0 & 4 & 1 & -1 \\ -5 & 1 & 3 & -6 \end{vmatrix} = -8\begin{vmatrix} 1 & 3 & 1 & 2 \\ 0 & 1 & 1 & -3 \\ 0 & 0 & 1 & 2 \\ 0 & 0 & 0 & 17 \end{vmatrix} = -136.$

3. 解 $D = \begin{vmatrix} -1 & 1 & 3 & 5 \\ 0 & 4 & 8 & 4 \\ 0 & 8 & 8 & 16 \\ 0 & 4 & 16 & 28 \end{vmatrix} = \begin{vmatrix} -1 & 1 & 3 & 5 \\ 0 & 4 & 8 & 4 \\ 0 & 0 & -8 & 8 \\ 0 & 0 & 0 & 32 \end{vmatrix} = 1024.$

4. 解 $\begin{vmatrix} 1 & 2 & 3 & 4 \\ 2 & 3 & 4 & 1 \\ 3 & 4 & 1 & 2 \\ 4 & 1 & 2 & 3 \end{vmatrix} = 10\begin{vmatrix} 1 & 1 & 1 & 1 \\ 0 & 1 & 2 & -1 \\ 0 & 0 & -4 & 0 \\ 0 & 0 & 0 & -4 \end{vmatrix} = 160.$

5. 解 $\begin{vmatrix} a & 1 & \cdots & 1 \\ 1 & a & \cdots & 1 \\ \vdots & \vdots & & \vdots \\ 1 & 1 & \cdots & a \end{vmatrix} = (a+n-1)\begin{vmatrix} 1 & 1 & \cdots & 1 \\ 1 & a & \cdots & 1 \\ \vdots & \vdots & & \vdots \\ 1 & 1 & \cdots & a \end{vmatrix}$

$$= (a+n-1)\begin{vmatrix} 1 & 1 & \cdots & 1 \\ 0 & a-1 & \cdots & 0 \\ \vdots & \vdots & & \vdots \\ 0 & 0 & \cdots & a-1 \end{vmatrix} = (a+n-1)(a-1)^{n-1}.$$

6. 解 $\begin{vmatrix} a_1 & 1 & 1 & 1 \\ 1 & a_2 & 0 & 0 \\ 1 & 0 & a_3 & 0 \\ 1 & 0 & 0 & a_4 \end{vmatrix} = \begin{vmatrix} a_1 - \frac{1}{a_2} - \frac{1}{a_3} - \frac{1}{a_4} & 1 & 1 & 1 \\ 0 & a_2 & 0 & 0 \\ 0 & 0 & a_3 & 0 \\ 0 & 0 & 0 & a_4 \end{vmatrix} = \left(a_1 - \frac{1}{a_2} - \frac{1}{a_3} - \frac{1}{a_4}\right)a_2a_3a_4.$

1.3 行列式按行(列)展开

一、知识要点

1. 余子式和代数余子式

设有 n 阶行列式 $D_n = \begin{vmatrix} a_{11} & a_{12} & \cdots & a_{1n} \\ a_{21} & a_{22} & \cdots & a_{2n} \\ \vdots & \vdots & & \vdots \\ a_{n1} & a_{n2} & \cdots & a_{nn} \end{vmatrix}$，元素 a_{ij}的余子式 M_{ij}是指去掉 a_{ij}所在的第 i 行和第 j 列后所得的 $n-1$ 阶行列式，元素 a_{ij}的代数余子式 $A_{ij}=(-1)^{i+j}M_{ij}$.

2. 行列式展开定理

定理1 设 $D=\begin{vmatrix} a_{11} & a_{12} & \cdots & a_{1n} \\ a_{21} & a_{22} & \cdots & a_{2n} \\ \vdots & \vdots & & \vdots \\ a_{n1} & a_{n2} & \cdots & a_{nn} \end{vmatrix}$，$A_{ij}(1\leqslant i,\ j\leqslant n)$ 为 D 的 (i,j) 元 a_{ij} 的代数余子式，则

(1) $D=a_{k1}A_{k1}+a_{k2}A_{k2}+\cdots+a_{kn}A_{kn}=\sum_{j=1}^{n}a_{kj}A_{kj},\forall k\in\{1,2,\cdots,n\}$；

(2) $D=a_{1l}A_{1l}+a_{2l}A_{2l}+\cdots+a_{nl}A_{nl}=\sum_{i=1}^{n}a_{il}A_{il},\forall l\in\{1,2,\cdots,n\}$.

定理2 设 $D=\begin{vmatrix} a_{11} & a_{12} & \cdots & a_{1n} \\ a_{21} & a_{22} & \cdots & a_{2n} \\ \vdots & \vdots & & \vdots \\ a_{n1} & a_{n2} & \cdots & a_{nn} \end{vmatrix}$，$A_{ij}(1\leqslant i,j\leqslant n)$ 为 D 的 (i,j) 元 a_{ij} 的代数余子式，则

(1) $\sum_{j=1}^{n}a_{ij}A_{kj}=a_{i1}A_{k1}+a_{i2}A_{k2}+\cdots+a_{in}A_{kn}=0,\forall i\neq k$;

(2) $\sum_{i=1}^{n}a_{il}A_{ij}=a_{1l}A_{1j}+a_{2l}A_{2j}+\cdots+a_{nl}A_{nj}=0,\forall l\neq j.$

3. 范德蒙德(Vandermonde)行列式

当 $n\geqslant 2$ 时，$D_n=\begin{vmatrix} 1 & 1 & \cdots & 1 & 1 \\ a_1 & a_2 & \cdots & a_{n-1} & a_n \\ a_1^2 & a_2^2 & \cdots & a_{n-1}^2 & a_n^2 \\ \vdots & \vdots & & \vdots & \vdots \\ a_1^{n-2} & a_2^{n-2} & \cdots & a_{n-1}^{n-2} & a_n^{n-2} \\ a_1^{n-1} & a_2^{n-1} & \cdots & a_{n-1}^{n-1} & a_n^{n-1} \end{vmatrix}$

$$=(a_n-a_1)(a_n-a_2)\cdots(a_n-a_{n-1})\cdot(a_{n-1}-a_1)(a_{n-1}-a_2)\cdots$$
$$(a_{n-1}-a_{n-2})\cdots(a_3-a_1)(a_3-a_2)(a_2-a_1)=\prod_{1\leqslant j<i\leqslant n}(a_i-a_j).$$

二、例题分析

例1

设4阶行列式 $D=\begin{vmatrix} a & b & c & d \\ d & b & a & c \\ c & b & d & a \\ d & b & c & a \end{vmatrix}$，则 $A_{13}+A_{23}+A_{33}+A_{43}=$________.

解 应填0.

构造行列式 $\begin{vmatrix} a & b & 1 & d \\ d & b & 1 & c \\ c & b & 1 & a \\ d & b & 1 & a \end{vmatrix}$，把它按第三列展开得到

$$\begin{vmatrix} a & b & 1 & d \\ d & b & 1 & c \\ c & b & 1 & a \\ d & b & 1 & a \end{vmatrix} = 1\times A_{13}+1\times A_{23}+1\times A_{33}+1\times A_{43}=A_{13}+A_{23}+A_{33}+A_{43},$$

故 $A_{13}+A_{23}+A_{33}+A_{43}=\begin{vmatrix} a & b & 1 & d \\ d & b & 1 & c \\ c & b & 1 & a \\ d & b & 1 & a \end{vmatrix}=0.$

例 2

计算行列式 $\begin{vmatrix} 4 & 1 & 2 & 4 \\ 1 & 2 & 0 & 2 \\ 10 & 5 & 2 & 0 \\ 0 & 1 & 1 & 7 \end{vmatrix}$.

解 $$\begin{vmatrix} 4 & 1 & 2 & 4 \\ 1 & 2 & 0 & 2 \\ 10 & 5 & 2 & 0 \\ 0 & 1 & 1 & 7 \end{vmatrix} \xlongequal[c_4-7c_3]{c_2-c_3} \begin{vmatrix} 4 & -1 & 2 & -10 \\ 1 & 2 & 0 & 2 \\ 10 & 3 & 2 & -14 \\ 0 & 0 & 1 & 0 \end{vmatrix} = \begin{vmatrix} 4 & -1 & -10 \\ 1 & 2 & 2 \\ 10 & 3 & -14 \end{vmatrix}\times(-1)^{4+3}$$

$$= \begin{vmatrix} 4 & -1 & 10 \\ 1 & 2 & -2 \\ 10 & 3 & 14 \end{vmatrix} \xlongequal[c_1+\frac{1}{2}c_3]{c_2+c_3} \begin{vmatrix} 9 & 9 & 10 \\ 0 & 0 & -2 \\ 17 & 17 & 14 \end{vmatrix}=0.$$

例 3

计算行列式 $\begin{vmatrix} a & 1 & 0 & 0 \\ -1 & b & 1 & 0 \\ 0 & -1 & c & 1 \\ 0 & 0 & -1 & d \end{vmatrix}$.

解 $$\begin{vmatrix} a & 1 & 0 & 0 \\ -1 & b & 1 & 0 \\ 0 & -1 & c & 1 \\ 0 & 0 & -1 & d \end{vmatrix} \xlongequal{r_1+ar_2} \begin{vmatrix} 0 & 1+ab & a & 0 \\ -1 & b & 1 & 0 \\ 0 & -1 & c & 1 \\ 0 & 0 & -1 & d \end{vmatrix}$$

$$=(-1)(-1)^{2+1}\begin{vmatrix} 1+ab & a & 0 \\ -1 & c & 1 \\ 0 & -1 & d \end{vmatrix} \xlongequal{c_3+dc_2} \begin{vmatrix} 1+ab & a & ad \\ -1 & c & 1+cd \\ 0 & -1 & 0 \end{vmatrix}$$

$$=(-1)(-1)^{3+2}\begin{vmatrix} 1+ab & ad \\ -1 & 1+cd \end{vmatrix}=abcd+ab+cd+ad+1.$$

例 4

证明：$\begin{vmatrix} a^2 & ab & b^2 \\ 2a & a+b & 2b \\ 1 & 1 & 1 \end{vmatrix}=(a-b)^3$.

证 $$\begin{vmatrix} a^2 & ab & b^2 \\ 2a & a+b & 2b \\ 1 & 1 & 1 \end{vmatrix} \xlongequal[c_3-c_1]{c_2-c_1} \begin{vmatrix} a^2 & ab-a^2 & b^2-a^2 \\ 2a & b-a & 2b-2a \\ 1 & 0 & 0 \end{vmatrix}$$

$$=(-1)^{3+1}\begin{vmatrix} ab-a^2 & b^2-a^2 \\ b-a & 2b-2a \end{vmatrix}$$

$$=(b-a)(b-a)\begin{vmatrix} a & b+a \\ 1 & 2 \end{vmatrix}=(a-b)^3.$$

例 5 证明：

$$\begin{vmatrix} 1 & 1 & 1 & 1 \\ a & b & c & d \\ a^2 & b^2 & c^2 & d^2 \\ a^4 & b^4 & c^4 & d^4 \end{vmatrix}=(a-b)(a-c)(a-d)(b-c)(b-d)(c-d)(a+b+c+d).$$

证 $\begin{vmatrix} 1 & 1 & 1 & 1 \\ a & b & c & d \\ a^2 & b^2 & c^2 & d^2 \\ a^4 & b^4 & c^4 & d^4 \end{vmatrix}=\begin{vmatrix} 1 & 0 & 0 & 0 \\ a & b-a & c-a & d-a \\ a^2 & b^2-a^2 & c^2-a^2 & d^2-a^2 \\ a^4 & b^4-a^4 & c^4-a^4 & d^4-a^4 \end{vmatrix}$

$$=\begin{vmatrix} b-a & c-a & d-a \\ b^2-a^2 & c^2-a^2 & d^2-a^2 \\ b^2(b^2-a^2) & c^2(c^2-a^2) & d^2(d^2-a^2) \end{vmatrix}$$

$$=(b-a)(c-a)(d-a)\begin{vmatrix} 1 & 1 & 1 \\ b+a & c+a & d+a \\ b^2(b+a) & c^2(c+a) & d^2(d+a) \end{vmatrix}$$

$$=(b-a)(c-a)(d-a)\times$$

$$\begin{vmatrix} 1 & 0 & 0 \\ b+a & c-b & d-b \\ b^2(b+a) & c^2(c+a)-b^2(b+a) & d^2(d+a)-b^2(b+a) \end{vmatrix}$$

$$=(b-a)(c-a)(d-a)(c-b)(d-b)\times$$

$$\begin{vmatrix} 1 & 1 \\ (c^2+bc+b^2)+a(c+b) & (d^2+bd+b^2)+a(d+b) \end{vmatrix}$$

$$=(a-b)(a-c)(a-d)(b-c)(b-d)(c-d)(a+b+c+d).$$

三、习题精练

1. 设 n 阶行列式 $D=\det(a_{ij})$，把 D 上下翻转或逆时针旋转 90°或依副对角线翻转，依次得

$$D_1=\begin{vmatrix} a_{n1} & \cdots & a_{nn} \\ \vdots & & \vdots \\ a_{11} & \cdots & a_{1n} \end{vmatrix},D_2=\begin{vmatrix} a_{n1} & \cdots & a_{nn} \\ \vdots & & \vdots \\ a_{11} & \cdots & a_{n1} \end{vmatrix},D_3=\begin{vmatrix} a_{nn} & \cdots & a_{1n} \\ \vdots & & \vdots \\ a_{n1} & \cdots & a_{11} \end{vmatrix},$$

证明：$D_1=D_2=(-1)^{\frac{n(n-1)}{2}}D$，$D_3=D$.

2. 已知 4 阶行列式 $D=\begin{vmatrix}1&-1&3&0\\-2&0&4&1\\3&4&-1&7\\4&-3&5&9\end{vmatrix}$，$A_{ij}(i,j=1,2,3,4)$为 D 的代数余子式，则 $3A_{41}+4A_{42}-A_{43}+7A_{44}=$________.

3. 设行列式 $D=\begin{vmatrix}9&3&0\\5&5&5\\6&5&7\end{vmatrix}$，$A_{ij}$ 为 D 中元素 a_{ij} 的代数余子式，则 $A_{31}+A_{32}+A_{33}=$________.

4. 计算行列式$\begin{vmatrix}1&3&-1&0\\2&0&1&2\\-1&1&2&5\\3&0&1&2\end{vmatrix}$.

5. 对于行列式$\begin{vmatrix}x&a&a&a\\a&x&a&a\\a&a&x&a\\a&a&a&a\end{vmatrix}$，$A_{ij}$为 a_{ij}的代数余子式，$A_{11}+A_{12}+A_{13}+A_{14}=$________.

6. 设 $A_{i3}(i=1,2,3)$是行列式$\begin{vmatrix}a&x&z\\a&y&x\\a&z&y\end{vmatrix}$中第三列元素的代数余子式，则 $A_{13}+A_{23}+A_{33}=$________.

7. 行列式$\begin{vmatrix}2&0&0&0&2\\-1&2&0&0&a_{25}\\0&-1&2&0&2\\0&0&-1&2&2\\0&0&0&-1&2\end{vmatrix}$中，元素 a_{25}的代数余子式 $A_{25}=$________.

8. 计算行列式$\begin{vmatrix}3&4&5&11\\2&5&4&9\\5&3&2&12\\14&-11&21&29\end{vmatrix}$.

9. 求行列式$\begin{vmatrix}3&0&-1&1\\0&3&1&-1\\-1&1&3&0\\1&-1&0&3\end{vmatrix}$的值.

10. 计算行列式$\begin{vmatrix}2&1&1&1\\4&2&1&-1\\2&1&-1&1\\0&2&1&-2\end{vmatrix}$.

四、习题解答

1. 证　因为 $D=\det(a_{ij})$，

所以 $D_1=\begin{vmatrix} a_{n1} & \cdots & a_{nn} \\ \vdots & & \vdots \\ a_{11} & \cdots & a_{1n} \end{vmatrix}=(-1)^{n-1}\begin{vmatrix} a_{11} & \cdots & a_{1n} \\ a_{n1} & \cdots & a_{nn} \\ \vdots & & \vdots \\ a_{21} & \cdots & a_{2n} \end{vmatrix}=(-1)^{n-1}(-1)^{n-2}\begin{vmatrix} a_{11} & \cdots & a_{1n} \\ a_{21} & \cdots & a_{2n} \\ a_{n1} & \cdots & a_{nn} \\ \vdots & & \vdots \\ a_{31} & \cdots & a_{3n} \end{vmatrix}=\cdots$

$$=(-1)^{n-1}(-1)^{n-2}\cdots(-1)\begin{vmatrix} a_{11} & \cdots & a_{1n} \\ \vdots & & \vdots \\ a_{n1} & \cdots & a_{nn} \end{vmatrix}$$

$$=(-1)^{1+2+\cdots+(n-2)+(n-1)}D=(-1)^{\frac{n(n-1)}{2}}D.$$

同理可证 $D_2=(-1)^{\frac{n(n-1)}{2}}\begin{vmatrix} a_{11} & \cdots & a_{n1} \\ \vdots & & \vdots \\ a_{1n} & \cdots & a_{nn} \end{vmatrix}=(-1)^{\frac{n(n-1)}{2}}D^{\mathrm{T}}=(-1)^{\frac{n(n-1)}{2}}D$，

$$D_3=(-1)^{\frac{n(n-1)}{2}}D_2=(-1)^{\frac{n(n-1)}{2}}(-1)^{\frac{n(n-1)}{2}}D=(-1)^{n(n-1)}D=D.$$

2. 解　$3A_{41}+4A_{42}-A_{43}+7A_{44}=\begin{vmatrix} 1 & -1 & 3 & 0 \\ -2 & 0 & 4 & 1 \\ 3 & 4 & -1 & 7 \\ 3 & 4 & -1 & 7 \end{vmatrix}=0.$

3. 解　$A_{31}+A_{32}+A_{33}=\begin{vmatrix} 9 & 3 & 0 \\ 5 & 5 & 5 \\ 1 & 1 & 1 \end{vmatrix}=0.$

4. 解　$\begin{vmatrix} 1 & 3 & -1 & 0 \\ 2 & 0 & 1 & 2 \\ -1 & 1 & 2 & 5 \\ 3 & 0 & 1 & 2 \end{vmatrix}=\begin{vmatrix} 1 & 3 & -1 & 0 \\ 2 & -6 & 3 & 2 \\ 0 & 4 & 1 & 5 \\ 0 & -9 & 4 & 2 \end{vmatrix}=\begin{vmatrix} 1 & 3 & -1 & 0 \\ 0 & -6 & 3 & 2 \\ 0 & 4 & 1 & 5 \\ 0 & -1 & 6 & 12 \end{vmatrix}$

$$=\begin{vmatrix} -6 & 3 & 2 \\ 4 & 1 & 5 \\ -1 & 6 & 12 \end{vmatrix}=\begin{vmatrix} -1 & 6 & 12 \\ 0 & -33 & -70 \\ 0 & 25 & 53 \end{vmatrix}=-1.$$

5. 解　$A_{11}+A_{12}+A_{13}+A_{14}=\begin{vmatrix} 1 & 1 & 1 & 1 \\ a & x & a & a \\ a & a & x & a \\ a & a & a & a \end{vmatrix}=0.$

6. 解 $A_{13}+A_{23}+A_{33}=\begin{vmatrix} a & x & 1 \\ a & y & 1 \\ a & z & 1 \end{vmatrix}=0.$

7. 解 $A_{25}=(-1)^{2+5}\begin{vmatrix} 2 & 0 & 0 & 0 \\ 0 & -1 & 2 & 0 \\ 0 & 0 & -1 & 2 \\ 0 & 0 & 0 & -1 \end{vmatrix}=-(-2)=2.$

8. 解 $\begin{vmatrix} 3 & 4 & 5 & 11 \\ 2 & 5 & 4 & 9 \\ 5 & 3 & 2 & 12 \\ 14 & -11 & 21 & 29 \end{vmatrix}=\begin{vmatrix} 1 & -1 & 1 & 2 \\ 2 & 5 & 4 & 9 \\ 5 & 3 & 2 & 12 \\ 14 & -11 & 21 & 29 \end{vmatrix}=\begin{vmatrix} 1 & 0 & 0 & 0 \\ 2 & 7 & 2 & 5 \\ 5 & 8 & -3 & 2 \\ 14 & 3 & 7 & 1 \end{vmatrix}$

$=\begin{vmatrix} 7 & 2 & 5 \\ 8 & -3 & 2 \\ 3 & 7 & 1 \end{vmatrix}=\begin{vmatrix} -8 & -33 & 0 \\ 2 & -17 & 0 \\ 3 & 7 & 1 \end{vmatrix}=\begin{vmatrix} -8 & -33 \\ 2 & -17 \end{vmatrix}=202.$

9. 解 $\begin{vmatrix} 3 & 0 & -1 & 1 \\ 0 & 3 & 1 & -1 \\ -1 & 1 & 3 & 0 \\ 1 & -1 & 0 & 3 \end{vmatrix}=3\begin{vmatrix} 1 & 1 & 1 & 1 \\ 0 & 3 & 1 & -1 \\ -1 & 1 & 3 & 0 \\ 1 & -1 & 0 & 3 \end{vmatrix}=3\begin{vmatrix} 1 & 1 & 1 & 1 \\ 0 & 3 & 1 & -1 \\ 0 & 2 & 4 & 1 \\ 0 & -2 & -1 & 2 \end{vmatrix}$

$=3\begin{vmatrix} 3 & 1 & -1 \\ 2 & 4 & 1 \\ -2 & -1 & 2 \end{vmatrix}=3\begin{vmatrix} 0 & 0 & -1 \\ 5 & 5 & 1 \\ 4 & 1 & 2 \end{vmatrix}=-3\begin{vmatrix} 5 & 5 \\ 4 & 1 \end{vmatrix}=45.$

10. 解 $\begin{vmatrix} 2 & 1 & 1 & 1 \\ 4 & 2 & 1 & -1 \\ 2 & 1 & -1 & 1 \\ 0 & 2 & 1 & -2 \end{vmatrix}=\begin{vmatrix} 0 & 0 & 2 & 0 \\ 0 & 0 & 3 & -3 \\ 2 & 1 & -1 & 1 \\ 0 & 2 & 1 & -2 \end{vmatrix}=2\begin{vmatrix} 0 & 2 & 0 \\ 0 & 3 & -3 \\ 2 & 1 & -2 \end{vmatrix}=4\begin{vmatrix} 2 & 0 \\ 3 & -3 \end{vmatrix}=-24.$

1.4 克拉默法则

一、知识要点

1. 克拉默法则

如果线性方程组

$$\begin{cases} a_{11}x_1+a_{12}x_2+\cdots+a_{1n}x_n=b_1, \\ a_{21}x_1+a_{22}x_2+\cdots+a_{2n}x_n=b_2, \\ \qquad\vdots \\ a_{n1}x_1+a_{n2}x_2+\cdots+a_{nn}x_n=b_n \end{cases}$$

的系数行列式 $D=\begin{vmatrix} a_{11} & a_{12} & \cdots & a_{1n} \\ a_{21} & a_{22} & \cdots & a_{2n} \\ \vdots & \vdots & & \vdots \\ a_{n1} & a_{n2} & \cdots & a_{nn} \end{vmatrix}\neq 0$，则方程组有唯一的解

$$x_1=\frac{D_1}{D},\ x_2=\frac{D_2}{D},\ \cdots,\ x_n=\frac{D_n}{D}.$$

其中 $D_j(j=1,2,\cdots,n)$ 是把系数行列式中第 j 列的元素换成方程组的常数项 $b_1,b_2,\cdots,b_n$ 所构成的行列式.

2. 如果线性方程组

$$\begin{cases} a_{11}x_1+a_{12}x_2+\cdots+a_{1n}x_n=0, \\ a_{21}x_1+a_{22}x_2+\cdots+a_{2n}x_n=0, \\ \qquad\qquad\vdots \\ a_{n1}x_1+a_{n2}x_2+\cdots+a_{nn}x_n=0 \end{cases}$$

的系数行列式 $D\neq 0$，则方程组只有零解；若 $D=0$，则方程组有非零解，反之亦然.

二、例题分析

例 1 解线性方程组

$$\begin{cases} x_1-x_2+x_3-2x_4=2, \\ 2x_1-x_3+4x_4=4, \\ 3x_1+2x_2+x_3=-1, \\ -x_1+2x_2-x_3+2x_4=-4. \end{cases}$$

解 因为系数行列式

$$D=\begin{vmatrix} 1 & -1 & 1 & -2 \\ 2 & 0 & -1 & 4 \\ 3 & 2 & 1 & 0 \\ -1 & 2 & -1 & 2 \end{vmatrix}=-2\neq 0,$$

所以方程组有唯一解.

$$D_1=\begin{vmatrix} 2 & -1 & 1 & -2 \\ 4 & 0 & -1 & 4 \\ -1 & 2 & 1 & 0 \\ -4 & 2 & -1 & 2 \end{vmatrix}=-2,\quad D_2=\begin{vmatrix} 1 & 2 & 1 & -2 \\ 2 & 4 & -1 & 4 \\ 3 & -1 & 1 & 0 \\ -1 & -4 & -1 & 2 \end{vmatrix}=4,$$

$$D_3=\begin{vmatrix} 1 & -1 & 2 & -2 \\ 2 & 0 & 4 & 4 \\ 3 & 2 & -1 & 0 \\ -1 & 2 & -4 & 2 \end{vmatrix}=0,\quad D_4=\begin{vmatrix} 1 & -1 & 1 & 2 \\ 2 & 0 & -1 & 4 \\ 3 & 2 & 1 & -1 \\ -1 & 2 & -1 & -4 \end{vmatrix}=-1,$$

于是得

$$x_1=1,\ x_2=-2,\ x_3=0,\ x_4=\frac{1}{2}.$$

例2 已知多项式函数 $f(x)=a_0+a_1x+a_2x^2+a_3x^3$ 在 $x=\pm1$，$x=\pm2$ 处的值分别为 $f(1)=f(-1)=f(2)=6$，$f(-2)=-6$，试求 $f(x)$.

解 将 $x=\pm1$，$x=\pm2$ 代入函数 $f(x)$，由题设得到关于 a_0,a_1,a_2,a_3 的线性方程组

$$\begin{cases}a_0+a_1+a_2+a_3=6,\\ a_0+a_1(-1)+a_2(-1)^2+a_3(-1)^3=6,\\ a_0+a_12+a_22^2+a_32^3=6,\\ a_0+a_1(-2)+a_2(-2)^2+a_3(-2)^3=-6.\end{cases}$$

它的系数行列式是范德蒙德行列式的转置行列式

$$D=\begin{vmatrix}1&1&1&1\\1&-1&1&-1\\1&2&4&8\\1&-2&4&-8\end{vmatrix}=72,\quad D_0=\begin{vmatrix}6&1&1&1\\6&-1&1&-1\\6&2&4&8\\-6&-2&4&-8\end{vmatrix}=576,$$

类似计算得 $D_1=-72$，$D_2=-144$，$D_3=72$，由克拉默法则，得

$$a_0=8,\ a_1=-1,\ a_2=-2,\ a_3=1,$$

从而

$$f(x)=8-x-2x^2+x^3.$$

例3 已知齐次线性方程组

$$\begin{cases}\lambda x_1+2x_2+2x_3=0,\\ 2x_1+\lambda x_2+2x_3=0,\\ 2x_1+2x_2+\lambda x_3=0\end{cases}$$

有非零解，问 λ 取何值？

解 由已知方程组有非零解，该齐次线性方程组的系数行列式 $D=0$，即

$$\begin{vmatrix}\lambda&2&2\\2&\lambda&2\\2&2&\lambda\end{vmatrix}=(\lambda+4)(\lambda-2)^2=0,$$

所以 λ 应取 2 或 -4.

三、习题精练

1. 用克拉默法则解下列方程组：

(1) $\begin{cases}x_1+x_2+x_3+x_4=5,\\ x_1+2x_2-x_3+4x_4=-2,\\ 2x_1-3x_2-x_3-5x_4=-2,\\ 3x_1+x_2+2x_3+11x_4=0;\end{cases}$

(2) $\begin{cases}5x_1+6x_2=1,\\ x_1+5x_2+6x_3=0,\\ x_2+5x_3+6x_4=0,\\ x_3+5x_4+6x_5=0,\\ x_4+5x_5=1.\end{cases}$

2. 问 λ，μ 取何值时，齐次线性方程组 $\begin{cases}\lambda x_1 + x_2 + x_3 = 0, \\ x_1 + \mu x_2 + x_3 = 0, \\ x_1 + 2\mu x_2 + x_3 = 0\end{cases}$ 有非零解？

四、习题解答

1. 解

(1)

$$D = \begin{vmatrix} 1 & 1 & 1 & 1 \\ 1 & 2 & -1 & 4 \\ 2 & -3 & -1 & -5 \\ 3 & 1 & 2 & 11 \end{vmatrix} = \begin{vmatrix} 1 & 1 & 1 & 1 \\ 0 & 1 & -2 & 3 \\ 0 & -5 & -3 & -7 \\ 0 & -2 & -1 & 8 \end{vmatrix}$$

$$= \begin{vmatrix} 1 & 1 & 1 & 1 \\ 0 & 1 & -2 & 3 \\ 0 & 0 & -13 & 8 \\ 0 & 0 & -5 & 14 \end{vmatrix} = \begin{vmatrix} 1 & 1 & 1 & 1 \\ 0 & 1 & -2 & 3 \\ 0 & 0 & -1 & -54 \\ 0 & 0 & 0 & 142 \end{vmatrix} = -142,$$

$$D_1 = \begin{vmatrix} 5 & 1 & 1 & 1 \\ -2 & 2 & -1 & 4 \\ -2 & -3 & -1 & -5 \\ 0 & 1 & 2 & 11 \end{vmatrix} = \begin{vmatrix} 1 & -5 & -1 & -9 \\ 0 & 1 & 2 & 11 \\ 0 & 0 & -1 & 38 \\ 0 & 0 & 0 & 142 \end{vmatrix} = -142,$$

$$D_2 = \begin{vmatrix} 1 & 5 & 1 & 1 \\ 1 & -2 & -1 & 4 \\ 2 & -2 & -1 & -5 \\ 3 & 0 & 2 & 11 \end{vmatrix} = \begin{vmatrix} 1 & 5 & 1 & 1 \\ 0 & -1 & 3 & 2 \\ 0 & 0 & -1 & -19 \\ 0 & 0 & 0 & -284 \end{vmatrix} = -284,$$

$$D_3 = \begin{vmatrix} 1 & 1 & 5 & 1 \\ 1 & 2 & -2 & 4 \\ 2 & -3 & -2 & -5 \\ 3 & 1 & 0 & 11 \end{vmatrix} = -426,\quad D_4 = \begin{vmatrix} 1 & 1 & 1 & 5 \\ 1 & 2 & -1 & -2 \\ 2 & -3 & -1 & -2 \\ 3 & 1 & 2 & 0 \end{vmatrix} = 142,$$

所以 $x_1 = \frac{D_1}{D} = 1$，$x_2 = \frac{D_2}{D} = 2$，$x_3 = \frac{D_3}{D} = 3$，$x_4 = \frac{D_4}{D} = -1$；

(2) $$D = \begin{vmatrix} 5 & 6 & 0 & 0 & 0 \\ 1 & 5 & 6 & 0 & 0 \\ 0 & 1 & 5 & 6 & 0 \\ 0 & 0 & 1 & 5 & 6 \\ 0 & 0 & 0 & 1 & 5 \end{vmatrix} \xlongequal[\text{展开}]{\text{按最后一行}} 5D' - \begin{vmatrix} 5 & 6 & 0 & 0 \\ 1 & 5 & 6 & 0 \\ 0 & 1 & 5 & 0 \\ 0 & 0 & 1 & 6 \end{vmatrix} = 5D' - 6D''$$

$$= 5(5D'' - 6D''') - 6D'' = 19D'' - 30D'''$$

$$= 65D''' - 114D'''' = 65 \times 19 - 114 \times 5 = 665.$$

（D'为行列式 D 中 a_{11} 的余子式，D''为 D' 中 a'_{11} 的余子式，D'''，D''''类推.）

$$D_1=\begin{vmatrix}1&6&0&0&0\\0&5&6&0&0\\0&1&5&6&0\\0&0&1&5&6\\1&0&0&1&5\end{vmatrix}=1507,$$

$$D_2=\begin{vmatrix}5&1&0&0&0\\1&0&6&0&0\\0&0&5&6&0\\0&0&1&5&6\\0&1&0&1&5\end{vmatrix}=-1145,$$

$$D_3=\begin{vmatrix}5&6&1&0&0\\1&5&0&0&0\\0&1&0&6&0\\0&0&0&5&6\\0&0&1&1&5\end{vmatrix}=703,$$

$$D_4=\begin{vmatrix}5&6&0&1&0\\1&5&6&0&0\\0&1&5&0&0\\0&0&1&0&6\\0&0&0&1&5\end{vmatrix}=-395,$$

$$D_5=\begin{vmatrix}5&6&0&0&1\\1&5&6&0&0\\0&1&5&6&0\\0&0&1&5&0\\0&0&0&1&1\end{vmatrix}=212,$$

所以 $x_1=\dfrac{1507}{665}$；$x_2=-\dfrac{1145}{665}=-\dfrac{229}{133}$；$x_3=\dfrac{703}{665}$；$x_4=\dfrac{-395}{665}=-\dfrac{79}{133}$；$x_5=\dfrac{212}{665}$.

2. 解　该方程组的系数行列式记为

$$D=\begin{vmatrix}\lambda&1&1\\1&\mu&1\\1&2\mu&1\end{vmatrix}=\mu-\mu\lambda,$$

齐次线性方程组有非零解，则 $D=0$，

即 $$\mu-\mu\lambda=0,$$

得 $$\mu=0\text{ 或 }\lambda=1,$$

不难验证，当 $\mu=0$ 或 $\lambda=1$ 时，该齐次线性方程组确有非零解.

1.5 专题一

1.（数学三，2024）设矩阵 $A=\begin{pmatrix} a+1 & b & 3 \\ a & \frac{b}{2} & 1 \\ 1 & 1 & 2 \end{pmatrix}$，$M_{ij}$表示$A$的第$i$行$j$列元素的余子式．若 $|A|=-\frac{1}{2}$，且 $-M_{21}+M_{22}-M_{23}=0$，则（　　）．

(A) $a=0$ 或 $a=-\frac{3}{2}$　　(B) $a=0$ 或 $a=\frac{3}{2}$

(C) $b=1$ 或 $b=-\frac{1}{2}$　　(D) $b=-1$ 或 $b=\frac{1}{2}$

解　应选(B)．

由 $-M_{21}+M_{22}-M_{23}=0$，得 $A_{21}+A_{22}+A_{23}=0$，则

$$\begin{vmatrix} a+1 & b & 3 \\ 1 & 1 & 1 \\ 1 & 1 & 2 \end{vmatrix}=\begin{vmatrix} 0 & b-a-1 & 2-a \\ 1 & 1 & 1 \\ 0 & 0 & 1 \end{vmatrix}=a-b+1=0,$$

于是 $b=a+1$．

$$|A|=\begin{vmatrix} a+1 & a+1 & 3 \\ a & \frac{a+1}{2} & 1 \\ 1 & 1 & 2 \end{vmatrix}=\frac{(1-a)(2a-1)}{2}=-\frac{1}{2}，得 a=0 或 a=\frac{3}{2},$$

故选(B)．

2.（数学三，2021）多项式 $f(x)=\begin{vmatrix} x & x & 1 & 2x \\ 1 & x & 2 & -1 \\ 2 & 1 & x & 1 \\ 2 & -1 & 1 & x \end{vmatrix}$ 中，x^3 项的系数为______．

解　应填 -5．

$$f(x)=\begin{vmatrix} x & x & 1 & 2x \\ 1 & x & 2 & -1 \\ 2 & 1 & x & 1 \\ 2 & -1 & 1 & x \end{vmatrix}=x\begin{vmatrix} x & 2 & -1 \\ 1 & x & 1 \\ -1 & 1 & x \end{vmatrix}-x\begin{vmatrix} 1 & 2 & -1 \\ 2 & x & 1 \\ 2 & 1 & x \end{vmatrix}+\begin{vmatrix} 1 & x & -1 \\ 2 & 1 & 1 \\ 2 & -1 & x \end{vmatrix}-2x\begin{vmatrix} 1 & x & 2 \\ 2 & 1 & x \\ 2 & -1 & 1 \end{vmatrix},$$

所得展开式含 x^3 的项有 $-x^3$，$-4x^3$，故 x^3 项的系数为 -5．

3.（数学二，2019）已知矩阵 $A=\begin{pmatrix} 1 & -1 & 0 & 0 \\ -2 & 1 & -1 & 1 \\ 3 & -2 & 2 & -1 \\ 0 & 0 & 3 & 4 \end{pmatrix}$，$A_{ij}$表示$A$中$i$行$j$列元素的代

数余子式，则 $A_{11}-A_{12}=$ ______.

解 应填 -4.

$$A_{11}-A_{12}=\begin{vmatrix}1&-1&0&0\\-2&1&-1&1\\3&-2&2&-1\\0&0&3&4\end{vmatrix}=-4.$$

第 2 章 矩 阵

2.1 矩阵的运算

一、知识要点

1. 同型矩阵

2. 矩阵的线性运算

(1) 矩阵加法

矩阵加法满足下列运算规律(其中矩阵 $\boldsymbol{A},\boldsymbol{B},\boldsymbol{C},\boldsymbol{O}$ 都为 $m\times n$ 矩阵).

1) 交换律 $\boldsymbol{A}+\boldsymbol{B}=\boldsymbol{B}+\boldsymbol{A}$;

2) 结合律 $(\boldsymbol{A}+\boldsymbol{B})+\boldsymbol{C}=\boldsymbol{A}+(\boldsymbol{B}+\boldsymbol{C})$;

3) 对任意的矩阵 $\boldsymbol{A}$，有 $\boldsymbol{A}+\boldsymbol{O}=\boldsymbol{A}$;

4) 对任意的矩阵 $\boldsymbol{A}$，有 $\boldsymbol{A}+(-\boldsymbol{A})=\boldsymbol{O}$.

(2) 数与矩阵的乘法

数乘矩阵满足下列运算规律(其中矩阵 $\boldsymbol{A}$，$\boldsymbol{B}$ 都为 $m\times n$ 矩阵，λ,μ 是常数).

1) $(\lambda+\mu)\boldsymbol{A}=\lambda\boldsymbol{A}+\mu\boldsymbol{A}$;

2) $\lambda(\boldsymbol{A}+\boldsymbol{B})=\lambda\boldsymbol{A}+\lambda\boldsymbol{B}$;

3) $\lambda(\mu\boldsymbol{A})=(\lambda\mu)\boldsymbol{A}$.

矩阵的加法、数与矩阵的乘法统称为矩阵的线性运算.

3. 矩阵的乘法

矩阵乘法的运算规律(假设以下运算都有意义，λ 是常数):

(1) 结合律 $(\boldsymbol{AB})\boldsymbol{C}=\boldsymbol{A}(\boldsymbol{BC})$;

(2) 分配律 $\boldsymbol{A}(\boldsymbol{B}+\boldsymbol{C})=\boldsymbol{AB}+\boldsymbol{AC}$，$(\boldsymbol{B}+\boldsymbol{C})\boldsymbol{A}=\boldsymbol{BA}+\boldsymbol{CA}$;

(3) $\lambda(\boldsymbol{AB})=(\lambda\boldsymbol{A})\boldsymbol{B}=\boldsymbol{A}(\lambda\boldsymbol{B})$.

注 $\boldsymbol{E}_m\boldsymbol{A}_{m\times n}=\boldsymbol{A}_{m\times n}$，$\boldsymbol{A}_{m\times n}\boldsymbol{E}_n=\boldsymbol{A}_{m\times n}$，或者可以写成 $\boldsymbol{EA}=\boldsymbol{AE}=\boldsymbol{A}$，即单位矩阵 $\boldsymbol{E}$ 在矩阵乘法中的作用类似于数的乘法运算中的常数 1.

4. 矩阵的转置

矩阵转置的运算规律(假设以下运算都有意义，k 是常数):

(1) $(\boldsymbol{A}^{\mathrm{T}})^{\mathrm{T}}=\boldsymbol{A}$;

(2) $(\boldsymbol{A}+\boldsymbol{B})^{\mathrm{T}}=\boldsymbol{A}^{\mathrm{T}}+\boldsymbol{B}^{\mathrm{T}}$;

(3) $(k\boldsymbol{A})^{\mathrm{T}}=k\boldsymbol{A}^{\mathrm{T}}$;

(4) $(\boldsymbol{AB})^{\mathrm{T}}=\boldsymbol{B}^{\mathrm{T}}\boldsymbol{A}^{\mathrm{T}}$;

(5) $\boldsymbol{A}$ 是对称阵的充要条件为 $\boldsymbol{A}=\boldsymbol{A}^{\mathrm{T}}$;

(6) $\boldsymbol{A}$ 是反对称阵的充要条件为 $\boldsymbol{A}^{\mathrm{T}}=-\boldsymbol{A}$.

5. 方阵的行列式

n 阶方阵 $\boldsymbol{A},\boldsymbol{B}$ 的行列式的运算规律:

(1) $|\boldsymbol{A}^{\mathrm{T}}|=|\boldsymbol{A}|$;

(2) $|\lambda\boldsymbol{A}|=\lambda^n|\boldsymbol{A}|$;

(3) $|\boldsymbol{AB}|=|\boldsymbol{A}||\boldsymbol{B}|=|\boldsymbol{B}||\boldsymbol{A}|$.

6. 共轭矩阵

设 $\boldsymbol{A},\boldsymbol{B}$ 为复矩阵,λ 为复数,并且下面运算都是可行的,则共轭矩阵有下面运算规律:

(1) $\overline{\boldsymbol{A}+\boldsymbol{B}}=\overline{\boldsymbol{A}}+\overline{\boldsymbol{B}}$;　(2) $\overline{\lambda\boldsymbol{A}}=\overline{\lambda}\,\overline{\boldsymbol{A}}$;　(3) $\overline{\boldsymbol{AB}}=\overline{\boldsymbol{A}}\cdot\overline{\boldsymbol{B}}$.

二、例题分析

例1

设 $\boldsymbol{A}=\begin{pmatrix}\lambda&1&0\\0&\lambda&1\\0&0&\lambda\end{pmatrix}$,求 $\boldsymbol{A}^k$.

解　首先观察

$$\boldsymbol{A}^2=\begin{pmatrix}\lambda&1&0\\0&\lambda&1\\0&0&\lambda\end{pmatrix}\begin{pmatrix}\lambda&1&0\\0&\lambda&1\\0&0&\lambda\end{pmatrix}=\begin{pmatrix}\lambda^2&2\lambda&1\\0&\lambda^2&2\lambda\\0&0&\lambda^2\end{pmatrix},$$

$$\boldsymbol{A}^3=\boldsymbol{A}^2\boldsymbol{A}=\begin{pmatrix}\lambda^3&3\lambda^2&3\lambda\\0&\lambda^3&3\lambda^2\\0&0&\lambda^3\end{pmatrix},$$

由此推测 $\boldsymbol{A}^k=\begin{pmatrix}\lambda^k&k\lambda^{k-1}&\dfrac{k(k-1)}{2}\lambda^{k-2}\\0&\lambda^k&k\lambda^{k-1}\\0&0&\lambda^k\end{pmatrix}\quad(k\geqslant2).$

用数学归纳法证明:

当 $k=2$ 时,显然成立.

假设 k 时成立,则 $k+1$ 时,

$$\boldsymbol{A}^{k+1}=\boldsymbol{A}^k\boldsymbol{A}=\begin{pmatrix}\lambda^k&k\lambda^{k-1}&\dfrac{k(k-1)}{2}\lambda^{k-2}\\0&\lambda^k&k\lambda^{k-1}\\0&0&\lambda^k\end{pmatrix}\begin{pmatrix}\lambda&1&0\\0&\lambda&1\\0&0&\lambda\end{pmatrix}$$

$$=\begin{pmatrix}\lambda^{k+1}&(k+1)\lambda^k&\dfrac{(k+1)k}{2}\lambda^{k-1}\\0&\lambda^{k+1}&(k+1)\lambda^k\\0&0&\lambda^{k+1}\end{pmatrix}.$$

由数学归纳法原理知 $A^k=\begin{pmatrix}\lambda^k & k\lambda^{k-1} & \frac{k(k-1)}{2}\lambda^{k-2}\\ 0 & \lambda^k & k\lambda^{k-1}\\ 0 & 0 & \lambda^k\end{pmatrix}$.

例 2 设 A,B 为 n 阶矩阵，且 A 为对称矩阵，证明：$B^{\mathrm{T}}AB$ 也是对称矩阵.

证 已知 $A^{\mathrm{T}}=A$，

则 $(B^{\mathrm{T}}AB)^{\mathrm{T}}=B^{\mathrm{T}}(B^{\mathrm{T}}A)^{\mathrm{T}}=B^{\mathrm{T}}A^{\mathrm{T}}B=B^{\mathrm{T}}AB$，

从而 $B^{\mathrm{T}}AB$ 也是对称矩阵.

例 3 设 $A=\begin{pmatrix}1 & 0\\ \lambda & 1\end{pmatrix}$，求 $A^2,A^3,\cdots,A^k$.

解 $A^2=\begin{pmatrix}1 & 0\\ \lambda & 1\end{pmatrix}\begin{pmatrix}1 & 0\\ \lambda & 1\end{pmatrix}=\begin{pmatrix}1 & 0\\ 2\lambda & 1\end{pmatrix}$，

$$A^3=A^2A=\begin{pmatrix}1 & 0\\ 2\lambda & 1\end{pmatrix}\begin{pmatrix}1 & 0\\ \lambda & 1\end{pmatrix}=\begin{pmatrix}1 & 0\\ 3\lambda & 1\end{pmatrix},$$

利用数学归纳法证明 $A^k=\begin{pmatrix}1 & 0\\ k\lambda & 1\end{pmatrix}$.

当 $k=1$ 时，显然成立，假设 k 时成立，则 $k+1$ 时

$$A^{k+1}=A^kA=\begin{pmatrix}1 & 0\\ k\lambda & 1\end{pmatrix}\begin{pmatrix}1 & 0\\ \lambda & 1\end{pmatrix}=\begin{pmatrix}1 & 0\\ (k+1)\lambda & 1\end{pmatrix},$$

由数学归纳法原理知 $A^k=\begin{pmatrix}1 & 0\\ k\lambda & 1\end{pmatrix}$.

例 4 设 A,B 为 n 阶方阵，满足等式 $AB=O$，则必有(　　).

(A) $BA=O$　　(B) $A=O$ 或 $|B|=0$

(C) $|A|+|B|=0$　　(D) $|A|=0$ 或 $|B|=0$

解 应填(D).

由 $AB=O$，有 $|AB|=|A||B|=0$，所以 $|A|=0$ 或 $|B|=0$，因此(D)正确.

若 $A=\begin{pmatrix}0 & 1\\ 0 & 0\end{pmatrix}$，$B=\begin{pmatrix}1 & 0\\ 0 & 0\end{pmatrix}$，则(A)(B)不成立，若 $A=\begin{pmatrix}1 & 0\\ 0 & 1\end{pmatrix}$，$B=\begin{pmatrix}0 & 0\\ 0 & 0\end{pmatrix}$，则(C)不成立.

例 5 设矩阵 $A=\begin{pmatrix}1 & 0\\ 2 & 1\end{pmatrix}$，则 AA^{T} 的主对角线上元素之和为________.

解 应填 6.

已知 $A=\begin{pmatrix}1 & 0\\ 2 & 1\end{pmatrix}$，则 $A^{\mathrm{T}}=\begin{pmatrix}1 & 2\\ 0 & 1\end{pmatrix}$，所以 $AA^{\mathrm{T}}=\begin{pmatrix}1 & 2\\ 2 & 5\end{pmatrix}$，故所求 AA^{T} 的主对角线上元素之和为 6.

例6 设 $\boldsymbol{A}=(1,2,3)$，$\boldsymbol{B}=(3,2,1)^{\mathrm{T}}$，则 $(\boldsymbol{BA})^n=$ ________.

解 应填 $10^{n-1}\begin{pmatrix}3&6&9\\2&4&6\\1&2&3\end{pmatrix}$.

已知 $\boldsymbol{A}=(1,2,3)$，$\boldsymbol{B}=(3,2,1)^{\mathrm{T}}$，则有 $\boldsymbol{AB}=(1,2,3)(3,2,1)^{\mathrm{T}}=10$，所以

$$(\boldsymbol{BA})^n=(\boldsymbol{BA})(\boldsymbol{BA})\cdots(\boldsymbol{BA})=\boldsymbol{B}(\boldsymbol{AB})(\boldsymbol{AB})\cdots(\boldsymbol{AB})\boldsymbol{A}=10^{n-1}\boldsymbol{BA}=10^{n-1}\begin{pmatrix}3&6&9\\2&4&6\\1&2&3\end{pmatrix}.$$

例7 设 $\boldsymbol{A}_{n\times n}=(\gamma_1,\cdots,\gamma_{n-1},\alpha)$，$\boldsymbol{B}_{n\times n}=(\gamma_1,\cdots,\gamma_{n-1},\beta)$，$|\boldsymbol{A}|=|\boldsymbol{B}|=1$，则 $|\boldsymbol{A}+\boldsymbol{B}|=$ (　　).

(A) 2　　　　(B) 2^n

(C) 2^{n+1}　　　　(D) 2^{n-1}

解 应选(B).

$|\boldsymbol{A}+\boldsymbol{B}|=|2\gamma_1,\cdots,2\gamma_{n-1},\alpha+\beta|=2^{n-1}|\gamma_1,\cdots,\gamma_{n-1},\alpha+\beta|=2^{n-1}(|\gamma_1,\cdots,\gamma_{n-1},\alpha|+|\gamma_1,\cdots,\gamma_{n-1},\beta|)=2^{n-1}(|\boldsymbol{A}|+|\boldsymbol{B}|)=2^n$.

故选(B).

三、习题精练

1. 设 $\boldsymbol{A}=\begin{pmatrix}1&2\\1&3\end{pmatrix}$，　$\boldsymbol{B}=\begin{pmatrix}1&0\\1&2\end{pmatrix}$，问：

(1) $\boldsymbol{AB}=\boldsymbol{BA}$ 吗？

(2) $(\boldsymbol{A}+\boldsymbol{B})^2=\boldsymbol{A}^2+2\boldsymbol{AB}+\boldsymbol{B}^2$ 吗？

(3) $(\boldsymbol{A}+\boldsymbol{B})(\boldsymbol{A}-\boldsymbol{B})=\boldsymbol{A}^2-\boldsymbol{B}^2$ 吗？

2. 设 $\boldsymbol{A},\boldsymbol{B}$ 均为 n 阶方阵($n\geqslant2$)，则有(　　).

(A) $|\boldsymbol{A}+\boldsymbol{B}|=|\boldsymbol{A}|+|\boldsymbol{B}|$　　　　(B) $|\boldsymbol{A}-\boldsymbol{B}|=|\boldsymbol{A}|-|\boldsymbol{B}|$

(C) $|\boldsymbol{AB}|=|\boldsymbol{A}||\boldsymbol{B}|$　　　　(D) $\begin{vmatrix}\boldsymbol{O}&\boldsymbol{A}\\\boldsymbol{B}&\boldsymbol{O}\end{vmatrix}=-|\boldsymbol{A}||\boldsymbol{B}|$

3. 设矩阵 $\boldsymbol{A}=\begin{pmatrix}2&1&1\\-4&-2&-2\\2&1&1\end{pmatrix}$，则 $\boldsymbol{A}^{2024}=$ ____________.

4. 设3阶方阵 $\boldsymbol{A}=(\boldsymbol{\alpha}_1,\boldsymbol{\alpha}_2,\boldsymbol{\alpha}_3)$ 的行列式为 $|\boldsymbol{A}|=4$，若令矩阵 $\boldsymbol{B}=(\boldsymbol{\alpha}_1+\boldsymbol{\alpha}_2,2\boldsymbol{\alpha}_2,\boldsymbol{\alpha}_3-2\boldsymbol{\alpha}_1)$，则矩阵 $\boldsymbol{B}$ 的行列式 $|\boldsymbol{B}|=$ ____________.

5. 设 $\boldsymbol{\alpha}_1,\boldsymbol{\alpha}_2,\boldsymbol{\alpha}_3,\boldsymbol{\beta}_1,\boldsymbol{\beta}_2$ 均为4维列向量，矩阵 $\boldsymbol{A}=(\boldsymbol{\alpha}_1,\boldsymbol{\alpha}_2,\boldsymbol{\alpha}_3,\boldsymbol{\beta}_1)$，$\boldsymbol{B}=(\boldsymbol{\alpha}_1,\boldsymbol{\alpha}_2,\boldsymbol{\alpha}_3,\boldsymbol{\beta}_2)$，且 $|\boldsymbol{A}|=3$，$|\boldsymbol{B}|=-2$，则 $|\boldsymbol{A}+\boldsymbol{B}|=$ (　　).

(A) -8　　　　(B) -16

(C) 16　　　　(D) 8

6. 矩阵 $\boldsymbol{A}=\begin{pmatrix}a&1&0\\1&a&-1\\0&1&a\end{pmatrix}$，且 $\boldsymbol{A}^3=\boldsymbol{O}$，则 $a=$ ____________.

四、习题解答

1. 解 (1) $\boldsymbol{A}=\begin{pmatrix}1&2\\1&3\end{pmatrix}$，$\boldsymbol{B}=\begin{pmatrix}1&0\\1&2\end{pmatrix}$，

则 $\boldsymbol{AB}=\begin{pmatrix}3&4\\4&6\end{pmatrix}$，$\boldsymbol{BA}=\begin{pmatrix}1&2\\3&8\end{pmatrix}$，所以 $\boldsymbol{AB}\neq\boldsymbol{BA}$.

(2) $(\boldsymbol{A}+\boldsymbol{B})^2=\begin{pmatrix}2&2\\2&5\end{pmatrix}\begin{pmatrix}2&2\\2&5\end{pmatrix}=\begin{pmatrix}8&14\\14&29\end{pmatrix}$，

但 $\boldsymbol{A}^2+2\boldsymbol{AB}+\boldsymbol{B}^2=\begin{pmatrix}3&8\\4&11\end{pmatrix}+\begin{pmatrix}6&8\\8&12\end{pmatrix}+\begin{pmatrix}1&0\\3&4\end{pmatrix}=\begin{pmatrix}10&16\\15&27\end{pmatrix}$，

故 $(\boldsymbol{A}+\boldsymbol{B})^2\neq\boldsymbol{A}^2+2\boldsymbol{AB}+\boldsymbol{B}^2$.

(3) $(\boldsymbol{A}+\boldsymbol{B})(\boldsymbol{A}-\boldsymbol{B})=\begin{pmatrix}2&2\\2&5\end{pmatrix}\begin{pmatrix}0&2\\0&1\end{pmatrix}=\begin{pmatrix}0&6\\0&9\end{pmatrix}$，

而 $\boldsymbol{A}^2-\boldsymbol{B}^2=\begin{pmatrix}3&8\\4&11\end{pmatrix}-\begin{pmatrix}1&0\\3&4\end{pmatrix}=\begin{pmatrix}2&8\\1&7\end{pmatrix}$，故 $(\boldsymbol{A}+\boldsymbol{B})(\boldsymbol{A}-\boldsymbol{B})\neq\boldsymbol{A}^2-\boldsymbol{B}^2$.

2. 解　应选(C).

易知选项(C)正确，其余答案均不正确.

3. 解　应填 $\begin{pmatrix}2&1&1\\-4&-2&-2\\2&1&1\end{pmatrix}$

$$\boldsymbol{A}=\begin{pmatrix}1\\-2\\1\end{pmatrix}(2\quad 1\quad 1)=\boldsymbol{\alpha\beta}^{\mathrm{T}}，\boldsymbol{\beta}^{\mathrm{T}}\boldsymbol{\alpha}=1，\boldsymbol{A}^{2024}=\boldsymbol{\alpha}(\boldsymbol{\beta}^{\mathrm{T}}\boldsymbol{\alpha})^{2023}\boldsymbol{\beta}^{\mathrm{T}}=\boldsymbol{\alpha\beta}^{\mathrm{T}}=\boldsymbol{A}.$$

4. 解　应填 8.

$|\boldsymbol{B}|=|\boldsymbol{\alpha}_1+\boldsymbol{\alpha}_2,2\boldsymbol{\alpha}_2,\boldsymbol{\alpha}_3-2\boldsymbol{\alpha}_1|=|\boldsymbol{\alpha}_1,2\boldsymbol{\alpha}_2,\boldsymbol{\alpha}_3-2\boldsymbol{\alpha}_1|+|\boldsymbol{\alpha}_2,2\boldsymbol{\alpha}_2,\boldsymbol{\alpha}_3-2\boldsymbol{\alpha}_1|$.

5. 解　应选(D).

$|\boldsymbol{A}+\boldsymbol{B}|=|2\boldsymbol{\alpha}_1,2\boldsymbol{\alpha}_2,2\boldsymbol{\alpha}_3,\boldsymbol{\beta}_1+\boldsymbol{\beta}_2|=2^3(|\boldsymbol{\alpha}_1,\boldsymbol{\alpha}_2,\boldsymbol{\alpha}_3,\boldsymbol{\beta}_1|+|\boldsymbol{\alpha}_1,\boldsymbol{\alpha}_2,\boldsymbol{\alpha}_3,\boldsymbol{\beta}_2|)=8$，故选(D).

6. 解　应填 0.

由 $\boldsymbol{A}^3=\boldsymbol{O}$，则 $|\boldsymbol{A}|=0$，$|\boldsymbol{A}|=\begin{vmatrix}a&1&0\\1&a&-1\\0&1&a\end{vmatrix}=a^3=0$，所以 $a=0$.

2.2　逆矩阵

一、知识要点

1. 定义　设 $\boldsymbol{A}$ 为 n 阶方阵，如果存在 n 阶方阵 $\boldsymbol{B}$，使得 $\boldsymbol{AB}=\boldsymbol{BA}=\boldsymbol{E}$，则称矩阵 $\boldsymbol{A}$ 可逆，

矩阵 $\boldsymbol{B}$ 称为 $\boldsymbol{A}$ 的逆矩阵，简称逆阵.

2. 矩阵可逆的充要条件

设 $\boldsymbol{A}$ 为 n 阶方阵，则 $\boldsymbol{A}$ 可逆的充要条件是 $|\boldsymbol{A}|\neq 0$.

推论1 设 $\boldsymbol{A}$ 为 n 阶方阵，如果 $|\boldsymbol{A}|\neq 0$，则 $\boldsymbol{A}^{-1}=\dfrac{1}{|\boldsymbol{A}|}\boldsymbol{A}^*$.

推论2 设 $\boldsymbol{A}$ 为 n 阶方阵，则 $\boldsymbol{A}$ 可逆的充要条件是存在矩阵 $\boldsymbol{B}$ 使得 $\boldsymbol{AB}=\boldsymbol{E}$（或 $\boldsymbol{BA}=\boldsymbol{E}$），此时 $\boldsymbol{A}^{-1}=\boldsymbol{B}$.

3. 逆矩阵的性质

(1) 非零常数 k 乘以可逆矩阵 $\boldsymbol{A}$ 仍为可逆矩阵，并且 $(k\boldsymbol{A})^{-1}=k^{-1}\boldsymbol{A}^{-1}$.

(2) 可逆矩阵 $\boldsymbol{A}$ 的逆矩阵 $\boldsymbol{A}^{-1}$ 是可逆矩阵，并且 $(\boldsymbol{A}^{-1})=\boldsymbol{A}$.

(3) 两个同阶可逆矩阵 $\boldsymbol{A},\boldsymbol{B}$ 的乘积仍为可逆矩阵，并且 $(\boldsymbol{AB})^{-1}=\boldsymbol{B}^{-1}\boldsymbol{A}^{-1}$.

(4) 可逆矩阵 $\boldsymbol{A}$ 的转置矩阵 $\boldsymbol{A}^{\mathrm{T}}$ 是可逆矩阵，并且 $(\boldsymbol{A}^{\mathrm{T}})^{-1}=(\boldsymbol{A}^{-1})^{\mathrm{T}}$.

(5) 可逆矩阵 $\boldsymbol{A}$ 的逆矩阵 $\boldsymbol{A}^{-1}$ 的行列式等于 $\boldsymbol{A}$ 的行列式的倒数，即 $|\boldsymbol{A}^{-1}|=\dfrac{1}{|\boldsymbol{A}|}$.

(6) 可逆矩阵 $\boldsymbol{A}$ 的伴随矩阵 $\boldsymbol{A}^*$ 是可逆矩阵，并且 $(\boldsymbol{A}^*)^{-1}=(\boldsymbol{A}^{-1})^*$.

二、例题分析

例1 求下列矩阵的逆矩阵：

(1) $\begin{pmatrix}1&2\\2&5\end{pmatrix}$；　(2) $\begin{pmatrix}\cos\theta&-\sin\theta\\\sin\theta&\cos\theta\end{pmatrix}$；　(3) $\begin{pmatrix}1&2&-1\\3&4&-2\\5&-4&1\end{pmatrix}$；

(4) $\begin{pmatrix}1&0&0&0\\1&2&0&0\\2&1&3&0\\1&2&1&4\end{pmatrix}$；　(5) $\begin{pmatrix}5&2&0&0\\2&1&0&0\\0&0&8&3\\0&0&5&2\end{pmatrix}$；　(6) $\begin{pmatrix}a_1&&&\\&a_2&&\\&&\ddots&\\&&&a_n\end{pmatrix}(a_1a_2\cdots a_n\neq 0)$.

解 (1) $\boldsymbol{A}=\begin{pmatrix}1&2\\2&5\end{pmatrix}$，$|\boldsymbol{A}|=1\neq 0$，故 $\boldsymbol{A}^{-1}$ 存在.

$A_{11}=5$，$A_{21}=2\times(-1)$，$A_{12}=2\times(-1)$，$A_{22}=1$，

$\boldsymbol{A}^*=\begin{pmatrix}A_{11}&A_{21}\\A_{12}&A_{22}\end{pmatrix}=\begin{pmatrix}5&-2\\-2&1\end{pmatrix}$，$\boldsymbol{A}^{-1}=\dfrac{1}{|\boldsymbol{A}|}\boldsymbol{A}^*$，

故 $\boldsymbol{A}^{-1}=\begin{pmatrix}5&-2\\-2&1\end{pmatrix}$.

(2) $|\boldsymbol{A}|=1\neq 0$，故 $\boldsymbol{A}^{-1}$ 存在.

$A_{11}=\cos\theta$，$A_{21}=\sin\theta$，$A_{12}=-\sin\theta$，$A_{22}=\cos\theta$，从而 $\boldsymbol{A}^{-1}=\begin{pmatrix}\cos\theta&\sin\theta\\-\sin\theta&\cos\theta\end{pmatrix}$.

(3) $|\boldsymbol{A}|=2\neq 0$，故 $\boldsymbol{A}^{-1}$ 存在，而 $A_{11}=-4$，$A_{21}=2$，$A_{31}=0$，

$A_{12}=-13$，$A_{22}=6$，$A_{32}=-1$，$A_{13}=-32$，$A_{23}=14$，$A_{33}=-2$，

故 $A^{-1}=\frac{1}{|A|}A^*=\begin{pmatrix}-2 & 1 & 0\\ -\frac{13}{2} & 3 & -\frac{1}{2}\\ -16 & 7 & -11\end{pmatrix}$.

(4) $A=\begin{pmatrix}1&0&0&0\\1&2&0&0\\2&1&3&0\\1&2&1&4\end{pmatrix}$,

$|A|=24\neq0$，故 A^{-1}存在. 又因为 $A_{21}=A_{31}=A_{41}=A_{32}=A_{42}=A_{43}=0$，$A_{11}=24$，$A_{22}=12$，$A_{33}=8$，$A_{44}=6$，$A_{12}=-12$，$A_{13}=-12$，$A_{14}=3$，$A_{23}=-4$，$A_{24}=-5$，$A_{34}=-2$，$A^{-1}=\frac{1}{|A|}A^*$. 故

$$A^{-1}=\begin{pmatrix}1&0&0&0\\ -\frac{1}{2}&\frac{1}{2}&0&0\\ -\frac{1}{2}&-\frac{1}{6}&\frac{1}{3}&0\\ \frac{1}{8}&-\frac{5}{24}&-\frac{1}{12}&\frac{1}{4}\end{pmatrix}.$$

(5) $|A|=1\neq0$，故 A^{-1}存在. 而

$A_{11}=1$，$A_{21}=-2$，$A_{31}=0$，$A_{41}=0$，$A_{12}=-2$，$A_{22}=5$，$A_{32}=0$，$A_{42}=0$，

$A_{13}=0$，$A_{23}=0$，$A_{33}=2$，$A_{43}=-3$，$A_{14}=0$，$A_{24}=0$，$A_{34}=-5$，$A_{44}=8$，

从而 $A^{-1}=\begin{pmatrix}1&-2&0&0\\-2&5&0&0\\0&0&2&-3\\0&0&-5&8\end{pmatrix}$.

(6) $A=\begin{pmatrix}a_1&&&\\&a_2&&\\&&\ddots&\\&&&a_n\end{pmatrix}$，$|A|=a_1a_2\cdots a_n\neq0$，故 A^{-1}存在，由对角矩阵的性质知

$$A^{-1}=\begin{pmatrix}\frac{1}{a_1}&&&\\&\frac{1}{a_2}&&\\&&\ddots&\\&&&\frac{1}{a_n}\end{pmatrix}.$$

例 2 设方阵 A 满足 $A^2-A-2E=O$，证明：A 及 $A+2E$ 都可逆，并求 A^{-1}及$(A+2E)^{-1}$.

证 由 $A^2-A-2E=O$ 得 $A^2-A=2E$，

两端同时取行列式：$|A^2-A|=2$，

即　$|\boldsymbol{A}||\boldsymbol{A}-\boldsymbol{E}|=2$，故 $|\boldsymbol{A}|\neq 0$，

所以 $\boldsymbol{A}$ 可逆，而 $\boldsymbol{A}+2\boldsymbol{E}=\boldsymbol{A}^2$，

$|\boldsymbol{A}+2\boldsymbol{E}|=|\boldsymbol{A}^2|=|\boldsymbol{A}^2|\neq 0$，故 $\boldsymbol{A}+2\boldsymbol{E}$ 也可逆.

由 $\boldsymbol{A}^2-\boldsymbol{A}-2\boldsymbol{E}=\boldsymbol{O}$ 可得 $\boldsymbol{A}(\boldsymbol{A}-\boldsymbol{E})=2\boldsymbol{E}$，

即 $\boldsymbol{A}^{-1}\boldsymbol{A}(\boldsymbol{A}-\boldsymbol{E})=2\boldsymbol{A}^{-1}\boldsymbol{E}$，$\boldsymbol{A}^{-1}=\frac{1}{2}(\boldsymbol{A}-\boldsymbol{E})$，

又由 $\boldsymbol{A}^2-\boldsymbol{A}-2\boldsymbol{E}=\boldsymbol{O}$ 可得 $(\boldsymbol{A}+2\boldsymbol{E})\boldsymbol{A}-3(\boldsymbol{A}+2\boldsymbol{E})=-4\boldsymbol{E}$，

即 $(\boldsymbol{A}+2\boldsymbol{E})(\boldsymbol{A}-3\boldsymbol{E})=-4\boldsymbol{E}$，

所以 $(\boldsymbol{A}+2\boldsymbol{E})^{-1}(\boldsymbol{A}+2\boldsymbol{E})(\boldsymbol{A}-3\boldsymbol{E})=-4(\boldsymbol{A}+2\boldsymbol{E})^{-1}$，

即 $(\boldsymbol{A}+2\boldsymbol{E})^{-1}=\frac{1}{4}(3\boldsymbol{E}-\boldsymbol{A})$.

例3　设 n 阶方阵 $\boldsymbol{A},\boldsymbol{B}$ 满足 $\boldsymbol{A}+\boldsymbol{AB}=\boldsymbol{E}$，则 $\boldsymbol{A}+\boldsymbol{BA}=$ ________.

解　应填 $\boldsymbol{E}$.

$$\boldsymbol{A}+\boldsymbol{AB}=\boldsymbol{E},\ \boldsymbol{A}(\boldsymbol{E}+\boldsymbol{B})=\boldsymbol{E},\ \text{则}(\boldsymbol{E}+\boldsymbol{B})\boldsymbol{A}=\boldsymbol{A}+\boldsymbol{BA}=\boldsymbol{E}.$$

例4　设 $\boldsymbol{A}^k=\boldsymbol{O}$（$k$ 为正整数），证明：$(\boldsymbol{E}-\boldsymbol{A})^{-1}=\boldsymbol{E}+\boldsymbol{A}+\boldsymbol{A}^2+\cdots+\boldsymbol{A}^{k-1}$.

证　$\boldsymbol{E}=(\boldsymbol{E}-\boldsymbol{A})+(\boldsymbol{A}-\boldsymbol{A}^2)+\boldsymbol{A}^2-\cdots-\boldsymbol{A}^{k-1}+(\boldsymbol{A}^{k-1}-\boldsymbol{A}^k)$

$=(\boldsymbol{E}+\boldsymbol{A}+\boldsymbol{A}^2+\cdots+\boldsymbol{A}^{k-1})(\boldsymbol{E}-\boldsymbol{A})$，

由推论2可知 $(\boldsymbol{E}-\boldsymbol{A})^{-1}=\boldsymbol{E}+\boldsymbol{A}+\boldsymbol{A}^2+\cdots+\boldsymbol{A}^{k-1}$.

例5　设3阶方阵 $\boldsymbol{A}$ 的行列式为2，则 $|5\boldsymbol{A}^{-1}-3\boldsymbol{A}^*|=$ ________.

解　应填 $-\frac{1}{2}$.

已知 $|\boldsymbol{A}|=2$，

$|5\boldsymbol{A}^{-1}-3\boldsymbol{A}^*|=\frac{1}{|\boldsymbol{A}|}|\boldsymbol{A}||5\boldsymbol{A}^{-1}-3\boldsymbol{A}^*|=\frac{1}{2}|5\boldsymbol{AA}^{-1}-3\boldsymbol{AA}^*|=\frac{1}{2}|5\boldsymbol{E}-3|\boldsymbol{A}|\boldsymbol{E}|=\frac{1}{2}|-\boldsymbol{E}|=$

$\frac{1}{2}\times(-1)^3=-\frac{1}{2}$.

三、习题精练

1. 设 $\boldsymbol{A}$ 为 n 阶可逆阵，则以下结论中不一定正确的是(　　).

(A) $\boldsymbol{AA}^{\mathrm{T}}=\boldsymbol{A}^{\mathrm{T}}\boldsymbol{A}$　　(B) $\boldsymbol{AA}^{-1}=\boldsymbol{A}^{-1}\boldsymbol{A}$

(C) $\boldsymbol{AA}^*=\boldsymbol{A}^*\boldsymbol{A}$　　(D) $(\boldsymbol{A}^{\mathrm{T}})^{-1}=(\boldsymbol{A}^{-1})^{\mathrm{T}}$

2. 设矩阵 $\boldsymbol{A}$ 满足 $\boldsymbol{A}^2+2\boldsymbol{A}-4\boldsymbol{E}=\boldsymbol{O}$，则 $(\boldsymbol{A}-3\boldsymbol{E})^{-1}=$(　　).

(A) $\frac{1}{11}(\boldsymbol{A}-5\boldsymbol{E})$　　(B) $-\frac{1}{19}(\boldsymbol{A}-5\boldsymbol{E})$

(C) $-\frac{1}{11}(\boldsymbol{A}+5\boldsymbol{E})$　　(D) $-\frac{1}{19}(\boldsymbol{A}+5\boldsymbol{E})$

3. 设矩阵 $\boldsymbol{A}=\begin{pmatrix}2&1\\-1&2\end{pmatrix}$，$\boldsymbol{E}=\begin{pmatrix}1&0\\0&1\end{pmatrix}$，矩阵 $\boldsymbol{B}$ 满足 $\boldsymbol{BA}=\boldsymbol{B}+2\boldsymbol{E}$，则 $|\boldsymbol{B}|=$ ________.

4. 设方阵 $\boldsymbol{A}$ 满足 $\boldsymbol{A}^2+\boldsymbol{A}-3\boldsymbol{E}=\boldsymbol{O}$，$\boldsymbol{E}$ 为单位阵，则 $(\boldsymbol{A}-2\boldsymbol{E})^{-1}=$ ________.

5. 设 $\boldsymbol{A},\boldsymbol{B}$ 为 n 阶方阵，则下列选项成立的是(　　).

(A) $|\boldsymbol{AB}|=|\boldsymbol{BA}|$　　(B) $\boldsymbol{AB}=\boldsymbol{BA}$

(C) $|\boldsymbol{A}+\boldsymbol{B}|=|\boldsymbol{A}|+|\boldsymbol{B}|$　　(D) $(\boldsymbol{A}+\boldsymbol{B})^{-1}=\boldsymbol{A}^{-1}+\boldsymbol{B}^{-1}$

6. 设 $\boldsymbol{A}$ 为 n 阶非零矩阵，$\boldsymbol{E}$ 为 n 阶单位矩阵，若 $\boldsymbol{A}^3=\boldsymbol{O}$，则下列说法正确的是(　　).

(A) $\boldsymbol{E}-\boldsymbol{A}$ 不可逆，$\boldsymbol{E}+\boldsymbol{A}$ 不可逆　　(B) $\boldsymbol{E}-\boldsymbol{A}$ 不可逆，$\boldsymbol{E}+\boldsymbol{A}$ 可逆

(C) $\boldsymbol{E}-\boldsymbol{A}$ 可逆，$\boldsymbol{E}+\boldsymbol{A}$ 可逆　　(D) $\boldsymbol{E}-\boldsymbol{A}$ 可逆，$\boldsymbol{E}+\boldsymbol{A}$ 不可逆

7. 设 $\boldsymbol{A},\boldsymbol{B},\boldsymbol{C}$ 为 n 阶方阵，$\boldsymbol{ABC}=\boldsymbol{E}$，则(　　).

(A) $\boldsymbol{ACB}=\boldsymbol{E}$　　(B) $\boldsymbol{CBA}=\boldsymbol{E}$

(C) $\boldsymbol{CAB}=\boldsymbol{E}$　　(D) $\boldsymbol{BAC}=\boldsymbol{E}$

8. 设 4 阶方阵 $\boldsymbol{A}$ 的行列式为 1，则 $|3\boldsymbol{A}^{-1}-\boldsymbol{A}^*|=$________.

9. 设 $\boldsymbol{A}$ 为 3 阶方阵，$|\boldsymbol{A}|=2$，则 $\left|\left(\frac{1}{2}\boldsymbol{A}^*\right)^{-1}\right|=$________.

10. 已知矩阵 $\boldsymbol{A}=\begin{pmatrix}2&1\\-1&2\end{pmatrix}$，$\boldsymbol{E}$ 为 2 阶单位矩阵，且满足 $\boldsymbol{BA}=\boldsymbol{B}+\boldsymbol{E}$，则 $|\boldsymbol{B}|=$________.

四、习题解答

1. **解**　应选(A).

易知选项(A)不成立.

2. **解**　应选(C).

$(\boldsymbol{A}-3\boldsymbol{E})(\boldsymbol{A}+5\boldsymbol{E})=\boldsymbol{A}^2+2\boldsymbol{A}-4\boldsymbol{E}-11\boldsymbol{E}=-11\boldsymbol{E}$,

即 $(\boldsymbol{A}-3\boldsymbol{E})\left[-\frac{1}{11}(\boldsymbol{A}+5\boldsymbol{E})\right]=\boldsymbol{E}$，所以 $(\boldsymbol{A}-3\boldsymbol{E})^{-1}=-\frac{1}{11}(\boldsymbol{A}+5\boldsymbol{E})$.

3. **解**　应填 2.

矩阵 $\boldsymbol{B}$ 满足 $\boldsymbol{BA}=\boldsymbol{B}+2\boldsymbol{E}$，即 $\boldsymbol{B}(\boldsymbol{A}-\boldsymbol{E})=2\boldsymbol{E}$，所以 $|\boldsymbol{B}||\boldsymbol{A}-\boldsymbol{E}|=|2\boldsymbol{E}|=4$，而 $|\boldsymbol{A}-\boldsymbol{E}|=2$，则 $|\boldsymbol{B}|=2$.

4. **解**　应填 $-\frac{1}{3}(\boldsymbol{A}+3\boldsymbol{E})$.

$(\boldsymbol{A}-2\boldsymbol{E})(\boldsymbol{A}+3\boldsymbol{E})=\boldsymbol{A}^2+\boldsymbol{A}-3\boldsymbol{E}-3\boldsymbol{E}=-3\boldsymbol{E}$，即 $(\boldsymbol{A}-2\boldsymbol{E})\left[-\frac{1}{3}(\boldsymbol{A}+3\boldsymbol{E})\right]=\boldsymbol{E}$，所以 $(\boldsymbol{A}-2\boldsymbol{E})^{-1}=-\frac{1}{3}(\boldsymbol{A}+3\boldsymbol{E})$.

5. **解**　应选(A).

由公式 $|\boldsymbol{AB}|=|\boldsymbol{A}||\boldsymbol{B}|=|\boldsymbol{B}||\boldsymbol{A}|=|\boldsymbol{BA}|$，选项(A)正确，选项(B)(C)(D)皆不正确.

6. **解**　应选(C).

已知 $\boldsymbol{A}^3=\boldsymbol{O}$，则有

$\boldsymbol{E}=\boldsymbol{E}-\boldsymbol{A}^3=(\boldsymbol{E}-\boldsymbol{A})(\boldsymbol{E}+\boldsymbol{A}+\boldsymbol{A}^2)$ 和 $\boldsymbol{E}=\boldsymbol{E}+\boldsymbol{A}^3=(\boldsymbol{E}+\boldsymbol{A})(\boldsymbol{E}-\boldsymbol{A}+\boldsymbol{A}^2)$ 都成立，由可逆定义知 $\boldsymbol{E}-\boldsymbol{A}$ 和 $\boldsymbol{E}+\boldsymbol{A}$ 都可逆，选项(C)正确.

7. **解**　应选(C).

$\boldsymbol{ABC}=\boldsymbol{E}$，$|\boldsymbol{ABC}|=1$，$\boldsymbol{A},\boldsymbol{B},\boldsymbol{C}$ 都可逆，且 $\boldsymbol{C}^{-1}=\boldsymbol{AB}$，则 $\boldsymbol{CAB}=\boldsymbol{E}$，故选(C).

8. **解**　应填 16.

$|\boldsymbol{A}|=1$, $|3\boldsymbol{A}^{-1}-\boldsymbol{A}^*|=|\boldsymbol{A}||3\boldsymbol{A}^{-1}-\boldsymbol{A}^*|=|3\boldsymbol{E}-|\boldsymbol{A}|\boldsymbol{E}|=|2\boldsymbol{E}|=2^4=16$.

9. 解 应填2.

$$(A^*)^{-1}=\frac{A}{|A|},\quad \left|\left(\frac{1}{2}A^*\right)^{-1}\right|=|2(A^*)^{-1}|=|A|=2.$$

10. 解 应填$\frac{1}{2}$.

$$BA=B+E,B(A-E)=E,B=(A-E)^{-1},|B|=|(A-E)^{-1}|=\frac{1}{|A-E|}=\frac{1}{2}.$$

2.3 分块矩阵

一、知识要点

1. 分块矩阵的运算

(1) 分块矩阵的加法;

(2) 分块矩阵的数乘;

(3) 分块矩阵的乘法;

(4) 分块矩阵的转置.

性质 设矩阵 A,B 分别为 m 阶及 n 阶可逆矩阵，则 $D_1=\begin{pmatrix}A & C\\ O & B\end{pmatrix}$的逆矩阵为

$$D_1^{-1}=\begin{pmatrix}A^{-1} & -A^{-1}CB^{-1}\\ O & B^{-1}\end{pmatrix},$$

$D_2=\begin{pmatrix}A & O\\ C & B\end{pmatrix}$的逆矩阵为

$$D_2^{-1}=\begin{pmatrix}A^{-1} & O\\ -B^{-1}CA^{-1} & B^{-1}\end{pmatrix},$$

$D_3=\begin{pmatrix}O & A\\ B & O\end{pmatrix}$的逆矩阵为

$$D_3^{-1}=\begin{pmatrix}O & B^{-1}\\ A^{-1} & O\end{pmatrix}.$$

2. 分块对角矩阵

分块对角阵的性质

(1) $A\pm B=\begin{pmatrix}A_1\pm B_1 & & & \\ & A_2\pm B_2 & & \\ & & \ddots & \\ & & & A_s\pm B_s\end{pmatrix}$;

(2) $\lambda A=\begin{pmatrix}\lambda A_1 & & & \\ & \lambda A_2 & & \\ & & \ddots & \\ & & & \lambda A_s\end{pmatrix}$;

(3) $\boldsymbol{AB}=\begin{pmatrix}\boldsymbol{A}_1\boldsymbol{B}_1 & & & \\ & \boldsymbol{A}_2\boldsymbol{B}_2 & & \\ & & \ddots & \\ & & & \boldsymbol{A}_s\boldsymbol{B}_s\end{pmatrix}$;

(4) $\boldsymbol{A}^k=\begin{pmatrix}\boldsymbol{A}_1^k & & & \\ & \boldsymbol{A}_2^k & & \\ & & \ddots & \\ & & & \boldsymbol{A}_s^k\end{pmatrix}$，其中 k 为正整数；

(5) $\boldsymbol{A}^{\mathrm{T}}=\begin{pmatrix}\boldsymbol{A}_1^{\mathrm{T}} & & & \\ & \boldsymbol{A}_2^{\mathrm{T}} & & \\ & & \ddots & \\ & & & \boldsymbol{A}_s^{\mathrm{T}}\end{pmatrix}$;

(6) $|\boldsymbol{A}|=|\boldsymbol{A}_1||\boldsymbol{A}_2|\cdots|\boldsymbol{A}_s|$;

(7) 若 $|\boldsymbol{A}|=|\boldsymbol{A}_1||\boldsymbol{A}_2|\cdots|\boldsymbol{A}_s|\neq 0$，则 $\boldsymbol{A}$ 可逆，且

$$\boldsymbol{A}^{-1}=\begin{pmatrix}\boldsymbol{A}_1^{-1} & & & \\ & \boldsymbol{A}_2^{-1} & & \\ & & \ddots & \\ & & & \boldsymbol{A}_s^{-1}\end{pmatrix}.$$

二、例题分析

例 1

设 $\boldsymbol{A}=\begin{pmatrix}3 & 4 & & \\ 4 & -3 & \multicolumn{2}{c}{\boldsymbol{O}} \\ & & 2 & 0 \\ \multicolumn{2}{c}{\boldsymbol{O}} & 2 & 2\end{pmatrix}$，求 $|\boldsymbol{A}^8|$ 及 $\boldsymbol{A}^4$.

解 $\boldsymbol{A}=\begin{pmatrix}3 & 4 & & \\ 4 & -3 & \multicolumn{2}{c}{\boldsymbol{O}} \\ & & 2 & 0 \\ \multicolumn{2}{c}{\boldsymbol{O}} & 2 & 2\end{pmatrix}$，令 $\boldsymbol{A}_1=\begin{pmatrix}3 & 4\\ 4 & -3\end{pmatrix}$，$\boldsymbol{A}_2=\begin{pmatrix}2 & 0\\ 2 & 2\end{pmatrix}$，则 $\boldsymbol{A}=\begin{pmatrix}\boldsymbol{A}_1 & \boldsymbol{O}\\ \boldsymbol{O} & \boldsymbol{A}_2\end{pmatrix}$，故

$$\boldsymbol{A}^8=\begin{pmatrix}\boldsymbol{A}_1 & \boldsymbol{O}\\ \boldsymbol{O} & \boldsymbol{A}_2\end{pmatrix}^8=\begin{pmatrix}\boldsymbol{A}_1^8 & \boldsymbol{O}\\ \boldsymbol{O} & \boldsymbol{A}_2^8\end{pmatrix},\quad |\boldsymbol{A}^8|=|\boldsymbol{A}_1^8||\boldsymbol{A}_2^8|=|\boldsymbol{A}_1|^8|\boldsymbol{A}_2|^8=10^{16},$$

$$\boldsymbol{A}^4=\begin{pmatrix}\boldsymbol{A}_1^4 & \boldsymbol{O}\\ \boldsymbol{O} & \boldsymbol{A}_2^4\end{pmatrix}=\begin{pmatrix}5^4 & 0 & & \\ 0 & 5^4 & \multicolumn{2}{c}{\boldsymbol{O}} \\ & & 2^4 & 0 \\ \multicolumn{2}{c}{\boldsymbol{O}} & 2^6 & 2^4\end{pmatrix}.$$

例 2 设 n 阶矩阵 $\boldsymbol{A}$ 及 s 阶矩阵 $\boldsymbol{B}$ 都可逆，求$\begin{pmatrix} \boldsymbol{O} & \boldsymbol{A} \\ \boldsymbol{B} & \boldsymbol{O} \end{pmatrix}^{-1}$.

解　将$\begin{pmatrix} \boldsymbol{O} & \boldsymbol{A} \\ \boldsymbol{B} & \boldsymbol{O} \end{pmatrix}^{-1}$分块为$\begin{pmatrix} \boldsymbol{C}_1 & \boldsymbol{C}_2 \\ \boldsymbol{C}_3 & \boldsymbol{C}_4 \end{pmatrix}$,

其中 $\boldsymbol{C}_1$ 为 $s\times n$ 矩阵，$\boldsymbol{C}_2$ 为 $s\times s$ 矩阵，$\boldsymbol{C}_3$ 为 $n\times n$ 矩阵，$\boldsymbol{C}_4$ 为 $n\times s$ 矩阵，

则
$$\begin{pmatrix} \boldsymbol{O} & \boldsymbol{A}_{n\times n} \\ \boldsymbol{B}_{s\times s} & \boldsymbol{O} \end{pmatrix}\begin{pmatrix} \boldsymbol{C}_1 & \boldsymbol{C}_2 \\ \boldsymbol{C}_3 & \boldsymbol{C}_4 \end{pmatrix} = \boldsymbol{E} = \begin{pmatrix} \boldsymbol{E}_n & \boldsymbol{O} \\ \boldsymbol{O} & \boldsymbol{E}_s \end{pmatrix}.$$

由此得到
$$\begin{cases} \boldsymbol{AC}_3 = \boldsymbol{E}_n \Rightarrow \boldsymbol{C}_3 = \boldsymbol{A}^{-1}, \\ \boldsymbol{AC}_4 = \boldsymbol{O} \Rightarrow \boldsymbol{C}_4 = \boldsymbol{O}(\boldsymbol{A}^{-1}\text{存在}), \\ \boldsymbol{BC}_1 = \boldsymbol{O} \Rightarrow \boldsymbol{C}_1 = \boldsymbol{O}(\boldsymbol{B}^{-1}\text{存在}), \\ \boldsymbol{BC}_2 = \boldsymbol{E}_s \Rightarrow \boldsymbol{C}_2 = \boldsymbol{B}^{-1}, \end{cases}$$

故
$$\begin{pmatrix} \boldsymbol{O} & \boldsymbol{A} \\ \boldsymbol{B} & \boldsymbol{O} \end{pmatrix}^{-1} = \begin{pmatrix} \boldsymbol{O} & \boldsymbol{B}^{-1} \\ \boldsymbol{A}^{-1} & \boldsymbol{O} \end{pmatrix}.$$

三、习题精练

1. 设 $\boldsymbol{\alpha}_1,\boldsymbol{\alpha}_2$ 均为非零向量，2 阶方阵 $\boldsymbol{A}$ 满足 $\boldsymbol{A\alpha}_1 = 3\boldsymbol{\alpha}_1$，$\boldsymbol{A\alpha}_2 = -3\boldsymbol{\alpha}_2$，则 $\boldsymbol{A}^{100} =$ ________.

2. 设分块矩阵 $\boldsymbol{A} = \begin{pmatrix} & & & \boldsymbol{A}_1 \\ & & \boldsymbol{A}_2 & \\ & \iddots & & \\ \boldsymbol{A}_k & & & \end{pmatrix}$，其中 $\boldsymbol{A}_1,\boldsymbol{A}_2,\cdots,\boldsymbol{A}_k$ 为可逆方阵，未写出的子块为零块.

(1) 求证：$\boldsymbol{A}$ 可逆，且 $\boldsymbol{A}^{-1} = \begin{pmatrix} & & & \boldsymbol{A}_k^{-1} \\ & & \iddots & \\ & \boldsymbol{A}_2^{-1} & & \\ \boldsymbol{A}_1^{-1} & & & \end{pmatrix}$;

(2) 设 $\boldsymbol{B} = \begin{pmatrix} 0 & 0 & 0 & 1 & 2 \\ 0 & 0 & 0 & 3 & 5 \\ 0 & 0 & -1 & 0 & 0 \\ 3 & 2 & 0 & 0 & 0 \\ 4 & 3 & 0 & 0 & 0 \end{pmatrix}$，求 $\boldsymbol{B}^{-1}$.

3. 设 $\boldsymbol{A},\boldsymbol{B}$ 均为 2 阶矩阵，$\boldsymbol{A}^*,\boldsymbol{B}^*$ 分别为 $\boldsymbol{A},\boldsymbol{B}$ 的伴随矩阵，若 $|\boldsymbol{A}|=2$，$|\boldsymbol{B}|=3$，则分块矩阵 $\boldsymbol{C} = \begin{pmatrix} \boldsymbol{O} & \boldsymbol{A} \\ \boldsymbol{B} & \boldsymbol{O} \end{pmatrix}$的伴随矩阵为(　　).

(A) $\begin{pmatrix} \boldsymbol{O} & 3\boldsymbol{B}^* \\ 2\boldsymbol{A}^* & \boldsymbol{O} \end{pmatrix}$　　　　(B) $\begin{pmatrix} \boldsymbol{O} & 2\boldsymbol{B}^* \\ 3\boldsymbol{A}^* & \boldsymbol{O} \end{pmatrix}$

(C) $\begin{pmatrix} O & 3A^* \\ 2B^* & O \end{pmatrix}$　　(D) $\begin{pmatrix} O & 2A^* \\ 3B^* & O \end{pmatrix}$

4. 设分块矩阵 $A=\begin{pmatrix} B & O \\ O & C \end{pmatrix}$，其中 B 和 C 都为方阵，且 $|A|\neq 0$，则有(　　).

(A) B 可逆，C 不可逆　　(B) C 可逆，B 不可逆

(C) B 和 C 可逆性不确定　　(D) B 和 C 都可逆

四、习题解答

1. 解　应填 $3^{100}E$.

由已知 $A\alpha_1=3\alpha_1$，$A\alpha_2=-3\alpha_2$，且 α_1,α_2 均为非零向量，易知 $|\alpha_1,\alpha_2|\neq 0$，所以 $(\alpha_1,\alpha_2)^{-1}$ 存在. $A(\alpha_1,\alpha_2)=(\alpha_1,\alpha_2)\begin{pmatrix} 3 & 0 \\ 0 & -3 \end{pmatrix}$，所以 $A=(\alpha_1,\alpha_2)\begin{pmatrix} 3 & 0 \\ 0 & -3 \end{pmatrix}(\alpha_1,\alpha_2)^{-1}$，则 $A^{100}=(\alpha_1,\alpha_2)\begin{pmatrix} 3^{100} & 0 \\ 0 & (-3)^{100} \end{pmatrix}(\alpha_1,\alpha_2)^{-1}=3^{100}(\alpha_1,\alpha_2)\begin{pmatrix} 1 & 0 \\ 0 & 1 \end{pmatrix}(\alpha_1,\alpha_2)^{-1}=3^{100}E$.

2. 解　(1) 由

$$\begin{pmatrix} & & & A_1 \\ & & A_2 & \\ & \iddots & & \\ A_k & & & \end{pmatrix}\begin{pmatrix} & & & A_k^{-1} \\ & & \iddots & \\ & A_2^{-1} & & \\ A_1^{-1} & & & \end{pmatrix}$$

$$=\begin{pmatrix} A_1A_1^{-1} & & & \\ & A_2A_2^{-1} & & \\ & & \ddots & \\ & & & A_kA_k^{-1} \end{pmatrix}=\begin{pmatrix} E & & & \\ & E & & \\ & & \ddots & \\ & & & E \end{pmatrix}=E,$$

从而 A 可逆，且

$$A^{-1}=\begin{pmatrix} & & & A_k^{-1} \\ & & \iddots & \\ & A_2^{-1} & & \\ A_1^{-1} & & & \end{pmatrix}.$$

(2) 将 B 分块为

$$B=\begin{pmatrix} & & B_1 \\ & B_2 & \\ B_3 & & \end{pmatrix},$$

其中

$$B_1=\begin{pmatrix} 1 & 2 \\ 3 & 5 \end{pmatrix},\ B_2=-1,\ B_3=\begin{pmatrix} 3 & 2 \\ 4 & 3 \end{pmatrix},$$

则

$$\boldsymbol{B}^{-1}=\begin{pmatrix} & & \boldsymbol{B}_3^{-1} \\ & \boldsymbol{B}_2^{-1} & \\ \boldsymbol{B}_1^{-1} & & \end{pmatrix}=\begin{pmatrix} 0 & 0 & 0 & 3 & -2 \\ 0 & 0 & 0 & -4 & 3 \\ 0 & 0 & -1 & 0 & 0 \\ -5 & 2 & 0 & 0 & 0 \\ 3 & -1 & 0 & 0 & 0 \end{pmatrix}.$$

3. 解　应选(B).

由 $|\boldsymbol{C}|=\begin{vmatrix} \boldsymbol{O} & \boldsymbol{A} \\ \boldsymbol{B} & \boldsymbol{O} \end{vmatrix}=(-1)^{2\times2}|\boldsymbol{A}||\boldsymbol{B}|=2\times3=6\neq0$，则 $\boldsymbol{C}$ 可逆，且

$$\boldsymbol{C}^{-1}=\begin{pmatrix} \boldsymbol{O} & \boldsymbol{A} \\ \boldsymbol{B} & \boldsymbol{O} \end{pmatrix}^{-1}=\begin{pmatrix} \boldsymbol{O} & \boldsymbol{B}^{-1} \\ \boldsymbol{A}^{-1} & \boldsymbol{O} \end{pmatrix}.$$

由 $\begin{pmatrix} \boldsymbol{O} & \boldsymbol{A} \\ \boldsymbol{B} & \boldsymbol{O} \end{pmatrix}^{*}=\begin{vmatrix} \boldsymbol{O} & \boldsymbol{A} \\ \boldsymbol{B} & \boldsymbol{O} \end{vmatrix}\begin{pmatrix} \boldsymbol{O} & \boldsymbol{A} \\ \boldsymbol{B} & \boldsymbol{O} \end{pmatrix}^{-1}$，所以

$$\boldsymbol{C}^{*}=|\boldsymbol{C}|\boldsymbol{C}^{-1}=6\begin{pmatrix} \boldsymbol{O} & \boldsymbol{B}^{-1} \\ \boldsymbol{A}^{-1} & \boldsymbol{O} \end{pmatrix}=6\begin{pmatrix} \boldsymbol{O} & \frac{1}{|\boldsymbol{B}|}\boldsymbol{B}^{*} \\ \frac{1}{|\boldsymbol{A}|}\boldsymbol{A}^{*} & \boldsymbol{O} \end{pmatrix}$$

$$=6\begin{pmatrix} \boldsymbol{O} & \frac{1}{3}\boldsymbol{B}^{*} \\ \frac{1}{2}\boldsymbol{A}^{*} & \boldsymbol{O} \end{pmatrix}=\begin{pmatrix} \boldsymbol{O} & 2\boldsymbol{B}^{*} \\ 3\boldsymbol{A}^{*} & \boldsymbol{O} \end{pmatrix},$$

因此选(B).

4. 解　应选(D).

$|\boldsymbol{A}|=\begin{vmatrix} \boldsymbol{B} & \boldsymbol{O} \\ \boldsymbol{O} & \boldsymbol{C} \end{vmatrix}=|\boldsymbol{B}||\boldsymbol{C}|\neq0$，所以 $|\boldsymbol{B}|\neq0$，$|\boldsymbol{C}|\neq0$，则 $\boldsymbol{B}$ 和 $\boldsymbol{C}$ 都可逆，故选(D).

2.4　初等变换与初等矩阵

一、知识要点

1. 矩阵的初等变换

定义　对矩阵所做的以下变换称为矩阵的初等行(列)变换.

(1) 对调矩阵 $\boldsymbol{A}$ 的两行(列)称为对矩阵 $\boldsymbol{A}$ 做一次行(列)换法变换.

(2) 以数 $k\neq0$ 乘矩阵 $\boldsymbol{A}$ 的某一行(列)的所有元素称为对矩阵 $\boldsymbol{A}$ 做一次行(列)倍法变换.

(3) 把矩阵 $\boldsymbol{A}$ 的某一行(列)的所有元素的 k 倍加到另一行(列)的对应元素上称为对矩阵 $\boldsymbol{A}$ 做一次行(列)消法变换.

(4) 矩阵的初等行变换和初等列变换统称为矩阵的初等变换.

(5) 若矩阵 $\boldsymbol{A}$ 经过有限次初等变换变成矩阵 $\boldsymbol{B}$，则称矩阵 $\boldsymbol{A}$ 与矩阵 $\boldsymbol{B}$ 等价，记为 $\boldsymbol{A}\cong\boldsymbol{B}$.

2. 矩阵的等价关系具有下列性质：

(1) 反身性：$\boldsymbol{A}\cong\boldsymbol{A}$；

(2) 对称性：若 $\boldsymbol{A}\cong\boldsymbol{B}$，则 $\boldsymbol{B}\cong\boldsymbol{A}$；

(3) 传递性：若 $\boldsymbol{A}\cong\boldsymbol{B}$，$\boldsymbol{B}\cong\boldsymbol{C}$，则 $\boldsymbol{A}\cong\boldsymbol{C}$.

3. 初等矩阵

称下面的三种矩阵

$$\boldsymbol{E}(i(k))=\begin{pmatrix}1&&&&&&\\&\ddots&&&&&\\&&1&&&&\\&&&k&&&\\&&&&1&&\\&&&&&\ddots&\\&&&&&&1\end{pmatrix}(i)\ (k\neq 0),$$

$$\boldsymbol{E}(i,j(k))=\begin{pmatrix}1&&&&&&\\&\ddots&&&&&\\&&1&\cdots&k&&\\&&&\ddots&\vdots&&\\&&&&1&&\\&&&&&\ddots&\\&&&&&&1\end{pmatrix}\begin{matrix}\\\\(i)\\\\(j)\\\\\\\end{matrix}\ (i\neq j),$$

$$\boldsymbol{E}(i,j)=\begin{pmatrix}1&&&&&&&&\\&\ddots&&&&&&&\\&&1&&&&&&\\&&&0&\cdots&1&&&\\&&&&1&&&&\\&&&\vdots&\ddots&\vdots&&&\\&&&&&1&&&\\&&&1&\cdots&0&&&\\&&&&&&1&&\\&&&&&&&\ddots&\\&&&&&&&&1\end{pmatrix}\begin{matrix}\\\\\\(i)\\\\\\\\(j)\\\\\\\\\end{matrix}\ (i\neq j)$$

分别为倍法阵、消法阵和换法阵，统称为初等矩阵.

4. 定理和推论

定理 1 设 $\boldsymbol{A}$ 为 $m\times n$ 矩阵，则

(1) 在适当初等行变换下 $\boldsymbol{A}$ 能化为行阶梯形.

(2) 在适当初等行变换下 $\boldsymbol{A}$ 能进一步化为行最简形.

(3) 再在适当初等列变换下 $\boldsymbol{A}$ 能进一步化为标准形.

定理 2 对矩阵进行一次初等行(列)变换相当于用相应的初等矩阵左乘(右乘)该矩阵.

定理 3 设 $\boldsymbol{A}$ 为 $m\times n$ 矩阵，则存在 m 阶可逆矩阵 $\boldsymbol{P}$ 和 n 阶可逆矩阵 $\boldsymbol{Q}$ 使得

$$\boldsymbol{A}=\boldsymbol{P}\begin{pmatrix}\boldsymbol{E}_r&\boldsymbol{O}\\\boldsymbol{O}&\boldsymbol{O}\end{pmatrix}\boldsymbol{Q}.$$

推论 1 可逆矩阵可以写成有限个初等矩阵的乘积.

推论2 用可逆矩阵左乘(右乘)一个矩阵等价于对该矩阵做若干初等行(列)变换.

二、例题分析

例1 设 A 为3阶矩阵，将 A 的第二行加到第一行得 B，再将 B 的第一列的 -1 倍加到第二列得 C，记 $P=\begin{pmatrix}1&1&0\\0&1&0\\0&0&1\end{pmatrix}$，则(　　).

(A) $C=P^{-1}AP$　　(B) $C=PAP^{-1}$

(C) $C=P^{T}AP$　　(D) $C=PAP^{T}$

解 应选(B).

对矩阵 A 进行行和列的初等变换，即在矩阵 A 的左右分别乘上初等矩阵，因此

$\begin{pmatrix}1&1&0\\0&1&0\\0&0&1\end{pmatrix}A\begin{pmatrix}1&-1&0\\0&1&0\\0&0&1\end{pmatrix}=C$，若记 $P=\begin{pmatrix}1&1&0\\0&1&0\\0&0&1\end{pmatrix}$，则 $P^{-1}=\begin{pmatrix}1&-1&0\\0&1&0\\0&0&1\end{pmatrix}$，因此选项(B)正确.

例2 设3阶方阵 A 和 B 满足 $A^2-AB=E$，其中 $A=\begin{pmatrix}1&1&-1\\0&1&1\\0&0&-1\end{pmatrix}$，求矩阵 B.

解 由 $A^2-AB=E$ 得 $AB=A^2-E$，又 $|A|=-1\neq0$，所以 A 可逆，有 $B=A^{-1}(A^2-E)=A-A^{-1}$.

$$(A,E)\to\begin{pmatrix}1&1&-1&1&0&0\\0&1&1&0&1&0\\0&0&-1&0&0&1\end{pmatrix}\to\begin{pmatrix}1&1&0&1&0&-1\\0&1&0&0&1&1\\0&0&1&0&0&-1\end{pmatrix}\to\begin{pmatrix}1&0&0&1&-1&-2\\0&1&0&0&1&1\\0&0&1&0&0&-1\end{pmatrix},$$

所以 $A^{-1}=\begin{pmatrix}1&-1&-2\\0&1&1\\0&0&-1\end{pmatrix}$,

从而 $B=\begin{pmatrix}1&1&-1\\0&1&1\\0&0&-1\end{pmatrix}-\begin{pmatrix}1&-1&-2\\0&1&1\\0&0&-1\end{pmatrix}=\begin{pmatrix}0&2&1\\0&0&0\\0&0&0\end{pmatrix}$.

例3 设矩阵 $A=\begin{pmatrix}1&2&3\\4&5&6\\7&8&9\end{pmatrix}$，$P=\begin{pmatrix}0&0&1\\0&1&0\\1&0&0\end{pmatrix}$，则 $P^{2023}AP^{2024}=$________.

解 应填 $\begin{pmatrix}7&8&9\\4&5&6\\1&2&3\end{pmatrix}$.

易知 $P^2=E$，所以 $P^{2023}AP^{2024}=PA$，即对 A 做一次行换法变换，则有 $P^{2023}AP^{2024}=PA=\begin{pmatrix}7&8&9\\4&5&6\\1&2&3\end{pmatrix}$.

例 4 已知矩阵 $\boldsymbol{A}=\begin{pmatrix}1&0&0\\1&1&0\\1&1&1\end{pmatrix}$，矩阵 $\boldsymbol{B}=\begin{pmatrix}0&1&1\\1&0&1\\1&1&0\end{pmatrix}$，矩阵 $\boldsymbol{X}$ 满足如下矩阵表达式：

$$\boldsymbol{AXA}+\boldsymbol{BXB}=\boldsymbol{AXB}+\boldsymbol{BXA}+\boldsymbol{E},$$

其中 $\boldsymbol{E}$ 为 3 阶单位矩阵，求矩阵 $\boldsymbol{X}$.

解 由 $\boldsymbol{AXA}+\boldsymbol{BXB}=\boldsymbol{AXB}+\boldsymbol{BXA}+\boldsymbol{E}$，则 $(\boldsymbol{A}-\boldsymbol{B})\boldsymbol{X}(\boldsymbol{A}-\boldsymbol{B})=\boldsymbol{E}$，由于 $\boldsymbol{A}-\boldsymbol{B}=\begin{pmatrix}1&-1&-1\\0&1&-1\\0&0&1\end{pmatrix}$，$|\boldsymbol{A}-\boldsymbol{B}|=1$，则 $\boldsymbol{A}-\boldsymbol{B}$ 可逆，所以 $\boldsymbol{X}=[(\boldsymbol{A}-\boldsymbol{B})^{-1}]^2$；

由于 $(\boldsymbol{A}-\boldsymbol{B}|\boldsymbol{E})=\begin{pmatrix}1&-1&-1&1&0&0\\0&1&-1&0&1&0\\0&0&1&0&0&1\end{pmatrix}\rightarrow\begin{pmatrix}1&0&0&1&1&2\\0&1&0&0&1&1\\0&0&1&0&0&1\end{pmatrix}$，可得

$(\boldsymbol{A}-\boldsymbol{B})^{-1}=\begin{pmatrix}1&1&2\\0&1&1\\0&0&1\end{pmatrix}$，则 $\boldsymbol{X}=[(\boldsymbol{A}-\boldsymbol{B})^{-1}]^2=\begin{pmatrix}1&2&5\\0&1&2\\0&0&1\end{pmatrix}$.

例 5 设 n 阶矩阵 $\boldsymbol{A}$ 和 n 阶矩阵 $\boldsymbol{B}$ 等价，以下正确的是(　　).

(A) $|\boldsymbol{A}|=a\neq0$ 则 $|\boldsymbol{B}|=a$　　(B) $|\boldsymbol{A}|=a\neq0$ 则 $|\boldsymbol{B}|=-a$

(C) $|\boldsymbol{A}|=a\neq0$ 则 $|\boldsymbol{B}|=0$　　(D) $|\boldsymbol{A}|=0$ 则 $|\boldsymbol{B}|=0$

解 应选(D).

$\boldsymbol{A}$ 与 $\boldsymbol{B}$ 等价，则 $\boldsymbol{A}=\boldsymbol{P}_m\cdots\boldsymbol{P}_1\boldsymbol{B}\boldsymbol{Q}_1\cdots\boldsymbol{Q}_t$，其中 $\boldsymbol{P}_1,\cdots,\boldsymbol{P}_m,\boldsymbol{Q}_1,\cdots,\boldsymbol{Q}_t$ 为初等阵，则 $|\boldsymbol{A}|$ 与 $|\boldsymbol{B}|$ 之间相差倍数，所以若 $|\boldsymbol{A}|=0$，则 $|\boldsymbol{B}|=0$. 故选(D).

三、习题精练

1. 设 $\boldsymbol{A}=\begin{pmatrix}0&3&3\\1&1&0\\-1&2&3\end{pmatrix}$，$\boldsymbol{AB}=\boldsymbol{A}+2\boldsymbol{B}$，求 $\boldsymbol{B}$.

2. 设 $\boldsymbol{A}$ 为 3 阶方阵，将 $\boldsymbol{A}$ 的第二列加到第一列得到矩阵 $\boldsymbol{B}$，再交换矩阵 $\boldsymbol{B}$ 的第二行与第三行得到矩阵 $\boldsymbol{C}$，记 $\boldsymbol{P}_1=\begin{pmatrix}1&0&0\\1&1&0\\0&0&1\end{pmatrix}$，$\boldsymbol{P}_2=\begin{pmatrix}1&0&0\\0&0&1\\0&1&0\end{pmatrix}$，则 $\boldsymbol{C}=$(　　).

(A) $\boldsymbol{P}_2\boldsymbol{A}\boldsymbol{P}_1$　　(B) $\boldsymbol{P}_1\boldsymbol{A}\boldsymbol{P}_2$

(C) $\boldsymbol{A}\boldsymbol{P}_1\boldsymbol{P}_2$　　(D) $\boldsymbol{P}_2\boldsymbol{P}_1\boldsymbol{A}$

3. 设矩阵 $\boldsymbol{A}=\begin{pmatrix}a_{11}&a_{12}&a_{13}\\a_{21}&a_{22}&a_{23}\\a_{31}&a_{32}&a_{33}\end{pmatrix}$，$\boldsymbol{B}=\begin{pmatrix}a_{21}&a_{22}&a_{23}\\a_{11}&a_{12}&a_{13}\\a_{11}+a_{31}&a_{12}+a_{32}&a_{13}+a_{33}\end{pmatrix}$，$\boldsymbol{P}_1=\begin{pmatrix}0&1&0\\1&0&0\\0&0&1\end{pmatrix}$，$\boldsymbol{P}_2=\begin{pmatrix}1&0&0\\0&1&0\\1&0&1\end{pmatrix}$，则有(　　).

(A) $AP_1P_2=B$　　　　(B) $AP_2P_1=B$

(C) $P_1P_2A=B$　　　　(D) $P_2P_1A=B$

4. 设矩阵 A 经过初等列变换变成矩阵 B，则以下正确的是(　　).

(A) 存在矩阵 P，使得 $PA=B$　　　　(B) 存在矩阵 P，使得 $BP=A$

(C) 存在矩阵 P，使得 $BP=A$　　　　(D) 线性方程组 $Ax=0$ 与 $Bx=0$ 同解

5. 设 A 为3阶方阵，将 A 的第二行加到第三行上得矩阵 B，再交换 B 的第一，第二行得矩阵 C，则满足 $QA=C$ 的可逆阵 $Q=$ ________.

6. 设 $A=\begin{pmatrix}1&2&3\\4&5&6\\7&8&9\end{pmatrix}$，$B=\begin{pmatrix}0&0&1\\0&1&0\\1&0&0\end{pmatrix}$，$C=\begin{pmatrix}1&0&0\\0&1&0\\1&0&1\end{pmatrix}$，则 $B^{100}AC^{100}=$ ________.

7. 设矩阵 $A=\begin{pmatrix}0&1&1\\-1&1&1\\1&0&1\end{pmatrix}$，$B=\begin{pmatrix}1&2\\-1&3\\0&-2\end{pmatrix}$，矩阵 X 满足 $2X=AX+B$，求矩阵 X.

8. 解下列矩阵方程：

(1) $\begin{pmatrix}2&5\\1&3\end{pmatrix}X=\begin{pmatrix}4&-6\\2&1\end{pmatrix}$；　　(2) $X\begin{pmatrix}2&1&-1\\2&1&0\\1&-1&1\end{pmatrix}=\begin{pmatrix}1&-1&3\\4&3&2\end{pmatrix}$；

(3) $\begin{pmatrix}1&4\\-1&2\end{pmatrix}X\begin{pmatrix}2&0\\-1&1\end{pmatrix}=\begin{pmatrix}3&1\\0&-1\end{pmatrix}$；

(4) $\begin{pmatrix}0&1&0\\1&0&0\\0&0&1\end{pmatrix}X\begin{pmatrix}1&0&0\\0&0&1\\0&1&0\end{pmatrix}=\begin{pmatrix}1&-4&3\\2&0&-1\\1&-2&0\end{pmatrix}$.

四、习题解答

1. 解　由 $AB=A+2B$ 可得 $(A-2E)B=A$，

故 $B=(A-2E)^{-1}A=\begin{pmatrix}-2&3&3\\1&-1&0\\-1&2&1\end{pmatrix}^{-1}\begin{pmatrix}0&3&3\\1&1&0\\-1&2&3\end{pmatrix}=\begin{pmatrix}0&3&3\\-1&2&3\\1&1&0\end{pmatrix}$，其中

$$\begin{pmatrix}-2&3&3\\1&-1&0\\-1&2&1\end{pmatrix}^{-1}=\begin{pmatrix}-\frac{1}{2}&\frac{3}{2}&\frac{3}{2}\\-\frac{1}{2}&\frac{1}{2}&\frac{3}{2}\\\frac{1}{2}&\frac{1}{2}&-\frac{1}{2}\end{pmatrix}.$$

2. 解　应选(A).

将第二列加到第一列对应的初等矩阵为 P_1，交换第二行与第三行对应的初等矩阵为 P_2，由初等变换与初等矩阵的对应关系，左乘为行变换，右乘为列变换，因此选项(A)正确.

3. 解　应选(C).

观察矩阵 B 与矩阵 A 的关系，B 是将 A 的第一行加到第三行，再交换第一、第二行得到的，所以由初等矩阵与初等变换的关系，即相当于在矩阵 A 的左边乘初等矩阵，按照顺序从

右到左先乘 $\boldsymbol{P}_2$ 再乘 $\boldsymbol{P}_1$，因此选项(C)正确.

4. 解　应选(B).

矩阵 $\boldsymbol{A}$ 经过初等列变换变成矩阵 $\boldsymbol{B}$，则 $\boldsymbol{B}=\boldsymbol{AP}_1\cdots\boldsymbol{P}_m(\boldsymbol{P}_1,\cdots,\boldsymbol{P}_m$ 为初等阵)，则$\boldsymbol{BP}_m^{-1}\cdots\boldsymbol{P}_1^{-1}=\boldsymbol{BP}=\boldsymbol{A}$，故选(B).

5. 解　应填$\begin{pmatrix}0&1&0\\1&0&0\\0&1&1\end{pmatrix}$.

$$\boldsymbol{B}=\begin{pmatrix}1&0&0\\0&1&0\\0&1&1\end{pmatrix}\boldsymbol{A},\ \boldsymbol{C}=\begin{pmatrix}0&1&0\\1&0&0\\0&0&1\end{pmatrix}\boldsymbol{B}=\begin{pmatrix}0&1&0\\1&0&0\\0&0&1\end{pmatrix}\begin{pmatrix}1&0&0\\0&1&0\\0&1&1\end{pmatrix}\boldsymbol{A}=\begin{pmatrix}0&1&0\\1&0&0\\0&1&1\end{pmatrix}\boldsymbol{A}=\boldsymbol{QA}.$$

6. 解　应填$\begin{pmatrix}301&2&3\\604&5&6\\907&8&9\end{pmatrix}$. $\boldsymbol{BA}=\begin{pmatrix}7&8&9\\4&5&6\\1&2&3\end{pmatrix}$，矩阵 $\boldsymbol{A}$ 第一行和第三行互换，则 $\boldsymbol{B}^{100}\boldsymbol{A}=\boldsymbol{A}$；

$\boldsymbol{AC}=\begin{pmatrix}1+3&2&3\\4+6&5&6\\7+9&8&9\end{pmatrix}$，矩阵 $\boldsymbol{A}$ 的第三列加到第一列上，故 $\boldsymbol{AC}^{100}=\begin{pmatrix}301&2&3\\604&5&6\\907&8&9\end{pmatrix}$，则

$$\boldsymbol{B}^{100}\boldsymbol{AC}^{100}=\begin{pmatrix}301&2&3\\604&5&6\\907&8&9\end{pmatrix}.$$

7. 解　由 $2\boldsymbol{X}=\boldsymbol{AX}+\boldsymbol{B}$，则$(2\boldsymbol{E}-\boldsymbol{A})\boldsymbol{X}=\boldsymbol{B}$，由于

$$2\boldsymbol{E}-\boldsymbol{A}=\begin{pmatrix}2&-1&-1\\1&1&-1\\-1&0&1\end{pmatrix},\ |2\boldsymbol{E}-\boldsymbol{A}|=1,$$

则 $2\boldsymbol{E}-\boldsymbol{A}$ 可逆，所以 $\boldsymbol{X}=(2\boldsymbol{E}-\boldsymbol{A})^{-1}\boldsymbol{B}$；

由于$(2\boldsymbol{E}-\boldsymbol{A}\,|\,\boldsymbol{E})=\begin{pmatrix}2&-1&-1&1&0&0\\1&1&-1&0&1&0\\-1&0&1&0&0&1\end{pmatrix}\to\begin{pmatrix}1&0&0&1&1&2\\0&1&0&0&1&1\\0&0&1&1&1&3\end{pmatrix}$，可得

$$(2\boldsymbol{E}-\boldsymbol{A})^{-1}=\begin{pmatrix}1&1&2\\0&1&1\\1&1&3\end{pmatrix},\text{则 }\boldsymbol{X}=(2\boldsymbol{E}-\boldsymbol{A})^{-1}\boldsymbol{B}=\begin{pmatrix}0&1\\-1&1\\0&-1\end{pmatrix}.$$

8. 解　(1)$\boldsymbol{X}=\begin{pmatrix}2&5\\1&3\end{pmatrix}^{-1}\begin{pmatrix}4&-6\\2&1\end{pmatrix}=\begin{pmatrix}3&-5\\-1&2\end{pmatrix}\begin{pmatrix}4&-6\\2&1\end{pmatrix}=\begin{pmatrix}2&-23\\0&8\end{pmatrix}$；

(2) $\boldsymbol{X}=\begin{pmatrix}1&-1&3\\4&3&2\end{pmatrix}\begin{pmatrix}2&1&-1\\2&1&0\\1&-1&1\end{pmatrix}^{-1}=\dfrac{1}{3}\begin{pmatrix}1&-1&3\\4&3&2\end{pmatrix}\begin{pmatrix}1&0&1\\-2&3&-2\\-3&3&0\end{pmatrix}$

$$=\begin{pmatrix}-2&2&1\\-\dfrac{8}{3}&5&-\dfrac{2}{3}\end{pmatrix};$$

(3) $\boldsymbol{X}=\begin{pmatrix}1&4\\-1&2\end{pmatrix}^{-1}\begin{pmatrix}3&1\\0&-1\end{pmatrix}\begin{pmatrix}2&0\\-1&1\end{pmatrix}^{-1}=\dfrac{1}{12}\begin{pmatrix}2&-4\\1&1\end{pmatrix}\begin{pmatrix}3&1\\0&-1\end{pmatrix}\begin{pmatrix}1&0\\1&2\end{pmatrix}$

$$=\frac{1}{12}\begin{pmatrix}6&6\\3&0\end{pmatrix}\begin{pmatrix}1&0\\1&2\end{pmatrix}=\begin{pmatrix}1&1\\\frac{1}{4}&0\end{pmatrix};$$

(4) $$\boldsymbol{X}=\begin{pmatrix}0&1&0\\1&0&0\\0&0&1\end{pmatrix}^{-1}\begin{pmatrix}1&-4&3\\2&0&-1\\1&-2&0\end{pmatrix}\begin{pmatrix}1&0&0\\0&0&1\\0&1&0\end{pmatrix}^{-1}$$

$$=\begin{pmatrix}0&1&0\\1&0&0\\0&0&1\end{pmatrix}\begin{pmatrix}1&-4&3\\2&0&-1\\1&-2&0\end{pmatrix}\begin{pmatrix}1&0&0\\0&0&1\\0&1&0\end{pmatrix}=\begin{pmatrix}2&-1&0\\1&3&-4\\1&0&-2\end{pmatrix}.$$

2.5 矩阵的秩

一、知识要点

1. 矩阵的 k 阶子式定义

在 $m\times n$ 矩阵 $\boldsymbol{A}$ 中，任取 k 行 k 列($1\leqslant k\leqslant m$，$1\leqslant k\leqslant n$)，位于这些行和列交叉处的元素按原来位置构成的 k 阶行列式，称为矩阵 $\boldsymbol{A}$ 的 k 阶子式.

2. 矩阵秩的定义

定义　$m\times n$ 矩阵 $\boldsymbol{A}$ 中不为零的最高阶子式的阶数 r，称为矩阵 $\boldsymbol{A}$ 的**秩**，记作 $R(\boldsymbol{A})=r$，规定零矩阵的秩为零.

3. 矩阵秩的性质

性质1　若矩阵 $\boldsymbol{A}\neq\boldsymbol{O}$，则 $R(\boldsymbol{A})\geqslant 1$.

性质2　设 $\boldsymbol{A}=\boldsymbol{A}_{m\times n}$，则 $0\leqslant R(\boldsymbol{A})\leqslant\min(m,n)$.

性质3　$R(\boldsymbol{A})=R(\boldsymbol{A}^{\mathrm{T}})$.

性质4　若 $\boldsymbol{A}$ 是 n 阶可逆矩阵，则 $R(\boldsymbol{A})=n$.

所以可逆矩阵也称为满秩矩阵，不可逆矩阵又称为降秩矩阵.

性质5　若矩阵 $\boldsymbol{A}$ 有 s 阶子式非零，则 $R(\boldsymbol{A})\geqslant s$.

性质6　若矩阵 $\boldsymbol{A}$ 所有 s 阶子式等于零，则 $R(\boldsymbol{A})<s$.

4. 定理

定理1　初等变换不改变矩阵的秩.

定理2　矩阵的秩等于它的行阶梯形矩阵的秩，也等于它的标准形矩阵的秩. 若矩阵 $\boldsymbol{A}$ 的标准形矩阵为$\begin{pmatrix}\boldsymbol{E}_r&\boldsymbol{O}\\\boldsymbol{O}&\boldsymbol{O}\end{pmatrix}$，则 $R(\boldsymbol{A})=r$.

二、例题分析

例1　下列关于矩阵 $\boldsymbol{A}$ 的秩的说法中错误的是(　　).

(A) 矩阵 $\boldsymbol{A}$ 中最高阶非零子式的阶数为 $\boldsymbol{A}$ 的秩

(B) 若矩阵 $\boldsymbol{A}$ 中存在 r 阶非零子式，则 $R(\boldsymbol{A})\geqslant r$

(C) 若矩阵 $\boldsymbol{A}$ 中存在 $r+1$ 阶子式均为零，则 $R(\boldsymbol{A})\leqslant r$

(D) 若矩阵 $\boldsymbol{A}$ 的秩为 r，则 $\boldsymbol{A}$ 中全部 k 阶($k<r$)子式均非零，$\boldsymbol{A}$ 中全部 s 阶($s>r$)子式

(若存在)均为零

解　应选(D).

选项(A)，若 $\boldsymbol{A}$ 的最高阶非零子式的阶数为 r，由矩阵秩的定义得 $R(\boldsymbol{A})=r$，故(A)正确.

选项(B)，若矩阵 $\boldsymbol{A}$ 中存在 r 阶非零子式，则 $\boldsymbol{A}$ 的最高阶非零子式的阶数 $\geqslant r$，即 $R(\boldsymbol{A})\geqslant r$，故(B)正确.

选项(C)，由 $\boldsymbol{A}$ 中全部 $r+1$ 阶子式均为零，可得 $\boldsymbol{A}$ 中 $r+2$ 阶子式(若存在)也均为零(这是由 $\boldsymbol{A}$ 中 $r+2$ 阶子式按行展开，可写成 $r+1$ 阶子式的组合)，进而 $\boldsymbol{A}$ 中高于 $r+1$ 阶的子式全为零，则 $\boldsymbol{A}$ 中的最高阶非零子式的阶数 $\leqslant r$，即 $R(\boldsymbol{A})\leqslant r$，故(C)正确.

选项(D)，举反例，若 $\boldsymbol{A}=\begin{pmatrix}1&0&0\\0&1&0\\0&0&0\end{pmatrix}$，则 $R(\boldsymbol{A})=2$，但 $\boldsymbol{A}$ 中的一阶子式有很多个都为零，故(D)错误.

例 2　以下关于矩阵 $\boldsymbol{A}$ 的秩的说法中错误的是(　　).

(A) 若 $\boldsymbol{A}\neq\boldsymbol{O}$，则 $R(\boldsymbol{A})\geqslant 1$

(B) 若 $\boldsymbol{A}$ 为 $m\times n$ 矩阵，则 $R(\boldsymbol{A})\leqslant\min\{m,n\}$

(C) 设 $\boldsymbol{A}$ 为 n 阶方阵，则 $R(\boldsymbol{A})=n$ 的充分必要条件为 $|\boldsymbol{A}|\neq 0$

(D) 若矩阵 $\boldsymbol{A}$ 删除一行的矩阵 $\boldsymbol{B}$，则 $R(\boldsymbol{B})=R(\boldsymbol{A})-1$

解　应选(D).

选项(A)，若 $\boldsymbol{A}\neq\boldsymbol{O}$，则 $\boldsymbol{A}$ 中至少存在一个非零元素. 由这个非零元素构成的一阶子式非零，即 $\boldsymbol{A}$ 中最高阶非零子式的阶数 $\geqslant 1$，从而 $R(\boldsymbol{A})\geqslant 1$，故(A)正确.

选项(B)，若 $\boldsymbol{A}$ 为 $m\times n$ 矩阵，则 $\boldsymbol{A}$ 中没有高于 m 阶的子式，从而 $\boldsymbol{A}$ 中最高阶非零子式的阶数 $\leqslant m$，即 $R(\boldsymbol{A})\leqslant m$；同理可得 $R(\boldsymbol{A})\leqslant n$，所以有 $R(\boldsymbol{A})\leqslant\min\{m,n\}$，故(B)正确.

选项(C)，必要性：已知 $R(\boldsymbol{A})=n$，则 $\boldsymbol{A}$ 存在 n 阶非零子式，而 $\boldsymbol{A}$ 中 n 阶子式只有一个为 $|\boldsymbol{A}|$，所以 $|\boldsymbol{A}|\neq 0$.

充分性：已知 $|\boldsymbol{A}|\neq 0$，即 $|\boldsymbol{A}|$ 为 $\boldsymbol{A}$ 的一个 n 阶非零子式，而 $\boldsymbol{A}$ 为 n 阶方阵，$\boldsymbol{A}$ 中没有 $n+1$ 阶子式，由秩的定义得 $R(\boldsymbol{A})=n$. 综上(C)选项正确.

选项(D)，举反例，若 $\boldsymbol{A}=\begin{pmatrix}1&0&0\\0&1&0\\0&0&0\end{pmatrix}$，删除第三行得 $\boldsymbol{B}=\begin{pmatrix}1&0&0\\0&1&0\end{pmatrix}$，显然 $R(\boldsymbol{A})=R(\boldsymbol{B})=2$，故(D)错误.

例 3　设 $\boldsymbol{A}=\begin{pmatrix}1&1&-2&3&0\\2&1&-6&4&-1\\3&2&a&7&-1\\1&-1&-6&-1&b\end{pmatrix}$，求 $R(\boldsymbol{A})$.

解　由

$$\boldsymbol{A}\xrightarrow{\text{初等行变换}}\begin{pmatrix}1&1&-2&3&0\\0&-1&-2&-2&-1\\0&-1&a+6&-2&-1\\0&-2&-4&-4&b\end{pmatrix}\xrightarrow{\text{初等行变换}}\begin{pmatrix}1&1&-2&3&0\\0&-1&-2&-2&-1\\0&0&a+8&0&0\\0&0&0&0&b+2\end{pmatrix},$$

当 $a=-8$ 且 $b=-2$ 时，$R(\boldsymbol{A})=2$.

当 $a=-8$，$b\neq -2$ 或 $a\neq -8$，$b=-2$ 时，$R(\boldsymbol{A})=3$.

当 $a\neq -8$ 且 $b\neq -2$ 时，$R(\boldsymbol{A})=4$.

总结求一个矩阵 $\boldsymbol{A}$ 的秩的方法：

第一步，对矩阵 $\boldsymbol{A}$ 进行初等变换(行变换、列变换均可)变成行阶梯形矩阵.

第二步，行阶梯形矩阵中，非零行的个数即为矩阵 $\boldsymbol{A}$ 的秩.

例 4 设矩阵$\begin{pmatrix}1&1&0\\0&-1&1\\1&0&1\end{pmatrix}$与$\begin{pmatrix}a&-1&-1\\-1&a&-1\\-1&-1&a\end{pmatrix}$等价，求 a.

分析 同型矩阵等价的充分必要条件为它们的秩相等，容易求出矩阵$\begin{pmatrix}1&1&0\\0&-1&1\\1&0&1\end{pmatrix}$的秩等于2，则$\begin{pmatrix}a&-1&-1\\-1&a&-1\\-1&-1&a\end{pmatrix}$经初等变换得到的行阶梯形中，非零行个数为2，求出参数.

解 由$\begin{pmatrix}1&1&0\\0&-1&1\\1&0&1\end{pmatrix}\to\begin{pmatrix}1&1&0\\0&1&-1\\0&0&0\end{pmatrix}$，则$\begin{pmatrix}1&1&0\\0&-1&1\\1&0&1\end{pmatrix}$的秩等于2，由同型矩阵等价的充分必要条件为它们的秩相等，则$\begin{pmatrix}a&-1&-1\\-1&a&-1\\-1&-1&a\end{pmatrix}$的秩也为2，由

$$\begin{pmatrix}a&-1&-1\\-1&a&-1\\-1&-1&a\end{pmatrix}\to\begin{pmatrix}-1&-1&a\\0&a+1&-1-a\\0&0&(a-2)(a+1)\end{pmatrix},$$

当 $a=-1$ 时，$\begin{pmatrix}a&-1&-1\\-1&a&-1\\-1&-1&a\end{pmatrix}\to\begin{pmatrix}-1&-1&-1\\0&0&0\\0&0&0\end{pmatrix}$，此时秩为1，不满足条件.

当 $a=2$ 时，$\begin{pmatrix}a&-1&-1\\-1&a&-1\\-1&-1&a\end{pmatrix}\to\begin{pmatrix}-1&-1&2\\0&1&-1\\0&0&0\end{pmatrix}$，此时秩为2，满足条件，因此 $a=2$.

三、习题精练

1. 设矩阵 $\boldsymbol{B}=\begin{pmatrix}1&a_1&a_1^2&a_1^3\\1&a_2&a_2^2&a_2^3\\1&a_3&a_3^2&a_3^3\end{pmatrix}$，其中 a_1,a_2,a_3 互不相等，则 $R(\boldsymbol{B})$ 为________.

2. 设矩阵 $\boldsymbol{A}=\begin{pmatrix}0&1&2&4\\5&7&2&1\\5&8&4&5\end{pmatrix}$，$\boldsymbol{B}$ 为4阶方阵，且 $R(\boldsymbol{B})=4$，则 $R(\boldsymbol{AB})=$________.

3. 设 $\boldsymbol{A}$ 为 n 阶方阵，$\boldsymbol{B}$ 与 $\boldsymbol{A}$ 等价，若已知 $|\boldsymbol{A}|=a\neq0$，则(　　).

(A) $|\boldsymbol{B}|=a$　　　　(B) $|\boldsymbol{B}|=-a$

(C) $|\boldsymbol{B}|$可取任意数　　　　(D) $|\boldsymbol{B}|$可取任意非零数

4. 给定两个矩阵 $\boldsymbol{K}_{r\times s}$和 $\boldsymbol{A}_{s\times n}$，且 $R(\boldsymbol{A})=s$，求证：$R(\boldsymbol{KA})=R(\boldsymbol{A})$.

四、习题解答

1. 解　应填 3.

取矩阵 $\boldsymbol{B}$ 的一个 3 阶子式 $\begin{vmatrix}1 & a_1 & a_1^2\\ 1 & a_2 & a_2^2\\ 1 & a_3 & a_3^2\end{vmatrix}=(a_2-a_1)(a_3-a_2)(a_3-a_1)$其中 a_1,a_2,a_3 互不相等，所以该子式不等于零，由矩阵秩的定义 $R(\boldsymbol{B})=3$.

2. 解　应填 2.

已知 $\boldsymbol{B}$ 为 4 阶方阵，且 $R(\boldsymbol{B})=4$，所以矩阵 $\boldsymbol{B}$ 可逆，可逆矩阵 $\boldsymbol{B}$ 乘到另一个矩阵 $\boldsymbol{A}$ 上不会影响矩阵 $\boldsymbol{A}$ 的秩，因此 $R(\boldsymbol{AB})=R(\boldsymbol{A})=2$.

3. 解　应选(D).

分析　若 $\boldsymbol{A}$ 交换两行(列)位置变成 $\boldsymbol{B}$，则 $|\boldsymbol{B}|=-|\boldsymbol{A}|=-a$. 若 $\boldsymbol{A}$ 某行(列)乘非零数 k 得 $\boldsymbol{B}$，则 $|\boldsymbol{B}|=k|\boldsymbol{A}|=ka$($k$ 为任意非零数)，若 $\boldsymbol{A}$ 中某行(列)若干倍加到另一行(列)上得 $\boldsymbol{B}$，则 $|\boldsymbol{B}|=|\boldsymbol{A}|=a$. 综上 $|\boldsymbol{B}|$可能等于 a，也可能等于 $-a$，也可能等于 ka（k 为任意非零数），所以$|\boldsymbol{B}|$可取任意非零数，应选(D).

4. 证　由 $R(\boldsymbol{A})=s$，且存在 s 阶可逆阵 $\boldsymbol{P}$ 和 n 阶可逆阵 $\boldsymbol{Q}$ 使得 $\boldsymbol{A}=\boldsymbol{P}(\boldsymbol{E}_s|\boldsymbol{O})\boldsymbol{Q}$.

所以 $\boldsymbol{KA}=\boldsymbol{K}(\boldsymbol{P}(\boldsymbol{E}_s|\boldsymbol{O})\boldsymbol{Q})=(\boldsymbol{KP}|\boldsymbol{O})\boldsymbol{Q}$，由于 $\boldsymbol{P},\boldsymbol{Q}$ 为可逆阵，从而

$R(\boldsymbol{KA})=R((\boldsymbol{KP}|\boldsymbol{O})\boldsymbol{Q})=R(\boldsymbol{KP}|\boldsymbol{O})=R(\boldsymbol{KP})=R(\boldsymbol{K})$.

2.6　专题二

1.(数学一，2024)设实矩阵 $\boldsymbol{A}=\begin{pmatrix}a+1 & a\\ a & a\end{pmatrix}$，若对任意实向量 $\boldsymbol{\alpha}=\begin{pmatrix}x_1\\ x_2\end{pmatrix}$，$\boldsymbol{\beta}=\begin{pmatrix}y_1\\ y_2\end{pmatrix}$，$(\boldsymbol{\alpha}^{\mathrm T}\boldsymbol{A}\boldsymbol{\beta})^2\leqslant\boldsymbol{\alpha}^{\mathrm T}\boldsymbol{A}\boldsymbol{\alpha}\boldsymbol{\beta}^{\mathrm T}\boldsymbol{A}\boldsymbol{\beta}$ 都成立，则 a 的取值范围是________.

解　应填$[0,+\infty)$.

由题意知：$\boldsymbol{\alpha}^{\mathrm T}\boldsymbol{A}(\boldsymbol{\beta}\boldsymbol{\alpha}^{\mathrm T}-\boldsymbol{\alpha}\boldsymbol{\beta}^{\mathrm T})\boldsymbol{A}\boldsymbol{\beta}\leqslant0$ 恒成立，

设函数 $f(x_1,x_2,y_1,y_2)=\boldsymbol{\alpha}^{\mathrm T}\boldsymbol{A}(\boldsymbol{\beta}\boldsymbol{\alpha}^{\mathrm T}-\boldsymbol{\alpha}\boldsymbol{\beta}^{\mathrm T})\boldsymbol{A}\boldsymbol{\beta}$,

由 $\boldsymbol{\beta}\boldsymbol{\alpha}^{\mathrm T}-\boldsymbol{\alpha}\boldsymbol{\beta}^{\mathrm T}=\begin{pmatrix}y_1\\ y_2\end{pmatrix}(x_1\quad x_2)-\begin{pmatrix}x_1\\ x_2\end{pmatrix}(y_1\quad y_2)=(x_1y_2-x_2y_1)\begin{pmatrix}0 & -1\\ 1 & 0\end{pmatrix}$,

则 $\boldsymbol{A}(\boldsymbol{\beta}\boldsymbol{\alpha}^{\mathrm T}-\boldsymbol{\alpha}\boldsymbol{\beta}^{\mathrm T})\boldsymbol{A}=(x_1y_2-x_2y_1)\begin{pmatrix}a+1 & a\\ a & a\end{pmatrix}\begin{pmatrix}0 & -1\\ 1 & 0\end{pmatrix}\begin{pmatrix}a+1 & a\\ a & a\end{pmatrix}$

$=(x_1y_2-x_2y_1)\begin{pmatrix}0 & -a\\ a & 0\end{pmatrix}$,

故 $f(x_1,x_2,y_1,y_2)=(x_1y_2-x_2y_1)\boldsymbol{\alpha}^{\mathrm{T}}\begin{pmatrix}0&-a\\a&0\end{pmatrix}\boldsymbol{\beta}=-a(x_1y_2-x_2y_1)^2\leqslant0$，可得 $a\geqslant0$.

2.（数学二，2024）设向量 $\boldsymbol{\alpha}_1=\begin{pmatrix}a\\1\\-1\\1\end{pmatrix}$，$\boldsymbol{\alpha}_2=\begin{pmatrix}1\\1\\b\\a\end{pmatrix}$，$\boldsymbol{\alpha}_3=\begin{pmatrix}1\\a\\-1\\1\end{pmatrix}$，若 $\boldsymbol{\alpha}_1,\boldsymbol{\alpha}_2,\boldsymbol{\alpha}_3$ 线性相关，且其中任意两个向量均线性无关，则 $ab=$________.

解 应填 -4.

$$(\boldsymbol{\alpha}_1\quad\boldsymbol{\alpha}_2\quad\boldsymbol{\alpha}_3)=\begin{pmatrix}a&1&1\\1&1&a\\-1&b&-1\\1&a&1\end{pmatrix}\to\begin{pmatrix}1&1&a\\0&1-a&1-a^2\\0&b+1&a-1\\0&a-1&1-a\end{pmatrix}\to\begin{pmatrix}1&1&a\\0&a-1&1-a\\0&b+1&a-1\\0&0&(1-a)(2+a)\end{pmatrix},$$

由于任意两向量线性无关，则 $a\neq1$

又因 $(\boldsymbol{\alpha}_1\quad\boldsymbol{\alpha}_2\quad\boldsymbol{\alpha}_3)\to\begin{pmatrix}1&1&a\\0&1&-1\\0&b+1&a-1\\0&0&a+2\end{pmatrix}\to\begin{pmatrix}1&1&a\\0&1&-1\\0&0&a+2\\0&0&a+b\end{pmatrix}$，由于 $\boldsymbol{\alpha}_1,\boldsymbol{\alpha}_2,\boldsymbol{\alpha}_3$ 线性相关，则 $R(\boldsymbol{\alpha}_1,\boldsymbol{\alpha}_2,\boldsymbol{\alpha}_3)<3$，则 $a=-2$，$b=2$，故 $ab=-4$.

3.（数学三，2024）设 $\boldsymbol{A}$ 为 3 阶矩阵，$\boldsymbol{P}=\begin{pmatrix}1&0&0\\0&1&0\\1&0&1\end{pmatrix}$. 若 $\boldsymbol{P}^{\mathrm{T}}\boldsymbol{A}\boldsymbol{P}^2=\begin{pmatrix}a+2c&0&0\\0&b&0\\2c&0&c\end{pmatrix}$，则 $\boldsymbol{A}=($　　$)$.

(A) $\begin{pmatrix}c&0&0\\0&a&0\\0&0&b\end{pmatrix}$　　(B) $\begin{pmatrix}b&0&0\\0&c&0\\0&0&a\end{pmatrix}$

(C) $\begin{pmatrix}a&0&0\\0&b&0\\0&0&c\end{pmatrix}$　　(D) $\begin{pmatrix}c&0&0\\0&b&0\\0&0&a\end{pmatrix}$

解 应选(C).

由 $\boldsymbol{P}^{\mathrm{T}}\boldsymbol{A}\boldsymbol{P}^2=\begin{pmatrix}a+2c&0&0\\0&b&0\\2c&0&c\end{pmatrix}$，则

$$\boldsymbol{A}=(\boldsymbol{P}^{\mathrm{T}})^{-1}\begin{pmatrix}a+2c&0&0\\0&b&0\\2c&0&c\end{pmatrix}(\boldsymbol{P}^2)^{-1}$$

$$=\begin{pmatrix}1&0&-1\\0&1&0\\0&0&1\end{pmatrix}\begin{pmatrix}a+2c&0&0\\0&b&0\\2c&0&c\end{pmatrix}\begin{pmatrix}1&0&0\\0&1&0\\-1&0&1\end{pmatrix}^2=\begin{pmatrix}a&0&0\\0&b&0\\0&0&c\end{pmatrix},$$

故选(C).

4.（数学一，2023）已知 n 阶矩阵 $\boldsymbol{A},\boldsymbol{B},\boldsymbol{C}$ 满足 $\boldsymbol{ABC}=\boldsymbol{O}$，$\boldsymbol{E}$ 是 n 阶单位矩阵，记矩阵 $\begin{pmatrix}\boldsymbol{O} & \boldsymbol{A}\\ \boldsymbol{BC} & \boldsymbol{E}\end{pmatrix}$，$\begin{pmatrix}\boldsymbol{AB} & \boldsymbol{C}\\ \boldsymbol{O} & \boldsymbol{E}\end{pmatrix}$，$\begin{pmatrix}\boldsymbol{E} & \boldsymbol{AB}\\ \boldsymbol{AB} & \boldsymbol{O}\end{pmatrix}$的秩分别为 R_1,R_2,R_3，则（　　）.

（A）$R_1\leqslant R_2\leqslant R_3$　　（B）$R_1\leqslant R_3\leqslant R_2$

（C）$R_3\leqslant R_1\leqslant R_2$　　（D）$R_2\leqslant R_1\leqslant R_3$

解　应选(B).

对分块矩阵使用推广的初等行变换，注意到初等变换不改变矩阵的秩，如下

$$\begin{pmatrix}\boldsymbol{E} & -\boldsymbol{A}\\ \boldsymbol{O} & \boldsymbol{E}\end{pmatrix}\begin{pmatrix}\boldsymbol{O} & \boldsymbol{A}\\ \boldsymbol{BC} & \boldsymbol{E}\end{pmatrix}=\begin{pmatrix}\boldsymbol{O} & \boldsymbol{O}\\ \boldsymbol{BC} & \boldsymbol{E}\end{pmatrix},\ R\begin{pmatrix}\boldsymbol{O} & \boldsymbol{A}\\ \boldsymbol{BC} & \boldsymbol{E}\end{pmatrix}=R\begin{pmatrix}\boldsymbol{O} & \boldsymbol{O}\\ \boldsymbol{BC} & \boldsymbol{E}\end{pmatrix}=n,R_1=n$$

$$\begin{pmatrix}\boldsymbol{E} & -\boldsymbol{C}\\ \boldsymbol{O} & \boldsymbol{E}\end{pmatrix}\begin{pmatrix}\boldsymbol{AB} & \boldsymbol{C}\\ \boldsymbol{O} & \boldsymbol{E}\end{pmatrix}=\begin{pmatrix}\boldsymbol{AB} & \boldsymbol{O}\\ \boldsymbol{O} & \boldsymbol{E}\end{pmatrix},R\begin{pmatrix}\boldsymbol{AB} & \boldsymbol{C}\\ \boldsymbol{O} & \boldsymbol{E}\end{pmatrix}=R\begin{pmatrix}\boldsymbol{AB} & \boldsymbol{O}\\ \boldsymbol{O} & \boldsymbol{E}\end{pmatrix}=R(\boldsymbol{AB})+n=R_2$$

$$\begin{pmatrix}\boldsymbol{E} & \boldsymbol{O}\\ -\boldsymbol{AB} & \boldsymbol{E}\end{pmatrix}\begin{pmatrix}\boldsymbol{E} & \boldsymbol{AB}\\ \boldsymbol{AB} & \boldsymbol{O}\end{pmatrix}\begin{pmatrix}\boldsymbol{E} & -\boldsymbol{AB}\\ \boldsymbol{O} & \boldsymbol{E}\end{pmatrix}=\begin{pmatrix}\boldsymbol{E} & \boldsymbol{O}\\ \boldsymbol{O} & -(\boldsymbol{AB})^2\end{pmatrix},$$

$$R_1=n\leqslant R\begin{pmatrix}\boldsymbol{E} & \boldsymbol{AB}\\ \boldsymbol{AB} & \boldsymbol{O}\end{pmatrix}=n+R(\boldsymbol{AB})^2=R_3\leqslant n+R(\boldsymbol{AB})=R_2.$$

5.（数学一，2022）设矩阵 $\boldsymbol{A},\boldsymbol{B}$ 均为 n 阶方阵，若 $\boldsymbol{Ax}=\boldsymbol{0}$ 与 $\boldsymbol{Bx}=\boldsymbol{0}$ 同解，则（　　）.

（A）$\begin{pmatrix}\boldsymbol{A} & \boldsymbol{O}\\ \boldsymbol{E} & \boldsymbol{B}\end{pmatrix}\boldsymbol{x}=\boldsymbol{0}$ 仅有零解

（B）$\begin{pmatrix}\boldsymbol{AB} & \boldsymbol{B}\\ \boldsymbol{O} & \boldsymbol{A}\end{pmatrix}\boldsymbol{x}=\boldsymbol{0}$ 仅有零解

（C）$\begin{pmatrix}\boldsymbol{A} & \boldsymbol{B}\\ \boldsymbol{O} & \boldsymbol{B}\end{pmatrix}\boldsymbol{x}=\boldsymbol{0}$ 与$\begin{pmatrix}\boldsymbol{B} & \boldsymbol{A}\\ \boldsymbol{O} & \boldsymbol{A}\end{pmatrix}\boldsymbol{x}=\boldsymbol{0}$ 同解

（D）$\begin{pmatrix}\boldsymbol{AB} & \boldsymbol{B}\\ \boldsymbol{O} & \boldsymbol{A}\end{pmatrix}\boldsymbol{x}=\boldsymbol{0}$ 与$\begin{pmatrix}\boldsymbol{BA} & \boldsymbol{A}\\ \boldsymbol{O} & \boldsymbol{B}\end{pmatrix}\boldsymbol{x}=\boldsymbol{0}$ 同解

解　应选(C).

设 $y=\begin{pmatrix}x_1\\ x_2\end{pmatrix}$，这里 $x_i(i=1,2)$是 n 维列向量，

若$\begin{pmatrix}\boldsymbol{A} & \boldsymbol{B}\\ \boldsymbol{O} & \boldsymbol{B}\end{pmatrix}\boldsymbol{y}=\boldsymbol{0}$ 与$\begin{pmatrix}\boldsymbol{B} & \boldsymbol{A}\\ \boldsymbol{O} & \boldsymbol{A}\end{pmatrix}\boldsymbol{y}=\boldsymbol{0}$ 同解，则$\begin{pmatrix}\boldsymbol{A} & \boldsymbol{B}\\ \boldsymbol{O} & \boldsymbol{B}\end{pmatrix}\begin{pmatrix}x_1\\ x_2\end{pmatrix}=\boldsymbol{0}$ 与$\begin{pmatrix}\boldsymbol{B} & \boldsymbol{A}\\ \boldsymbol{O} & \boldsymbol{A}\end{pmatrix}\begin{pmatrix}x_1\\ x_2\end{pmatrix}=\boldsymbol{0}$ 同解.

由于 $\boldsymbol{Ax}=\boldsymbol{0}$ 与 $\boldsymbol{Bx}=\boldsymbol{0}$ 同解，若 $\boldsymbol{Ax}_i=\boldsymbol{0}(i=1,2)$，则 $\boldsymbol{Bx}_i=\boldsymbol{0}(i=1,2)$，反之亦然. 因此$\begin{pmatrix}\boldsymbol{A} & \boldsymbol{B}\\ \boldsymbol{O} & \boldsymbol{B}\end{pmatrix}\begin{pmatrix}x_1\\ x_2\end{pmatrix}=\boldsymbol{0}$ 等价于$\begin{pmatrix}\boldsymbol{B} & \boldsymbol{A}\\ \boldsymbol{O} & \boldsymbol{A}\end{pmatrix}\begin{pmatrix}x_1\\ x_2\end{pmatrix}=\boldsymbol{0}$，所以选项(C)符合题意.

6.（数学一，2022）设 $\boldsymbol{\alpha}_1=\begin{pmatrix}\lambda\\ 1\\ 1\end{pmatrix},\boldsymbol{\alpha}_2=\begin{pmatrix}1\\ \lambda\\ 1\end{pmatrix},\boldsymbol{\alpha}_3=\begin{pmatrix}1\\ 1\\ \lambda\end{pmatrix},\boldsymbol{\alpha}_4=\begin{pmatrix}1\\ \lambda\\ \lambda^2\end{pmatrix}$，若 $\boldsymbol{\alpha}_1,\boldsymbol{\alpha}_2,\boldsymbol{\alpha}_3$ 与 $\boldsymbol{\alpha}_1,\boldsymbol{\alpha}_2,\boldsymbol{\alpha}_4$ 等价，则 $\lambda\in$（　　）.

(A) $\{\lambda \mid \lambda \in \mathbf{R}\}$ (B) $\{\lambda \mid \lambda \in \mathbf{R},\ \lambda \neq -1\}$

(C) $\{\lambda \mid \lambda \in \mathbf{R},\ \lambda \neq -1,\ \lambda \neq -2\}$ (D) $\{\lambda \mid \lambda \in \mathbf{R},\ \lambda \neq -2\}$

解 应选(C).

由于

$$|\boldsymbol{\alpha}_1,\boldsymbol{\alpha}_2,\boldsymbol{\alpha}_3| = \begin{vmatrix} \lambda & 1 & 1 \\ 1 & \lambda & 1 \\ 1 & 1 & \lambda \end{vmatrix} = \lambda^3 - 3\lambda + 2 = (\lambda - 1)^2(\lambda + 2),$$

$$|\boldsymbol{\alpha}_1,\boldsymbol{\alpha}_2,\boldsymbol{\alpha}_4| = \begin{vmatrix} \lambda & 1 & 1 \\ 1 & \lambda & \lambda \\ 1 & 1 & \lambda^2 \end{vmatrix} = \lambda^4 - 2\lambda^2 + 1 = (\lambda - 1)^2(\lambda + 1)^2,$$

当 $\lambda = 1$ 时，$\boldsymbol{\alpha}_1 = \boldsymbol{\alpha}_2 = \boldsymbol{\alpha}_3 = \boldsymbol{\alpha}_4 = \begin{pmatrix} 1 \\ 1 \\ 1 \end{pmatrix}$，此时 $\boldsymbol{\alpha}_1,\boldsymbol{\alpha}_2,\boldsymbol{\alpha}_3$ 与 $\boldsymbol{\alpha}_1,\boldsymbol{\alpha}_2,\boldsymbol{\alpha}_4$ 等价；

当 $\lambda = -2$ 时，$2 = R(\boldsymbol{\alpha}_1,\boldsymbol{\alpha}_2,\boldsymbol{\alpha}_3) < R(\boldsymbol{\alpha}_1,\boldsymbol{\alpha}_2,\boldsymbol{\alpha}_4) = 3$，$\boldsymbol{\alpha}_1,\boldsymbol{\alpha}_2,\boldsymbol{\alpha}_3$ 与 $\boldsymbol{\alpha}_1,\boldsymbol{\alpha}_2,\boldsymbol{\alpha}_4$ 不等价；

当 $\lambda = -1$ 时，$3 = R(\boldsymbol{\alpha}_1,\boldsymbol{\alpha}_2,\boldsymbol{\alpha}_3) > R(\boldsymbol{\alpha}_1,\boldsymbol{\alpha}_2,\boldsymbol{\alpha}_4) = 2$，$\boldsymbol{\alpha}_1,\boldsymbol{\alpha}_2,\boldsymbol{\alpha}_3$ 与 $\boldsymbol{\alpha}_1,\boldsymbol{\alpha}_2,\boldsymbol{\alpha}_4$ 不等价；

因此当 $\lambda = -2$ 或 $\lambda = -1$ 时，$\boldsymbol{\alpha}_1,\boldsymbol{\alpha}_2,\boldsymbol{\alpha}_3$ 与 $\boldsymbol{\alpha}_1,\boldsymbol{\alpha}_2,\boldsymbol{\alpha}_4$ 不等价，所以 λ 的取值范围为 $\{\lambda \mid \lambda \in \mathbf{R},\ \lambda \neq -1,\ \lambda \neq -2\}$.

7.(数学二，2022)设 $\boldsymbol{A}$ 为3阶矩阵，交换 $\boldsymbol{A}$ 的第二行和第三行，在将第二列的 -1 倍加到第一列，得到矩阵 $\begin{pmatrix} -2 & 1 & -1 \\ 1 & -1 & 0 \\ -1 & 0 & 0 \end{pmatrix}$，则 $\boldsymbol{A}^{-1}$ 的迹 $\operatorname{tr}(\boldsymbol{A}^{-1}) =$ ________.

解 应填 -1.

设 $\boldsymbol{B} = \begin{pmatrix} -2 & 1 & -1 \\ 1 & -1 & 0 \\ -1 & 0 & 0 \end{pmatrix}$ 按照上述初等变换的逆变换将 $\boldsymbol{B}$ 的第二列的1倍加到第一列，然后交换 $\boldsymbol{B}$ 的二、三行的位置，得到 $\boldsymbol{A} = \begin{pmatrix} -1 & 1 & -1 \\ -1 & 0 & 0 \\ 0 & -1 & 0 \end{pmatrix}$，

于是 $\boldsymbol{A}^{-1} = \begin{pmatrix} 0 & -1 & 0 \\ 0 & 0 & -1 \\ -1 & 1 & -1 \end{pmatrix}$，因此 $\operatorname{tr}(\boldsymbol{A}^{-1}) = -1$.

8.(数学一，2021)设 $\boldsymbol{A},\boldsymbol{B}$ 为 n 阶实矩阵，下列不成立的是( ).

(A) $R\begin{pmatrix} \boldsymbol{A} & \boldsymbol{O} \\ \boldsymbol{O} & \boldsymbol{A}^{\mathrm{T}}\boldsymbol{A} \end{pmatrix} = 2R(\boldsymbol{A})$ (B) $R\begin{pmatrix} \boldsymbol{A} & \boldsymbol{AB} \\ \boldsymbol{O} & \boldsymbol{A}^{\mathrm{T}} \end{pmatrix} = 2R(\boldsymbol{A})$

(C) $R\begin{pmatrix} \boldsymbol{A} & \boldsymbol{BA} \\ \boldsymbol{O} & \boldsymbol{AA}^{\mathrm{T}} \end{pmatrix} = 2R(\boldsymbol{A})$ (D) $R\begin{pmatrix} \boldsymbol{A} & \boldsymbol{O} \\ \boldsymbol{BA} & \boldsymbol{A}^{\mathrm{T}} \end{pmatrix} = 2R(\boldsymbol{A})$

解 应选(C).

$R\begin{pmatrix} \boldsymbol{A} & \boldsymbol{O} \\ \boldsymbol{O} & \boldsymbol{A}^{\mathrm{T}}\boldsymbol{A} \end{pmatrix} = R(\boldsymbol{A}) + R(\boldsymbol{A}^{\mathrm{T}}\boldsymbol{A}) = 2R(\boldsymbol{A})$，故(A)正确；

$\boldsymbol{AB}$ 的列向量可由 $\boldsymbol{A}$ 的列线性表示，故

$$R\begin{pmatrix}\boldsymbol{A} & \boldsymbol{AB}\\ \boldsymbol{O} & \boldsymbol{A}^{\mathrm{T}}\end{pmatrix}=R\begin{pmatrix}\boldsymbol{A} & \boldsymbol{O}\\ \boldsymbol{O} & \boldsymbol{A}^{\mathrm{T}}\end{pmatrix}=R(\boldsymbol{A})+R(\boldsymbol{A}^{\mathrm{T}})=2R(\boldsymbol{A});$$

(C) $\boldsymbol{BA}$ 的列向量不一定能由 $\boldsymbol{A}$ 的列线性表示；

(D) $\boldsymbol{BA}$ 的行向量可由 $\boldsymbol{A}$ 的行线性表示 $R\begin{pmatrix}\boldsymbol{A} & \boldsymbol{O}\\ \boldsymbol{BA} & \boldsymbol{A}^{\mathrm{T}}\end{pmatrix}=R\begin{pmatrix}\boldsymbol{A} & \boldsymbol{O}\\ \boldsymbol{O} & \boldsymbol{A}^{\mathrm{T}}\end{pmatrix}=R(\boldsymbol{A})+R(\boldsymbol{A}^{\mathrm{T}})=2R(\boldsymbol{A})$.

第 3 章 向量与线性方程组

3.1 向量组的线性组合

一、知识要点

1. 向量组的线性组合定义和定理

定义 设向量 $\boldsymbol{\alpha}_1,\boldsymbol{\alpha}_2,\cdots,\boldsymbol{\alpha}_s$ 和 $\boldsymbol{\beta}$ 均为 n 维向量，若存在一组数 $k_1,k_2,\cdots,k_s$，使得 $\boldsymbol{\beta}=k_1\boldsymbol{\alpha}_1+k_2\boldsymbol{\alpha}_2+\cdots+k_s\boldsymbol{\alpha}_s$，则称 $\boldsymbol{\beta}$ 是向量组 $\boldsymbol{\alpha}_1,\boldsymbol{\alpha}_2,\cdots,\boldsymbol{\alpha}_s$ 的一个**线性组合**，或称 $\boldsymbol{\beta}$ 可由向量组 $\boldsymbol{\alpha}_1,\boldsymbol{\alpha}_2,\cdots,\boldsymbol{\alpha}_s$ **线性表示**，其中 $k_1,k_2,\cdots,k_s$ 称为 $\boldsymbol{\beta}$ 由 $\boldsymbol{\alpha}_1,\boldsymbol{\alpha}_2,\cdots,\boldsymbol{\alpha}_s$ **线性表示的系数**.

定理 设向量 $\boldsymbol{\alpha}_1,\boldsymbol{\alpha}_2,\cdots,\boldsymbol{\alpha}_s$ 和 $\boldsymbol{\beta}$ 均为 n 维向量，则 $\boldsymbol{\beta}$ 可由向量组 $\boldsymbol{\alpha}_1,\boldsymbol{\alpha}_2,\cdots,\boldsymbol{\alpha}_s$ 线性表示的充要条件是 $R(\boldsymbol{\alpha}_1,\boldsymbol{\alpha}_2,\cdots,\boldsymbol{\alpha}_s)=R(\boldsymbol{\alpha}_1,\boldsymbol{\alpha}_2,\cdots,\boldsymbol{\alpha}_s,\boldsymbol{\beta})$.

2. 向量组线性表示及等价的定义、定理及推论

定义 设有两个向量组：（Ⅰ）$\boldsymbol{\alpha}_1,\boldsymbol{\alpha}_2,\cdots,\boldsymbol{\alpha}_t$，（Ⅱ）$\boldsymbol{\beta}_1,\boldsymbol{\beta}_2,\cdots,\boldsymbol{\beta}_s$. 若向量组（Ⅰ）中每个向量都可由向量组（Ⅱ）线性表示，则称向量组（Ⅰ）可由向量组（Ⅱ）线性表示. 若两个向量组可相互线性表示，则称这两个向量组**等价**.

定理 1 向量组 $\boldsymbol{\beta}_1,\boldsymbol{\beta}_2,\cdots,\boldsymbol{\beta}_s$ 可由向量组 $\boldsymbol{\alpha}_1,\boldsymbol{\alpha}_2,\cdots,\boldsymbol{\alpha}_t$ 线性表示的充要条件是矩阵方程 $\boldsymbol{AX}=\boldsymbol{B}$ 有解.

定理 2 行向量组 $\boldsymbol{\beta}_1^{\mathrm{T}},\boldsymbol{\beta}_2^{\mathrm{T}},\cdots,\boldsymbol{\beta}_s^{\mathrm{T}}$ 可由行向量组 $\boldsymbol{\alpha}_1^{\mathrm{T}},\boldsymbol{\alpha}_2^{\mathrm{T}},\cdots,\boldsymbol{\alpha}_t^{\mathrm{T}}$ 线性表示的充要条件是矩阵方程 $\boldsymbol{X}^{\mathrm{T}}\boldsymbol{A}^{\mathrm{T}}=\boldsymbol{B}^{\mathrm{T}}$ 有解.

推论 1 向量组 $\boldsymbol{A}$：$\boldsymbol{\alpha}_1,\boldsymbol{\alpha}_2,\cdots,\boldsymbol{\alpha}_t$ 与向量组 $\boldsymbol{B}$：$\boldsymbol{\beta}_1,\boldsymbol{\beta}_2,\cdots,\boldsymbol{\beta}_s$ 等价的充要条件是

$$R(\boldsymbol{A})=R(\boldsymbol{B})=R(\boldsymbol{A},\boldsymbol{B}).$$

推论 2 向量组 $\boldsymbol{B}$：$\boldsymbol{\beta}_1,\boldsymbol{\beta}_2,\cdots,\boldsymbol{\beta}_s$ 可由向量组 $\boldsymbol{A}$：$\boldsymbol{\alpha}_1,\boldsymbol{\alpha}_2,\cdots,\boldsymbol{\alpha}_t$ 线性表示，则

$$R(\boldsymbol{B})\leqslant R(\boldsymbol{A}).$$

二、例题分析

例 1 设 3 维向量组 $\boldsymbol{e}_1=(1,0,0)^{\mathrm{T}}$，$\boldsymbol{e}_2=(0,1,0)^{\mathrm{T}}$，$\boldsymbol{e}_3=(0,0,1)^{\mathrm{T}}$，则任意 3 维向量 $\boldsymbol{a}=(a_1,a_2,a_3)^{\mathrm{T}}$ 可由 $\boldsymbol{e}_1,\boldsymbol{e}_2,\boldsymbol{e}_3$ 线性表示. 事实上，有

$$\boldsymbol{a}=a_1\boldsymbol{e}_1+a_2\boldsymbol{e}_2+a_3\boldsymbol{e}_3,$$

称 $\boldsymbol{e}_i(i=1,2,3)$ 为 3 维基本单位向量，称 $\boldsymbol{e}_1,\boldsymbol{e}_2,\boldsymbol{e}_3$ 为 3 维基本单位向量组.

例 2 已知向量组 A：$\boldsymbol{\alpha}_1=(1,2,1,3)^{\mathrm{T}}$，$\boldsymbol{\alpha}_2=(1,1,-1,1)^{\mathrm{T}}$，$\boldsymbol{\alpha}_3=(1,3,3,5)^{\mathrm{T}}$ 和向量组 B：$\boldsymbol{\beta}_1=(4,5,-2,6)^{\mathrm{T}}$，$\boldsymbol{\beta}_2=(3,5,1,7)^{\mathrm{T}}$ 判断向量组 A 与向量组 B 是否等价，B 能否由向量组 A 线性表示，如果能，写出一个线性表示式.

解 令
$$(\boldsymbol{A},\boldsymbol{B})=(\boldsymbol{\alpha}_1,\boldsymbol{\alpha}_2,\boldsymbol{\alpha}_3,\boldsymbol{\beta}_1,\boldsymbol{\beta}_2)=\begin{pmatrix}1&1&1&4&3\\2&1&3&5&5\\1&-1&3&-2&1\\3&1&5&6&7\end{pmatrix}$$
$$\xrightarrow{\text{行变换}}\begin{pmatrix}1&1&1&4&3\\0&-1&1&-3&-1\\0&-2&2&-6&-2\\0&-2&2&-6&-2\end{pmatrix}\xrightarrow{\text{行变换}}\begin{pmatrix}1&0&2&1&2\\0&1&-1&3&1\\0&0&0&0&0\\0&0&0&0&0\end{pmatrix},$$
得到 $R(\boldsymbol{A})=R(\boldsymbol{B})=R(\boldsymbol{A},\boldsymbol{B})=2$，所以向量组 A 与向量组 B 等价. B 能由向量组 A 线性表示为
$$\boldsymbol{\beta}_1=\boldsymbol{\alpha}_1+3\boldsymbol{\alpha}_2,\ \boldsymbol{\beta}_2=2\boldsymbol{\alpha}_1+\boldsymbol{\alpha}_2.$$

例 3 若向量 $\boldsymbol{\beta}=(1,3,0)^{\mathrm{T}}$ 不能由 $\boldsymbol{\alpha}_1=(1,2,1)^{\mathrm{T}}$，$\boldsymbol{\alpha}_2=(2,3,a)^{\mathrm{T}}$，$\boldsymbol{\alpha}_3=(1,a+2,-2)^{\mathrm{T}}$ 线性表示，则 $a=$________.

解 应填 -1.

$\boldsymbol{\beta}=(1,3,0)^{\mathrm{T}}$ 不能由 $\boldsymbol{\alpha}_1=(1,2,1)^{\mathrm{T}}$，$\boldsymbol{\alpha}_2=(2,3,a)^{\mathrm{T}}$，$\boldsymbol{\alpha}_3=(1,a+2,-2)^{\mathrm{T}}$ 线性表示，则 $\boldsymbol{\beta}=x_1\boldsymbol{\alpha}_1+x_2\boldsymbol{\alpha}_2+x_3\boldsymbol{\alpha}_3$ 无解，即 $R(\boldsymbol{\alpha}_1,\boldsymbol{\alpha}_2,\boldsymbol{\alpha}_3,\boldsymbol{\beta})\neq R(\boldsymbol{\alpha}_1,\boldsymbol{\alpha}_2,\boldsymbol{\alpha}_3)$.
$$(\boldsymbol{\alpha}_1,\boldsymbol{\alpha}_2,\boldsymbol{\alpha}_3,\boldsymbol{\beta})=\begin{pmatrix}1&2&1&1\\2&3&a+2&3\\1&a&-2&0\end{pmatrix}\to\begin{pmatrix}1&2&1&1\\0&-1&a&1\\0&0&(a+1)(a-3)&a-3\end{pmatrix},$$
若 $a=-1$，$(\boldsymbol{\alpha}_1,\boldsymbol{\alpha}_2,\boldsymbol{\alpha}_3,\boldsymbol{\beta})\to\begin{pmatrix}1&2&1&1\\0&-1&-1&1\\0&0&0&-4\end{pmatrix}$.

例 4 已知向量组 A：$\boldsymbol{\alpha}_1=(1,1,1,1)^{\mathrm{T}}$，$\boldsymbol{\alpha}_2=(1,3,1,1)^{\mathrm{T}}$，$\boldsymbol{\alpha}_3=(1,4,a,1)^{\mathrm{T}}$，$\boldsymbol{\alpha}_4=(1,3,1,a)^{\mathrm{T}}$ 和向量 $\boldsymbol{\beta}=(1,2,1,b)^{\mathrm{T}}$，讨论当参数 a，b 取何值时，(1) 向量 $\boldsymbol{\beta}$ 不能由向量组 A 线性表示；(2) 向量 $\boldsymbol{\beta}$ 能由向量组 A 线性表示，且表示方法唯一；(3) 向量 $\boldsymbol{\beta}$ 能由向量组 A 线性表示，且表示方法不唯一.

解 令
$$\widetilde{\boldsymbol{A}}=(\boldsymbol{A},\boldsymbol{\beta})=(\boldsymbol{\alpha}_1,\boldsymbol{\alpha}_2,\boldsymbol{\alpha}_3,\boldsymbol{\alpha}_4,\boldsymbol{\beta})=\begin{pmatrix}1&1&1&1&1\\1&3&4&3&2\\1&1&a&1&1\\1&1&1&a&b\end{pmatrix}\to\begin{pmatrix}1&1&1&1&1\\0&2&3&2&1\\0&0&a-1&0&0\\0&0&0&a-1&b-1\end{pmatrix}$$

(1) 当 $a=1$，$b\neq1$ 时，$R(\boldsymbol{A})=2$，$R(\widetilde{\boldsymbol{A}})=3$，向量 $\boldsymbol{\beta}$ 不能由向量组 A 线性表示；

(2) 当 $a\neq1$，b 任意时，$R(\boldsymbol{A})=R(\widetilde{\boldsymbol{A}})=4$，向量 $\boldsymbol{\beta}$ 能由向量组 A 线性表示，且表示方法唯一；

(3) 当 $a=1$，$b=1$，$R(\boldsymbol{A})=R(\widetilde{\boldsymbol{A}})=2<4$，向量 $\boldsymbol{\beta}$ 能由向量组 A 线性表示，且表示方法不唯一.

三、习题精练

1. 已知向量组 $\boldsymbol{A}$：$\boldsymbol{\alpha}_1=\begin{pmatrix}1\\1\\2\\3\end{pmatrix}$，$\boldsymbol{\alpha}_2=\begin{pmatrix}1\\-1\\1\\1\end{pmatrix}$，$\boldsymbol{\alpha}_3=\begin{pmatrix}1\\3\\3\\5\end{pmatrix}$，$\boldsymbol{\alpha}_4=\begin{pmatrix}4\\-2\\5\\7\end{pmatrix}$，向量 $\boldsymbol{\beta}=\begin{pmatrix}-3\\-1\\-5\\-8\end{pmatrix}$，问：向量 $\boldsymbol{\beta}$ 能否由向量组 $\boldsymbol{A}$ 线性表示，如果能，写出一个 $\boldsymbol{\beta}$ 的线性表示式.

2. 已知向量组 $\boldsymbol{A}$：$\boldsymbol{\alpha}_1=(1,0,0,3)^{\mathrm{T}}$，$\boldsymbol{\alpha}_2=(1,1,-1,2)^{\mathrm{T}}$，$\boldsymbol{\alpha}_3=(1,2,a-3,1)^{\mathrm{T}}$，$\boldsymbol{\alpha}_4=(1,2,-2,a)^{\mathrm{T}}$ 和向量 $\boldsymbol{\beta}=(0,1,b,-1)^{\mathrm{T}}$，讨论当参数 a，b 取何值时，(1) 向量 $\boldsymbol{\beta}$ 不能由向量组 $\boldsymbol{A}$ 线性表示；(2) 向量 $\boldsymbol{\beta}$ 能由向量组 $\boldsymbol{A}$ 线性表示，且表示方法唯一；(3) 向量 $\boldsymbol{\beta}$ 能由向量组 $\boldsymbol{A}$ 线性表示，且表示方法不唯一.

3. 已知向量组 $\boldsymbol{A}$：$\boldsymbol{\alpha}_1=(1,1,1,1)^{\mathrm{T}}$，$\boldsymbol{\alpha}_2=(1,2,1,1)^{\mathrm{T}}$，$\boldsymbol{\alpha}_3=(2,-1,3,4)^{\mathrm{T}}$ 和向量 $\boldsymbol{\beta}=(5,3,6,7)^{\mathrm{T}}$，问 $\boldsymbol{\beta}$ 能否由向量组 $\boldsymbol{A}$ 线性表示？如果能，写出一个线性表示式.

4. 已知两个向量组 $\boldsymbol{A}$：$\boldsymbol{\alpha}_1=(1,1,1)^{\mathrm{T}}$，$\boldsymbol{\alpha}_2=(-1,0,1)^{\mathrm{T}}$；$\boldsymbol{B}$：$\boldsymbol{\beta}_1=(0,1,2)^{\mathrm{T}}$，$\boldsymbol{\beta}_2=(1,2,3)^{\mathrm{T}}$，判断向量组 $\boldsymbol{A}$ 与向量组 $\boldsymbol{B}$ 是否等价，$\boldsymbol{B}$ 能否由向量组 $\boldsymbol{A}$ 线性表示，如果能，写出一个线性表示式.

四、习题解答

1. 解 $$(\boldsymbol{\alpha}_1,\boldsymbol{\alpha}_2,\boldsymbol{\alpha}_3,\boldsymbol{\alpha}_4,\boldsymbol{\beta})\to\begin{pmatrix}1&0&2&0&-1\\0&1&-1&0&2\\0&0&0&1&-1\\0&0&0&0&0\end{pmatrix},$$

于是 $\boldsymbol{\beta}=-\boldsymbol{\alpha}_1+2\boldsymbol{\alpha}_2-\boldsymbol{\alpha}_4$.

2. 解 $$\widetilde{\boldsymbol{A}}=(\boldsymbol{A},\boldsymbol{\beta})=(\boldsymbol{\alpha}_1,\boldsymbol{\alpha}_2,\boldsymbol{\alpha}_3,\boldsymbol{\alpha}_4,\boldsymbol{\beta})=\begin{pmatrix}1&1&1&1&0\\0&1&2&2&1\\0&-1&a-3&-2&b\\3&2&1&a&-1\end{pmatrix}$$

$$\to\begin{pmatrix}1&1&1&1&0\\0&1&2&2&1\\0&0&a-1&0&b+1\\0&-1&-2&a-3&-1\end{pmatrix}\to\begin{pmatrix}1&1&1&1&0\\0&1&2&2&1\\0&0&a-1&0&b+1\\0&0&0&a-1&-0\end{pmatrix},$$

(1) 当 $a=1$，$b\neq-1$ 时，$R(\boldsymbol{A})\neq R(\widetilde{\boldsymbol{A}})$，向量 $\boldsymbol{\beta}$ 不能由向量组 $\boldsymbol{A}$ 线性表示；

(2) 当 $a\neq1$，b 任意时，$R(\boldsymbol{A})=R(\widetilde{\boldsymbol{A}})=4$，向量 $\boldsymbol{\beta}$ 能由向量组 $\boldsymbol{A}$ 线性表示，且表示方法唯一；

(3) 当 $a=1$，$b=-1$ 时，$R(\boldsymbol{A})=R(\widetilde{\boldsymbol{A}})=2$，向量 $\boldsymbol{\beta}$ 能由向量组 $\boldsymbol{A}$ 线性表示，且表示方法不唯一.

3. 解 $$(\boldsymbol{\alpha}_1,\boldsymbol{\alpha}_2,\boldsymbol{\alpha}_3,\boldsymbol{\beta})=\begin{pmatrix}1&1&2&5\\1&2&-1&3\\1&1&3&6\\1&1&4&7\end{pmatrix}\to\begin{pmatrix}1&1&2&5\\0&1&-3&-2\\0&0&1&1\\0&0&2&2\end{pmatrix}\to\begin{pmatrix}1&0&0&2\\0&1&0&1\\0&0&1&1\\0&0&0&0\end{pmatrix},$$

所以 $\boldsymbol{\beta}=2\boldsymbol{\alpha}_1+\boldsymbol{\alpha}_2+\boldsymbol{\alpha}_3$.

4. 解　由题意可知

$$(\boldsymbol{A},\boldsymbol{B})=(\boldsymbol{\alpha}_1,\boldsymbol{\alpha}_2,\boldsymbol{\beta}_1,\boldsymbol{\beta}_2)=\begin{pmatrix}1&-1&0&1\\1&0&1&2\\1&1&2&3\end{pmatrix}\to\begin{pmatrix}1&-1&0&1\\0&1&1&1\\0&0&0&0\end{pmatrix}\to\begin{pmatrix}1&0&1&2\\0&1&1&1\\0&0&0&0\end{pmatrix},$$

得到 $R(\boldsymbol{A})=R(\boldsymbol{B})=R(\boldsymbol{A},\boldsymbol{B})=2$，所以向量组 $\boldsymbol{A}$ 与向量组 $\boldsymbol{B}$ 等价.
$\boldsymbol{B}$ 能由向量组 $\boldsymbol{A}$ 线性表示为

$$\boldsymbol{\beta}_1=\boldsymbol{\alpha}_1+\boldsymbol{\alpha}_2,\ \boldsymbol{\beta}_2=2\boldsymbol{\alpha}_1+\boldsymbol{\alpha}_2.$$

3.2　向量组的线性相关性

一、知识要点

1. 线性相关性的定义

定义　给定向量组 $\boldsymbol{A}$：$\boldsymbol{\alpha}_1,\boldsymbol{\alpha}_2,\cdots,\boldsymbol{\alpha}_s$，如果存在不全为零的数 $k_1,k_2,\cdots,k_s$，使得

$$k_1\boldsymbol{\alpha}_1+k_2\boldsymbol{\alpha}_2+\cdots+k_s\boldsymbol{\alpha}_s=\boldsymbol{0},$$

则称向量组 $\boldsymbol{A}$：$\boldsymbol{\alpha}_1,\boldsymbol{\alpha}_2,\cdots,\boldsymbol{\alpha}_s$ 线性相关；否则，称此向量组 $\boldsymbol{A}$：$\boldsymbol{\alpha}_1,\boldsymbol{\alpha}_2,\cdots,\boldsymbol{\alpha}_s$ 线性无关.

2. 线性相关性的性质及推论

性质 1　一个向量 $\boldsymbol{\alpha}$ 线性相关的充要条件是 $\boldsymbol{\alpha}=\boldsymbol{0}$.

推论 1　一个向量 $\boldsymbol{\alpha}$ 线性无关的充要条件是 $\boldsymbol{\alpha}\neq\boldsymbol{0}$.

性质 2　两个向量 $\boldsymbol{\alpha}_1,\boldsymbol{\alpha}_2$ 线性相关的充要条件是 $\boldsymbol{\alpha}_1,\boldsymbol{\alpha}_2$ 的对应分量成比例.

推论 2　两个非零向量 $\boldsymbol{\alpha}_1,\boldsymbol{\alpha}_2$ 线性无关的充要条件是 $\boldsymbol{\alpha}_1,\boldsymbol{\alpha}_2$ 的对应分量不成比例.

性质 3　$m(m\geqslant2)$个向量 $\boldsymbol{\alpha}_1,\boldsymbol{\alpha}_2,\cdots,\boldsymbol{\alpha}_m$ 线性相关的充要条件是至少有一个向量可由其余 $m-1$ 个向量线性表示.

推论 3　$m(m\geqslant2)$个向量 $\boldsymbol{\alpha}_1,\boldsymbol{\alpha}_2,\cdots,\boldsymbol{\alpha}_m$ 线性无关的充要条件是这 m 个向量中任何一个向量都不能由其余 $m-1$ 个向量线性表示.

性质 4　若向量组 $\boldsymbol{\alpha}_1,\boldsymbol{\alpha}_2,\cdots,\boldsymbol{\alpha}_m$ 线性无关，而向量组 $\boldsymbol{\alpha}_1,\boldsymbol{\alpha}_2,\cdots,\boldsymbol{\alpha}_m,\boldsymbol{\beta}$ 线性相关，则 $\boldsymbol{\beta}$ 可由向量组 $\boldsymbol{\alpha}_1,\boldsymbol{\alpha}_2,\cdots,\boldsymbol{\alpha}_m$ 线性表示，且表示式是唯一的.

性质 5　若向量组 $\boldsymbol{\alpha}_1,\boldsymbol{\alpha}_2,\cdots,\boldsymbol{\alpha}_m$ 中可以选出一部分向量构成的向量组线性相关，则整个向量组线性相关.

推论 4　若向量组 $\boldsymbol{\alpha}_1,\boldsymbol{\alpha}_2,\cdots,\boldsymbol{\alpha}_m$ 线性无关，则这个向量组的任意一个部分向量组也线性无关.

性质 6　设向量组 $\boldsymbol{A}$：$\boldsymbol{\alpha}_1,\boldsymbol{\alpha}_2,\cdots,\boldsymbol{\alpha}_m$ 与向量组 $\boldsymbol{B}$：$\boldsymbol{\beta}_1,\boldsymbol{\beta}_2,\cdots,\boldsymbol{\beta}_s$，若向量组 $\boldsymbol{B}$ 能由向量组 $\boldsymbol{A}$ 线性表示，且 $s>m$，则向量组 $\boldsymbol{B}$：$\boldsymbol{\beta}_1,\boldsymbol{\beta}_2,\cdots,\boldsymbol{\beta}_s$ 线性相关.

3. 线性相关与线性无关的性质总结

（1）含有零向量的向量组必定线性相关.

（2）若 $m>n$，则 m 个 n 维向量必定线性相关.

（3）若向量组线性无关，则添加新的相应分量后也线性无关.

4. 线性相关、线性无关的判定

（1）向量组 $\boldsymbol{\alpha}_1,\boldsymbol{\alpha}_2,\cdots,\boldsymbol{\alpha}_s$ 线性相关$\Leftrightarrow R(\boldsymbol{\alpha}_1,\boldsymbol{\alpha}_2,\cdots,\boldsymbol{\alpha}_s)<s$；

(2) 向量组 $\boldsymbol{\alpha}_1,\boldsymbol{\alpha}_2,\cdots,\boldsymbol{\alpha}_s$ 线性无关$\Leftrightarrow R(\boldsymbol{\alpha}_1,\boldsymbol{\alpha}_2,\cdots,\boldsymbol{\alpha}_s)=s$;

(3) n 维向量组 $\boldsymbol{\alpha}_1,\boldsymbol{\alpha}_2,\cdots,\boldsymbol{\alpha}_n$ 线性相关$\Leftrightarrow|\boldsymbol{\alpha}_1,\boldsymbol{\alpha}_2,\cdots,\boldsymbol{\alpha}_n|=0$;

(4) n 维向量组 $\boldsymbol{\alpha}_1,\boldsymbol{\alpha}_2,\cdots,\boldsymbol{\alpha}_n$ 线性无关$\Leftrightarrow|\boldsymbol{\alpha}_1,\boldsymbol{\alpha}_2,\cdots,\boldsymbol{\alpha}_n|\neq 0$.

二、例题分析

例 1 设 $\boldsymbol{\alpha}_1=(1,2,-1,0)^{\mathrm{T}}$, $\boldsymbol{\alpha}_2=(1,1,0,2)^{\mathrm{T}}$, $\boldsymbol{\alpha}_3=(2,1,1,\alpha)^{\mathrm{T}}$, 若向量组 $\boldsymbol{\alpha}_1,\boldsymbol{\alpha}_2,\boldsymbol{\alpha}_3$ 线性相关, 则 $a=$________.

解 应填6.

向量组 $\boldsymbol{\alpha}_1,\boldsymbol{\alpha}_2,\boldsymbol{\alpha}_3$ 线性相关, 令 $\boldsymbol{A}=(\boldsymbol{\alpha}_1,\boldsymbol{\alpha}_2,\boldsymbol{\alpha}_3)$, 则 $R(\boldsymbol{A})<3$, 对矩阵 $\boldsymbol{A}$ 进行初等变换

$$\boldsymbol{A}=(\boldsymbol{\alpha}_1,\boldsymbol{\alpha}_2,\boldsymbol{\alpha}_3)=\begin{pmatrix}1&1&2\\2&1&1\\-1&0&1\\0&2&a\end{pmatrix}\rightarrow\begin{pmatrix}1&1&2\\0&1&3\\0&0&a-6\\0&0&0\end{pmatrix},$$ 因此 $a-6=0,a=6$.

例 2 已知3维向量 $\boldsymbol{\alpha}_1=\begin{pmatrix}a_1\\a_2\\a_3\end{pmatrix},\boldsymbol{\alpha}_2=\begin{pmatrix}b_1\\b_2\\b_3\end{pmatrix},\boldsymbol{\alpha}_3=\begin{pmatrix}c_1\\c_2\\c_3\end{pmatrix}$, 则三条直线$\begin{cases}l_1:\ a_1x+b_1y=c_1,\\l_2:\ a_2x+b_2y=c_2,\\l_3:\ a_3x+b_3y=c_3\end{cases}$(其中 $a_i^2+b_i^2\neq 0$, $i=1,2,3$)交于一点的充要条件是(　　).

(A) $\boldsymbol{\alpha}_1,\boldsymbol{\alpha}_2,\boldsymbol{\alpha}_3$ 线性相关　　(B) $\boldsymbol{\alpha}_1,\boldsymbol{\alpha}_2,\boldsymbol{\alpha}_3$ 线性无关

(C) $R(\boldsymbol{\alpha}_1,\boldsymbol{\alpha}_2)=R(\boldsymbol{\alpha}_1,\boldsymbol{\alpha}_2,\boldsymbol{\alpha}_3)$　　(D) $\boldsymbol{\alpha}_1,\boldsymbol{\alpha}_2$ 线性无关, $\boldsymbol{\alpha}_1,\boldsymbol{\alpha}_2,\boldsymbol{\alpha}_3$ 线性相关

解 应选(D).

三条直线相交于一点的充要条件是方程组$\begin{cases}l_1:\ a_1x+b_1y=c_1,\\l_2:\ a_2x+b_2y=c_2,\\l_3:\ a_3x+b_3y=c_3\end{cases}$有唯一解, 等价于 $R(\boldsymbol{\alpha}_1,\boldsymbol{\alpha}_2)=R(\boldsymbol{\alpha}_1,\boldsymbol{\alpha}_2,\boldsymbol{\alpha}_3)=2<3$, 即表示 $\boldsymbol{\alpha}_1,\boldsymbol{\alpha}_2,\boldsymbol{\alpha}_3$ 线性相关而 $\boldsymbol{\alpha}_1,\boldsymbol{\alpha}_2$ 线性无关, 因此选项(D)正确; 选项(B)错误; 选项(A)和(C)是交于一点的必要条件.

例 3 设向量组 $\boldsymbol{\alpha}_1,\boldsymbol{\alpha}_2,\cdots,\boldsymbol{\alpha}_s$ 线性无关, 设 $\boldsymbol{\beta}=b_1\boldsymbol{\alpha}_1+b_2\boldsymbol{\alpha}_2+\cdots+b_s\boldsymbol{\alpha}_s$, 如果对于某个 $i(1\leqslant i\leqslant s)$, $b_i\neq 0$, 证明: 用 $\boldsymbol{\beta}$ 替换 $\boldsymbol{\alpha}_i$ 以后得到的向量组 $\boldsymbol{\alpha}_1,\cdots,\boldsymbol{\alpha}_{i-1},\boldsymbol{\beta},\boldsymbol{\alpha}_{i+1},\cdots,\boldsymbol{\alpha}_s$ 也线性无关.

证 由线性无关的定义, 设若有 $k_1\boldsymbol{\alpha}_1+k_2\boldsymbol{\alpha}_2+\cdots+k_{i-1}\boldsymbol{\alpha}_{i-1}+k\boldsymbol{\beta}+k_{i+1}\boldsymbol{\alpha}_{i+1}+k_s\boldsymbol{\alpha}_s=\mathbf{0}$, 则只需证明 $k_j=0,k=0$, 其中 $j=1,2,\cdots,i-1,i+1,\cdots,s$.

由题意 $\boldsymbol{\beta}=b_1\boldsymbol{\alpha}_1+b_2\boldsymbol{\alpha}_2+\cdots+b_s\boldsymbol{\alpha}_s$, 得到

$(k_1+k)\boldsymbol{\alpha}_1+(k_2+k)\boldsymbol{\alpha}_2+\cdots+(k_{i-1}+k)\boldsymbol{\alpha}_{i-1}+\cdots+(k_s+k)\boldsymbol{\alpha}_s=\mathbf{0}$,

由向量组 $\boldsymbol{\alpha}_1,\boldsymbol{\alpha}_2,\cdots,\boldsymbol{\alpha}_s$ 线性无关, 即

$(k_j+k)=0,k=0,j=1,2,\cdots,i-1,i+1,\cdots,s$,

从而 $k_j=0,k=0$, 其中 $j=1,2,\cdots,i-1,i+1,\cdots,s$.

例 4 设向量组 $\boldsymbol{A}$: $\boldsymbol{\alpha}_1,\cdots,\boldsymbol{\alpha}_r$ 可由向量组 $\boldsymbol{B}$: $\boldsymbol{\beta}_1,\cdots,\boldsymbol{\beta}_s$ 线性表示, 则(　　).

(A) 当 $r<s$ 时, 向量组 $\boldsymbol{B}$ 线性相关　　(B) 当 $r>s$ 时, 向量组 $\boldsymbol{B}$ 线性相关

(C) 当 $r<s$ 时, 向量组 $\boldsymbol{A}$ 线性相关　　(D) 当 $r>s$ 时, 向量组 $\boldsymbol{A}$ 线性相关

解 应选(D).

向量组 $\boldsymbol{A}$：$\boldsymbol{\alpha}_1,\cdots,\boldsymbol{\alpha}_r$ 可由向量组 $\boldsymbol{B}$：$\boldsymbol{\beta}_1,\cdots,\boldsymbol{\beta}_s$ 线性表示，则 $R(\boldsymbol{\alpha}_1,\cdots,\boldsymbol{\alpha}_r)\leqslant R(\boldsymbol{\beta}_1,\cdots,\boldsymbol{\beta}_s)\leqslant s$. 若 $s<r$，则 $R(\boldsymbol{\alpha}_1,\cdots,\boldsymbol{\alpha}_r)\leqslant s<r$，从而 $\boldsymbol{\alpha}_1,\cdots,\boldsymbol{\alpha}_r$ 线性相关，故选(D).

例 5 已知向量 $\boldsymbol{\alpha}_1=(1,1,1)^{\mathrm{T}}$，$\boldsymbol{\alpha}_2=(1,2,3)^{\mathrm{T}}$，$\boldsymbol{\alpha}_3=(1,4,a)^{\mathrm{T}}$ 线性相关，则 $a=$________.

解 应填7.

$\boldsymbol{\alpha}_1=(1,1,1)^{\mathrm{T}}$，$\boldsymbol{\alpha}_2=(1,2,3)^{\mathrm{T}}$，$\boldsymbol{\alpha}_3=(1,4,a)^{\mathrm{T}}$ 线性相关，则 $R(\boldsymbol{\alpha}_1,\boldsymbol{\alpha}_2,\boldsymbol{\alpha}_3)<3$，即

$$\begin{pmatrix}1&1&1\\1&2&4\\1&3&a\end{pmatrix}\to\begin{pmatrix}1&1&1\\0&1&3\\0&2&a-1\end{pmatrix}\to\begin{pmatrix}1&1&1\\0&1&3\\0&0&a-7\end{pmatrix}$$，则 $a=7$.

例 6 设向量组 $\boldsymbol{\alpha}_1,\boldsymbol{\alpha}_2,\boldsymbol{\alpha}_3$ 线性无关，$\boldsymbol{\alpha}_4=\boldsymbol{\alpha}_1+\boldsymbol{\alpha}_2+\boldsymbol{\alpha}_3$，求证：$\boldsymbol{\alpha}_1,\boldsymbol{\alpha}_2,\boldsymbol{\alpha}_3,\boldsymbol{\alpha}_4$ 中任意3个向量均线性无关.

证 先证明 $\boldsymbol{\alpha}_1,\boldsymbol{\alpha}_3,\boldsymbol{\alpha}_4$ 线性无关，由已知得

$$(\boldsymbol{\alpha}_1,\boldsymbol{\alpha}_3,\boldsymbol{\alpha}_4)=(\boldsymbol{\alpha}_1,\boldsymbol{\alpha}_2,\boldsymbol{\alpha}_3)\begin{pmatrix}1&0&1\\0&0&1\\0&1&1\end{pmatrix},$$

由 $\begin{vmatrix}1&0&1\\0&0&1\\0&1&1\end{vmatrix}=-1\neq0$，矩阵 $\begin{pmatrix}1&0&1\\0&0&1\\0&1&1\end{pmatrix}$ 可逆，$R(\boldsymbol{\alpha}_1,\boldsymbol{\alpha}_3,\boldsymbol{\alpha}_4)=R(\boldsymbol{\alpha}_1,\boldsymbol{\alpha}_2,\boldsymbol{\alpha}_3)=3$，因此 $\boldsymbol{\alpha}_1,\boldsymbol{\alpha}_3,\boldsymbol{\alpha}_4$ 线性无关，同理可证 $\boldsymbol{\alpha}_1,\boldsymbol{\alpha}_2,\boldsymbol{\alpha}_4$；$\boldsymbol{\alpha}_2,\boldsymbol{\alpha}_3,\boldsymbol{\alpha}_4$ 线性无关，综上 $\boldsymbol{\alpha}_1,\boldsymbol{\alpha}_2,\boldsymbol{\alpha}_3,\boldsymbol{\alpha}_4$ 中任意3个向量均线性无关.

三、习题精练

1. 设 $\boldsymbol{A}$ 为 3×4 矩阵，且 $\boldsymbol{A}$ 的行向量组线性无关，则下列命题正确的是(　　).

(A) 齐次线性方程组 $\boldsymbol{AX}=\boldsymbol{0}$ 仅有零解

(B) 齐次线性方程组 $\boldsymbol{A}^{\mathrm{T}}\boldsymbol{X}=\boldsymbol{0}$ 有非零解

(C) 非齐次线性方程组 $\boldsymbol{AX}=\boldsymbol{b}$ 有无穷多组解

(D) 非齐次线性方程组 $\boldsymbol{A}^{\mathrm{T}}\boldsymbol{X}=\boldsymbol{b}$ 有唯一解

2. 判断

(1) 若向量组 $\boldsymbol{a}_1,\boldsymbol{a}_2,\cdots,\boldsymbol{a}_m$ 是线性相关的，则 $\boldsymbol{a}_1$ 可由 $\boldsymbol{a}_2,\cdots,\boldsymbol{a}_m$ 线性表示.

(2) 若只有当 $\lambda_1,\lambda_2,\cdots,\lambda_m$ 全为0时，等式

$\lambda_1\boldsymbol{a}_1+\cdots+\lambda_m\boldsymbol{a}_m+\lambda_1\boldsymbol{b}_1+\cdots+\lambda_m\boldsymbol{b}_m=\boldsymbol{0}$

才能成立，则 $\boldsymbol{a}_1,\boldsymbol{a}_2,\cdots,\boldsymbol{a}_m$ 线性无关，$\boldsymbol{b}_1,\cdots,\boldsymbol{b}_m$ 也线性无关.

(3) 若 $\boldsymbol{a}_1,\boldsymbol{a}_2,\cdots,\boldsymbol{a}_m$ 线性相关，$\boldsymbol{b}_1,\cdots,\boldsymbol{b}_m$ 亦线性相关，则有不全为0的数，

$\lambda_1,\lambda_2,\cdots,\lambda_m$ 使 $\lambda_1\boldsymbol{a}_1+\cdots+\lambda_m\boldsymbol{a}_m=\boldsymbol{0}$，$\lambda_1\boldsymbol{b}_1+\cdots+\lambda_m\boldsymbol{b}_m=\boldsymbol{0}$

同时成立.

3. 设 $\boldsymbol{b}_1=\boldsymbol{a}_1+\boldsymbol{a}_2,\boldsymbol{b}_2=\boldsymbol{a}_2+\boldsymbol{a}_3,\boldsymbol{b}_3=\boldsymbol{a}_3+\boldsymbol{a}_4,\boldsymbol{b}_4=\boldsymbol{a}_4+\boldsymbol{a}_1$，证明：向量组 $\boldsymbol{b}_1,\boldsymbol{b}_2,\boldsymbol{b}_3,\boldsymbol{b}_4$ 线性相关.

4. 设 $\boldsymbol{b}_1=\boldsymbol{a}_1,\boldsymbol{b}_2=\boldsymbol{a}_1+\boldsymbol{a}_2,\cdots,\boldsymbol{b}_r=\boldsymbol{a}_1+\boldsymbol{a}_2+\cdots+\boldsymbol{a}_r$，且向量组 $\boldsymbol{a}_1,\boldsymbol{a}_2,\cdots,\boldsymbol{a}_r$ 线性无关，证明：向量组 $\boldsymbol{b}_1,\boldsymbol{b}_2,\cdots,\boldsymbol{b}_r$ 线性无关.

四、习题解答

1. 解　应选(C).

已知 $\boldsymbol{A}$ 为 3×4 矩阵，且 $\boldsymbol{A}$ 的行向量组线性无关，所以 $R(\boldsymbol{A})=3<4$，因此选项(A)中 $\boldsymbol{AX}=\boldsymbol{0}$ 有无穷多组解，(A) 错误；选项(B)中 $\boldsymbol{A}^{\mathrm{T}}\boldsymbol{X}=\boldsymbol{0}, R(\boldsymbol{A}^{\mathrm{T}})=R(\boldsymbol{A})=3$ 等于未知数个数，则有唯一零解；选项(C)，非齐次线性方程组 $\boldsymbol{AX}=\boldsymbol{b}, R(\boldsymbol{A})=3<4$ 有无穷多组解，选项(C)正确；选项(D)，$\boldsymbol{A}^{\mathrm{T}}\boldsymbol{X}=\boldsymbol{b}$ 中 $R(\boldsymbol{A}^{\mathrm{T}})=3$，但是 $R(\boldsymbol{A}^{\mathrm{T}}\mid b)$ 无法确定，因此选项(D)错误.

2. 解　(1) 说法错误.

设 $\boldsymbol{a}_1=\boldsymbol{e}_1=(1,0,0,\cdots,0)$，$\boldsymbol{a}_2=\boldsymbol{0}=(0,0,0,\cdots,0)$，满足 $\boldsymbol{a}_1,\boldsymbol{a}_2$ 线性相关，但 $\boldsymbol{a}_1$ 不能由 $\boldsymbol{\alpha}_2$ 线性表示.

(2) 说法错误.

由条件 $\lambda_1\boldsymbol{a}_1+\cdots+\lambda_m\boldsymbol{a}_m+\lambda_1\boldsymbol{b}_1+\cdots+\lambda_m\boldsymbol{b}_m=\boldsymbol{0}$（仅当 $\lambda_1=\cdots=\lambda_m=0$），

则 $\boldsymbol{a}_1+\boldsymbol{b}_1,\boldsymbol{a}_2+\boldsymbol{b}_2,\cdots,\boldsymbol{a}_m+\boldsymbol{b}_m$ 线性无关. 取 $\boldsymbol{a}_1=\boldsymbol{a}_2=\cdots=\boldsymbol{a}_m=\boldsymbol{0}$，取 $\boldsymbol{b}_1,\cdots,\boldsymbol{b}_m$ 为线性无关组满足以上条件，但不能说是 $\boldsymbol{a}_1,\boldsymbol{a}_2,\cdots,\boldsymbol{a}_m$ 线性无关的.

(3) 说法错误.

$\boldsymbol{a}_1=(1,0)^{\mathrm{T}}\quad \boldsymbol{a}_2=(2,0)^{\mathrm{T}}\quad \boldsymbol{b}_1=(0,3)^{\mathrm{T}}\quad \boldsymbol{b}_2=(0,4)^{\mathrm{T}}$，

由 $\lambda_1\boldsymbol{a}_1+\lambda_2\boldsymbol{a}_2=\boldsymbol{0}$，可得 $\lambda_1=-2\lambda_2$；由 $\lambda_1\boldsymbol{b}_1+\lambda_2\boldsymbol{b}_2=\boldsymbol{0}$，可得 $\lambda_1=-\dfrac{3}{4}\lambda_2$ 由此可得，$\lambda_1=\lambda_2=0$ 与题设矛盾.

3. 证　显然 $(\boldsymbol{a}_1+\boldsymbol{a}_2)-(\boldsymbol{a}_2+\boldsymbol{a}_3)+(\boldsymbol{a}_3+\boldsymbol{a}_4)-(\boldsymbol{a}_4+\boldsymbol{a}_1)=\boldsymbol{0}$，即 $\boldsymbol{b}_1-\boldsymbol{b}_2+\boldsymbol{b}_3-\boldsymbol{b}_4=\boldsymbol{0}$，故由定义可知 $\boldsymbol{b}_1,\boldsymbol{b}_2,\boldsymbol{b}_3,\boldsymbol{b}_4$ 线性相关.

4. 证　设 $k_1\boldsymbol{b}_1+k_2\boldsymbol{b}_2+\cdots+k_r\boldsymbol{b}_r=\boldsymbol{0}$ 则

$(k_1+\cdots+k_r)\boldsymbol{a}_1+(k_2+\cdots+k_r)\boldsymbol{a}_2+\cdots+(k_p+\cdots+k_r)\boldsymbol{a}_p+\cdots+k_r\boldsymbol{a}_r=\boldsymbol{0}$，

因向量组 $\boldsymbol{a}_1,\boldsymbol{a}_2,\cdots,\boldsymbol{a}_r$ 线性无关，故

$$\begin{cases}k_1+k_2+\cdots+k_r=0,\\ \qquad k_2+\cdots+k_r=0,\\ \qquad\vdots\\ \qquad\qquad k_r=0\end{cases}\Leftrightarrow\begin{pmatrix}1&1&\cdots&1\\0&1&\cdots&1\\\vdots&&&\vdots\\0&\cdots&0&1\end{pmatrix}\begin{pmatrix}k_1\\k_2\\\vdots\\k_r\end{pmatrix}=\begin{pmatrix}0\\0\\\vdots\\0\end{pmatrix},$$

因为 $\begin{vmatrix}1&1&\cdots&1\\0&1&\cdots&1\\\vdots&&1&\vdots\\0&\cdots&0&1\end{vmatrix}=1\neq0$，故方程组只有零解，则 $k_1=k_2=\cdots=k_r=0$，所以 $\boldsymbol{b}_1,\boldsymbol{b}_2,\cdots,\boldsymbol{b}_r$ 线性无关.

3.3　向量组的秩、向量空间

一、知识要点

1. 极大无关组的定义

设 $\boldsymbol{\alpha}_1,\boldsymbol{\alpha}_2,\cdots,\boldsymbol{\alpha}_s$ 为一个 n 维向量组，如果向量组中有 r 个向量线性无关，且向量组的任意

$r+1$ 个向量(若存在)线性相关，则这 r 个线性无关的向量称为向量组 $\boldsymbol{\alpha}_1,\boldsymbol{\alpha}_2,\cdots,\boldsymbol{\alpha}_s$ 的一个极大线性无关组.

2. 关于向量组等价性的定理

(1) 任一向量组和它的极大无关组等价.

(2) 向量组的任意两个极大无关组等价.

(3) 两个等价的线性无关的向量组所含向量个数相同.

(4) 向量组 $\boldsymbol{\alpha}_1,\boldsymbol{\alpha}_2,\cdots,\boldsymbol{\alpha}_s$ 的任意两个极大无关组所含向量个数相同.

3. 向量组秩的定义

向量组 $\boldsymbol{\alpha}_1,\boldsymbol{\alpha}_2,\cdots,\boldsymbol{\alpha}_s$ 的极大无关组中所含向量的个数称为此向量组的秩，记作秩$(\boldsymbol{\alpha}_1,\boldsymbol{\alpha}_2,\cdots,\boldsymbol{\alpha}_s)$或 $R(\boldsymbol{\alpha}_1,\boldsymbol{\alpha}_2,\cdots,\boldsymbol{\alpha}_s)$.

如果一个向量组仅含有零向量，则规定它的秩为零，等价的向量组具有相同的秩.

4. 秩的性质

(1) 向量组线性无关的充要条件是它所含的向量个数等于它的秩.

(2) 若矩阵 $\boldsymbol{A}$ 的某个 r 阶子式 D 是 $\boldsymbol{A}$ 的一个最高阶非零子式，则 D 所在的 r 个行(列)向量即是矩阵 $\boldsymbol{A}$ 的行(列)向量组的一个极大无关组.

(3) 若向量组 $\boldsymbol{A}$ 能够由向量组 $\boldsymbol{B}$ 线性表示，并且 $\boldsymbol{A}$ 组线性无关，则 $\boldsymbol{A}$ 组所含向量个数不大于 $\boldsymbol{B}$ 组所含向量个数.

(4) 设 $\boldsymbol{A}$ 是 $m\times n$ 矩阵，则矩阵 $\boldsymbol{A}$ 的秩、$\boldsymbol{A}$ 的列秩和 $\boldsymbol{A}$ 的行秩相同.

5. 向量空间的定义

设 $\boldsymbol{V}$ 是由 n 维向量构成的非空集合，如果对集合 $\boldsymbol{V}$ 中向量的加法和数乘两种运算满足以下条件：

(1) 对任意的 $\boldsymbol{a},\boldsymbol{b}\in\boldsymbol{V}$，有 $\boldsymbol{a}+\boldsymbol{b}\in\boldsymbol{V}$，

(2) 对任意的 $\boldsymbol{a}\in\boldsymbol{V}$，$\lambda\in\mathbf{R}$，有 $\lambda\boldsymbol{a}\in\boldsymbol{V}$，

则称 $\boldsymbol{V}$ 为向量空间.

二、例题分析

例 1 已知向量组 $\boldsymbol{\beta}_1,\boldsymbol{\beta}_2,\boldsymbol{\beta}_3$ 可由向量组 $\boldsymbol{\alpha}_1,\boldsymbol{\alpha}_2,\boldsymbol{\alpha}_3$ 线性表示，则下列结论正确的是(　　).

(A) 若向量组 $\boldsymbol{\alpha}_1,\boldsymbol{\alpha}_2,\boldsymbol{\alpha}_3$ 线性相关，则向量组 $\boldsymbol{\beta}_1,\boldsymbol{\beta}_2,\boldsymbol{\beta}_3$ 必线性相关；

(B) 若向量组 $\boldsymbol{\alpha}_1,\boldsymbol{\alpha}_2,\boldsymbol{\alpha}_3$ 线性无关，则向量组 $\boldsymbol{\beta}_1,\boldsymbol{\beta}_2,\boldsymbol{\beta}_3$ 必线性无关；

(C) 若向量组 $\boldsymbol{\beta}_1,\boldsymbol{\beta}_2,\boldsymbol{\beta}_3$ 线性相关，则向量组 $\boldsymbol{\alpha}_1,\boldsymbol{\alpha}_2,\boldsymbol{\alpha}_3$ 必线性相关；

(D) 若向量组 $\boldsymbol{\beta}_1,\boldsymbol{\beta}_2,\boldsymbol{\beta}_3$ 线性无关，则向量组 $\boldsymbol{\alpha}_1,\boldsymbol{\alpha}_2,\boldsymbol{\alpha}_3$ 必线性相关也可能线性无关.

解　应选(A).

由向量组 $\boldsymbol{\beta}_1,\boldsymbol{\beta}_2,\boldsymbol{\beta}_3$ 可由向量组 $\boldsymbol{\alpha}_1,\boldsymbol{\alpha}_2,\boldsymbol{\alpha}_3$ 线性表示，$R(\boldsymbol{\beta}_1,\boldsymbol{\beta}_2,\boldsymbol{\beta}_3)\leqslant R(\boldsymbol{\alpha}_1,\boldsymbol{\alpha}_2,\boldsymbol{\alpha}_3)$，若向量组 $\boldsymbol{\alpha}_1,\boldsymbol{\alpha}_2,\boldsymbol{\alpha}_3$ 线性相关，则 $R(\boldsymbol{\alpha}_1,\boldsymbol{\alpha}_2,\boldsymbol{\alpha}_3)<3$，则向量组 $\boldsymbol{\beta}_1,\boldsymbol{\beta}_2,\boldsymbol{\beta}_3$ 必线性相关，故选(A).

例 2 设 $\boldsymbol{A},\boldsymbol{B},\boldsymbol{C}$ 均为 n 阶方阵，若 $\boldsymbol{AB}=\boldsymbol{C}$，且 $\boldsymbol{B}$ 可逆，则(　　).

(A) 矩阵 $\boldsymbol{C}$ 的行向量组与矩阵 $\boldsymbol{A}$ 的行向量组等价；

(B) 矩阵 $\boldsymbol{C}$ 的列向量组与矩阵 $\boldsymbol{A}$ 的列向量组等价；

(C) 矩阵 $\boldsymbol{C}$ 的行向量组与矩阵 $\boldsymbol{B}$ 的行量组等价；

(D) 矩阵 $\boldsymbol{C}$ 的列向量组与矩阵 $\boldsymbol{B}$ 的列向量组等价.

解　应选(B).

已知 $\boldsymbol{AB}=\boldsymbol{C}$ 表示 $\boldsymbol{C}$ 的列向量可由 $\boldsymbol{A}$ 的列向量线性表示，又因为 $\boldsymbol{B}$ 可逆，即有 $\boldsymbol{A}=\boldsymbol{CB}^{-1}$，表示 $\boldsymbol{A}$ 的列向量可由 $\boldsymbol{C}$ 的列向量线性表示，所以，矩阵 $\boldsymbol{C}$ 的列向量组与矩阵 $\boldsymbol{A}$ 的列向量组等价.

例3　设向量组：$\boldsymbol{\alpha}_1=\begin{pmatrix}-9\\1\\1\\1\end{pmatrix},\boldsymbol{\alpha}_2=\begin{pmatrix}2\\-8\\2\\2\end{pmatrix},\boldsymbol{\alpha}_3=\begin{pmatrix}3\\3\\-7\\3\end{pmatrix},\boldsymbol{\alpha}_4=\begin{pmatrix}4\\4\\4\\-6\end{pmatrix}$,求此向量组的秩和一个极大无关组,并将其余的向量用该极大无关组表示.

解　由题意可知

$$\boldsymbol{A}=(\boldsymbol{\alpha}_1,\boldsymbol{\alpha}_2,\boldsymbol{\alpha}_3,\boldsymbol{\alpha}_4)=\begin{pmatrix}-9&2&3&4\\1&-8&3&4\\1&2&-7&4\\1&2&3&-6\end{pmatrix}\to\begin{pmatrix}1&2&3&-6\\1&-8&3&4\\1&2&-7&4\\-9&2&3&4\end{pmatrix}\to\begin{pmatrix}1&0&0&-1\\0&1&0&-1\\0&0&1&-1\\0&0&0&0\end{pmatrix}$$

所以 $R(\boldsymbol{\alpha}_1,\boldsymbol{\alpha}_2,\boldsymbol{\alpha}_3,\boldsymbol{\alpha}_4)=3$，$\boldsymbol{\alpha}_1,\boldsymbol{\alpha}_2,\boldsymbol{\alpha}_3$ 是一个极大无关组，其中 $\boldsymbol{\alpha}_4=-\boldsymbol{\alpha}_1-\boldsymbol{\alpha}_2-\boldsymbol{\alpha}_3$.

例4　设 $\boldsymbol{A}$ 为 $m\times n$ 实矩阵求证：$R(\boldsymbol{A}^{\mathrm{T}}\boldsymbol{A})=R(\boldsymbol{A})$.

证　要证明 $R(\boldsymbol{A}^{\mathrm{T}}\boldsymbol{A})=R(\boldsymbol{A})$，只需证明线性方程组 $\boldsymbol{A}^{\mathrm{T}}\boldsymbol{Ax}=\boldsymbol{0}$ 与线性方程组 $\boldsymbol{Ax}=\boldsymbol{0}$ 同解即可；若 $\boldsymbol{Ax}=\boldsymbol{0}$ 在两边同时左乘 $\boldsymbol{A}^{\mathrm{T}}$，即满足 $\boldsymbol{A}^{\mathrm{T}}\boldsymbol{Ax}=\boldsymbol{0}$. 又若 $\boldsymbol{A}^{\mathrm{T}}\boldsymbol{Ax}=\boldsymbol{0}$，则两边同时左乘 $\boldsymbol{x}^{\mathrm{T}}$，则 $\boldsymbol{x}^{\mathrm{T}}\boldsymbol{A}^{\mathrm{T}}\boldsymbol{Ax}=\boldsymbol{0}$，即 $(\boldsymbol{Ax})^{\mathrm{T}}\boldsymbol{Ax}=\|\boldsymbol{Ax}\|^2=0$，由向量范数的性质可知 $\boldsymbol{Ax}=\boldsymbol{0}$，因此 $\boldsymbol{A}^{\mathrm{T}}\boldsymbol{Ax}=\boldsymbol{0}$ 与 $\boldsymbol{Ax}=\boldsymbol{0}$ 同解，其基础解系所含向量的个数一样，$n-R(\boldsymbol{A}^{\mathrm{T}}\boldsymbol{A})=n-R(\boldsymbol{A})$，所以 $R(\boldsymbol{A}^{\mathrm{T}}\boldsymbol{A})=R(\boldsymbol{A})$.

例5　设 $\boldsymbol{\alpha}_1,\boldsymbol{\alpha}_2,\boldsymbol{\alpha}_3,\boldsymbol{\alpha}_4$ 均为非零向量，若 $R(\boldsymbol{\alpha}_1,\boldsymbol{\alpha}_2,\boldsymbol{\alpha}_3,\boldsymbol{\alpha}_4)=2$，$R(\boldsymbol{\alpha}_2,\boldsymbol{\alpha}_3,\boldsymbol{\alpha}_4)=1$，则 $R(\boldsymbol{\alpha}_1,\boldsymbol{\alpha}_2)=$________.

解　应填2.

已知 $R(\boldsymbol{\alpha}_2,\boldsymbol{\alpha}_3,\boldsymbol{\alpha}_4)=1$，且均为非零向量，所以 $\boldsymbol{\alpha}_2$ 可为 $\boldsymbol{\alpha}_2,\boldsymbol{\alpha}_3,\boldsymbol{\alpha}_4$ 的一个极大无关组，不妨令 $\boldsymbol{\alpha}_2=\boldsymbol{\alpha}_2,\boldsymbol{\alpha}_3=k_1\boldsymbol{\alpha}_2,\boldsymbol{\alpha}_4=k_2\boldsymbol{\alpha}_2$，又假设所求 $\boldsymbol{\alpha}_1,\boldsymbol{\alpha}_2$ 线性相关，那么 $\boldsymbol{\alpha}_1$ 也可以用 $\boldsymbol{\alpha}_2$ 表示为 $\boldsymbol{\alpha}_1=k_3\boldsymbol{\alpha}_2$，因此 $\boldsymbol{\alpha}_1,\boldsymbol{\alpha}_2,\boldsymbol{\alpha}_3,\boldsymbol{\alpha}_4$ 线性相关，秩为1，与已知秩为2矛盾，所以 $\boldsymbol{\alpha}_1,\boldsymbol{\alpha}_2$ 线性无关，秩为2.

例6　已知向量组(Ⅰ)：$\boldsymbol{\alpha}_1,\boldsymbol{\alpha}_2$；(Ⅱ)：$\boldsymbol{\alpha}_1,\boldsymbol{\alpha}_2,\boldsymbol{\alpha}_3$；(Ⅲ)：$\boldsymbol{\alpha}_1,\boldsymbol{\alpha}_2,\boldsymbol{\alpha}_4$，若各向量组的秩分别为 R(Ⅰ)=R(Ⅱ)=2，R(Ⅲ)=3，则向量组 $\boldsymbol{\alpha}_1,\boldsymbol{\alpha}_2,\boldsymbol{\alpha}_3-\boldsymbol{\alpha}_4$ 的秩为________.

解　应填3.

$R(\boldsymbol{\alpha}_1,\boldsymbol{\alpha}_2)=2=R(\boldsymbol{\alpha}_1,\boldsymbol{\alpha}_2,\boldsymbol{\alpha}_3)$，则 $\boldsymbol{\alpha}_3$ 可由 $\boldsymbol{\alpha}_1,\boldsymbol{\alpha}_2$ 线性表示，$\boldsymbol{\alpha}_3=k_1\boldsymbol{\alpha}_1+k_2\boldsymbol{\alpha}_2$, $R(\boldsymbol{\alpha}_1,\boldsymbol{\alpha}_2,\boldsymbol{\alpha}_4)=3$，则 $\boldsymbol{\alpha}_1,\boldsymbol{\alpha}_2,\boldsymbol{\alpha}_4$ 线性无关.

$$(\boldsymbol{\alpha}_1,\boldsymbol{\alpha}_2,\boldsymbol{\alpha}_3-\boldsymbol{\alpha}_4)=(\boldsymbol{\alpha}_1,\boldsymbol{\alpha}_2,k_1\boldsymbol{\alpha}_1+k_2\boldsymbol{\alpha}_2-\boldsymbol{\alpha}_4)=(\boldsymbol{\alpha}_1,\boldsymbol{\alpha}_2,\boldsymbol{\alpha}_4)\begin{pmatrix}1&0&k_1\\0&1&k_2\\0&0&-1\end{pmatrix},$$

因为$\begin{vmatrix}1&0&k_1\\0&1&k_2\\0&0&-1\end{vmatrix}=-1\neq0$，所以$\begin{pmatrix}1&0&k_1\\0&1&k_2\\0&0&-1\end{pmatrix}$可逆，则$R(\boldsymbol{\alpha}_1,\boldsymbol{\alpha}_2,\boldsymbol{\alpha}_3-\boldsymbol{\alpha}_4)=R(\text{Ⅲ})=3$.

例 7 设向量组$\boldsymbol{\alpha}_1,\boldsymbol{\alpha}_2,\boldsymbol{\alpha}_3$为$\mathbf{R}^3$空间的一组基，若$\boldsymbol{\beta}_1=2\boldsymbol{\alpha}_1+2k\boldsymbol{\alpha}_3$，$\boldsymbol{\beta}_2=2\boldsymbol{\alpha}_2$，$\boldsymbol{\beta}_3=\boldsymbol{\alpha}_1+(k+1)\boldsymbol{\alpha}_3$，证明：$\boldsymbol{\beta}_1$，$\boldsymbol{\beta}_2$，$\boldsymbol{\beta}_3$也为$\mathbf{R}^3$空间的一组基.

证 由$\boldsymbol{\beta}_1=2\boldsymbol{\alpha}_1+2k\boldsymbol{\alpha}_3$，$\boldsymbol{\beta}_2=2\boldsymbol{\alpha}_2$，$\boldsymbol{\beta}_3=\boldsymbol{\alpha}_1+(k+1)\boldsymbol{\alpha}_3$，因此
$\begin{vmatrix}2&0&1\\0&2&0\\2k&0&k+1\end{vmatrix}=4\neq0$，所以$\begin{pmatrix}2&0&1\\0&2&0\\2k&0&k+1\end{pmatrix}$可逆，因此向量组$\boldsymbol{\beta}_1,\boldsymbol{\beta}_2,\boldsymbol{\beta}_3$与向量组$\boldsymbol{\alpha}_1,\boldsymbol{\alpha}_2,\boldsymbol{\alpha}_3$等价，即证得$\boldsymbol{\beta}_1,\boldsymbol{\beta}_2,\boldsymbol{\beta}_3$也为$\mathbf{R}^3$空间的一组基.

例 8 已知$\boldsymbol{\alpha}_1,\boldsymbol{\alpha}_2$是$\mathbf{R}^2$的一组基，若$\boldsymbol{\beta}_1=\boldsymbol{\alpha}_1+\boldsymbol{\alpha}_2$，$\boldsymbol{\beta}_2=2\boldsymbol{\alpha}_1-\boldsymbol{\alpha}_2$，由基$\boldsymbol{\alpha}_1,\boldsymbol{\alpha}_2$到基$\boldsymbol{\beta}_1,\boldsymbol{\beta}_2$的过渡矩阵为________.

解 应填$\begin{pmatrix}1&2\\1&-1\end{pmatrix}$.

由$\boldsymbol{\beta}_1=\boldsymbol{\alpha}_1+\boldsymbol{\alpha}_2$，$\boldsymbol{\beta}_2=2\boldsymbol{\alpha}_1-\boldsymbol{\alpha}_2$，所以$(\boldsymbol{\beta}_1,\boldsymbol{\beta}_2)=(\boldsymbol{\alpha}_1,\boldsymbol{\alpha}_2)\begin{pmatrix}1&2\\1&-1\end{pmatrix}$，则基$\boldsymbol{\alpha}_1,\boldsymbol{\alpha}_2$到基$\boldsymbol{\beta}_1$，$\boldsymbol{\beta}_2$的过渡矩阵为$\begin{pmatrix}1&2\\1&-1\end{pmatrix}$.

三、习题精练

1. 设$\boldsymbol{A},\boldsymbol{B}$均为$n$阶方阵，下列命题中错误的是(　　).

(A) 若$\boldsymbol{A}$经列初等变换化成$\boldsymbol{B}$，则$R(\boldsymbol{A})=R(\boldsymbol{B})$

(B) 若$\boldsymbol{A}$经行初等变换化成$\boldsymbol{B}$，则$\boldsymbol{A}^{-1}=\boldsymbol{B}^{-1}$

(C) 若$\boldsymbol{A}$经列初等变换化成$\boldsymbol{B}$，则$\boldsymbol{A}$的列向量组与$\boldsymbol{B}$的列向量组等价

(D) 若$\boldsymbol{A}$经行初等变换化成$\boldsymbol{B}$，则$\boldsymbol{AX}=\boldsymbol{0}$与$\boldsymbol{BX}=\boldsymbol{0}$同解

2. 已知向量组$\boldsymbol{\alpha}_1=(1,2,1,0)^{\mathrm{T}}$，$\boldsymbol{\alpha}_2=(1,3,2,-1)^{\mathrm{T}}$，$\boldsymbol{\alpha}_3=(1,a,0,1)^{\mathrm{T}}$，$\boldsymbol{\alpha}_4=(2,7,3,a-2)^{\mathrm{T}}$，$\boldsymbol{\beta}=(3,8,4,b-1)^{\mathrm{T}}$，讨论$a$，$b$为何值时$\boldsymbol{\beta}$可由向量组$\boldsymbol{\alpha}_1,\boldsymbol{\alpha}_2,\boldsymbol{\alpha}_3,\boldsymbol{\alpha}_4$唯一线性表示；能线性表示但不唯一；不能线性表示.

3. 求向量组$\boldsymbol{\alpha}_1=(1,1,0,2)^{\mathrm{T}},\boldsymbol{\alpha}_2=(2,0,-1,3)^{\mathrm{T}},\boldsymbol{\alpha}_3=(0,2,1,1)^{\mathrm{T}},\boldsymbol{\alpha}_4=(-1,1,1,-2)^{\mathrm{T}},\boldsymbol{\alpha}_5=(3,-1,-2,4)^{\mathrm{T}}$的秩和极大无关组，并将其余向量用该极大无关组线性表示.

4. 求向量组$\boldsymbol{\alpha}_1=(1,1,1,1)^{\mathrm{T}}$，$\boldsymbol{\alpha}_2=(1,2,1,1)^{\mathrm{T}}$，$\boldsymbol{\alpha}_3=(1,1,3,1)^{\mathrm{T}}$，$\boldsymbol{\alpha}_4=(6,8,8,6)^{\mathrm{T}}$的秩及其一个极大无关组，并将其余向量用该极大无关组线性表示.

5. 求向量组$\boldsymbol{\alpha}_1=(2,0,1,8)^{\mathrm{T}}$，$\boldsymbol{\alpha}_2=(1,2,1,1)^{\mathrm{T}}$，$\boldsymbol{\alpha}_3=(1,1,2,1)^{\mathrm{T}}$，$\boldsymbol{\alpha}_4=(2,2,-1,8)^{\mathrm{T}}$的秩和一个极大无关组，并将其余向量用该极大无关组线性表示.

四、习题解答

1. 解 应选(B).

初等变换不改变矩阵的秩，因此选项(A)表述正确；若$\boldsymbol{A}$经行初等变换化成$\boldsymbol{B}$，则有可逆阵$\boldsymbol{P}$使$\boldsymbol{PA}=\boldsymbol{B}$，因此选项(B)表述错误；选项(C)(D)表述都是正确的，所以本题选择(B).

2. 解　由$\boldsymbol{\beta}=k_1\boldsymbol{\alpha}_1+k_2\boldsymbol{\alpha}_2+k_3\boldsymbol{\alpha}_3+k_4\boldsymbol{\alpha}_4=\boldsymbol{Ax}$可得线性方程组的增广矩阵

$$\widetilde{\boldsymbol{A}}=\begin{pmatrix}1&1&1&2&3\\2&3&a&7&8\\1&2&0&3&4\\0&-1&1&a-2&b-1\end{pmatrix}\to\begin{pmatrix}1&1&1&2&3\\0&1&-1&1&1\\0&1&a-2&3&2\\0&-1&1&a-2&b-1\end{pmatrix}\to\begin{pmatrix}1&1&1&2&3\\0&1&-1&1&1\\0&0&a-1&2&1\\0&0&0&a-1&b\end{pmatrix}.$$

(1) 当$a\neq1$时，$R(\boldsymbol{A})=R(\widetilde{\boldsymbol{A}})=4$，方程组有唯一解，即$\boldsymbol{\beta}$可由向量组$\boldsymbol{\alpha}_1,\boldsymbol{\alpha}_2,\boldsymbol{\alpha}_3,\boldsymbol{\alpha}_4$唯一线性表示；

(2) 当$a=1,b=0$时，$R(\boldsymbol{A})=3=R(\widetilde{\boldsymbol{A}})=3$，线性方程组有无穷多解，即$\boldsymbol{\beta}$可由向量组$\boldsymbol{\alpha}_1,\boldsymbol{\alpha}_2,\boldsymbol{\alpha}_3,\boldsymbol{\alpha}_4$线性表示，且表示法不唯一；

(3) 当$a=1$，$b\neq0$时，$R(\boldsymbol{A})=3\neq R(\widetilde{\boldsymbol{A}})=4$，线性方程组无解，即$\boldsymbol{\beta}$不可由向量组$\boldsymbol{\alpha}_1,\boldsymbol{\alpha}_2,\boldsymbol{\alpha}_3,\boldsymbol{\alpha}_4$线性表示.

3. 解　由题意可知

$$\boldsymbol{A}=(\boldsymbol{\alpha}_1,\boldsymbol{\alpha}_2,\boldsymbol{\alpha}_3,\boldsymbol{\alpha}_4,\boldsymbol{\alpha}_5)=\begin{pmatrix}1&2&0&-1&3\\1&0&2&1&-1\\0&-1&1&1&-2\\2&3&1&-2&4\end{pmatrix}\to\begin{pmatrix}1&0&2&0&-1\\0&1&-1&0&2\\0&0&0&1&0\\0&0&0&0&0\end{pmatrix},$$

所以$R(\boldsymbol{\alpha}_1,\boldsymbol{\alpha}_2,\boldsymbol{\alpha}_3,\boldsymbol{\alpha}_4,\boldsymbol{\alpha}_5)=3$，$\boldsymbol{\alpha}_1,\boldsymbol{\alpha}_2,\boldsymbol{\alpha}_4$是一个极大无关组，其中$\boldsymbol{\alpha}_3=2\boldsymbol{\alpha}_1-\boldsymbol{\alpha}_2,\boldsymbol{\alpha}_5=-\boldsymbol{\alpha}_1+2\boldsymbol{\alpha}_2$；或$\boldsymbol{\alpha}_1,\boldsymbol{\alpha}_3,\boldsymbol{\alpha}_4$是一个极大无关组，其中$\boldsymbol{\alpha}_2=2\boldsymbol{\alpha}_1-\boldsymbol{\alpha}_3,\boldsymbol{\alpha}_5=3\boldsymbol{\alpha}_1-2\boldsymbol{\alpha}_3$；或$\boldsymbol{\alpha}_1,\boldsymbol{\alpha}_4,\boldsymbol{\alpha}_5$是一个极大无关组，其中$\boldsymbol{\alpha}_2=\frac{1}{2}\boldsymbol{\alpha}_1+\frac{1}{2}\boldsymbol{\alpha}_5,\boldsymbol{\alpha}_3=\frac{3}{2}\boldsymbol{\alpha}_1-\frac{1}{2}\boldsymbol{\alpha}_5$.

4. 解　对$\boldsymbol{A}=(\boldsymbol{\alpha}_1,\boldsymbol{\alpha}_2,\boldsymbol{\alpha}_3,\boldsymbol{\alpha}_4)=\begin{pmatrix}1&1&1&6\\1&2&1&8\\1&1&3&8\\1&1&1&6\end{pmatrix}\to\begin{pmatrix}1&1&1&6\\0&1&0&2\\0&0&2&2\\0&0&0&0\end{pmatrix}\to\begin{pmatrix}1&0&0&3\\0&1&0&2\\0&0&1&1\\0&0&0&0\end{pmatrix}$，所以$R(\boldsymbol{\alpha}_1,\boldsymbol{\alpha}_2,\boldsymbol{\alpha}_3,\boldsymbol{\alpha}_4)=3$，$\boldsymbol{\alpha}_1,\boldsymbol{\alpha}_2,\boldsymbol{\alpha}_3$是一个极大无关组，且$\boldsymbol{\alpha}_4=3\boldsymbol{\alpha}_1+2\boldsymbol{\alpha}_2+\boldsymbol{\alpha}_3$.

5. 解　对$\boldsymbol{A}=(\boldsymbol{\alpha}_1,\boldsymbol{\alpha}_2,\boldsymbol{\alpha}_3,\boldsymbol{\alpha}_4)$进行初等行变换得，

$$\boldsymbol{A}=(\boldsymbol{\alpha}_1,\boldsymbol{\alpha}_2,\boldsymbol{\alpha}_3,\boldsymbol{\alpha}_4)=\begin{pmatrix}2&1&1&2\\0&2&1&2\\1&1&2&-1\\8&1&1&8\end{pmatrix}\to\begin{pmatrix}1&1&2&-1\\0&2&1&2\\0&-1&-3&4\\0&-7&-15&16\end{pmatrix}\to\begin{pmatrix}1&0&0&1\\0&1&0&2\\0&0&1&-2\\0&0&0&0\end{pmatrix},$$

所以$R(\boldsymbol{\alpha}_1,\boldsymbol{\alpha}_2,\boldsymbol{\alpha}_3,\boldsymbol{\alpha}_4)=3$，$\boldsymbol{\alpha}_1,\boldsymbol{\alpha}_2,\boldsymbol{\alpha}_3$是一个极大无关组，且$\boldsymbol{\alpha}_4=\boldsymbol{\alpha}_1+2\boldsymbol{\alpha}_2-2\boldsymbol{\alpha}_3$.

3.4　线性方程组解的结构

一、知识要点

1. 齐次线性方程组解的结构

定义　齐次线性方程组$\boldsymbol{Ax}=\boldsymbol{0}$的全体解向量组成的集合$S$是一个向量空间，称$S$为齐次

线性方程组 $\boldsymbol{Ax}=\boldsymbol{0}$ 的解空间.

性质 1　若 $\boldsymbol{\xi}_1,\boldsymbol{\xi}_2$ 是齐次线性方程组 $\boldsymbol{Ax}=\boldsymbol{0}$ 的解，则 $\boldsymbol{\xi}_1+\boldsymbol{\xi}_2$ 也是该线性方程组的解.

性质 2　若 $\boldsymbol{\xi}$ 是齐次线性方程组 $\boldsymbol{Ax}=\boldsymbol{0}$ 的解，c 为常数，则 $c\boldsymbol{\xi}$ 也是该线性方程组的解.

定理　若 n 元齐次线性方程组 $\boldsymbol{Ax}=\boldsymbol{0}$ 的系数矩阵 $\boldsymbol{A}$ 的秩 $R(\boldsymbol{A})=r<n$，则其解空间 S 是 $n-r$ 维的. 该方程组存在 $n-r$ 个解向量 $\boldsymbol{\xi}_1,\boldsymbol{\xi}_2,\cdots,\boldsymbol{\xi}_{n-r}$ 构成解空间 S 的一组基，称为该方程组的基础解系. 该方程组的通解可用基础解系线性表示，即

$$\boldsymbol{x}=c_1\boldsymbol{\xi}_1+c_2\boldsymbol{\xi}_2+\cdots+c_{n-r}\boldsymbol{\xi}_{n-r}，\text{其中 } c_1,c_2,\cdots,c_{n-r}\text{为任意常数.}$$

2. 非齐次线性方程组解的结构

性质 1　若 $\boldsymbol{\eta}_1,\boldsymbol{\eta}_2$ 是 n 元非齐次线性方程组 $\boldsymbol{Ax}=\boldsymbol{b}$ 的解，则 $\boldsymbol{\eta}_1-\boldsymbol{\eta}_2$ 是对应的齐次线性方程组 $\boldsymbol{Ax}=\boldsymbol{0}$ 的解.

性质 2　若 $\boldsymbol{\eta}$ 是 n 元非齐次线性方程组 $\boldsymbol{Ax}=\boldsymbol{b}$ 的解，$\boldsymbol{\xi}$ 是对应的齐次线性方程组 $\boldsymbol{Ax}=\boldsymbol{0}$ 的解，则 $\boldsymbol{\xi}+\boldsymbol{\eta}$ 是方程组 $\boldsymbol{Ax}=\boldsymbol{b}$ 的解.

定理　若 $\boldsymbol{\eta}_0$ 是非齐次线性方程组 $\boldsymbol{Ax}=\boldsymbol{b}$ 的解，$\boldsymbol{\xi}_1,\boldsymbol{\xi}_2,\cdots,\boldsymbol{\xi}_{n-r}$ 是它的导出组 $\boldsymbol{Ax}=\boldsymbol{0}$ 的基础解系，则非齐次线性方程组 $\boldsymbol{Ax}=\boldsymbol{b}$ 的通解为

$$\boldsymbol{x}=\boldsymbol{\eta}_0+c_1\boldsymbol{\xi}_1+c_2\boldsymbol{\xi}_2+\cdots+c_{n-r}\boldsymbol{\xi}_{n-r}，\text{其中 } c_1,c_2,\cdots,c_{n-r}\text{为任意常数.}$$

二、例题分析

例 1　已知 4 阶方阵 $\boldsymbol{A}=(\boldsymbol{\alpha}_1,\boldsymbol{\alpha}_2,\boldsymbol{\alpha}_3,\boldsymbol{\alpha}_4)$ 且 $\boldsymbol{\alpha}_1,\boldsymbol{\alpha}_2,\boldsymbol{\alpha}_3$ 线性无关，$\boldsymbol{\alpha}_4=2\boldsymbol{\alpha}_1-\boldsymbol{\alpha}_2$ 则方程组 $\boldsymbol{Ax}=\boldsymbol{0}$ 的通解为____________.

解　应填 $\boldsymbol{x}=k(2,-1,0,-1)^{\mathrm{T}}$（$k$ 为任意常数).

因为 $\boldsymbol{\alpha}_4=2\boldsymbol{\alpha}_1-\boldsymbol{\alpha}_2$，所以 $\boldsymbol{\alpha}_1,\boldsymbol{\alpha}_2,\boldsymbol{\alpha}_3,\boldsymbol{\alpha}_4$ 线性相关，又 $\boldsymbol{\alpha}_1,\boldsymbol{\alpha}_2,\boldsymbol{\alpha}_3$ 线性无关，则有 $R(\boldsymbol{A})=3$，即 $\boldsymbol{Ax}=\boldsymbol{0}$ 的基础解系由 $4-3=1$ 个线性无关的解向量构成，再由 $2\boldsymbol{\alpha}_1-\boldsymbol{\alpha}_2+0\boldsymbol{\alpha}_3-\boldsymbol{\alpha}_4=\boldsymbol{0}$ 可知向量 $(2,-1,0,-1)^{\mathrm{T}}$ 为方程组 $\boldsymbol{Ax}=\boldsymbol{0}$ 的一个解且为非零向量，所以 $\boldsymbol{Ax}=\boldsymbol{0}$ 的通解为 $\boldsymbol{x}=k(2,-1,0,-1)^{\mathrm{T}}$（$k$ 为任意常数).

例 2　设 $\boldsymbol{\alpha}_1,\cdots,\boldsymbol{\alpha}_k$ 是齐次线性方程组 $\boldsymbol{Ax}=\boldsymbol{0}$ 的一个基础解系，$\boldsymbol{A\beta}\neq\boldsymbol{0}$，证明：$\boldsymbol{\beta},\boldsymbol{\beta}+\boldsymbol{\alpha}_1,\cdots,\boldsymbol{\beta}+\boldsymbol{\alpha}_k$ 线性无关.

证　令 $l_0\boldsymbol{\beta}+l_1(\boldsymbol{\beta}+\boldsymbol{\alpha}_1)+\cdots+l_k(\boldsymbol{\beta}+\boldsymbol{\alpha}_k)=\boldsymbol{0}$ 两边左乘 $\boldsymbol{A}$ 得：

$(l_0+l_1+\cdots+l_k)\boldsymbol{A\beta}=\boldsymbol{0}$，因为 $\boldsymbol{A\beta}\neq\boldsymbol{0}$，所以 $l_0+l_1+\cdots+l_k=0$，代入上式得 $l_1=l_2=\cdots=l_k=0$，从而 $l_0=0$，因此 $\boldsymbol{\beta},\boldsymbol{\beta}+\boldsymbol{\alpha}_1,\cdots,\boldsymbol{\beta}+\boldsymbol{\alpha}_k$ 线性无关.

例 3　已知 $\boldsymbol{\beta}_1,\boldsymbol{\beta}_2$ 是非齐次线性方程组 $\boldsymbol{Ax}=\boldsymbol{b}$ 的两个不同的解，$\boldsymbol{\alpha}_1,\boldsymbol{\alpha}_2$ 是对应齐次线性方程组 $\boldsymbol{Ax}=\boldsymbol{0}$ 的基础解系，k_1,k_2 为任意常数，则方程组 $\boldsymbol{Ax}=\boldsymbol{b}$ 的通解是（　　).

(A) $k_1\boldsymbol{\alpha}_1+k_2(\boldsymbol{\alpha}_1+\boldsymbol{\alpha}_2)+\dfrac{\boldsymbol{\beta}_1+\boldsymbol{\beta}_2}{2}$　　(B) $k_1\boldsymbol{\alpha}_1+k_2(\boldsymbol{\beta}_1-\boldsymbol{\beta}_2)+\dfrac{\boldsymbol{\beta}_1+\boldsymbol{\beta}_2}{2}$

(C) $k_1\boldsymbol{\alpha}_1+k_2(\boldsymbol{\beta}_1+\boldsymbol{\beta}_2)+\dfrac{\boldsymbol{\beta}_1-\boldsymbol{\beta}_2}{2}$　　(D) $k_1\boldsymbol{\alpha}_1+k_2(\boldsymbol{\alpha}_1-\boldsymbol{\alpha}_2)+\dfrac{\boldsymbol{\beta}_1+\boldsymbol{\beta}_2}{2}$

解　应选(D).

由线性方程组解的结构知，$\frac{\boldsymbol{\beta}_1+\boldsymbol{\beta}_2}{2}$为 $\boldsymbol{Ax}=\boldsymbol{b}$ 的解，又 $\boldsymbol{\alpha}_1,\boldsymbol{\alpha}_1-\boldsymbol{\alpha}_2$ 线性无关且是 $\boldsymbol{Ax}=\boldsymbol{0}$ 的解，则方程组 $\boldsymbol{Ax}=\boldsymbol{b}$ 的通解是 $k_1\boldsymbol{\alpha}_1+k_2(\boldsymbol{\alpha}_1-\boldsymbol{\alpha}_2)+\frac{\boldsymbol{\beta}_1+\boldsymbol{\beta}_2}{2}$.

例4　设 $\boldsymbol{A}$ 为 4×5 矩阵，且 $R(\boldsymbol{A})=4$，又设向量 $\boldsymbol{p}_1,\boldsymbol{p}_2$ 是齐次线性方程组 $\boldsymbol{Ax}=\boldsymbol{0}$ 的两个不同的解向量，则方程组 $\boldsymbol{Ax}=\boldsymbol{0}$ 的通解为 $\boldsymbol{x}=$________.

解　应填 $c(\boldsymbol{p}_1-\boldsymbol{p}_2)$，$c$ 为任意常数.

已知 $\boldsymbol{A}$ 为 4×5 矩阵，则 $\boldsymbol{x}$ 为 5×1 矩阵，又 $R(\boldsymbol{A})=4$，所以 $\boldsymbol{Ax}=\boldsymbol{0}$ 的基础解系中包含$5-4=1$ 个线性无关的解向量，而向量 $\boldsymbol{p}_1,\boldsymbol{p}_2$ 是齐次线性方程组 $\boldsymbol{Ax}=\boldsymbol{0}$ 的两个不同的解向量，所以 $\boldsymbol{p}_1-\boldsymbol{p}_2$ 为非零解，可作为 $\boldsymbol{Ax}=\boldsymbol{0}$ 的基础解系，因此其通解为 $c(\boldsymbol{p}_1-\boldsymbol{p}_2)$，$c$ 为任意常数.

例5　设 $\boldsymbol{A}$ 为 n 阶矩阵($n\geqslant2$)，$\boldsymbol{A}^*$ 是 $\boldsymbol{A}$ 的伴随矩阵，且 $R(\boldsymbol{A}^*)=1$ 则方程组 $\boldsymbol{Ax}=\boldsymbol{0}$ 的解空间的维数为________.

解　应填 1.

已知 $R(\boldsymbol{A}^*)=1$，则 $R(\boldsymbol{A})=n-1$，所以方程组 $\boldsymbol{Ax}=\boldsymbol{0}$ 的解空间的基包含的维数是 $n-(n-1)=1$.

例6　已知 $\boldsymbol{A}$ 为3 阶非零矩阵，矩阵 $\boldsymbol{B}=\begin{pmatrix}1&-2&-1\\-1&2&a\\2&3&5\end{pmatrix}$且 $\boldsymbol{AB}=\boldsymbol{O}$，求 a 及齐次线性方程组 $\boldsymbol{Ax}=\boldsymbol{0}$ 的通解.

解　将矩阵 $\boldsymbol{B}$ 列分块，$\boldsymbol{B}=(\boldsymbol{b}_1,\boldsymbol{b}_2,\boldsymbol{b}_3)$，由已知得 $\boldsymbol{AB}=\boldsymbol{A}(\boldsymbol{b}_1,\boldsymbol{b}_2,\boldsymbol{b}_3)=(\boldsymbol{0},\boldsymbol{0},\boldsymbol{0})$，即 $\boldsymbol{B}$ 的各列 $\boldsymbol{b}_i$ 为齐次方程组 $\boldsymbol{Ax}=\boldsymbol{0}$ 的非零解，由题可知 $\boldsymbol{b}_1,\boldsymbol{b}_2$ 线性无关，且 $\boldsymbol{b}_1,\boldsymbol{b}_2$ 为齐次方程组 $\boldsymbol{Ax}=\boldsymbol{0}$ 基础解系中的向量. 由 $\boldsymbol{A}$ 为非零阵，$R(\boldsymbol{A})\geqslant1$，因此 $\boldsymbol{Ax}=\boldsymbol{0}$ 的基础解系中所含向量个数，$3-R(\boldsymbol{A})\leqslant2$.

综上，可判定齐次方程组 $\boldsymbol{Ax}=\boldsymbol{0}$ 的基础解系中恰含 2 个向量，可选 $\boldsymbol{b}_1,\boldsymbol{b}_2$ 为基础解系中的向量. 因此齐次方程组 $\boldsymbol{Ax}=\boldsymbol{0}$ 的通解为

$$k_1\boldsymbol{b}_1+k_2\boldsymbol{b}_2=k_1\begin{pmatrix}1\\-1\\2\end{pmatrix}+k_2\begin{pmatrix}-2\\2\\3\end{pmatrix}.$$

由 $\boldsymbol{B}$ 的各列 $\boldsymbol{b}_1,\boldsymbol{b}_2,\boldsymbol{b}_3$ 为齐次方程组 $\boldsymbol{Ax}=\boldsymbol{0}$ 的非零解，$\boldsymbol{b}_1,\boldsymbol{b}_2$ 为基础解系，因此 $\boldsymbol{b}_1,\boldsymbol{b}_2,\boldsymbol{b}_3$ 线性相关，即 $|\boldsymbol{B}|=\begin{vmatrix}1&-2&-1\\-1&2&a\\2&3&5\end{vmatrix}=0$，得到 $a=1$.

例7　设 $\boldsymbol{\alpha}_0$ 是非齐次线性方程组 $\boldsymbol{Ax}=\boldsymbol{b}$ 的一个解，$\boldsymbol{\alpha}_1,\boldsymbol{\alpha}_2,\cdots,\boldsymbol{\alpha}_r$ 是其导出组 $\boldsymbol{Ax}=\boldsymbol{0}$ 的基础解系，则下列说法正确的是(　　).

(A) $\boldsymbol{\alpha}_0,\boldsymbol{\alpha}_1,\boldsymbol{\alpha}_2,\cdots,\boldsymbol{\alpha}_r$ 线性无关

(B) $\boldsymbol{\alpha}_0,\boldsymbol{\alpha}_1,\boldsymbol{\alpha}_2,\cdots,\boldsymbol{\alpha}_r$ 线性相关

(C) $\boldsymbol{\alpha}_0,\boldsymbol{\alpha}_1,\boldsymbol{\alpha}_2,\cdots,\boldsymbol{\alpha}_r$ 的任意线性组合都是 $\boldsymbol{Ax}=\boldsymbol{b}$ 的解

(D) $\boldsymbol{\alpha}_0,\boldsymbol{\alpha}_1,\boldsymbol{\alpha}_2,\cdots,\boldsymbol{\alpha}_r$ 的任意线性组合都是 $\boldsymbol{Ax}=\boldsymbol{0}$ 的解

解　应选(A).

因为 $\boldsymbol{\alpha}_1,\boldsymbol{\alpha}_2,\cdots,\boldsymbol{\alpha}_r$ 是其导出组 $\boldsymbol{Ax}=\boldsymbol{0}$ 的基础解系，所以 $\boldsymbol{\alpha}_1,\boldsymbol{\alpha}_2,\cdots,\boldsymbol{\alpha}_r$ 线性无关，如果 $\boldsymbol{\alpha}_0,\boldsymbol{\alpha}_1,\boldsymbol{\alpha}_2,\cdots,\boldsymbol{\alpha}_r$ 线性相关，那么 $\boldsymbol{\alpha}_0$ 线性相关可以由 $\boldsymbol{\alpha}_1,\boldsymbol{\alpha}_2,\cdots,\boldsymbol{\alpha}_r$ 线性表示，则 $\boldsymbol{\alpha}_0$ 是方程组 $\boldsymbol{Ax}=\boldsymbol{0}$ 的解，这与 $\boldsymbol{\alpha}_0$ 是非齐次线性方程组 $\boldsymbol{Ax}=\boldsymbol{b}$ 的一个解矛盾，所以 $\boldsymbol{\alpha}_0,\boldsymbol{\alpha}_1,\boldsymbol{\alpha}_2,\cdots,\boldsymbol{\alpha}_r$ 线性无关，选项(A)正确；(B)错误；选项(C)(D)中 $\boldsymbol{\alpha}_0,\boldsymbol{\alpha}_1,\boldsymbol{\alpha}_2,\cdots,\boldsymbol{\alpha}_r$ 的任意线性组合，不一定是 $\boldsymbol{Ax}=\boldsymbol{b}$ 和 $\boldsymbol{Ax}=\boldsymbol{0}$ 的解，例如 $0\boldsymbol{\alpha}_0+\boldsymbol{\alpha}_1+\boldsymbol{\alpha}_2+\cdots+\boldsymbol{\alpha}_r$ 不是 $\boldsymbol{Ax}=\boldsymbol{b}$ 的解，$\boldsymbol{\alpha}_0+0\boldsymbol{\alpha}_1+0\boldsymbol{\alpha}_2+\cdots+0\boldsymbol{\alpha}_r$ 不是 $\boldsymbol{Ax}=\boldsymbol{0}$ 的解.

例 8　设 $\boldsymbol{A}$ 为 3 阶方阵，$\boldsymbol{\alpha}_1,\boldsymbol{\alpha}_2,\boldsymbol{\alpha}_3$ 为 $\boldsymbol{A}$ 的三个列向量，已知 $\boldsymbol{\alpha}_1,\boldsymbol{\alpha}_2$ 线性无关，$\boldsymbol{\alpha}_1,\boldsymbol{\alpha}_2,\boldsymbol{\alpha}_3$ 线性相关，$\boldsymbol{A}^*$ 为 $\boldsymbol{A}$ 的伴随矩阵，则方程组 $\boldsymbol{A}^*\boldsymbol{x}=\boldsymbol{0}$ 的通解为________.

解　应填 $k_1\boldsymbol{\alpha}_1+k_2\boldsymbol{\alpha}_2$.

已知 $\boldsymbol{\alpha}_1,\boldsymbol{\alpha}_2$ 线性无关，$\boldsymbol{\alpha}_1,\boldsymbol{\alpha}_2,\boldsymbol{\alpha}_3$ 线性相关，则 $R(\boldsymbol{A})=2$，$|\boldsymbol{A}|=0$，所以 $R(\boldsymbol{A}^*)=3-2=1$，则 $\boldsymbol{A}^*\boldsymbol{x}=\boldsymbol{0}$ 的基础解系包含 $3-1=2$ 个线性无关的解向量，又 $\boldsymbol{A}^*\boldsymbol{A}=|\boldsymbol{A}|\boldsymbol{E}=\boldsymbol{O}$，说明矩阵 $\boldsymbol{A}$ 的列向量为 $\boldsymbol{A}^*\boldsymbol{x}=\boldsymbol{0}$ 的解，这里有两个线性无关向量 $\boldsymbol{\alpha}_1,\boldsymbol{\alpha}_2$ 可作为基础解系，则 $\boldsymbol{A}^*\boldsymbol{x}=\boldsymbol{0}$ 的通解为 $k_1\boldsymbol{\alpha}_1+k_2\boldsymbol{\alpha}_2$.

例 9　设 $\boldsymbol{\alpha}_1,\boldsymbol{\alpha}_2,\boldsymbol{\alpha}_3$ 为齐次线性方程组 $\boldsymbol{Ax}=\boldsymbol{0}$ 的一个基础解系，令 $\boldsymbol{\beta}_1=\boldsymbol{\alpha}_1,\boldsymbol{\beta}_2=\boldsymbol{\alpha}_1+\boldsymbol{\alpha}_2,\boldsymbol{\beta}_3=\boldsymbol{\alpha}_1+\boldsymbol{\alpha}_2+\boldsymbol{\alpha}_3$，证明：$\boldsymbol{\beta}_1,\boldsymbol{\beta}_2,\boldsymbol{\beta}_3$ 也是 $\boldsymbol{Ax}=\boldsymbol{0}$ 的一个基础解系.

证　因为 $\boldsymbol{\alpha}_1,\boldsymbol{\alpha}_2,\boldsymbol{\alpha}_3$ 为齐次线性方程组 $\boldsymbol{Ax}=\boldsymbol{0}$ 的一个基础解系，所以 $\boldsymbol{\alpha}_1,\boldsymbol{\alpha}_2,\boldsymbol{\alpha}_3$ 线性无关，要证 $\boldsymbol{\beta}_1,\boldsymbol{\beta}_2,\boldsymbol{\beta}_3$ 也是 $\boldsymbol{Ax}=\boldsymbol{0}$ 的一个基础解系，只需证明 $\boldsymbol{\beta}_1,\boldsymbol{\beta}_2,\boldsymbol{\beta}_3$ 线性无关.

方法 1　若有 $k_1\boldsymbol{\beta}_1+k_2\boldsymbol{\beta}_2+k_3\boldsymbol{\beta}_3=\boldsymbol{0}$，即 $k_1\boldsymbol{\alpha}_1+k_2(\boldsymbol{\alpha}_1+\boldsymbol{\alpha}_2)+k_3(\boldsymbol{\alpha}_1+\boldsymbol{\alpha}_2+\boldsymbol{\alpha}_3)=\boldsymbol{0}$，则 $(k_1+k_2+k_3)\boldsymbol{\alpha}_1+(k_2+k_3)\boldsymbol{\alpha}_2+k_3\boldsymbol{\alpha}_3=\boldsymbol{0}$.

由 $\boldsymbol{\alpha}_1,\boldsymbol{\alpha}_2,\boldsymbol{\alpha}_3$ 线性无关，则 $k_1+k_2+k_3=0,k_2+k_3=0,k_3=0$，解得 $k_1=k_2=k_3=0$；由线性无关定义知 $\boldsymbol{\beta}_1,\boldsymbol{\beta}_2,\boldsymbol{\beta}_3$ 线性无关，从而 $\boldsymbol{\beta}_1,\boldsymbol{\beta}_2,\boldsymbol{\beta}_3$ 也是 $\boldsymbol{Ax}=\boldsymbol{0}$ 的一个基础解系.

方法 2　$(\boldsymbol{\beta}_1,\boldsymbol{\beta}_2,\boldsymbol{\beta}_3)=(\boldsymbol{\alpha}_1,\boldsymbol{\alpha}_1+\boldsymbol{\alpha}_2,\boldsymbol{\alpha}_1+\boldsymbol{\alpha}_2+\boldsymbol{\alpha}_3)=(\boldsymbol{\alpha}_1,\boldsymbol{\alpha}_2,\boldsymbol{\alpha}_3)\begin{pmatrix}1&1&1\\0&1&1\\0&0&1\end{pmatrix}$.

显然 $\begin{pmatrix}1&1&1\\0&1&1\\0&0&1\end{pmatrix}$ 可逆，因此 $(\boldsymbol{\beta}_1,\boldsymbol{\beta}_2,\boldsymbol{\beta}_3)=r(\boldsymbol{\alpha}_1,\boldsymbol{\alpha}_2,\boldsymbol{\alpha}_3)=3$，所以 $\boldsymbol{\beta}_1,\boldsymbol{\beta}_2,\boldsymbol{\beta}_3$ 线性无关，从而 $\boldsymbol{\beta}_1,\boldsymbol{\beta}_2,\boldsymbol{\beta}_3$ 也是 $\boldsymbol{Ax}=\boldsymbol{0}$ 的一个基础解系.

例 10　已知三条直线 $a_1x+b_1y=c,a_2x+b_2y=c_2,a_3x+b_3y=c_3$ 交于一点，则 $\begin{vmatrix}a_1&b_1&c_1\\a_2&b_2&c_2\\a_3&b_3&c_3\end{vmatrix}=$________.

解　应填 0.

三条直线 $a_1x+b_1y=c_1,a_2x+b_2y=c_2,a_3x+b_3y=c_3$ 交于一点，即方程组 $\begin{cases}a_1x+b_1y=c_1,\\a_2x+b_2y=c_2,\\a_3x+b_3y=c_3\end{cases}$

有唯一解，所以 $R\begin{pmatrix} a_1 & b_1 \\ a_2 & b_2 \\ a_3 & b_3 \end{pmatrix}=R\begin{pmatrix} a_1 & b_1 & c_1 \\ a_2 & b_2 & c_2 \\ a_3 & b_3 & c_3 \end{pmatrix}=2$，因此 $\begin{vmatrix} a_1 & b_1 & c_1 \\ a_2 & b_2 & c_2 \\ a_3 & b_3 & c_3 \end{vmatrix}=0$.

例 11 对于方程组①$\boldsymbol{A}_{m\times n}\boldsymbol{X}=\boldsymbol{0}$ 和②$\boldsymbol{B}_{m\times n}\boldsymbol{X}=\boldsymbol{0}$，下列说法正确的是(　　).

(A) 若①的解都是②的解，则 $R(\boldsymbol{A})\leqslant R(\boldsymbol{B})$

(B) 若①的解都是②的解，则 $R(\boldsymbol{A})\geqslant R(\boldsymbol{B})$

(C) 若 $R(\boldsymbol{A})\leqslant R(\boldsymbol{B})$，则①的解都是②的解

(D) 若 $R(\boldsymbol{A})\leqslant R(\boldsymbol{B})$，则②的解都是①的解

解　应选(B).

若①的解都是②的解，则①的基础解系可由②的基础解系线性表示，则 $n-R(\boldsymbol{A})\leqslant n-R(\boldsymbol{B})$，所以 $R(\boldsymbol{A})\geqslant R(\boldsymbol{B})$，故选(B).

例 12 若3阶方阵 $\boldsymbol{A}$ 的秩为2，$\boldsymbol{\alpha}_1,\boldsymbol{\alpha}_2,\boldsymbol{\alpha}_3$ 为 $\boldsymbol{A}$ 的列向量组，$\boldsymbol{\alpha}_1+2\boldsymbol{\alpha}_2+3\boldsymbol{\alpha}_3=\boldsymbol{0}$，则线性方程组 $\boldsymbol{Ax}=\boldsymbol{\alpha}_1+\boldsymbol{\alpha}_2+\boldsymbol{\alpha}_3$ 的通解为________.

解　应填 $\boldsymbol{x}=\begin{pmatrix}1\\1\\1\end{pmatrix}+k\begin{pmatrix}1\\2\\3\end{pmatrix}$($k$ 为任意常数).

因为 $\boldsymbol{Ax}=\boldsymbol{\alpha}_1+\boldsymbol{\alpha}_2+\boldsymbol{\alpha}_3$，即 $(\boldsymbol{\alpha}_1,\boldsymbol{\alpha}_2,\boldsymbol{\alpha}_3)\begin{pmatrix}1\\1\\1\end{pmatrix}=\boldsymbol{\alpha}_1+\boldsymbol{\alpha}_2+\boldsymbol{\alpha}_3$，则 $\begin{pmatrix}1\\1\\1\end{pmatrix}$ 为方程 $\boldsymbol{Ax}=\boldsymbol{\alpha}_1+\boldsymbol{\alpha}_2+\boldsymbol{\alpha}_3$ 的一个解，则 $R(\boldsymbol{A})=R(\widetilde{\boldsymbol{A}})=2$.

又由于 $\boldsymbol{\alpha}_1+2\boldsymbol{\alpha}_2+3\boldsymbol{\alpha}_3=\boldsymbol{0}$，则 $(\boldsymbol{\alpha}_1,\boldsymbol{\alpha}_2,\boldsymbol{\alpha}_3)\begin{pmatrix}1\\2\\3\end{pmatrix}=\boldsymbol{0}$，即 $\begin{pmatrix}1\\2\\3\end{pmatrix}$ 为方程 $\boldsymbol{Ax}=\boldsymbol{0}$ 的一个非零解，且基础解系中含有 $n-R(\boldsymbol{A})=3-2=1$ 个解向量，则 $\begin{pmatrix}1\\2\\3\end{pmatrix}$ 为一组基础解系，所以 $\boldsymbol{Ax}=\boldsymbol{\alpha}_1+\boldsymbol{\alpha}_2+\boldsymbol{\alpha}_3$ 的通解为 $\boldsymbol{x}=\begin{pmatrix}1\\1\\1\end{pmatrix}+k\begin{pmatrix}1\\2\\3\end{pmatrix}$($k$ 为任意常数).

例 13 设 $\boldsymbol{A}$ 是 $m\times m$ 矩阵，$\boldsymbol{A}^{\mathrm{T}}$ 是 $\boldsymbol{A}$ 的转置矩阵，若 $\boldsymbol{\eta}_1,\boldsymbol{\eta}_2,\cdots,\boldsymbol{\eta}_t$ 是齐次线性方程组 $\boldsymbol{A}^{\mathrm{T}}\boldsymbol{x}=\boldsymbol{0}$ 的基础解系，则 $R(\boldsymbol{A})=$________.

解　应填 $m-t$.

$\boldsymbol{\eta}_1,\boldsymbol{\eta}_2,\cdots,\boldsymbol{\eta}_t$ 是齐次线性方程组 $\boldsymbol{A}^{\mathrm{T}}\boldsymbol{x}=\boldsymbol{0}$ 的基础解系，则 $R(\boldsymbol{A}^{\mathrm{T}})=m-t$，$R(\boldsymbol{A})=R(\boldsymbol{A}^{\mathrm{T}})=m-t$.

三、习题精练

1. 若 $\boldsymbol{A}$ 为 3×4 矩阵，则 $|\boldsymbol{A}^{\mathrm{T}}\boldsymbol{A}|=$________.

2. 若三张平面位置如图 2.3-1 所示，则由三张平面的方程构成的线性方程组中(　　).

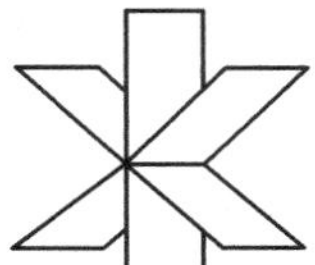

图　2.3-1

(A) 系数矩阵的秩为 1，增广矩阵的秩为 2

(B) 系数矩阵与增广矩阵的秩均为 2

(C) 系数矩阵的秩为 2，增广矩阵的秩为 3

(D) 系数矩阵与增广矩阵的秩均为 3

3. 设 $\boldsymbol{A}$ 是 $m\times n$ 矩阵，则方程组 $\boldsymbol{Ax}=\boldsymbol{0}$ 仅有零解的充要条件是(　　).

(A) $\boldsymbol{A}$ 的列向量线性无关　　(B) $\boldsymbol{A}$ 的列向量线性相关

(C) $\boldsymbol{A}$ 的行向量线性无关　　(D) $\boldsymbol{A}$ 的行向量线性相关

4. 求解下列齐次线性方程组：

(1) $\begin{cases} x_1+2x_2+x_3-x_4=0, \\ 3x_1+6x_2-x_3-3x_4=0, \\ 5x_1+10x_2+x_3-5x_4=0; \end{cases}$　　(2) $\begin{cases} 3x_1+4x_2-5x_3+7x_4=0, \\ 2x_1-3x_2+3x_3-2x_4=0, \\ 4x_1+11x_2-13x_3+16x_4=0, \\ 7x_1-2x_2+x_3+3x_4=0. \end{cases}$

5. 求解下列非齐次线性方程组：

(1) $\begin{cases} 4x_1+2x_2-x_3=2, \\ 3x_1-x_2+2x_3=10, \\ 11x_1+3x_2=8; \end{cases}$　　(2) $\begin{cases} 2x+y-z+w=1, \\ 3x-2y+z-3w=4, \\ x+4y-3z+5w=-2. \end{cases}$

6. λ 取何值时，非齐次线性方程组 $\begin{cases} \lambda x_1+x_2+x_3=1, \\ x_1+\lambda x_2+x_3=\lambda, \\ x_1+x_2+\lambda x_3=\lambda^2 \end{cases}$ (1)有唯一解；(2)无解；(3)有无穷多个解？

7. 非齐次线性方程组 $\begin{cases} -2x_1+x_2+x_3=-2, \\ x_1-2x_2+x_3=\lambda, \\ x_1+x_2-2x_3=\lambda^2, \end{cases}$ 当 λ 取何值时有解？并求出它的解.

8. 求下列齐次线性方程组的基础解系：

(1) $\begin{cases} 2x_1-3x_2-2x_3+x_4=0, \\ 3x_1+5x_2+4x_3-2x_4=0, \\ 8x_1+7x_2+6x_3-3x_4=0; \end{cases}$　　(2) $nx_1+(n-1)x_2+\cdots+2x_{n-1}+x_n=0.$

四、习题解答

1. 解　应填0. $R(\boldsymbol{A})\leqslant 3$，$R(\boldsymbol{A}^{\mathrm{T}}\boldsymbol{A})=R(\boldsymbol{A})\leqslant 3<4$，则$|\boldsymbol{A}^{\mathrm{T}}\boldsymbol{A}|=0$.

2. 解　应选(B).

三张平面交于一条直线，则可知方程组有无穷解，则$R(\boldsymbol{A})=R(\widetilde{\boldsymbol{A}})<3$，若$R(\boldsymbol{A})=R(\widetilde{\boldsymbol{A}})=1$，则三张平面重合，所以$R(\boldsymbol{A})=R(\widetilde{\boldsymbol{A}})=2$，故选(B).

3. 解　应选(A). $\boldsymbol{A}$是$m\times n$矩阵，则$\boldsymbol{x}$是$n\times 1$的，方程组$\boldsymbol{Ax}=\boldsymbol{0}$仅有零解的充要条件是$R(\boldsymbol{A})=n$，$\boldsymbol{A}$的列向量有$n$个线性无关.

4. 解　(1)对系数矩阵实施行变换，

$$\begin{pmatrix}1&2&1&-1\\3&6&-1&-3\\5&10&1&-5\end{pmatrix}\to\begin{pmatrix}1&2&0&-1\\0&0&1&0\\0&0&0&0\end{pmatrix}，即得\begin{cases}x_1=-2x_2+x_4,\\x_2=x_2,\\x_3=0,\\x_4=x_4,\end{cases}$$

故方程组的解为$\begin{pmatrix}x_1\\x_2\\x_3\\x_4\end{pmatrix}=k_1\begin{pmatrix}-2\\1\\0\\0\end{pmatrix}+k_2\begin{pmatrix}1\\0\\0\\1\end{pmatrix}$，$k_1,k_2$为任意常数.

(2)对系数矩阵实施行变换，

$$\begin{pmatrix}3&4&-5&7\\2&-3&3&-2\\4&11&-13&16\\7&-2&1&3\end{pmatrix}\to\begin{pmatrix}1&0&-\frac{3}{17}&\frac{13}{17}\\0&1&-\frac{19}{17}&\frac{20}{17}\\0&0&0&0\\0&0&0&0\end{pmatrix}，即得\begin{cases}x_1=\frac{3}{17}x_3-\frac{13}{17}x_4,\\x_2=\frac{19}{17}x_3-\frac{20}{17}x_4,\\x_3=x_3,\\x_4=x_4,\end{cases}$$

故方程组的解为$\begin{pmatrix}x_1\\x_2\\x_3\\x_4\end{pmatrix}=k_1\begin{pmatrix}\frac{3}{17}\\\frac{19}{17}\\1\\0\end{pmatrix}+k_2\begin{pmatrix}-\frac{13}{17}\\-\frac{20}{17}\\0\\1\end{pmatrix}$，$k_1,k_2$为任意常数.

5. 解　(1)对系数的增广矩阵施行行变换，

$$\begin{pmatrix}4&2&-1&2\\3&-1&2&10\\11&3&0&8\end{pmatrix}\to\begin{pmatrix}1&3&-3&-8\\0&-10&11&34\\0&0&0&-6\end{pmatrix},$$

$R(\boldsymbol{A})=2$而$R(\boldsymbol{B})=3$，故方程组无解.

(2) 对系数的增广矩阵施行行变换，

$$\begin{pmatrix}2&1&-1&1&1\\3&-2&1&-3&4\\1&4&-3&5&-2\end{pmatrix}\to\begin{pmatrix}1&4&-3&5&-2\\0&1&-\frac{5}{7}&\frac{9}{7}&-\frac{5}{7}\\0&0&0&0&0\end{pmatrix}\to\begin{pmatrix}1&0&-\frac{1}{7}&-\frac{1}{7}&\frac{6}{7}\\0&1&-\frac{5}{7}&\frac{9}{7}&-\frac{5}{7}\\0&0&0&0&0\end{pmatrix},$$

即得$\begin{cases}x=\dfrac{1}{7}z+\dfrac{1}{7}w+\dfrac{6}{7},\\ y=\dfrac{5}{7}z-\dfrac{9}{7}w-\dfrac{5}{7},\\ z=z,\\ w=w,\end{cases}$即$\begin{pmatrix}x\\y\\z\\w\end{pmatrix}=k_1\begin{pmatrix}\dfrac{1}{7}\\ \dfrac{5}{7}\\1\\0\end{pmatrix}+k_2\begin{pmatrix}\dfrac{1}{7}\\-\dfrac{9}{7}\\0\\1\end{pmatrix}+\begin{pmatrix}\dfrac{6}{7}\\-\dfrac{5}{7}\\0\\0\end{pmatrix}$，$k_1,k_2$ 为任意常数.

6. 解 (1) $\begin{vmatrix}\lambda&1&1\\1&\lambda&1\\1&1&\lambda\end{vmatrix}\neq 0$，即 $\lambda\neq 1,-2$ 时方程组有唯一解.

(2) $R(\boldsymbol{A})<R(\boldsymbol{B})$

$$\boldsymbol{B}=\begin{pmatrix}\lambda&1&1&1\\1&\lambda&1&\lambda\\1&1&\lambda&\lambda^2\end{pmatrix}\to\begin{pmatrix}1&1&\lambda&\lambda^2\\0&\lambda-1&1-\lambda&\lambda(1-\lambda)\\0&0&(1-\lambda)(2+\lambda)&(1-\lambda)(\lambda+1)^2\end{pmatrix},$$

由$(1-\lambda)(2+\lambda)=0,(1-\lambda)(1+\lambda)^2\neq 0$，得 $\lambda=-2$ 时，方程组无解.

(3) $R(\boldsymbol{A})=R(\boldsymbol{B})<3$，由$(1-\lambda)(2+\lambda)=(1-\lambda)(1+\lambda)^2=0$，

得 $\lambda=1$ 时，方程组有无穷多个解.

7. 解 $\boldsymbol{B}=\begin{pmatrix}-2&1&1&-2\\1&-2&1&\lambda\\1&1&-2&\lambda^2\end{pmatrix}\to\begin{pmatrix}1&-2&1&\lambda\\0&1&-1&-\dfrac{2}{3}(\lambda-1)\\0&0&0&(\lambda-1)(\lambda+2)\end{pmatrix}$,

方程组有解，则$(1-\lambda)(\lambda+2)=0$，得 $\lambda=1,\lambda=-2$.

当 $\lambda=1$ 时，方程组解为$\begin{pmatrix}x_1\\x_2\\x_3\end{pmatrix}=k\begin{pmatrix}1\\1\\1\end{pmatrix}+\begin{pmatrix}1\\0\\0\end{pmatrix}$，$k$ 为任意常数.

当 $\lambda=-2$ 时，方程组解为$\begin{pmatrix}x_1\\x_2\\x_3\end{pmatrix}=k\begin{pmatrix}1\\1\\1\end{pmatrix}+\begin{pmatrix}2\\2\\0\end{pmatrix}$，$k$ 为任意常数.

8. 解 (1) $\begin{pmatrix}2&-3&-2&1\\3&5&4&-2\\8&7&6&-3\end{pmatrix}\xrightarrow{\text{初等行变换}}\begin{pmatrix}1&0&\dfrac{2}{19}&-\dfrac{1}{19}\\0&1&\dfrac{14}{19}&-\dfrac{7}{19}\\0&0&0&0\end{pmatrix}$,

所以原方程组等价于$\begin{cases}x_1=-\dfrac{2}{19}x_3+\dfrac{1}{19}x_4,\\ x_2=-\dfrac{14}{19}x_3+\dfrac{7}{19}x_4,\end{cases}$

取 $x_3=1,x_4=2$，得 $x_1=0,x_2=0$,

取 $x_3=0,x_4=19$，得 $x_1=1,x_2=7$,

因此基础解系为 $\boldsymbol{\xi}_1=\begin{pmatrix}0\\0\\1\\2\end{pmatrix},\boldsymbol{\xi}_2=\begin{pmatrix}1\\7\\0\\19\end{pmatrix}$.

(2) 原方程组即为 $x_n=-nx_1-(n-1)x_2-\cdots-2x_{n-1}$,

取 $x_1=1,x_2=x_3=\cdots=x_{n-1}=0$, 得 $x_n=-n$;

取 $x_2=1,x_1=x_3=x_4=\cdots=x_{n-1}=0$, 得 $x_n=-(n-1)=-n+1$;

$\vdots$

取 $x_{n-1}=1$, $x_1=x_2=\cdots=x_{n-2}=0$, 得 $x_n=-2$.

所以基础解系为 $\boldsymbol{\xi}_1=\begin{pmatrix}1\\0\\\vdots\\0\\-n\end{pmatrix},\boldsymbol{\xi}_2=\begin{pmatrix}0\\1\\\vdots\\0\\-n+1\end{pmatrix},\cdots,\boldsymbol{\xi}_{n-1}=\begin{pmatrix}0\\0\\\vdots\\1\\-2\end{pmatrix}$.

3.5 专题三

1.(数学一, 2024)在空间直角坐标系 $O-xyz$ 中, 三张平面 $\boldsymbol{\pi}_i:a_ix+b_iy+c_iz=d_i(i=1,2,3)$ 的位置关系如图 2.3-2 所示, 记 $\boldsymbol{\alpha}_i=(a_i,b_i,c_i)$, $\boldsymbol{\beta}_i=(a_i,b_i,c_i,d_i)$, 若 $r\begin{pmatrix}\boldsymbol{\alpha}_1\\\boldsymbol{\alpha}_2\\\boldsymbol{\alpha}_3\end{pmatrix}=m$, $r\begin{pmatrix}\boldsymbol{\beta}_1\\\boldsymbol{\beta}_2\\\boldsymbol{\beta}_3\end{pmatrix}=n$, 则(   ).

(A) $m=1$, $n=2$ (B) $m=n=2$ (C) $m=2$, $n=3$ (D) $m=n=3$

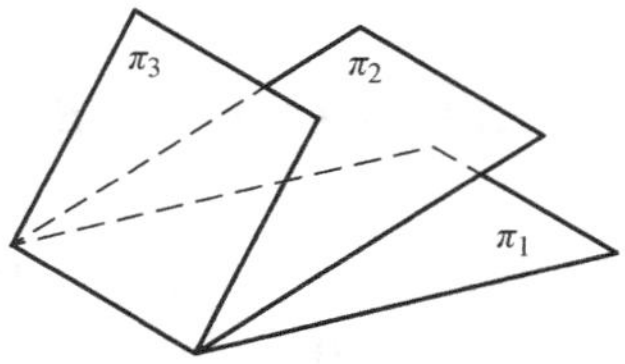

图 2.3-2

解 应选(B).

由题意知 $\begin{pmatrix}\boldsymbol{\alpha}_1\\\boldsymbol{\alpha}_2\\\boldsymbol{\alpha}_3\end{pmatrix}\begin{pmatrix}x_1\\x_2\\x_3\end{pmatrix}=\begin{pmatrix}d_1\\d_2\\d_3\end{pmatrix}$ 有无穷多解, 故 $r\begin{pmatrix}\boldsymbol{\alpha}_1\\\boldsymbol{\alpha}_2\\\boldsymbol{\alpha}_3\end{pmatrix}=r\begin{pmatrix}\boldsymbol{\beta}_1\\\boldsymbol{\beta}_2\\\boldsymbol{\beta}_3\end{pmatrix}<3$.

又由存在两平面的法向量不共线即线性无关, 故 $r\begin{pmatrix}\boldsymbol{\alpha}_1\\\boldsymbol{\alpha}_2\\\boldsymbol{\alpha}_3\end{pmatrix}\geqslant 2$, 则 $r\begin{pmatrix}\boldsymbol{\alpha}_1\\\boldsymbol{\alpha}_2\\\boldsymbol{\alpha}_3\end{pmatrix}=r\begin{pmatrix}\boldsymbol{\beta}_1\\\boldsymbol{\beta}_2\\\boldsymbol{\beta}_3\end{pmatrix}=2$, 故 $m=$

$n=2$，故选(B).

2. (数学一，2024) 设向量 $\boldsymbol{\alpha}_1=\begin{pmatrix}a\\1\\-1\\1\end{pmatrix}$，$\boldsymbol{\alpha}_2=\begin{pmatrix}1\\1\\b\\a\end{pmatrix}$，$\boldsymbol{\alpha}_3=\begin{pmatrix}1\\a\\-1\\1\end{pmatrix}$，若 $\boldsymbol{\alpha}_1,\boldsymbol{\alpha}_2,\boldsymbol{\alpha}_3$ 线性相关，且其中任意两个向量均线性无关，则(　　).

(A) $a=1,b\neq-1$　　(B) $a=1,b=-1$　　(C) $a\neq-2,b=2$　　(D) $a=-2,b=2$

解　应选(D).

由于 $\boldsymbol{\alpha}_1,\boldsymbol{\alpha}_2,\boldsymbol{\alpha}_3$ 线性相关，故 $r(\boldsymbol{\alpha}_1,\boldsymbol{\alpha}_2,\boldsymbol{\alpha}_3)<3$，从而 $\begin{vmatrix}a&1&1\\1&1&a\\1&a&1\end{vmatrix}=0$，

得 $a=1$ 或 -2，当 $a=1$ 时，$\boldsymbol{\alpha}_1,\boldsymbol{\alpha}_3$ 线性相关，与题意矛盾，故 $a=-2$，

又由 $\begin{vmatrix}a&1&1\\1&1&a\\-1&b&-1\end{vmatrix}=\begin{vmatrix}-2&1&1\\1&1&-2\\-1&b&-1\end{vmatrix}=0$，得 $b=2$，故选(D).

3. (数学一，2023) 已知向量 $\boldsymbol{\alpha}_1=\begin{pmatrix}1\\2\\3\end{pmatrix}$，$\boldsymbol{\alpha}_2=\begin{pmatrix}2\\1\\1\end{pmatrix}$，$\boldsymbol{\beta}_1\begin{pmatrix}2\\5\\9\end{pmatrix}$，$\boldsymbol{\beta}_2=\begin{pmatrix}1\\0\\1\end{pmatrix}$. 若 $\boldsymbol{\gamma}$ 既可由 $\boldsymbol{\alpha}_1,\boldsymbol{\alpha}_2$ 线性表示，也可由 $\boldsymbol{\beta}_1,\boldsymbol{\beta}_2$ 线性表示，则 $\boldsymbol{\gamma}=$(　　).

(A) $k\begin{pmatrix}3\\3\\4\end{pmatrix}$，$k\in\mathbf{R}$　　(B) $k\begin{pmatrix}3\\5\\10\end{pmatrix}$，$k\in\mathbf{R}$

(C) $k\begin{pmatrix}-1\\1\\2\end{pmatrix}$，$k\in\mathbf{R}$　　(D) $k\begin{pmatrix}1\\5\\8\end{pmatrix}$，$k\in\mathbf{R}$

解　应选(D).

设 $\boldsymbol{\gamma}=k_1\boldsymbol{\alpha}_1+k_2\boldsymbol{\alpha}_2=k_3\boldsymbol{\beta}_1+k_4\boldsymbol{\beta}_2$，则 $k_1\boldsymbol{\alpha}_1+k_2\boldsymbol{\alpha}_2-k_3\boldsymbol{\beta}_1-k_4\boldsymbol{\beta}_2=\mathbf{0}$，从而求 $\boldsymbol{\gamma}$ 等同于求 k_1，k_2 或者 k_3,k_4.

由 $(\boldsymbol{\alpha}_1,\boldsymbol{\alpha}_2,-\boldsymbol{\beta}_1,-\boldsymbol{\beta}_2)=\begin{pmatrix}1&2&-2&-1\\2&1&-5&0\\3&1&-9&-1\end{pmatrix}\to\begin{pmatrix}1&0&0&3\\0&1&0&-1\\0&0&1&1\end{pmatrix}$解得

$(k_1,k_2,k_3,k_4)^{\mathrm{T}}=c(-3,1,-1,1)^{\mathrm{T}}$，从而 $\boldsymbol{\gamma}=k_1\boldsymbol{\alpha}_1+k_2\boldsymbol{\alpha}_2=-3c\boldsymbol{\alpha}_1+c\boldsymbol{\alpha}_2=-c\begin{pmatrix}1\\5\\8\end{pmatrix}$，故选(D).

4. (数学一，2023) 已知向量 $\boldsymbol{\alpha}_1=\begin{pmatrix}1\\0\\1\\1\end{pmatrix}$，$\boldsymbol{\alpha}_2=\begin{pmatrix}-1\\-1\\0\\1\end{pmatrix}$，$\boldsymbol{\alpha}_3=\begin{pmatrix}0\\1\\-1\\1\end{pmatrix}$，$\boldsymbol{\beta}=\begin{pmatrix}1\\1\\1\\1\end{pmatrix}$，

$\boldsymbol{\gamma}=k_1\boldsymbol{\alpha}_1+k_2\boldsymbol{\alpha}_2+k_3\boldsymbol{\alpha}_3$，若 $\boldsymbol{\gamma}^{\mathrm{T}}\boldsymbol{\alpha}_i=\boldsymbol{\beta}^{\mathrm{T}}\boldsymbol{\alpha}_i(i=1,2,3)$，则 $k_1^2+k_2^2+k_3^2=$________.

解　应填$\frac{11}{9}$.

由已知:

$\boldsymbol{\gamma}^{\mathrm{T}}\boldsymbol{\alpha}_1 = k_1\boldsymbol{\alpha}_1^{\mathrm{T}}\boldsymbol{\alpha}_1 + k_2\boldsymbol{\alpha}_2^{\mathrm{T}}\boldsymbol{\alpha}_1 + k_3\boldsymbol{\alpha}_3^{\mathrm{T}}\boldsymbol{\alpha}_1 = 3k_1 = \boldsymbol{\beta}^{\mathrm{T}}\boldsymbol{\alpha}_1 = 3, k_1 = 1$;

$\boldsymbol{\gamma}^{\mathrm{T}}\boldsymbol{\alpha}_2 = k_1\boldsymbol{\alpha}_1^{\mathrm{T}}\boldsymbol{\alpha}_2 + k_2\boldsymbol{\alpha}_2^{\mathrm{T}}\boldsymbol{\alpha}_2 + k_3\boldsymbol{\alpha}_3^{\mathrm{T}}\boldsymbol{\alpha}_2 = 3k_2 = \boldsymbol{\beta}^{\mathrm{T}}\boldsymbol{\alpha}_2 = -1, k_2 = -\frac{1}{3}$;

$\boldsymbol{\gamma}^{\mathrm{T}}\boldsymbol{\alpha}_3 = k_1\boldsymbol{\alpha}_1^{\mathrm{T}}\boldsymbol{\alpha}_3 + k_2\boldsymbol{\alpha}_2^{\mathrm{T}}\boldsymbol{\alpha}_3 + k_3\boldsymbol{\alpha}_3^{\mathrm{T}}\boldsymbol{\alpha}_3 = 3k_3 = \boldsymbol{\beta}^{\mathrm{T}}\boldsymbol{\alpha}_3 = 1, k_2 = \frac{1}{3}$.

故 $k_1^2 + k_2^2 + k_3^2 = \frac{11}{9}$.

第 4 章
矩阵的特征值与特征向量

4.1 向量的内积

一、知识要点

1. 内积及其运算律

(1) 定义：设 n 维实向量空间 $\mathbf{R}^n$ 中向量 $\boldsymbol{\alpha}=(a_1,a_2,\cdots,a_n)^{\mathrm{T}}$，$\boldsymbol{\beta}=(b_1,b_2,\cdots,b_n)^{\mathrm{T}}$，令 $[\boldsymbol{\alpha},\boldsymbol{\beta}]=a_1b_1+a_2b_2+\cdots+a_nb_n$，称$[\boldsymbol{\alpha},\boldsymbol{\beta}]$为向量 $\boldsymbol{\alpha}$ 和向量 $\boldsymbol{\beta}$ 的内积.

(2) 内积运算律：$[\boldsymbol{\alpha},\boldsymbol{\beta}]=[\boldsymbol{\beta},\boldsymbol{\alpha}]$；$[\boldsymbol{\alpha}+\boldsymbol{\beta},\boldsymbol{\gamma}]=[\boldsymbol{\alpha},\boldsymbol{\gamma}]+[\boldsymbol{\beta},\boldsymbol{\gamma}]$；$[\lambda\boldsymbol{\alpha},\boldsymbol{\beta}]=\lambda[\boldsymbol{\alpha},\boldsymbol{\beta}]$；$[\boldsymbol{\alpha},\boldsymbol{\alpha}]\geqslant 0$，当且仅当 $\boldsymbol{\alpha}=\mathbf{0}$ 时等号成立. 其中 $\boldsymbol{\alpha},\boldsymbol{\beta},\boldsymbol{\gamma}\in\mathbf{R}^n,\lambda\in\mathbf{R}$.

2. 向量的长度和性质

(1) 定义：$\|\boldsymbol{\alpha}\|=\sqrt{[\boldsymbol{\alpha},\boldsymbol{\alpha}]}=\sqrt{a_1^2+a_2^2+\cdots+a_n^2}$，称$\|\boldsymbol{\alpha}\|$为 n 维向量 $\boldsymbol{\alpha}$ 的长度(或范数).

(2) 向量长度的性质：

① 非负性：$\|\boldsymbol{\alpha}\|\geqslant 0$，当且仅当 $\boldsymbol{\alpha}=\mathbf{0}$ 时等号成立；

② 齐次性：$\|\lambda\boldsymbol{\alpha}\|=|\lambda|\|\boldsymbol{\alpha}\|$；

③ 三角不等式：$\|\boldsymbol{\alpha}+\boldsymbol{\beta}\|\leqslant\|\boldsymbol{\alpha}\|+\|\boldsymbol{\beta}\|$，其中 $\boldsymbol{\alpha}$，$\boldsymbol{\beta}\in\mathbf{R}^n$，$\lambda\in\mathbf{R}$.

(3) 单位向量和向量的单位化：长度为 1 的向量为单位向量. 若向量 $\boldsymbol{\alpha}\neq\mathbf{0}$，则$\dfrac{1}{\|\boldsymbol{\alpha}\|}\boldsymbol{\alpha}$ 是一个与 $\boldsymbol{\alpha}$ 同向的单位向量. 通常称这个过程为把向量 $\boldsymbol{\alpha}$ 单位化(或标准化).

3. 向量之间的夹角及向量正交

(1) 向量之间的夹角：设 $\boldsymbol{\alpha},\boldsymbol{\beta}$ 为欧氏空间 $\mathbf{R}^n$ 中的两个非零向量，称

$$\arccos\frac{[\boldsymbol{\alpha},\boldsymbol{\beta}]}{\|\boldsymbol{\alpha}\|\|\boldsymbol{\beta}\|}$$

为向量 $\boldsymbol{\alpha}$ 与 $\boldsymbol{\beta}$ 之间的夹角，记作$\langle\boldsymbol{\alpha},\boldsymbol{\beta}\rangle$.

(2) 向量正交：若 $\boldsymbol{\alpha}$ 与 $\boldsymbol{\beta}$ 的夹角是直角，称 $\boldsymbol{\alpha}$ 与 $\boldsymbol{\beta}$ 正交. 非零向量 $\boldsymbol{\alpha}$ 与 $\boldsymbol{\beta}$ 正交的充要条件是$[\boldsymbol{\alpha},\boldsymbol{\beta}]=0$. 零向量与任何向量都正交.

4. 正交向量组

一个两两正交的非零向量组称为正交向量组. 正交向量组中的向量是线性无关的.

5. 标准正交基及求法

(1) 定义：若有 $\boldsymbol{e}_1,\boldsymbol{e}_2,\cdots,\boldsymbol{e}_n$ 是欧氏空间 $\mathbf{R}^n$ 的一组基，如果 $\boldsymbol{e}_1,\boldsymbol{e}_2,\cdots,\boldsymbol{e}_n$ 是一组正交向量组，且每个向量都是单位向量，则称 $\boldsymbol{e}_1,\boldsymbol{e}_2,\cdots,\boldsymbol{e}_n$ 是 n 维欧氏空间 $\mathbf{R}^n$ 的一组标准正交基. $\boldsymbol{e}_1,\boldsymbol{e}_2,\cdots,\boldsymbol{e}_n$ 为一组标准正交基的充要条件是：

$$[\boldsymbol{e}_i,\boldsymbol{e}_j]=\begin{cases}1,i=j,\\0,i\neq j\end{cases}(i,j=1,2,\cdots,n).$$

(2) 标准正交化方法(施密特正交化)：设向量 $\boldsymbol{\alpha}_1,\boldsymbol{\alpha}_2,\cdots,\boldsymbol{\alpha}_r$ 线性无关，取

$$\boldsymbol{\beta}_1=\boldsymbol{\alpha}_1,$$

$$\boldsymbol{\beta}_2=\boldsymbol{\alpha}_2-\frac{[\boldsymbol{\alpha}_2,\boldsymbol{\beta}_1]}{[\boldsymbol{\beta}_1,\boldsymbol{\beta}_1]}\boldsymbol{\beta}_1$$

$$\vdots$$

$$\boldsymbol{\beta}_i=\boldsymbol{\alpha}_i-\frac{[\boldsymbol{\alpha}_i,\boldsymbol{\beta}_1]}{[\boldsymbol{\beta}_1,\boldsymbol{\beta}_1]}\boldsymbol{\beta}_1-\frac{[\boldsymbol{\alpha}_i,\boldsymbol{\beta}_2]}{[\boldsymbol{\beta}_2,\boldsymbol{\beta}_2]}\boldsymbol{\beta}_2-\cdots-\frac{[\boldsymbol{\alpha}_i,\boldsymbol{\beta}_{i-1}]}{[\boldsymbol{\beta}_{i-1},\boldsymbol{\beta}_{i-1}]}\boldsymbol{\beta}_{i-1}(i=1,2,\cdots,r),$$

则向量组 $\boldsymbol{\beta}_1,\boldsymbol{\beta}_2,\cdots,\boldsymbol{\beta}_r$ 为正交向量组，且与向量组 $\boldsymbol{\alpha}_1,\boldsymbol{\alpha}_2,\cdots,\boldsymbol{\alpha}_r$ 等价，再令

$$\boldsymbol{e}_i=\frac{\boldsymbol{\beta}_i}{\|\boldsymbol{\beta}_i\|}(i=1,2,\cdots,r),$$

则 $\boldsymbol{e}_1,\boldsymbol{e}_2,\cdots,\boldsymbol{e}_r$ 为一标准正交向量组.

6. 向量在标准正交基下的坐标

若 $\boldsymbol{e}_1,\boldsymbol{e}_2,\cdots,\boldsymbol{e}_n$ 为 n 维欧氏空间中一组标准正交基，$\boldsymbol{\alpha}$ 为 $\mathbf{R}^n$ 中任意向量，若 $\boldsymbol{\alpha}$ 可由 $\boldsymbol{e}_1,\boldsymbol{e}_2,\cdots,\boldsymbol{e}_n$ 线性表示为 $\boldsymbol{\alpha}=x_1\boldsymbol{e}_1+x_2\boldsymbol{e}_2+\cdots+x_n\boldsymbol{e}_n$，则向量 $\boldsymbol{\alpha}$ 在这组基底下坐标为 $(x_1,x_2,\cdots,x_n)^{\mathrm{T}}$，且 $x_i=[\boldsymbol{\alpha},\boldsymbol{e}_i](i=1,2,\cdots,n)$.

7. 正交矩阵

(1) 定义：设 $\boldsymbol{A}$ 为 n 阶方阵，如果 $\boldsymbol{A}^{\mathrm{T}}\boldsymbol{A}=\boldsymbol{E}$，称 $\boldsymbol{A}$ 为正交矩阵. n 阶矩阵 $\boldsymbol{A}$ 为正交阵的充要条件是 $\boldsymbol{A}$ 的列(行)向量组为 $\mathbf{R}^n$ 的一组标准正交基.

(2) 正交矩阵的性质：

① 设 $\boldsymbol{A}$ 为正交矩阵，则 $|\boldsymbol{A}|=1$ 或 -1 且 $\boldsymbol{A}^{-1}=\boldsymbol{A}^{\mathrm{T}}$，$\boldsymbol{A}^{-1}$ 也是正交矩阵.

② 有限个正交矩阵的乘积仍为正交矩阵.

③ $\boldsymbol{A}$，$\boldsymbol{B}$ 分别为 m 阶和 n 阶正交矩阵当且仅当 $\begin{pmatrix}\boldsymbol{A}&\boldsymbol{O}\\\boldsymbol{O}&\boldsymbol{B}\end{pmatrix}$ 为 $m+n$ 阶正交矩阵.

8. 正交变换

若 $\boldsymbol{A}$ 为正交矩阵，则线性变换 $\boldsymbol{y}=\boldsymbol{A}\boldsymbol{x}$ 称为正交变换. 正交变换不改变向量的长度.

二、例题分析

例1 在 $\mathbf{R}^3$ 中求与向量 $\boldsymbol{\alpha}=(1,1,1)^{\mathrm{T}}$ 正交的向量的全体，并说明其几何意义.

解题思路 利用向量组正交的概念解题：若两向量 $\boldsymbol{\alpha}$ 与 $\boldsymbol{\beta}$ 的内积 $[\boldsymbol{\alpha},\boldsymbol{\beta}]=0$，则称向量 $\boldsymbol{\alpha}$ 与 $\boldsymbol{\beta}$ 相互正交.

解　设$\boldsymbol{\beta}=(b_1,b_2,b_3)^{\mathrm{T}}$与$\boldsymbol{\alpha}$正交$\Rightarrow[\boldsymbol{\alpha},\boldsymbol{\beta}]=b_1+b_2+b_3=0$.
令$b_2=k_1,b_3=k_2\Rightarrow b_1=-k_1-k_2$，于是与$\boldsymbol{\alpha}=(1,1,1)^{\mathrm{T}}$正交的全体向量为$\boldsymbol{V}=\{(-k_1-k_2,k_1,k_2)^{\mathrm{T}}\mid k_1,k_2\in\mathbf{R}\}$，它表示过原点与向量$\boldsymbol{\alpha}$垂直的一个平面.

例 2　设$\boldsymbol{\alpha}_1,\boldsymbol{\alpha}_2,\boldsymbol{\alpha}_3$是一个规范正交组，求$\|4\boldsymbol{\alpha}_1-7\boldsymbol{\alpha}_2+4\boldsymbol{\alpha}_3\|$.

解题思路　利用向量的长度的概念解题：$\|\boldsymbol{x}\|=\sqrt{[\boldsymbol{x},\boldsymbol{x}]}$.

解

$$\begin{aligned}&\|4\boldsymbol{\alpha}_1-7\boldsymbol{\alpha}_2+4\boldsymbol{\alpha}_3\|^2\\&=[4\boldsymbol{\alpha}_1-7\boldsymbol{\alpha}_2+4\boldsymbol{\alpha}_3,\ 4\boldsymbol{\alpha}_1-7\boldsymbol{\alpha}_2+4\boldsymbol{\alpha}_3]\\&=4^2+(-7)^2+4^2\\&=81\end{aligned}$$

故　$\|4\boldsymbol{\alpha}_1-7\boldsymbol{\alpha}_2+4\boldsymbol{\alpha}_3\|=\sqrt{81}=9$.

例 3　设$\boldsymbol{\alpha}_1=(0,1,2)^{\mathrm{T}}$，$\boldsymbol{\alpha}_2=(1,0,1)^{\mathrm{T}}$，$\boldsymbol{\alpha}_3=(1,1,0)^{\mathrm{T}}$，试用施密特正交化方法把这组向量规范正交化.

解　取$\boldsymbol{\beta}_1=\boldsymbol{\alpha}_1=(0,1,2)^{\mathrm{T}}$，则

$$\boldsymbol{\beta}_2=\boldsymbol{\alpha}_2-\frac{[\boldsymbol{\beta}_1,\boldsymbol{\alpha}_2]}{[\boldsymbol{\beta}_1,\boldsymbol{\beta}_1]}\boldsymbol{\beta}_1=\begin{pmatrix}1\\0\\1\end{pmatrix}-\frac{2}{5}\begin{pmatrix}0\\1\\2\end{pmatrix}=\frac{1}{5}\begin{pmatrix}5\\-2\\1\end{pmatrix},$$

$$\boldsymbol{\beta}_3=\boldsymbol{\alpha}_3-\frac{[\boldsymbol{\beta}_1,\boldsymbol{\alpha}_3]}{[\boldsymbol{\beta}_1,\boldsymbol{\beta}_1]}\boldsymbol{\beta}_1-\frac{[\boldsymbol{\beta}_2,\boldsymbol{\alpha}_3]}{[\boldsymbol{\beta}_2,\boldsymbol{\beta}_2]}\boldsymbol{\beta}_2=\begin{pmatrix}1\\1\\0\end{pmatrix}-\frac{1}{5}\begin{pmatrix}0\\1\\2\end{pmatrix}-\frac{3}{30}\begin{pmatrix}5\\-2\\1\end{pmatrix}=\frac{1}{2}\begin{pmatrix}1\\2\\-1\end{pmatrix},$$

将其单位化，有

$$\boldsymbol{\gamma}_1=\frac{1}{\sqrt{5}}\begin{pmatrix}0\\1\\2\end{pmatrix},\boldsymbol{\gamma}_2=\frac{1}{\sqrt{30}}\begin{pmatrix}5\\-2\\1\end{pmatrix},\boldsymbol{\gamma}_3=\frac{1}{\sqrt{6}}\begin{pmatrix}1\\2\\-1\end{pmatrix}.$$

例 4　如果实对称矩阵$\boldsymbol{A}$满足$\boldsymbol{A}^2-4\boldsymbol{A}+3\boldsymbol{E}=\boldsymbol{O}$，证明：$\boldsymbol{A}$为正交矩阵.

解　因为$\boldsymbol{A}$满足$\boldsymbol{A}^{\mathrm{T}}=\boldsymbol{A}$及$\boldsymbol{A}^2-4\boldsymbol{A}+3\boldsymbol{E}=\boldsymbol{O}$，所以

$$\begin{aligned}(\boldsymbol{A}-2\boldsymbol{E})^{\mathrm{T}}(\boldsymbol{A}-2\boldsymbol{E})&=(\boldsymbol{A}^{\mathrm{T}}-2\boldsymbol{E}^{\mathrm{T}})(\boldsymbol{A}-2\boldsymbol{E})\\&=(\boldsymbol{A}-2\boldsymbol{E})(\boldsymbol{A}-2\boldsymbol{E})=\boldsymbol{A}^2-4\boldsymbol{A}+4\boldsymbol{E}\\&=(\boldsymbol{A}^2-4\boldsymbol{A}+3\boldsymbol{E})+\boldsymbol{E}=\boldsymbol{E},\end{aligned}$$

故$\boldsymbol{A}-2\boldsymbol{E}$为正交矩阵.

例 5　设$\boldsymbol{\alpha}=(1,-2,1)^{\mathrm{T}}$，$\boldsymbol{\beta}=(0,1,1)^{\mathrm{T}}$，求：

（1）$[\boldsymbol{\alpha}+\boldsymbol{\beta},\boldsymbol{\alpha}-\boldsymbol{\beta}]$；（2）$\|3\boldsymbol{\alpha}+2\boldsymbol{\beta}\|$；（3）$3\boldsymbol{\alpha}$与$2\boldsymbol{\beta}$的夹角$\boldsymbol{\theta}$.

解　（1）

$$\begin{aligned}[\boldsymbol{\alpha}+\boldsymbol{\beta},\boldsymbol{\alpha}-\boldsymbol{\beta}]&=[\boldsymbol{\alpha},\boldsymbol{\alpha}]-[\boldsymbol{\alpha},\boldsymbol{\beta}]+[\boldsymbol{\beta},\boldsymbol{\alpha}]-[\boldsymbol{\beta},\boldsymbol{\beta}]\\&=[\boldsymbol{\alpha},\boldsymbol{\alpha}]-[\boldsymbol{\beta},\boldsymbol{\beta}]\\&=[1^2+(-2)^2+1^2]-(0^2+1^2+1^2)=4;\end{aligned}$$

（2）因$3\boldsymbol{\alpha}+2\boldsymbol{\beta}=(3,-4,5)^{\mathrm{T}}$，故$\|3\boldsymbol{\alpha}+2\boldsymbol{\beta}\|=\sqrt{3^2+(-4)^2+5^2}=5\sqrt{2}$;

（3）因$3\boldsymbol{\alpha}=(3,-6,3)^{\mathrm{T}},2\boldsymbol{\beta}=(0,2,2)^{\mathrm{T}}$，故

$$\boldsymbol{\theta}=\arccos\frac{[3\boldsymbol{\alpha},2\boldsymbol{\beta}]}{\|3\boldsymbol{\alpha}\|\|2\boldsymbol{\beta}\|}$$
$$=\arccos\frac{3\times0+(-6)\times2+3\times2}{\sqrt{3^2+(-6)^2+3^2}\sqrt{0^2+2^2+2^2}}=\arccos\left(-\frac{1}{2\sqrt3}\right).$$

例6

求 a,b,c 的值，使得矩阵$\begin{pmatrix}0&1&0\\a&0&c\\b&0&\frac{1}{2}\end{pmatrix}$为正交矩阵.

解题思路　利用正交矩阵的定义求解.

解　由 $\boldsymbol{A}^{\mathrm{T}}\boldsymbol{A}=\boldsymbol{E}$，可得

$$\begin{cases}a^2+b^2=1,\\ac+\dfrac{b}{2}=0,\\c^2+\dfrac{1}{4}=1.\end{cases}$$

解得 $a=\pm\frac{1}{2},b=-\frac{\sqrt3}{2},c=\pm\frac{\sqrt3}{2}$或 $a=\pm\frac{1}{2},b=\frac{\sqrt3}{2},c=\mp\frac{\sqrt3}{2}$，即

$$\begin{pmatrix}0&1&0\\\frac{1}{2}&0&\frac{\sqrt3}{2}\\-\frac{\sqrt3}{2}&0&\frac{1}{2}\end{pmatrix},\begin{pmatrix}0&1&0\\-\frac{1}{2}&0&-\frac{\sqrt3}{2}\\-\frac{\sqrt3}{2}&0&\frac{1}{2}\end{pmatrix},\begin{pmatrix}0&1&0\\\frac{1}{2}&0&-\frac{\sqrt3}{2}\\\frac{\sqrt3}{2}&0&\frac{1}{2}\end{pmatrix}\text{或}\begin{pmatrix}0&1&0\\-\frac{1}{2}&0&\frac{\sqrt3}{2}\\\frac{\sqrt3}{2}&0&\frac{1}{2}\end{pmatrix}.$$

例7　设 $\boldsymbol{A}$ 为正交矩阵，证明：矩阵 $-\boldsymbol{A},\boldsymbol{A}^{\mathrm{T}},\boldsymbol{A}^2,\boldsymbol{A}^{-1},\boldsymbol{A}^*$ 均为正交矩阵.

分析　利用正交矩阵的定义 $\boldsymbol{A}^{\mathrm{T}}\boldsymbol{A}=\boldsymbol{E}$ 证明.

证　因为 $\boldsymbol{A}$ 为正交矩阵，所以 $\boldsymbol{A}^{\mathrm{T}}\boldsymbol{A}=\boldsymbol{A}\boldsymbol{A}^{\mathrm{T}}=\boldsymbol{E}$，于是

$(-\boldsymbol{A}^{\mathrm{T}})(-\boldsymbol{A})=\boldsymbol{A}\boldsymbol{A}^{\mathrm{T}}=\boldsymbol{E}$,

$(\boldsymbol{A}^{\mathrm{T}})^{\mathrm{T}}\boldsymbol{A}^{\mathrm{T}}=\boldsymbol{A}\boldsymbol{A}^{\mathrm{T}}=\boldsymbol{E}$,

$(\boldsymbol{A}^2)^{\mathrm{T}}\boldsymbol{A}^2=\boldsymbol{A}^{\mathrm{T}}\boldsymbol{A}^{\mathrm{T}}\boldsymbol{A}\boldsymbol{A}=\boldsymbol{A}^{\mathrm{T}}(\boldsymbol{A}^{\mathrm{T}}\boldsymbol{A})\boldsymbol{A}=\boldsymbol{A}^{\mathrm{T}}\boldsymbol{A}=\boldsymbol{E}$,

$(\boldsymbol{A}^{-1})^{\mathrm{T}}\boldsymbol{A}^{-1}=(\boldsymbol{A}^{\mathrm{T}})^{-1}\boldsymbol{A}^{-1}=(\boldsymbol{A}\boldsymbol{A}^{\mathrm{T}})^{-1}=\boldsymbol{E}^{-1}=\boldsymbol{E}$,

$(\boldsymbol{A}^*)^{\mathrm{T}}\boldsymbol{A}^*=(|\boldsymbol{A}|\boldsymbol{A}^{-1})^{\mathrm{T}}(|\boldsymbol{A}|\boldsymbol{A}^{-1})=|\boldsymbol{A}|^2\boldsymbol{E}=\boldsymbol{E}$.

故矩阵 $-\boldsymbol{A},\boldsymbol{A}^{\mathrm{T}},\boldsymbol{A}^2,\boldsymbol{A}^{-1},\boldsymbol{A}^*$ 均为正交矩阵，证毕.

例8　已知 n 维向量组 $\boldsymbol{\alpha}_1,\boldsymbol{\alpha}_2,\cdots,\boldsymbol{\alpha}_n$ 线性无关，若向量 $\boldsymbol{\beta}$ 与 $\boldsymbol{\alpha}_1,\boldsymbol{\alpha}_2,\cdots,\boldsymbol{\alpha}_n$ 都正交，证明：$\boldsymbol{\beta}$ 为零向量.

证　因为 $\boldsymbol{\beta},\boldsymbol{\alpha}_1,\boldsymbol{\alpha}_2,\cdots,\boldsymbol{\alpha}_n$ 是 $n+1$ 个 n 维向量，所以向量组 $\boldsymbol{\beta},\boldsymbol{\alpha}_1,\cdots,\boldsymbol{\alpha}_n$ 线性相关. 又因 $\boldsymbol{\alpha}_1,\boldsymbol{\alpha}_2,\cdots,\boldsymbol{\alpha}_n$ 线性无关，故 $\boldsymbol{\beta}$ 可由 $\boldsymbol{\alpha}_1,\boldsymbol{\alpha}_2,\cdots,\boldsymbol{\alpha}_n$ 线性表示，设 $\boldsymbol{\beta}=k_1\boldsymbol{\alpha}_1+k_2\boldsymbol{\alpha}_2+\cdots+k_n\boldsymbol{\alpha}_n$，由题设 $\boldsymbol{\beta}$ 与 $\boldsymbol{\alpha}_1,\boldsymbol{\alpha}_2,\cdots,\boldsymbol{\alpha}_n$ 都正交，即$[\boldsymbol{\beta},\boldsymbol{\alpha}_i]=0(i=1,2,\cdots,n)$，
所以

$$[\boldsymbol{\beta},\boldsymbol{\beta}]=[\boldsymbol{\beta},k_1\boldsymbol{\alpha}_1+k_2\boldsymbol{\alpha}_2+\cdots+k_n\boldsymbol{\alpha}_n]$$
$$=k_1[\boldsymbol{\beta},\boldsymbol{\alpha}_1]+k_2[\boldsymbol{\beta},\boldsymbol{\alpha}_2]+\cdots+k_n[\boldsymbol{\beta},\boldsymbol{\alpha}_n]=0,$$

故 $\boldsymbol{\beta}=\mathbf{0}$.

方法总结

本题利用了线性相关的性质，可知 $\boldsymbol{\beta}=k_1\boldsymbol{\alpha}_1+k_2\boldsymbol{\alpha}_2+\cdots+k_n\boldsymbol{\alpha}_n$，再利用正交性以及 $[\boldsymbol{\beta},\boldsymbol{\beta}]=0$，当且仅当 $\boldsymbol{\beta}=\mathbf{0}$，得以证明.

三、习题精练

1. 计算 $[\boldsymbol{x},\boldsymbol{y}]$，其中 $\boldsymbol{x},\boldsymbol{y}$ 如下：

(1) $\boldsymbol{x}=(0,1,5,-2)^{\mathrm{T}}$，$\boldsymbol{y}=(-2,0,-1,3)^{\mathrm{T}}$；

(2) $\boldsymbol{x}=(-2,1,0,3)^{\mathrm{T}}$，$\boldsymbol{y}=(3,-6,8,4)^{\mathrm{T}}$.

2. 已知 $\boldsymbol{\alpha}_1=(1,1,1)^{\mathrm{T}}$，$\boldsymbol{\alpha}_2=(1,-2,1)^{\mathrm{T}}$ 正交，试求一个非零向量 $\boldsymbol{\alpha}_3$，使 $\boldsymbol{\alpha}_1,\boldsymbol{\alpha}_2,\boldsymbol{\alpha}_3$ 两两正交.

3. 已知 $\boldsymbol{\alpha}_1=(1,-1,0)^{\mathrm{T}}$，$\boldsymbol{\alpha}_2=(1,0,1)^{\mathrm{T}}$，$\boldsymbol{\alpha}_3=(1,-1,1)^{\mathrm{T}}$ 是 $\mathbf{R}^3$ 中一组基，试用施密特正交化方法构造 $\mathbf{R}^3$ 的一个规范正交基.

4. 验证矩阵 $\boldsymbol{A}$ 是否为正交矩阵并求 $\boldsymbol{A}^{-1}$：

$$\boldsymbol{A}=\begin{pmatrix}\frac{1}{\sqrt{6}} & -\frac{2}{\sqrt{6}} & \frac{1}{\sqrt{6}}\\ \frac{1}{\sqrt{2}} & 0 & -\frac{1}{\sqrt{2}}\\ \frac{1}{\sqrt{3}} & \frac{1}{\sqrt{3}} & \frac{1}{\sqrt{3}}\end{pmatrix}.$$

5. 设 $\boldsymbol{x}$ 为 n 维列向量，$\boldsymbol{x}^{\mathrm{T}}\boldsymbol{x}=1$，令 $\boldsymbol{H}=\boldsymbol{E}-2\boldsymbol{x}\boldsymbol{x}^{\mathrm{T}}$，求证 $\boldsymbol{H}$ 是对称的正交矩阵.

6. 设 $\boldsymbol{A},\boldsymbol{B}$ 均为 n 阶正交矩阵，且 $|\boldsymbol{A}|=-|\boldsymbol{B}|$，求证：$|\boldsymbol{A}+\boldsymbol{B}|=0$.

四、习题解答

1. 解　(1) $[\boldsymbol{x},\boldsymbol{y}]=0\times(-2)+1\times0+5\times(-1)+(-2)\times3=-11$；

(2) $[\boldsymbol{x},\boldsymbol{y}]=(-2)\times3+1\times(-6)+0\times8+3\times4=0$.

2. 解　设 $\boldsymbol{\alpha}_3=(x,y,z)^{\mathrm{T}}$，依题意有 $\boldsymbol{\alpha}_1^{\mathrm{T}}\boldsymbol{\alpha}_3=0$，$\boldsymbol{\alpha}_2^{\mathrm{T}}\boldsymbol{\alpha}_3=0$，

即 $\begin{cases}x+\ \ y+z=0,\\ x-2y+z=0,\end{cases}$ 可解得 $(x,y,z)^{\mathrm{T}}=k(-1,0,1)^{\mathrm{T}}$，故可取 $\boldsymbol{\alpha}_3=(-1,0,1)^{\mathrm{T}}$.

3. 解　由施密特正交化方法，有

$\boldsymbol{\beta}_1=\boldsymbol{\alpha}_1$，

$$\boldsymbol{\beta}_2=\boldsymbol{\alpha}_2-\frac{[\boldsymbol{\alpha}_2,\boldsymbol{\beta}_1]}{[\boldsymbol{\beta}_1,\boldsymbol{\beta}_1]}\boldsymbol{\beta}_1=\begin{pmatrix}1\\0\\1\end{pmatrix}-\frac{1}{2}\begin{pmatrix}1\\-1\\0\end{pmatrix}=\begin{pmatrix}\frac{1}{2}\\ \frac{1}{2}\\ 1\end{pmatrix},$$

$$\boldsymbol{\beta}_3=\boldsymbol{\alpha}_3-\frac{[\boldsymbol{\alpha}_3,\boldsymbol{\beta}_1]}{[\boldsymbol{\beta}_1,\boldsymbol{\beta}_1]}\boldsymbol{\beta}_1-\frac{[\boldsymbol{\alpha}_3,\boldsymbol{\beta}_2]}{[\boldsymbol{\beta}_2,\boldsymbol{\beta}_2]}\boldsymbol{\beta}_2=\begin{pmatrix}1\\-1\\1\end{pmatrix}-\begin{pmatrix}1\\-1\\0\end{pmatrix}-\frac{2}{3}\begin{pmatrix}\frac{1}{2}\\ \frac{1}{2}\\ 1\end{pmatrix}=\begin{pmatrix}-\frac{1}{3}\\ -\frac{1}{3}\\ \frac{1}{3}\end{pmatrix},$$

单位化，可得一组规范正交基为

$$\left(\frac{1}{\sqrt{2}},-\frac{1}{\sqrt{2}},0\right)^{\mathrm{T}},\left(\frac{1}{\sqrt{6}},\frac{1}{\sqrt{6}},\frac{2}{\sqrt{6}}\right)^{\mathrm{T}},\left(-\frac{1}{\sqrt{3}},-\frac{1}{\sqrt{3}},\frac{1}{\sqrt{3}}\right)^{\mathrm{T}}.$$

4. 解　验证易得 $\boldsymbol{A}\boldsymbol{A}^{\mathrm{T}}=\boldsymbol{E}$，故 $\boldsymbol{A}$ 是正交矩阵. 此时 $\boldsymbol{A}^{-1}=\boldsymbol{A}^{\mathrm{T}}$，即

$$\boldsymbol{A}^{-1}=\boldsymbol{A}^{\mathrm{T}}=\begin{pmatrix}\frac{1}{\sqrt{6}} & \frac{1}{\sqrt{2}} & \frac{1}{\sqrt{3}}\\ -\frac{2}{\sqrt{6}} & 0 & \frac{1}{\sqrt{3}}\\ \frac{1}{\sqrt{6}} & -\frac{1}{\sqrt{2}} & \frac{1}{\sqrt{3}}\end{pmatrix}.$$

5. 证　因

$$\boldsymbol{H}^{\mathrm{T}}=(\boldsymbol{E}-2\boldsymbol{x}\boldsymbol{x}^{\mathrm{T}})^{\mathrm{T}}=\boldsymbol{E}^{\mathrm{T}}-2(\boldsymbol{x}\boldsymbol{x}^{\mathrm{T}})^{\mathrm{T}}=\boldsymbol{E}-2\boldsymbol{x}\boldsymbol{x}^{\mathrm{T}}=\boldsymbol{H},$$

故 $\boldsymbol{H}$ 是对称.

因

$$\boldsymbol{H}^{\mathrm{T}}\boldsymbol{H}=(\boldsymbol{E}-2\boldsymbol{x}\boldsymbol{x}^{\mathrm{T}})(\boldsymbol{E}-2\boldsymbol{x}\boldsymbol{x}^{\mathrm{T}})=\boldsymbol{E}-4\boldsymbol{x}\boldsymbol{x}^{\mathrm{T}}+4\boldsymbol{x}(\boldsymbol{x}^{\mathrm{T}}\boldsymbol{x})\boldsymbol{x}^{\mathrm{T}}=\boldsymbol{E},$$

故 $\boldsymbol{H}$ 是正交矩阵. 综合可知 $\boldsymbol{H}$ 是对称的正交矩阵.

6. 证　因 $\boldsymbol{A}$，$\boldsymbol{B}$ 均为 n 阶正交矩阵，有 $\boldsymbol{A}\boldsymbol{A}^{\mathrm{T}}=\boldsymbol{E}$，$\boldsymbol{B}^{\mathrm{T}}\boldsymbol{B}=\boldsymbol{E}$. 可得 $|\boldsymbol{A}|=\pm1$，$|\boldsymbol{B}|=\pm1$. 由 $|\boldsymbol{A}|=-|\boldsymbol{B}|$，得 $|\boldsymbol{A}||\boldsymbol{B}|=-1$，从而

$$\begin{aligned}|\boldsymbol{A}+\boldsymbol{B}|&=|\boldsymbol{A}\boldsymbol{E}+\boldsymbol{E}\boldsymbol{B}|=|\boldsymbol{A}\boldsymbol{B}^{\mathrm{T}}\boldsymbol{B}+\boldsymbol{A}\boldsymbol{A}^{\mathrm{T}}\boldsymbol{B}|=|\boldsymbol{A}(\boldsymbol{A}^{\mathrm{T}}+\boldsymbol{B}^{\mathrm{T}})\boldsymbol{B}|\\&=|\boldsymbol{A}||\boldsymbol{A}^{\mathrm{T}}+\boldsymbol{B}^{\mathrm{T}}||\boldsymbol{B}|=|\boldsymbol{A}||\boldsymbol{A}+\boldsymbol{B}||\boldsymbol{B}|=-|\boldsymbol{A}+\boldsymbol{B}|,\end{aligned}$$

故 $|\boldsymbol{A}+\boldsymbol{B}|=0$.

4.2　矩阵的特征值与特征向量

一、知识要点

1. 特征值与特征向量的概念

(1) 定义：设 $\boldsymbol{A}$ 为 n 阶方阵，若存在数 λ 和非零向量 $\boldsymbol{x}$，使得 $\boldsymbol{A}\boldsymbol{x}=\lambda\boldsymbol{x}$，则称 λ 为矩阵 $\boldsymbol{A}$ 的特征值. 非零向量 $\boldsymbol{x}$ 称为 $\boldsymbol{A}$ 的属于(或对应于)特征值 λ 的特征向量.

(2) 方阵 $\boldsymbol{A}$ 的特征方程与特征多项式：

称 $|\lambda\boldsymbol{E}-\boldsymbol{A}|=0$ 为方阵 $\boldsymbol{A}$ 的特征方程.

称 $f(\lambda)=|\lambda\boldsymbol{E}-\boldsymbol{A}|=\begin{vmatrix}\lambda-a_{11} & -a_{12} & \cdots & -a_{1n}\\ -a_{21} & \lambda-a_{22} & \cdots & -a_{2n}\\ \vdots & \vdots & & \vdots\\ -a_{n1} & -a_{n2} & \cdots & \lambda-a_{nn}\end{vmatrix}$ 为方阵 $\boldsymbol{A}$ 的特征多项式.

(3) 方阵 $\boldsymbol{A}$ 的迹：方阵 $\boldsymbol{A}$ 的对角元之和称为 $\boldsymbol{A}$ 的迹，记为 $\mathrm{tr}(\boldsymbol{A})$，$\mathrm{tr}(\boldsymbol{A})=\sum\limits_{i=1}^{n}a_{ii}$.

2. 特征值与特征向量的性质

(1) 方阵 $\boldsymbol{A}$ 的属于同一特征值 λ_0 的两个特征向量 $\boldsymbol{x}_1$ 和 $\boldsymbol{x}_2$ 的线性组合 $k_1\boldsymbol{x}_1+k_2\boldsymbol{x}_2$ $(k_1, k_2$

为任意常数)仍为$\boldsymbol{A}$的属于λ_0的特征向量.

(2) 设$\lambda_1,\lambda_2,\cdots,\lambda_n$是$\boldsymbol{A}$的$n$个特征值，则：

① $\lambda_1+\lambda_2+\cdots+\lambda_n=\mathrm{tr}(\boldsymbol{A})=a_{11}+a_{22}+\cdots+a_{nn}$.

② $\lambda_1,\lambda_2,\cdots,\lambda_n=|\boldsymbol{A}|$.

③ 方阵$\boldsymbol{A}$可逆$\Leftrightarrow\boldsymbol{A}$没有特征值为0.

④ 方阵$\boldsymbol{A}$不可逆$\Leftrightarrow 0$是$\boldsymbol{A}$的特征值.

(3) 若λ为$\boldsymbol{A}$的特征值，则：

① $k\lambda$为$k\boldsymbol{A}$的特征值.

② λ^m为$\boldsymbol{A}^m$的特征值.

③ $\dfrac{1}{\lambda}(\lambda\neq0)$为$\boldsymbol{A}^{-1}$的特征值.

④ $\dfrac{|\boldsymbol{A}|}{\lambda}(\lambda\neq0)$为$\boldsymbol{A}^*$的特征值.

⑤ $\phi(\lambda)=a_0+a_1\lambda+a_2\lambda^2+\cdots+a_m\lambda^m$为$\phi(\boldsymbol{A})=a_0\boldsymbol{E}+a_1\boldsymbol{A}+a_2\boldsymbol{A}^2+\cdots+a_m\boldsymbol{A}^m$的特征值.

⑥ λ为$\boldsymbol{A}^{\mathrm{T}}$的特征值.

(4) 特征值与相应的特征向量的关系：

① n阶方阵$\boldsymbol{A}$属于不同特征值的特征向量线性无关.

② n阶方阵$\boldsymbol{A}$的k重特征值λ对应的线性无关的特征向量的个数不超过k.

(5) 特征值与特征向量的求法：

① 由特征方程$|\lambda\boldsymbol{E}-\boldsymbol{A}|=0$，求得$\boldsymbol{A}$的$n$个特征值；

② 对应每个$\lambda_i(i=1,2,\cdots,n)$，求解线性方程组$(\lambda_i\boldsymbol{E}-\boldsymbol{A})\boldsymbol{x}=\boldsymbol{0}$，求出基础解系$\boldsymbol{\eta}_1,\boldsymbol{\eta}_2,\cdots,\boldsymbol{\eta}_{n-r}$，则$\boldsymbol{A}$的属于$\lambda_i$的全部特征向量为$k_1\boldsymbol{\eta}_1+k_2\boldsymbol{\eta}_2+\cdots+k_{n-r}\boldsymbol{\eta}_{n-r}$，其中$r=R(\lambda_i\boldsymbol{E}-\boldsymbol{A})$，$k_i$为任意一组不全为零的常数.

二、例题分析

例1 设$\boldsymbol{A}$为n阶矩阵，$|\boldsymbol{A}|\neq0$，$\boldsymbol{A}^*$为$\boldsymbol{A}$的伴随矩阵，$\boldsymbol{E}$为n阶单位矩阵，若$\boldsymbol{A}$有特征值λ，则$(\boldsymbol{A}^*)^2+\boldsymbol{E}$必有特征值________.

解 方法1 设$\boldsymbol{A}$的对应于特征值λ的特征向量为$\boldsymbol{\xi}$，由特征向量的定义有$\boldsymbol{A\xi}=\lambda\boldsymbol{\xi}(\boldsymbol{\xi}\neq\boldsymbol{0})$，由$|\boldsymbol{A}|\neq0$，知$\lambda\neq0$，将上式两端左乘$\boldsymbol{A}^*$，得

$$\boldsymbol{A}^*\boldsymbol{A\xi}=|\boldsymbol{A}|\boldsymbol{\xi}=\boldsymbol{A}^*\lambda\boldsymbol{\xi}=\lambda\boldsymbol{A}^*\boldsymbol{\xi},$$

从而有$\boldsymbol{A}^*\boldsymbol{\xi}=\dfrac{|\boldsymbol{A}|}{\lambda}\boldsymbol{\xi}$，即$\boldsymbol{A}^*$的特征值为$\dfrac{|\boldsymbol{A}|}{\lambda}$. 将此式两端左乘$\boldsymbol{A}^*$，得

$$(\boldsymbol{A}^*)^2\boldsymbol{\xi}=\frac{|\boldsymbol{A}|}{\lambda}\boldsymbol{A}^*\boldsymbol{\xi}=\left(\frac{|\boldsymbol{A}|}{\lambda}\right)^2\boldsymbol{\xi}.$$

又$\boldsymbol{E\xi}=\boldsymbol{\xi}$，所以$((\boldsymbol{A}^*)^2+\boldsymbol{E})\boldsymbol{\xi}=\left(\left(\dfrac{|\boldsymbol{A}|}{\lambda}\right)^2+1\right)\boldsymbol{\xi}$，故$(\boldsymbol{A}^*)^2+\boldsymbol{E}$的特征值为$\left(\dfrac{|\boldsymbol{A}|}{\lambda}\right)^2+1$.

方法2 由$|\boldsymbol{A}|\neq0$，$\boldsymbol{A}$的特征值$\lambda\neq0$，则$\boldsymbol{A}^{-1}$有特征值$\dfrac{1}{\lambda}$，$\boldsymbol{A}^*$的特征值为$\dfrac{|\boldsymbol{A}|}{\lambda}$，故

$(\boldsymbol{A}^*)^2+\boldsymbol{E}$ 的特征值为$\left(\dfrac{|\boldsymbol{A}|}{\lambda}\right)^2+1$.

例2 设$\boldsymbol{A}$为4阶矩阵，满足条件$\boldsymbol{A}\boldsymbol{A}^{\mathrm{T}}=2\boldsymbol{E}$，$|\boldsymbol{A}|<0$，其中，$\boldsymbol{E}$是4阶单位矩阵. 求方阵$\boldsymbol{A}$的伴随矩阵$\boldsymbol{A}^*$的一个特征值.

解 对$\boldsymbol{A}\boldsymbol{A}^{\mathrm{T}}=2\boldsymbol{E}$，两边取行列式有$|\boldsymbol{A}|^2=|\boldsymbol{A}||\boldsymbol{A}^{\mathrm{T}}|=|2\boldsymbol{E}|=16$. 又因$|\boldsymbol{A}|<0$，故$|\boldsymbol{A}|=-4$.

由于$\boldsymbol{A}\boldsymbol{A}^{\mathrm{T}}=2\boldsymbol{E}$，故$\left(\dfrac{\boldsymbol{A}}{\sqrt{2}}\right)\left(\dfrac{\boldsymbol{A}}{\sqrt{2}}\right)^{\mathrm{T}}=\boldsymbol{E}$，所以$\dfrac{\boldsymbol{A}}{\sqrt{2}}$是正交矩阵，则$\dfrac{\boldsymbol{A}}{\sqrt{2}}$的特征值取1或$-1$.

又因为$|\boldsymbol{A}|=\prod\lambda_i$，且$|\boldsymbol{A}|=-4<0$，故$-1$必是$\dfrac{\boldsymbol{A}}{\sqrt{2}}$的特征值，得$-\sqrt{2}$必是$\boldsymbol{A}$的特征值；而$\boldsymbol{A}\boldsymbol{A}^*=|\boldsymbol{A}|\boldsymbol{E}$，从而$\dfrac{-4}{-\sqrt{2}}=2\sqrt{2}$必是$\boldsymbol{A}^*$的一个特征值.

例3 设三阶矩阵$\boldsymbol{A}$的特征值为$1,-1,2$，求分块矩阵$\boldsymbol{B}=\begin{pmatrix}2\boldsymbol{A}^{-1} & \boldsymbol{O}\\ \boldsymbol{O} & (\boldsymbol{A}^*)^{-1}\end{pmatrix}$的特征值.

解 $\boldsymbol{B}$的特征多项式

$$|\lambda\boldsymbol{E}-\boldsymbol{B}|=\begin{vmatrix}\lambda\boldsymbol{E}-2\boldsymbol{A}^{-1} & \boldsymbol{O}\\ \boldsymbol{O} & \lambda\boldsymbol{E}-(\boldsymbol{A}^*)^{-1}\end{vmatrix}=|\lambda\boldsymbol{E}-2\boldsymbol{A}^{-1}||\lambda\boldsymbol{E}-(\boldsymbol{A}^*)^{-1}|,$$

由此可知$\boldsymbol{B}$的特征值由$2\boldsymbol{A}^{-1}$和$(\boldsymbol{A}^*)^{-1}$的特征值组成. 由于$\boldsymbol{A}$的特征值为$1,-1,2$，根据定理知$2\boldsymbol{A}^{-1}$的特征值为$2,-2,1$，$\boldsymbol{A}^*$的特征值为$-2,2,-1$. 进而$(\boldsymbol{A}^*)^{-1}$的特征值为$-\dfrac{1}{2},\dfrac{1}{2},-1$.

故$\boldsymbol{B}$的特征值为$2,-2,1,-\dfrac{1}{2},\dfrac{1}{2},-1$.

例4 设3维列向量$\boldsymbol{\alpha},\boldsymbol{\beta}$满足$\boldsymbol{\alpha}^{\mathrm{T}}\boldsymbol{\beta}=2$，则$\boldsymbol{\beta}\boldsymbol{\alpha}^{\mathrm{T}}$的非零特征值为______.

解 应填2.

由于$\boldsymbol{\alpha}^{\mathrm{T}}\boldsymbol{\beta}=2$，所以$(\boldsymbol{\beta}\boldsymbol{\alpha}^{\mathrm{T}})\boldsymbol{\beta}=\boldsymbol{\beta}(\boldsymbol{\alpha}^{\mathrm{T}}\boldsymbol{\beta})=2\boldsymbol{\beta}$，显然$\boldsymbol{\beta}\neq\boldsymbol{0}$，由特征值和特征向量的定义知，2是$\boldsymbol{\beta}\boldsymbol{\alpha}^{\mathrm{T}}$的非零特征值.

例5 设列向量$\boldsymbol{\alpha}$满足$\boldsymbol{\alpha}^{\mathrm{T}}\boldsymbol{\alpha}=1$. 令$\boldsymbol{H}=\boldsymbol{E}-2\boldsymbol{\alpha}\boldsymbol{\alpha}^{\mathrm{T}}$，证明：

（1）$\boldsymbol{H}^{\mathrm{T}}=\boldsymbol{H}$；　（2）$\boldsymbol{H}$为正交矩阵；　（3）$|\boldsymbol{H}|=-1$.

证 （1）根据对称矩阵的定义，有

$\boldsymbol{H}^{\mathrm{T}}=(\boldsymbol{E}-2\boldsymbol{\alpha}\boldsymbol{\alpha}^{\mathrm{T}})^{\mathrm{T}}=\boldsymbol{E}-2(\boldsymbol{\alpha}\boldsymbol{\alpha}^{\mathrm{T}})^{\mathrm{T}}=\boldsymbol{E}-2\boldsymbol{\alpha}\boldsymbol{\alpha}^{\mathrm{T}}=\boldsymbol{H}$.

（2）根据正交矩阵的定义，有

$$\begin{aligned}\boldsymbol{H}^{\mathrm{T}}\boldsymbol{H}&=(\boldsymbol{E}-2\boldsymbol{\alpha}\boldsymbol{\alpha}^{\mathrm{T}})^{\mathrm{T}}(\boldsymbol{E}-2\boldsymbol{\alpha}\boldsymbol{\alpha}^{\mathrm{T}})=\boldsymbol{E}-2\boldsymbol{\alpha}\boldsymbol{\alpha}^{\mathrm{T}}-2\boldsymbol{\alpha}\boldsymbol{\alpha}^{\mathrm{T}}+4\boldsymbol{\alpha}\boldsymbol{\alpha}^{\mathrm{T}}\boldsymbol{\alpha}\boldsymbol{\alpha}^{\mathrm{T}}\\&=\boldsymbol{E}-2\boldsymbol{\alpha}\boldsymbol{\alpha}^{\mathrm{T}}-2\boldsymbol{\alpha}\boldsymbol{\alpha}^{\mathrm{T}}+4\boldsymbol{\alpha}(\boldsymbol{\alpha}^{\mathrm{T}}\boldsymbol{\alpha})\boldsymbol{\alpha}^{\mathrm{T}}=\boldsymbol{E}-2\boldsymbol{\alpha}\boldsymbol{\alpha}^{\mathrm{T}}-2\boldsymbol{\alpha}\boldsymbol{\alpha}^{\mathrm{T}}+4\boldsymbol{\alpha}\boldsymbol{\alpha}^{\mathrm{T}}=\boldsymbol{E}.\end{aligned}$$

（3）方法1 由$\boldsymbol{\alpha}^{\mathrm{T}}\boldsymbol{\alpha}=1$可知，$(\boldsymbol{\alpha}\boldsymbol{\alpha}^{\mathrm{T}})\boldsymbol{\alpha}=\boldsymbol{\alpha}(\boldsymbol{\alpha}\boldsymbol{\alpha}^{\mathrm{T}})=1\cdot\boldsymbol{\alpha}$，所以1是$\boldsymbol{\alpha}\boldsymbol{\alpha}^{\mathrm{T}}$的特征值；另一方面，由于$\boldsymbol{\alpha}\boldsymbol{\alpha}^{\mathrm{T}}$是对称矩阵，且$R(\boldsymbol{\alpha}\boldsymbol{\alpha}^{\mathrm{T}})=1$，所以矩阵$\boldsymbol{\alpha}\boldsymbol{\alpha}^{\mathrm{T}}$只有一个非零特征值1，其余特征值均为零. 根据矩阵的特征值的性质5，矩阵$\boldsymbol{H}=\boldsymbol{E}-2\boldsymbol{\alpha}\boldsymbol{\alpha}^{\mathrm{T}}$的特征值为$-1,1,\cdots,1$，根据定理5.2有，

$$|\boldsymbol{H}|=(-1)\times1\times\cdots\times1=-1.$$

方法2　由于

$$\begin{pmatrix} E & 0 \\ -\beta^T & 1 \end{pmatrix}\begin{pmatrix} E & \alpha \\ \beta^T & 1 \end{pmatrix}=\begin{pmatrix} E & \alpha \\ 0 & 1-\beta^T\alpha \end{pmatrix},$$

$$\begin{pmatrix} E & \alpha \\ \beta^T & 1 \end{pmatrix}\begin{pmatrix} E & 0 \\ -\beta^T & 1 \end{pmatrix}=\begin{pmatrix} E-\alpha\beta^T & \alpha \\ 0 & 1 \end{pmatrix},$$

等式两端分别求行列式，可得 $|E-\alpha\beta^T|=1-\beta^T\alpha$. 令 $\beta=2\alpha$ 即可得到 $|H|=-1$. 证毕

例 6

矩阵 $A=\begin{pmatrix} 1 & -1 & 1 \\ 2 & 4 & -2 \\ -3 & -3 & 5 \end{pmatrix}$的特征向量是(　　).

(A) $(1,2,-1)^T$　　(B) $(1,-1,2)^T$　　(C) $(1,-2,3)^T$　　(D) $(-1,1,-2)^T$

解　应选(C).

方法1　若$(1,-1,2)^T$是矩阵 A 的特征向量，则$(-1,1,-2)^T$也是矩阵 A 的特征向量，从而选项(B)(D)不正确. 由于

$$A\begin{pmatrix} 1 \\ 2 \\ -1 \end{pmatrix}=\begin{pmatrix} 1 & -1 & 1 \\ 2 & 4 & -2 \\ -3 & -3 & 5 \end{pmatrix}\begin{pmatrix} 1 \\ 2 \\ -1 \end{pmatrix}=\begin{pmatrix} -2 \\ 12 \\ -14 \end{pmatrix}\neq\lambda\begin{pmatrix} 1 \\ 2 \\ -1 \end{pmatrix},$$

因此选项(A)不正确，故选(C).

方法2　由于

$$A\begin{pmatrix} 1 \\ -2 \\ 3 \end{pmatrix}=\begin{pmatrix} 1 & -1 & 1 \\ 2 & 4 & -2 \\ -3 & -3 & 5 \end{pmatrix}\begin{pmatrix} 1 \\ -2 \\ 3 \end{pmatrix}=\begin{pmatrix} 6 \\ -12 \\ 18 \end{pmatrix}=6\begin{pmatrix} 1 \\ -2 \\ 3 \end{pmatrix},$$

因此$(1,-2,3)^T$是 A 的对应于特征值 $\lambda=6$ 的特征向量，故选(C).

例 7

设矩阵 $A=\begin{pmatrix} a & -1 & c \\ 5 & b & 3 \\ 1-c & 0 & -a \end{pmatrix}$，其行列式 $|A|=-1$，又 A 的伴随矩阵 A^* 有一个特征值 λ_0，属于 λ_0 的一个特征向量为 $\alpha=(-1,-1,1)^T$ 求 a,b,c 和 λ_0 的值.

解　一方面，由题设 $AA^*=|A|E=-E$ 和 $A^*\alpha=\lambda_0\alpha$，于是 $AA^*\alpha=A(\lambda_0\alpha)=\lambda_0A\alpha$；另一方面，$AA^*\alpha=-E\alpha=-\alpha$，所以 $\lambda_0A\alpha=-\alpha$，

即 $\lambda_0\begin{pmatrix} a & -1 & c \\ 5 & b & 3 \\ 1-c & 0 & -a \end{pmatrix}\begin{pmatrix} -1 \\ -1 \\ 1 \end{pmatrix}=-\begin{pmatrix} -1 \\ -1 \\ 1 \end{pmatrix}$，得$\begin{cases} \lambda_0(-a+1+c)=1, \\ \lambda_0(-5-b+3)=1, \\ \lambda_0(-1+c-a)=-1, \end{cases}$ 解得 $\lambda_0=1,b=-3,a=c$.

又由 $|A|=-1$ 和 $a=c$，有 $\begin{vmatrix} a & -1 & a \\ 5 & -3 & 3 \\ 1-a & 0 & -a \end{vmatrix}=a-3=-1$，

可知 $a=2$，因此 $a=2,b=-3,c=2,\lambda_0=1$.

方法总结：

(1) 已知特征值和特征向量，反求矩阵中的参数，可用定义 $Ax=\lambda x$，$x\neq 0$ 得到关于待求

参数的方程组，解出所求参数.

(2) 本题关键是利用 $AA^* = |A|E$ 及 $A^*\alpha = \lambda_0\alpha$，得到 $\lambda_0 A\alpha = -\alpha$，从而得到待求参数的方程组.

例8 求方阵 $B = A^4 - 2A^3 + 11A^2 - 15A + 29E$ 的逆矩阵，其中 $A = \begin{pmatrix} 1 & -3 \\ 3 & 1 \end{pmatrix}$.

解 令 $f(\lambda) = |\lambda E - A| = \begin{vmatrix} \lambda - 1 & 3 \\ -3 & \lambda + 1 \end{vmatrix} = \lambda^2 + 8$,

因此有 $f(A) = A^2 + 8E = 0$,

令 $F(\lambda) = \lambda^4 - 2\lambda^3 + 11\lambda^2 - 15\lambda + 29 = (\lambda^2 - 2\lambda + 3)(\lambda^2 + 8) + \lambda + 5$,

故 $B = (A^2 - 2A + 3E)(A^2 + 8E) + A + 5E = A + 5E = \begin{pmatrix} 6 & -3 \\ 3 & 4 \end{pmatrix}$,

$B^{-1} = \dfrac{1}{33}\begin{pmatrix} 4 & 3 \\ -3 & 6 \end{pmatrix}$.

方法总结：

当所求矩阵较复杂时，我们要先考虑特征多项式，利用特征多项式的分解化简，达到化简矩阵的目的.

三、习题精练

1. 设 $A = \begin{pmatrix} 0 & 0 & 1 \\ x & 1 & 0 \\ 1 & 0 & 0 \end{pmatrix}$ 有三个线性无关的特征向量，则 $x =$ ______.

2. 设3阶矩阵 A 的特征值为 $1, -1, 2$, $B = \varphi(A) = A^* + 3A - 2E$,

(1) 求矩阵 B 的特征值；

(2) 计算 $|B|$.

3. 已知 $A = \begin{pmatrix} 3 & 1 & 0 \\ -4 & -1 & a \\ b & 2 & -2 \end{pmatrix}$ 是可逆矩阵，$\lambda = -2$ 是 A 的特征值，$\alpha = (1, c, -2)^T$ 是 A^{-1} 对应于特征值 λ_0 的特征向量，求 a, b, c 及 λ_0 的值.

4. 设 A 为正交矩阵，且 $|A| = -1$. 证明：-1 是矩阵 A 的一个特征值.

四、习题解答

1. 解 $|\lambda E - A| = \begin{vmatrix} \lambda & 0 & -1 \\ -x & \lambda - 1 & 0 \\ -1 & 0 & \lambda \end{vmatrix} = \begin{vmatrix} \lambda - 1 & 0 & \lambda - 1 \\ -x & \lambda - 1 & 0 \\ -1 & 0 & \lambda \end{vmatrix} = (\lambda - 1)(\lambda^2 - 1)$,

由 $|\lambda E - A| = 0$，得矩阵 A 的特征值为 $\lambda_1 = -1, \lambda_2 = \lambda_3 = 1$. 因为矩阵 A 有三个线性无关的特征向量，所以 $\lambda_2 = \lambda_3 = 1$ 必须有两个线性无关的特征向量，从而 $r(E - A) = 3 - 2 = 1$. 由

$$E - A = \begin{pmatrix} 1 & 0 & -1 \\ -x & 0 & 0 \\ -1 & 0 & 1 \end{pmatrix} \to \begin{pmatrix} 1 & 0 & -1 \\ -x & 0 & 0 \\ 0 & 0 & 0 \end{pmatrix},$$

知 $x=0$.

2. 解　因 $\boldsymbol{A}$ 的特征值全不为0，故 $\boldsymbol{A}$ 可逆，于是 $\boldsymbol{A}^*=|\boldsymbol{A}|\boldsymbol{A}^{-1}$，而 $|\boldsymbol{A}|=\lambda_1\lambda_2\lambda_3=-2$，所以 $\boldsymbol{B}=\varphi(\boldsymbol{A})=\boldsymbol{A}^*+3\boldsymbol{A}-2\boldsymbol{E}=-2\boldsymbol{A}^{-1}+3\boldsymbol{A}-2\boldsymbol{E}$.

令 $\varphi(\lambda)=-\dfrac{2}{\lambda}+3\lambda-2$，则：

(1) 矩阵 $\boldsymbol{B}$ 的特征值为 $\varphi(1)=-1,\varphi(-1)=-3,\varphi(2)=3$；

(2) $|\boldsymbol{B}|=\varphi(1)\varphi(-1)\varphi(2)=9$.

3. 解　显然 $\lambda_0\neq0$，$\boldsymbol{A}^{-1}\boldsymbol{\alpha}=\lambda_0\boldsymbol{\alpha}$，两端左乘 $\boldsymbol{A}$，得 $\lambda_0\boldsymbol{A}\boldsymbol{\alpha}=\boldsymbol{\alpha}$，即

$$\begin{cases}\lambda_0(3+c)=1,\\ \lambda_0(-4-c-2a)=c,\\ \lambda_0(b+2c+4)=-2.\end{cases}\qquad(*)$$

又因 $\lambda=-2$ 是 $\boldsymbol{A}$ 的特征值，所以 $|-2\boldsymbol{E}-\boldsymbol{A}|=0$，即 $a(10-b)=0$.

若 $a=0$，由式$(*)$解得 $c=-2,\lambda_0=1,b=-2$.

若 $b=10$，由式$(*)$解得 $c=-5,\lambda_0=-\dfrac{1}{2},a=-\dfrac{9}{2}$.

4. 分析　利用矩阵的特征值、正交矩阵的定义及方阵行列式的性质3证明.

证　不难求得

$$|\boldsymbol{E}+\boldsymbol{A}|=|\boldsymbol{A}^{\mathrm{T}}\boldsymbol{A}+\boldsymbol{A}|=|(\boldsymbol{A}^{\mathrm{T}}+\boldsymbol{E})\boldsymbol{A}|=|\boldsymbol{A}^{\mathrm{T}}+\boldsymbol{E}||\boldsymbol{A}|=|\boldsymbol{A}+\boldsymbol{E}||\boldsymbol{A}|=-|\boldsymbol{E}+\boldsymbol{A}|,$$

所以 $2|\boldsymbol{E}+\boldsymbol{A}|=0$，即 $|\boldsymbol{E}+\boldsymbol{A}|=0$. 根据矩阵的特征值的定义，$-1$ 是 $\boldsymbol{A}$ 的一个特征值. 证毕.

4.3　相似矩阵

一、知识要点

1. 相似矩阵的概念

设 $\boldsymbol{A},\boldsymbol{B}$ 都是 n 阶方阵，若存在可逆矩阵 $\boldsymbol{P}$，使 $\boldsymbol{P}^{-1}\boldsymbol{A}\boldsymbol{P}=\boldsymbol{B}$，则称 $\boldsymbol{B}$ 是 $\boldsymbol{A}$ 的相似矩阵，或称 $\boldsymbol{A}$ 与 $\boldsymbol{B}$ 相似.

2. 相似矩阵的性质

(1) 反身性：任意矩阵 $\boldsymbol{A}$ 与自身相似.

(2) 对称性：若 $\boldsymbol{A}$ 与 $\boldsymbol{B}$ 相似，则 $\boldsymbol{B}$ 与 $\boldsymbol{A}$ 相似.

(3) 传递性：若 $\boldsymbol{A}$ 与 $\boldsymbol{B}$ 相似，$\boldsymbol{B}$ 与 $\boldsymbol{C}$ 相似，则 $\boldsymbol{A}$ 与 $\boldsymbol{C}$ 相似.

(4) 若 n 阶矩阵 $\boldsymbol{A}$ 与 $\boldsymbol{B}$ 相似，则 $\boldsymbol{A}$ 与 $\boldsymbol{B}$ 的特征多项式相同，从而 $\boldsymbol{A}$ 与 $\boldsymbol{B}$ 的特征值亦相同.

(5) 若 n 阶矩阵 $\boldsymbol{A}$ 与对角阵 $\mathbf{diag}(\lambda_1,\lambda_2,\cdots,\lambda_n)$ 相似，则 $\lambda_1,\lambda_2,\cdots,\lambda_n$ 即是 $\boldsymbol{A}$ 的 n 个特征值，此时称 $\boldsymbol{A}$ 可以相似对角化.

(6) 若 n 阶矩阵 $\boldsymbol{A}$ 与 $\boldsymbol{B}$ 相似，则 $\mathrm{tr}(\boldsymbol{A})=\mathrm{tr}(\boldsymbol{B})$ 且 $|\boldsymbol{A}|=|\boldsymbol{B}|$.

(7) 若 n 阶矩阵 $\boldsymbol{A}$ 与 $\boldsymbol{B}$ 相似，则 $\boldsymbol{A}^{\mathrm{T}}$ 与 $\boldsymbol{B}^{\mathrm{T}}$ 相似，$\boldsymbol{A}^{-1}$(若 $\boldsymbol{A}$ 可逆)与 $\boldsymbol{B}^{-1}$ 相似，$\boldsymbol{A}^k$ 与 $\boldsymbol{B}^k$ 相似.

（8）若 n 阶矩阵 $\boldsymbol{A}$ 与 $\boldsymbol{B}$ 相似，则 $f(\boldsymbol{A})$ 与 $f(\boldsymbol{B})$ 相似且 $R(\boldsymbol{A})=R(\boldsymbol{B})$.

3. 矩阵的相似对角化

（1）对 n 阶矩阵 $\boldsymbol{A}$，若存在可逆阵 $\boldsymbol{P}$，使 $\boldsymbol{P}^{-1}\boldsymbol{AP}=\boldsymbol{\Lambda}$ 为对角阵，则称为把方阵 $\boldsymbol{A}$ 对角化.

（2）n 阶矩阵 $\boldsymbol{A}$ 与对角阵相似的充分必要条件是 $\boldsymbol{A}$ 有 n 个线性无关的特征向量.

（3）如果 n 阶矩阵 $\boldsymbol{A}$ 的 n 个特征值互不相等，则 $\boldsymbol{A}$ 与对角阵相似.

（4）n 阶矩阵 $\boldsymbol{A}$ 可对角化的充要条件是对应于 $\boldsymbol{A}$ 每个特征值的线性无关的特征向量的个数恰好等于该特征值的重数.

4. 矩阵对角化的步骤

（1）求出 $\boldsymbol{A}$ 的全部特征值 $\lambda_1,\lambda_2,\cdots,\lambda_n$.

（2）对于不同的特征值 λ_i，解方程组 $(\lambda_i\boldsymbol{E}-\boldsymbol{A})\boldsymbol{x}=\boldsymbol{0}$. 求出所有的基础解系，如果每一个 λ_i 的重数等于基础解系中向量的个数，则 $\boldsymbol{A}$ 可对角化，否则 $\boldsymbol{A}$ 不可对角化.

（3）若 $\boldsymbol{A}$ 可对角化，设所有特征向量为 $\boldsymbol{\xi}_1,\boldsymbol{\xi}_2,\cdots,\boldsymbol{\xi}_n$，则所求的可逆阵为 $\boldsymbol{P}=(\boldsymbol{\xi}_1,\boldsymbol{\xi}_2,\cdots,\boldsymbol{\xi}_n)$，并且有 $\boldsymbol{P}^{-1}\boldsymbol{AP}=\boldsymbol{\Lambda}$，其中 $\boldsymbol{\Lambda}=\begin{pmatrix}\lambda_1 & & \\ & \ddots & \\ & & \lambda_n\end{pmatrix}$，$\boldsymbol{\Lambda}$ 的主对角线元素为全部特征值，其排列顺序与 $\boldsymbol{P}$ 中列向量的排列顺序对应.

二、例题分析

例1 设矩阵 $\boldsymbol{A}=\begin{pmatrix}1 & 2 & -3\\ -1 & 4 & -3\\ 1 & a & 5\end{pmatrix}$ 的特征方程有一个二重根，求 a 的值，并讨论 $\boldsymbol{A}$ 是否可以相似对角化.

解　$\boldsymbol{A}$ 的特征多项式为

$$|\lambda\boldsymbol{E}-\boldsymbol{A}|=\begin{vmatrix}\lambda-1 & -2 & 3\\ 1 & \lambda-4 & 3\\ -1 & -a & \lambda-5\end{vmatrix}=\begin{vmatrix}\lambda-2 & -(\lambda-2) & 0\\ 1 & \lambda-4 & 3\\ -1 & -a & \lambda-5\end{vmatrix}$$

$$=(\lambda-2)\begin{vmatrix}1 & -1 & 0\\ 1 & \lambda-4 & 3\\ -1 & -a & \lambda-5\end{vmatrix}=(\lambda-2)(\lambda^2-8\lambda+18+3a),$$

已知 $\boldsymbol{A}$ 有一个二重特征值，则可分为两种情况讨论：

（1）$\lambda=2$ 就是二重特征值；

（2）若 $\lambda=2$ 不是二重根，则 $\lambda^2-8\lambda+18+3a$ 是一个完全平方.

若 $\lambda=2$ 是特征方程的二重根，则有 $\lambda^2-8\lambda+18+3a=0$，解得 $a=-2$.

当 $a=-2$ 时，$\boldsymbol{A}$ 的特征值为 $2,2,6$，矩阵 $2\boldsymbol{E}-\boldsymbol{A}=\begin{pmatrix}1 & -2 & 3\\ 1 & -2 & 3\\ -1 & 2 & -3\end{pmatrix}$ 的秩为 1，故 $\lambda=2$ 对应的线性无关的特征向量有两个，从而 $\boldsymbol{A}$ 可相似对角化.

若 $\lambda=2$ 不是特征方程的二重根，则 $\lambda^2-8\lambda+18+3a$ 为完全平方，从而 $18+3a=16$，解

得 $a=-\dfrac{2}{3}$，此时 $\boldsymbol{A}$ 的特征值为 2,4,4，矩阵 $4\boldsymbol{E}-\boldsymbol{A}=\begin{pmatrix}3&-2&3\\1&0&3\\-1&\dfrac{2}{3}&-1\end{pmatrix}$的秩为 2，故 $\lambda=4$ 对应的线性无关的特征向量只有一个，从而 $\boldsymbol{A}$ 不可相似对角化.

例 2 若矩阵 $\boldsymbol{A}=\begin{pmatrix}2&2&0\\8&2&a\\0&0&6\end{pmatrix}$相似于对角矩阵 $\boldsymbol{\Lambda}$，试确定常数 a 的值，并求可逆矩阵 $\boldsymbol{P}$ 使 $\boldsymbol{P}^{-1}\boldsymbol{AP}=\boldsymbol{\Lambda}$.

解　矩阵 $\boldsymbol{A}$ 的特征多项式

$|\lambda\boldsymbol{E}-\boldsymbol{A}|=\begin{vmatrix}\lambda-2&-2&0\\-8&\lambda-2&-a\\0&0&\lambda-6\end{vmatrix}=(\lambda-6)[(\lambda-2)^2-16]=(\lambda-6)^2(\lambda+2)$，故 $\boldsymbol{A}$ 的特征值为 $\lambda_1=\lambda_2=6,\lambda_3=-2$.

由于 $\boldsymbol{A}$ 相似于对角矩阵 $\boldsymbol{\Lambda}$，故特征值 $\lambda_1=\lambda_2=6$ 有两个线性无关的特征向量，即 $3-R(6\boldsymbol{E}-\boldsymbol{A})=2$，于是有 $R(6\boldsymbol{E}-\boldsymbol{A})=1$.

由 $6\boldsymbol{E}-\boldsymbol{A}=\begin{pmatrix}4&-2&0\\-8&4&-a\\0&0&0\end{pmatrix}\xrightarrow{r}\begin{pmatrix}2&-1&0\\0&0&-a\\0&0&0\end{pmatrix}$，知 $a=0$，于是对应 $\lambda_1=\lambda_2=6$ 的两个线性无关的特征向量可取为 $\boldsymbol{\xi}_1=(0,0,1)^{\mathrm{T}}$，$\boldsymbol{\xi}_2=(1,2,0)^{\mathrm{T}}$.

例 3 已知 $\boldsymbol{\alpha}=(1,2,-1)$，$\boldsymbol{A}=\boldsymbol{\alpha}^{\mathrm{T}}\boldsymbol{\alpha}$，若矩阵 $\boldsymbol{A}$ 与 $\boldsymbol{B}$ 相似，则 $(\boldsymbol{B}+\boldsymbol{E})^*$ 得特征值为____.

解　由题设知

$$\boldsymbol{A}=\begin{pmatrix}1\\2\\-1\end{pmatrix}(1,2,-1)=\begin{pmatrix}1&2&-1\\2&4&-2\\-1&-2&1\end{pmatrix},$$

计算得 $\boldsymbol{A}$ 的特征值为 6,0,0. 由于 $\boldsymbol{A}$ 与 $\boldsymbol{B}$ 相似，故 $\boldsymbol{B}$ 的特征值也为 6,0,0，从而 $\boldsymbol{B}+\boldsymbol{E}$ 的特征值为 7,1,1，且 $|\boldsymbol{B}+\boldsymbol{E}|=7$. 因此 $(\boldsymbol{B}+\boldsymbol{E})^*$ 得特征值为 1,7,7. 故应填 1,7,7.

例 4 已知矩阵 $\boldsymbol{A}=\begin{pmatrix}2&0&0\\0&0&1\\0&1&a\end{pmatrix}$和矩阵 $\boldsymbol{B}=\begin{pmatrix}2&0&0\\0&3&4\\0&-2&b\end{pmatrix}$相似，试确定参数 a,b.

解　方法 1　因为 $\boldsymbol{A}$ 与 $\boldsymbol{B}$ 相似，所以 $|\lambda\boldsymbol{E}-\boldsymbol{A}|=|\lambda\boldsymbol{E}-\boldsymbol{B}|$，即

$$\begin{vmatrix}\lambda-2&0&0\\0&\lambda&-1\\0&-1&\lambda-a\end{vmatrix}=\begin{vmatrix}\lambda-2&0&0\\0&\lambda-3&-4\\0&2&\lambda-b\end{vmatrix},$$

解得

$$(\lambda^2-a\lambda-1)(\lambda-2)=[\lambda^2-(3+b)\lambda+3\lambda+8](\lambda-2)$$

两边比较 λ 系数可得$\begin{cases}a=3+b,\\-1=3b+8,\end{cases}$解得 $a=0,b=-3$.

方法 2　因 $\boldsymbol{A}$ 与 $\boldsymbol{B}$ 相似，$|\boldsymbol{A}|=-2$，$|\boldsymbol{B}|=2(8+2b)$，因此，解得 $b=-3$，带入 $|\lambda\boldsymbol{E}-\boldsymbol{B}|=0$ 得到 $\boldsymbol{B}$ 的全部特征值 $\lambda_1=2,\lambda_2=1,\lambda_3=-1$，则 1 也是 $\boldsymbol{A}$ 的特征值，因此

$|E-A|=-a=0$，解得 $a=0,b=-3$.

例 5 在下述矩阵中，a,b,c 取何值时，A 可对角化？

$$A=\begin{pmatrix}1&0&0&0\\a&1&0&0\\2&b&2&0\\2&3&c&2\end{pmatrix}.$$

解 矩阵 A 的特征方程为

$$|\lambda E-A|=(\lambda-1)^2(\lambda-2)^2=0,$$

解得 A 的特征值分别为 $\lambda_1=\lambda_2=1,\lambda_3=\lambda_4=2$.

为使

$$R(\lambda_1 E-A)=R(E-A)=R\begin{pmatrix}0&0&0&0\\a&0&0&0\\-2&-b&-1&0\\-2&-3&-c&-1\end{pmatrix}=n-k_1=4-2=2,$$

必有 $a=0,b,c$ 可为任意值.

同理，为使

$$R(\lambda_3 E-A)=R(2E-A)=R\begin{pmatrix}-1&0&0&0\\-a&-1&0&0\\-2&-b&0&0\\-2&-3&-c&0\end{pmatrix}=n-k_3=4-2=2,$$

必有 $c=0,a,b$ 为任意值.

因此 $a=c=0,b$ 为任意数时，A 可对角化.

小结

判断矩阵 A 能否对角化，有时不一定要求出所有特征向量，可以通过判断 $\lambda E-A$ 的秩来确定.

例 6 设 n 阶方阵 $A\neq O$，满足 $A^m=O$（m 为正整数）：

(1) 求 A 的特征值；

(2) 证明：A 不能相似于对角矩阵；

(3) 证明：$|E+A|=1$.

解 (1) 设 λ 为 A 的任一特征值，x 为对应的特征向量，则

$$Ax=\lambda x,$$

将等式两端左乘 A，得

$$A^2x=\lambda Ax=\lambda^2x\Rightarrow A^m x=\lambda^m x,$$

因为 $A^m=O$，且 $x\neq 0$，则 $\lambda=0$，即幂零矩阵 A 的特征值全为零.

(2) A 的特征向量为方程组 $(0E-A)x=0$ 的非零解，因为 $A\neq O$，有

$$R(-A)\geqslant 1,$$

故该方程组的基础解系中所含向量的个数（即 A 的线性无关的特征向量的个数）为

$$n-R(-A)\leqslant n-1<n,$$

所以 n 阶方阵 A 不能相似于对角矩阵.

(3) 设 λ 为方阵 $E+A$ 的任一特征值，x 为对应的特征向量，则

$$(E+A)x=\lambda x\Rightarrow Ax=(\lambda-1)x,$$

故 $\lambda-1$ 是 A 的特征值，由(1)可知 A 的特征值全为零，则

$$\lambda - 1 = 0 \Rightarrow \lambda = 1.$$

由 λ 的任意性知 $\boldsymbol{E}+\boldsymbol{A}$ 的特征值全为 1，再根据方阵的特征值等于全部特征值的乘积得

$$|\boldsymbol{E}+\boldsymbol{A}| = 1.$$

小结

(1) 主要考察了矩阵的特征值与矩阵多项式的特征值之间的关系；

(2) 考察了矩阵 $\boldsymbol{A}$ 与对角阵相似的充分必要条件为矩阵 $\boldsymbol{A}$ 有 n 个线性无关的特征向量，矩阵的特征值与矩阵多项式的特征值之间的关系；

(3) 考察了特征值的性质 $|\boldsymbol{A}| = \lambda_1\lambda_2\cdots\lambda_n$，再求特征值时实质上还是利用了矩阵的特征值与矩阵多项式的特征值之间的关系.

三、习题精练

1. 已知 $\boldsymbol{A}$ 与 $\boldsymbol{B}$ 相似，且

$$\boldsymbol{B} = \begin{pmatrix} 1 & 0 & 0 & 0 \\ 0 & 1 & 0 & 0 \\ 0 & 0 & -1 & 2 \\ 0 & 0 & 2 & 2 \end{pmatrix},$$

则 $R(\boldsymbol{A}-\boldsymbol{E}) + R(\boldsymbol{A}-3\boldsymbol{E}) =$ ____.

2. 已知 2 阶实矩阵 $\boldsymbol{A} = \begin{pmatrix} a & b \\ c & d \end{pmatrix}$.

(1) 若 $|\boldsymbol{A}| < 0$，判断 $\boldsymbol{A}$ 可否对角化，并说明理由；

(2) 若 $ad - bc = 1$，$|a+d| > 2$，判断 $\boldsymbol{A}$ 可否对角化，并说明理由.

3. 已知 $\boldsymbol{A} = \begin{pmatrix} 2 & a & 2 \\ 5 & b & 3 \\ -1 & 1 & -1 \end{pmatrix}$ 有特征值 ± 1，问 $\boldsymbol{A}$ 能否对角化？说明理由.

4. 已知 $\boldsymbol{\xi} = \begin{pmatrix} 1 \\ 1 \\ -1 \end{pmatrix}$ 是矩阵 $\boldsymbol{A} = \begin{pmatrix} 2 & -1 & 2 \\ 5 & a & 3 \\ -1 & b & -2 \end{pmatrix}$ 的一个特征向量.

(1) 试确定参数 a, b 及特征向量 $\boldsymbol{\xi}$ 所对应的特征值；

(2) 问 $\boldsymbol{A}$ 能否相似于对角阵？并说明理由.

四、习题解答

1. 解　由 $\boldsymbol{A}$ 与 $\boldsymbol{B}$ 相似，存在可逆阵 $\boldsymbol{P}$，使得 $\boldsymbol{P}^{-1}\boldsymbol{B}\boldsymbol{P} = \boldsymbol{A}$，故

$$\begin{aligned} & R(\boldsymbol{A}-\boldsymbol{E}) + R(\boldsymbol{A}-3\boldsymbol{E}) = R(\boldsymbol{P}^{-1}\boldsymbol{B}\boldsymbol{P}-\boldsymbol{E}) + R(\boldsymbol{P}^{-1}\boldsymbol{B}\boldsymbol{P}-3\boldsymbol{E}) \\ & = R(\boldsymbol{P}^{-1}(\boldsymbol{B}-\boldsymbol{E})\boldsymbol{P}) + R(\boldsymbol{P}^{-1}(\boldsymbol{B}-3\boldsymbol{E})\boldsymbol{P}) = R(\boldsymbol{B}-\boldsymbol{E}) + R(\boldsymbol{B}-3\boldsymbol{E}) \\ & = R\begin{pmatrix} 0 & 0 & 0 & 0 \\ 0 & 0 & 0 & 0 \\ 0 & 0 & -2 & 2 \\ 0 & 0 & 2 & 1 \end{pmatrix} + R\begin{pmatrix} -2 & 0 & 0 & 0 \\ 0 & -2 & 0 & 0 \\ 0 & 0 & -4 & 2 \\ 0 & 0 & 2 & -1 \end{pmatrix} \\ & = 2 + 3 = 5. \end{aligned}$$

故应填 5.

2. 解　(1) 设 λ_1,λ_2 是 $\boldsymbol{A}$ 的特征值，则由 $|\boldsymbol{A}|=\lambda_1\lambda_2<0$ 知，λ_1 与 λ_2 异号，因此 $\boldsymbol{A}$ 的两个特征值互异，故 $\boldsymbol{A}$ 可对角化.

(2) $\boldsymbol{A}$ 的特征多项式为

$$f(\lambda)=|\boldsymbol{A}-\lambda\boldsymbol{E}|=\begin{vmatrix} a-\lambda & b \\ c & d-\lambda \end{vmatrix}=\lambda^2-(a+d)\lambda+ad-bc=\lambda^2-(a+d)\lambda+1,$$

因为 $|a+d|>2$，所以一元二次方程 $f(\lambda)=0$ 的判别式

$$\Delta=(a+d)^2-4>0,$$

故 $\boldsymbol{A}$ 有两个不等的特征值，因此 $\boldsymbol{A}$ 可对角化.

3. 解　由于 $\lambda_1=1$，$\lambda_2=-1$ 是 $\boldsymbol{A}$ 的特征值，将其代入特征方程，有

$$|\boldsymbol{A}-\boldsymbol{E}|=7(1+a)=0,\ |\boldsymbol{A}+\boldsymbol{E}|=-(3a-2b-3)=0,$$

联立解得 $a=-1$，$b=-3$，所以 $\boldsymbol{A}=\begin{pmatrix} 2 & -1 & 2 \\ 5 & -3 & 3 \\ -1 & 1 & -1 \end{pmatrix}$.

根据 $\lambda_1+\lambda_2+\lambda_3=a_{11}+a_{22}+a_{33}$，得 $1+(-1)+\lambda_3=2+(-3)+(-1)$，即 $\lambda_3=-2$. 由于 $\boldsymbol{A}$ 的 3 个特征值互异，所以 $\boldsymbol{A}$ 可对角化.

4. 解　(1) 由 $\boldsymbol{A\xi}=\lambda\boldsymbol{\xi}$，知

$$\begin{pmatrix} 2 & -1 & 2 \\ 5 & a & 3 \\ -1 & b & -2 \end{pmatrix}\begin{pmatrix} 1 \\ 1 \\ -1 \end{pmatrix}=\lambda\begin{pmatrix} 1 \\ 1 \\ -1 \end{pmatrix},\text{即}\begin{cases} -1=\lambda, \\ 2+a=\lambda, \\ 1+b=-\lambda, \end{cases}$$

解得 $a=-3$，$b=0$，特征向量 $\boldsymbol{\xi}$ 对应的特征值为 $\lambda=-1$.

(2) 由(1)知

$$\boldsymbol{A}=\begin{pmatrix} 2 & -1 & 2 \\ 5 & -3 & 3 \\ -1 & 0 & -2 \end{pmatrix},$$

$\boldsymbol{A}$ 的特征多项式为 $|\boldsymbol{A}-\lambda\boldsymbol{E}|=-(\lambda+1)^3$，即 $\lambda=-1$ 是 $\boldsymbol{A}$ 的 3 重特征值. 因为

$$\boldsymbol{A}+\boldsymbol{E}=\begin{pmatrix} 3 & -1 & 2 \\ 5 & -2 & 3 \\ -1 & 0 & -1 \end{pmatrix}\to\begin{pmatrix} 1 & 0 & 1 \\ 0 & 1 & 1 \\ 0 & 0 & 0 \end{pmatrix},$$

所以 $r(\boldsymbol{A}+\boldsymbol{E})=2$，从而 3 重特征值 $\lambda=-1$ 对应的线性无关的特征向量只有 1 个，故 $\boldsymbol{A}$ 不能相似于对角阵.

4.4 实对称矩阵的对角化

一、知识要点

1. 性质

(1) 实对称矩阵的特征值都是实数.

(2) 实对称矩阵属于不同特征值的特征向量是正交的.

(3) 对于任何一个 n 阶实对称矩阵 $\boldsymbol{A}$，存在 n 阶正交矩阵 $\boldsymbol{T}$，使得

$$T^{-1}AT = \mathrm{diag}(\lambda_1, \lambda_2, \cdots, \lambda_n)$$

其中 $\lambda_1, \lambda_2, \cdots, \lambda_n$ 是 A 的全部特征值.

2. 实对称矩阵对角化的计算方法

(1) 求出 A 的全部特征值 $\lambda_1, \lambda_2, \cdots, \lambda_n$.

(2) 对每一个特征值 λ_i，由方程组 $(A-\lambda_i E)x=0$ 求出特征向量；

(3) ①若特征值为单根，将特征向量单位化；

②若特征值为重根，利用施密特标准正交化的方法将特征向量正交化、单位化.

(4) 以这些单位向量作为列向量构成一个正交阵 T，使得 $T^{-1}AT=T^{\mathrm{T}}AT=\Lambda$ 中对角阵上的特征值应与 T 的列向量顺序保持一致.

二、例题分析

例 1 设 A 为 n 阶实对称矩阵，P 是 n 阶可逆矩阵. 已知 n 维列向量 α 是 A 对应于特征值 λ 的特征向量，则矩阵 $(P^{-1}AP)^{\mathrm{T}}$ 对应于特征值 λ 的特征向量是(　　).

(A) $P^{-1}\alpha$　　(B) $P^{\mathrm{T}}\alpha$　　(C) $P\alpha$　　(D) $(P^{-1})^{\mathrm{T}}\alpha$

解　应选(B).

因为 $(P^{-1}AP)^{\mathrm{T}}(P^{\mathrm{T}}\alpha)=P^{\mathrm{T}}A^{\mathrm{T}}(P^{-1})^{\mathrm{T}}P^{\mathrm{T}}\alpha=P^{\mathrm{T}}A^{\mathrm{T}}\alpha=P^{\mathrm{T}}A\alpha=\lambda(P^{\mathrm{T}}\alpha)$，故 $P^{\mathrm{T}}\alpha$ 是矩阵 $(P^{-1}AP)^{\mathrm{T}}$ 对应于特征值 λ 的特征向量.

例 2 试构造一个 3 阶实对称矩阵 A，使其特征值为 $\lambda_1=\lambda_2=1$，$\lambda_3=-1$，且有特征向量 $\xi_1=(1,1,1)^{\mathrm{T}}$，$\xi_2=(2,2,1)^{\mathrm{T}}$.

解　因 ξ_1，ξ_2 线性无关，且 ξ_1 与 ξ_2 不正交，所以 ξ_1，ξ_2 为特征值 $\lambda_1=\lambda_2=1$ 所对应的线性无关的特征向量.

设 $\xi_3=(x_1,x_2,x_3)^{\mathrm{T}}$ 为属于特征值 $\lambda_3=-1$ 的特征向量，则 ξ_1，ξ_2 都与 ξ_3 正交，即 $\begin{cases} x_1+x_2+x_3=0, \\ 2x_1+2x_2+x_3=0, \end{cases}$ 求解得基础解系 $\xi_3=(-1,1,0)^{\mathrm{T}}$.

令 $P=(\xi_1,\xi_2,\xi_3)^{\mathrm{T}}$，有 $P^{-1}AP=\begin{pmatrix} 1 & & \\ & 1 & \\ & & -1 \end{pmatrix}$，

因此

$$A=P\begin{pmatrix} 1 & & \\ & 1 & \\ & & -1 \end{pmatrix}P^{-1}=\begin{pmatrix} 1 & 2 & -1 \\ 1 & 2 & 1 \\ 1 & 1 & 0 \end{pmatrix}\begin{pmatrix} 1 & & \\ & 1 & \\ & & -1 \end{pmatrix}\begin{pmatrix} 1 & 2 & -1 \\ 1 & 2 & 1 \\ 1 & 1 & 0 \end{pmatrix}^{-1}=\begin{pmatrix} 0 & 1 & 0 \\ 1 & 0 & 0 \\ 0 & 0 & 1 \end{pmatrix}.$$

例 3 将矩阵 $A=\begin{pmatrix} 1 & -2 & 2 \\ -2 & -2 & 4 \\ 2 & 4 & -2 \end{pmatrix}$ 正交相似对角化，并求出正交矩阵 Q，使 $Q^{-1}AQ=\Lambda$ 为对角阵.

解　$|\lambda E-A|=\begin{vmatrix} \lambda-1 & 2 & -2 \\ 2 & \lambda+2 & -4 \\ -2 & -4 & \lambda+2 \end{vmatrix}=(\lambda-2)^2(\lambda+7)$，

得 $\boldsymbol{A}$ 的特征值为 $\lambda_1=\lambda_2=2$，$\lambda_3=-7$.

当 $\lambda_1=\lambda_2=2$ 时，解 $(2\boldsymbol{E}-\boldsymbol{A})\boldsymbol{x}=\boldsymbol{0}$，求得基础解系为 $\boldsymbol{\xi}_1=(-2,1,0)^{\mathrm{T}},\boldsymbol{\xi}_2=(2,0,1)^{\mathrm{T}}$.

当 $\lambda_3=-7$ 时，解 $(-7\boldsymbol{E}-\boldsymbol{A})\boldsymbol{x}=\boldsymbol{0}$，求得基础解系为 $\boldsymbol{\xi}_3=(-1,-2,2)^{\mathrm{T}}$.

将 $\boldsymbol{\xi}_1$ 与 $\boldsymbol{\xi}_2$ 正交化得 $\boldsymbol{\eta}_1=(-2,1,0)^{\mathrm{T}},\boldsymbol{\eta}_2=\left(\frac{2}{5},\frac{4}{5},1\right)^{\mathrm{T}}$

再把 $\boldsymbol{\eta}_1,\boldsymbol{\eta}_2,\boldsymbol{\xi}_3$ 单位化得 $\boldsymbol{\alpha}_1=\left(\frac{-2}{\sqrt{5}},\frac{1}{\sqrt{5}},0\right)^{\mathrm{T}}$

$$\boldsymbol{\alpha}_2=\left(\frac{2}{3\sqrt{5}},\frac{4}{3\sqrt{5}},\frac{5}{3\sqrt{5}}\right)^{\mathrm{T}}$$

$$\boldsymbol{\alpha}_3=\left(-\frac{1}{3},-\frac{2}{3},\frac{2}{3}\right)^{\mathrm{T}}$$

令 $\boldsymbol{Q}=(\boldsymbol{\alpha}_1,\boldsymbol{\alpha}_2,\boldsymbol{\alpha}_3)=\begin{pmatrix}\frac{-2}{\sqrt{5}} & \frac{2}{3\sqrt{5}} & -\frac{1}{3}\\ \frac{1}{\sqrt{5}} & \frac{4}{3\sqrt{5}} & -\frac{2}{3}\\ 0 & \frac{5}{3\sqrt{5}} & \frac{2}{3}\end{pmatrix}$，则 $\boldsymbol{Q}$ 是正交矩阵，且 $\boldsymbol{Q}^{-1}\boldsymbol{A}\boldsymbol{Q}=\begin{pmatrix}2&0&0\\0&2&0\\0&0&-7\end{pmatrix}$.

小结

本题是最基本的把对称矩阵 $\boldsymbol{A}$ 对角化的题目，利用标准解题步骤即可求得.

例4 设 $\boldsymbol{A}$ 是4阶实对称矩阵，$\boldsymbol{A}^2-4\boldsymbol{A}-5\boldsymbol{E}=\boldsymbol{O}$，且齐次线性方程组 $(\boldsymbol{E}+\boldsymbol{A})\boldsymbol{x}=\boldsymbol{0}$ 的基础解系含有一个线性无关的解向量，则 $\boldsymbol{A}$ 的特征值为________.

解 方法1 由 $\boldsymbol{A}^2-4\boldsymbol{A}-5\boldsymbol{E}=\boldsymbol{O}$，得 $(\boldsymbol{E}+\boldsymbol{A})(5\boldsymbol{E}-\boldsymbol{A})=\boldsymbol{O}$，则

$$r(\boldsymbol{E}+\boldsymbol{A})+r(5\boldsymbol{E}-\boldsymbol{A})\leqslant 4,$$

又 $r(\boldsymbol{E}+\boldsymbol{A})+r(5\boldsymbol{E}-\boldsymbol{A})\geqslant r(6\boldsymbol{E})=4$，故 $r(\boldsymbol{E}+\boldsymbol{A})+r(5\boldsymbol{E}-\boldsymbol{A})=4$. 由于方程组 $(\boldsymbol{E}+\boldsymbol{A})\boldsymbol{x}=\boldsymbol{0}$ 的基础解系含有一个线性无关的解向量，因此 $r(\boldsymbol{E}+\boldsymbol{A})=3$，$r(5\boldsymbol{E}-\boldsymbol{A})=1$，从而

$$|\boldsymbol{E}+\boldsymbol{A}|=0,|5\boldsymbol{E}-\boldsymbol{A}|=0,$$

故 $\lambda=-1$ 与 $\lambda=5$ 是 $\boldsymbol{A}$ 的特征值. 由于 $\boldsymbol{A}$ 为实对称矩阵，因此 $\boldsymbol{A}$ 可对角化且主对角元素为 $\boldsymbol{A}$ 的线性无关的特征向量对应的特征值，从而 $\boldsymbol{A}$ 的特征值为 $\lambda_1=-1$，$\lambda_2=\lambda_3=\lambda_4=5$.

方法2 设 $\boldsymbol{A}\boldsymbol{\alpha}=\lambda\boldsymbol{\alpha}$，由 $\boldsymbol{A}^2-4\boldsymbol{A}-5\boldsymbol{E}=\boldsymbol{O}$，得 $\lambda^2-4\lambda-5=0$，解之，得 $\boldsymbol{A}$ 的特征值为 -1 或 5. 又齐次线性方程组 $(\boldsymbol{E}+\boldsymbol{A})\boldsymbol{x}=\boldsymbol{0}$ 的基础解系含有一个线性无关的解向量，故 $\lambda=-1$ 是 $\boldsymbol{A}$ 的单特征值. 由于 $\boldsymbol{A}$ 是实对称矩阵，因此 $\boldsymbol{A}$ 可对角化，从而 $\lambda=5$ 是 $\boldsymbol{A}$ 的三重特征值. 故 $\boldsymbol{A}$ 的特征值为 $\lambda_1=-1$，$\lambda_2=\lambda_3=\lambda_4=5$.

例5 设矩阵 $\boldsymbol{A}=\begin{pmatrix}1&1&a\\1&a&1\\a&1&1\end{pmatrix}$，$\boldsymbol{\beta}=\begin{pmatrix}1\\1\\-2\end{pmatrix}$，已知线性方程组 $\boldsymbol{A}\boldsymbol{x}=\boldsymbol{\beta}$ 有解但不唯一，试求(1) a 的值；(2) 正交矩阵 $\boldsymbol{Q}$，使 $\boldsymbol{Q}^{\mathrm{T}}\boldsymbol{A}\boldsymbol{Q}$ 为对角矩阵.

解 (1) 对线性方程组 $\boldsymbol{A}\boldsymbol{x}=\boldsymbol{\beta}$ 的增广矩阵做初等行变换有

$$(A\vdots\beta)=\begin{pmatrix}1&1&a&\vdots&1\\1&a&1&\vdots&1\\a&1&1&\vdots&-2\end{pmatrix}\to\begin{pmatrix}1&1&a&\vdots&1\\0&a-1&1-a&\vdots&0\\0&0&(a-1)(a+2)&\vdots&a+2\end{pmatrix}$$

因 $Ax=\beta$ 有解但不唯一，所以 $R(A)=R(A,\ \beta)\leqslant 3$，故 $a=-2$.

(2) 由(1)有 $A=\begin{pmatrix}1&1&-2\\1&-2&1\\-2&1&1\end{pmatrix}$.

A 的特征多项式 $|\lambda E-A|=\lambda(\lambda-3)(\lambda+3)$，故 A 的特征值为 $\lambda_1=3,\lambda_2=-3,\lambda_3=0$ 对应的特征向量依次是

$$\alpha_1=(1,0,-1)^{\mathrm{T}},\alpha_2=(1,-2,1)^{\mathrm{T}},\alpha_3=(1,1,1)^{\mathrm{T}}.$$

将 $\alpha_1,\alpha_2,\alpha_3$ 单位化得 $\beta_1=\left(\frac{1}{\sqrt2},0,-\frac{1}{\sqrt2}\right)^{\mathrm{T}},\beta_2=\left(\frac{1}{\sqrt6},-\frac{2}{\sqrt6},\frac{1}{\sqrt6}\right)^{\mathrm{T}},\beta_3=\left(\frac{1}{\sqrt3},\frac{1}{\sqrt3},\frac{1}{\sqrt3}\right)^{\mathrm{T}}$

令 $Q=\begin{pmatrix}\frac{1}{\sqrt2}&\frac{1}{\sqrt6}&\frac{1}{\sqrt3}\\0&-\frac{2}{\sqrt6}&\frac{1}{\sqrt3}\\-\frac{1}{\sqrt2}&\frac{1}{\sqrt6}&\frac{1}{\sqrt3}\end{pmatrix}$，则有 $Q^{\mathrm{T}}AQ=\begin{pmatrix}3&0&0\\0&-3&0\\0&0&0\end{pmatrix}$.

小结

(1) 第(1)题除利用秩求解外，还可以利用行列式的值与方程组的解的存在定理来求得.

(2) 注意到本题第(2)题，由于三个特征值各不相同，此时三个特征值对应的特征向量必正交，不需要再正交化，直接把三个特征向量单位化即可.

例 6 设 $A=\begin{pmatrix}0&-1&4\\-1&3&a\\4&a&0\end{pmatrix}$，正交矩阵 Q 使 $Q^{\mathrm{T}}AQ$ 为对角矩阵，若 Q 的第一列为 $\frac{1}{\sqrt6}(1,2,1)^{\mathrm{T}}$，求 a，Q.

解　由于 $A=\begin{pmatrix}0&-1&4\\-1&3&a\\4&a&0\end{pmatrix}$可正交对角化，且 Q 的第 1 列为 $\frac{1}{\sqrt6}(1,2,1)^{\mathrm{T}}$，故 A 对应于 λ_1 的特征向量 $\xi_1=\frac{1}{\sqrt6}(1,2,1)^{\mathrm{T}}$.

由 $A\xi_1=\lambda_1\xi_1$，即 $\frac{1}{\sqrt6}\begin{pmatrix}0&-1&4\\-1&3&a\\4&a&0\end{pmatrix}\begin{pmatrix}1\\2\\1\end{pmatrix}=\frac{\lambda_1}{\sqrt6}\begin{pmatrix}1\\2\\1\end{pmatrix}$

解得 $\lambda_1=2$，$a=-1$.

于是 $A=\begin{pmatrix}0&-1&4\\-1&3&-1\\4&-1&0\end{pmatrix}$.

由$|\lambda E-A|=\begin{vmatrix}\lambda & 1 & -4\\ 1 & \lambda-3 & 1\\ -4 & 1 & \lambda\end{vmatrix}=(\lambda-2)(\lambda+4)(\lambda-5)=0$，得$\lambda_1=2,\lambda_2=-4$，$\lambda_3=5$，且$\lambda_1=2$对应的特征向量为$\boldsymbol{\xi}_1=\frac{1}{\sqrt{6}}(1,2,1)^{\mathrm{T}}$.

由$(\lambda_2 E-A)x=0$，得属于$\lambda_2=-4$的特征向量，$\boldsymbol{\xi}_2=(-1,0,1)^{\mathrm{T}}$.

由$(\lambda_3 E-A)x=0$，得属于$\lambda_3=5$的特征向量，$\boldsymbol{\xi}_3=(1,-1,1)^{\mathrm{T}}$.

由于A为实对称矩阵，$\boldsymbol{\xi}_1,\boldsymbol{\xi}_2,\boldsymbol{\xi}_3$为对应于不同的特征值的特征向量，所以$\boldsymbol{\xi}_1,\boldsymbol{\xi}_2,\boldsymbol{\xi}_3$相互正交，只需单位化：

$$\boldsymbol{\eta}_1=\boldsymbol{\xi}_1=\frac{1}{\sqrt{6}}(1,2,1)^{\mathrm{T}},\boldsymbol{\eta}_2=\frac{1}{\sqrt{2}}(-1,0,1)^{\mathrm{T}},\boldsymbol{\eta}_2=\frac{1}{\sqrt{3}}(1,-1,1)^{\mathrm{T}},$$

取$Q=\begin{pmatrix}\frac{1}{\sqrt{6}} & -\frac{1}{\sqrt{2}} & \frac{1}{\sqrt{3}}\\ \frac{2}{\sqrt{6}} & 0 & -\frac{1}{\sqrt{3}}\\ \frac{1}{\sqrt{6}} & \frac{1}{\sqrt{2}} & \frac{1}{\sqrt{3}}\end{pmatrix}$，则$Q^{\mathrm{T}}AQ=\begin{pmatrix}2 & & \\ & -4 & \\ & & 5\end{pmatrix}$.

小结

本题首先利用正交矩阵的构造特性，将问题转化为已知矩阵A某特征值对应的特征向量，仅求A中参数的命题，确定a后，问题就可变为求对称矩阵的正交对角化.

例7 矩阵$\begin{pmatrix}1 & a & 1\\ a & b & a\\ 1 & a & 1\end{pmatrix}$与$\begin{pmatrix}2 & 0 & 0\\ 0 & b & 0\\ 0 & 0 & 0\end{pmatrix}$相似的充要条件为(　　).

(A) $a=0$，$b=2$　　(B) $a=0$，b为任意常数

(C) $a=0$，$b=0$　　(D) $a=2$，b为任意常数

解　令$A=\begin{pmatrix}1 & a & 1\\ a & b & a\\ 1 & a & 1\end{pmatrix}$，$B=\begin{pmatrix}2 & 0 & 0\\ 0 & b & 0\\ 0 & 0 & 0\end{pmatrix}$，因为$A$为实对称矩阵，$B$为对角阵，则$A$与$B$相似的充要条件是$A$的特征值分别为$2,b,0$.

A的特征方程$|\lambda E-A|=\begin{vmatrix}\lambda-1 & -a & -1\\ -a & \lambda-b & -a\\ -1 & -a & \lambda-1\end{vmatrix}=\begin{vmatrix}\lambda & -a & -1\\ 0 & \lambda-b & -a\\ -\lambda & -a & \lambda-1\end{vmatrix}$

$$=\begin{vmatrix}\lambda & -a & -1\\ 0 & \lambda-b & -a\\ 0 & -2a & \lambda-2\end{vmatrix}=\lambda[(\lambda-2)(\lambda-b)-2a^2],$$

因为$\lambda=2$是A的特征值，所以$|2E-A|=0$，所以$-2a^2=0$，即$a=0$.

当$a=0$时，$|\lambda E-A|=\lambda(\lambda-2)(\lambda-b)$，$A$的特征值分别为$2,b,0$所以$b$为任意常数即可.

例 8 设3阶实对称矩阵 $\boldsymbol{A}$ 的各行元素之和均为3，向量 $\boldsymbol{\alpha}_1=(-1,2,-1)^{\mathrm{T}}$，$\boldsymbol{\alpha}_2=(0,-1,1)^{\mathrm{T}}$是线性方程组 $\boldsymbol{Ax}=\boldsymbol{0}$ 的两个解.

(1) 求 $\boldsymbol{A}$ 的特征值与特征向量；

(2) 求正交矩阵 $\boldsymbol{Q}$ 和对角矩阵 $\boldsymbol{\Lambda}$，使得 $\boldsymbol{Q}^{\mathrm{T}}\boldsymbol{AQ}=\boldsymbol{\Lambda}$；

(3) 求 $\boldsymbol{A}$ 及$\left(\boldsymbol{A}-\frac{3}{2}\boldsymbol{E}\right)^6$，其中 $\boldsymbol{E}$ 为3阶单位矩阵.

解 (1) 由于矩阵 $\boldsymbol{A}$ 的各行元素之和为3，所以 $\boldsymbol{A}\begin{pmatrix}1\\1\\1\end{pmatrix}=3\begin{pmatrix}1\\1\\1\end{pmatrix}$.

因为 $\boldsymbol{A\alpha}_1=\boldsymbol{0}$，$\boldsymbol{A\alpha}_2=\boldsymbol{0}$ 即 $\boldsymbol{A\alpha}_1=0\boldsymbol{\alpha}_1$，$\boldsymbol{A\alpha}_2=0\boldsymbol{\alpha}_2$.

故 $\lambda_1=\lambda_2=0$ 是 $\boldsymbol{A}$ 的二重特征值，$\boldsymbol{\alpha}_1$，$\boldsymbol{\alpha}_2$ 为 $\boldsymbol{A}$ 的属于特征值0的两个线性无关的特征向量. $\lambda_3=3$ 是 $\boldsymbol{A}$ 的一个特征值，$\boldsymbol{\alpha}_3=(1,1,1)^{\mathrm{T}}$ 为 $\boldsymbol{A}$ 的属于特征值3的特征向量.

总之，$\boldsymbol{A}$ 的特征值为0,0,3 属于特征值0的全体特征向量为 $k_1\boldsymbol{\alpha}_1+k_2\boldsymbol{\alpha}_2$($k_1,k_2$ 不全为零)，属于特征值3的全体特征向量为 $k_3\boldsymbol{\alpha}_3(k_3\neq 0)$.

(2) 对 $\boldsymbol{\alpha}_1$，$\boldsymbol{\alpha}_2$ 正交化.

令 $\boldsymbol{\xi}_1=\boldsymbol{\alpha}_1=(-1,2,-1)^{\mathrm{T}}$，$\boldsymbol{\xi}_2=\boldsymbol{\alpha}_2-\dfrac{[\boldsymbol{\alpha}_2,\boldsymbol{\xi}_1]}{[\boldsymbol{\xi}_1,\boldsymbol{\xi}_1]}\boldsymbol{\xi}_1=\dfrac{1}{2}(-1,0,1)^{\mathrm{T}}$，再分别将 $\boldsymbol{\xi}_1,\boldsymbol{\xi}_2$，$\boldsymbol{\alpha}_3$ 单位化，得 $\boldsymbol{\beta}_1=\dfrac{1}{\sqrt{6}}(-1,2,-1)^{\mathrm{T}}$，$\boldsymbol{\beta}_2=\dfrac{1}{\sqrt{2}}(-1,0,1)^{\mathrm{T}}$，$\boldsymbol{\beta}_3=\dfrac{1}{\sqrt{3}}(1,1,1)^{\mathrm{T}}$.

$$\text{令 } \boldsymbol{Q}=(\boldsymbol{\beta}_1,\boldsymbol{\beta}_2,\boldsymbol{\beta}_3)=\begin{pmatrix}-\frac{1}{\sqrt{6}} & -\frac{1}{\sqrt{2}} & \frac{1}{\sqrt{3}}\\ \frac{2}{\sqrt{6}} & 0 & \frac{1}{\sqrt{3}}\\ -\frac{1}{\sqrt{6}} & \frac{1}{\sqrt{2}} & \frac{1}{\sqrt{3}}\end{pmatrix},\ \boldsymbol{\Lambda}=\begin{pmatrix}0 & & \\ & 0 & \\ & & 3\end{pmatrix},$$

那么，$\boldsymbol{Q}$ 为正交矩阵，$\boldsymbol{Q}^{\mathrm{T}}\boldsymbol{AQ}=\boldsymbol{\Lambda}$.

(3) 因 $\boldsymbol{Q}^{\mathrm{T}}\boldsymbol{AQ}=\boldsymbol{\Lambda}$，且 $\boldsymbol{Q}$ 为正交矩阵，故 $\boldsymbol{A}=\boldsymbol{Q\Lambda Q}^{\mathrm{T}}$，

$$\boldsymbol{A}=\begin{pmatrix}-\frac{1}{\sqrt{6}} & -\frac{1}{\sqrt{2}} & \frac{1}{\sqrt{3}}\\ \frac{2}{\sqrt{6}} & 0 & \frac{1}{\sqrt{3}}\\ -\frac{1}{\sqrt{6}} & \frac{1}{\sqrt{2}} & \frac{1}{\sqrt{3}}\end{pmatrix}\begin{pmatrix}0 & & \\ & 0 & \\ & & 3\end{pmatrix}\begin{pmatrix}-\frac{1}{\sqrt{6}} & \frac{2}{\sqrt{6}} & -\frac{1}{\sqrt{6}}\\ -\frac{1}{\sqrt{2}} & 0 & \frac{1}{\sqrt{2}}\\ \frac{1}{\sqrt{3}} & \frac{1}{\sqrt{3}} & \frac{1}{\sqrt{3}}\end{pmatrix}=\begin{pmatrix}1 & 1 & 1\\ 1 & 1 & 1\\ 1 & 1 & 1\end{pmatrix}.$$

由 $\boldsymbol{A}=\boldsymbol{Q\Lambda Q}^{\mathrm{T}}$，得 $\boldsymbol{A}-\frac{3}{2}\boldsymbol{E}=\boldsymbol{Q}\left(\boldsymbol{\Lambda}-\frac{3}{2}\boldsymbol{E}\right)\boldsymbol{Q}^{\mathrm{T}}$，所以$\left(\boldsymbol{A}-\frac{3}{2}\boldsymbol{E}\right)^6=\boldsymbol{Q}\left(\boldsymbol{\Lambda}-\frac{3}{2}\boldsymbol{E}\right)^6\boldsymbol{Q}^{\mathrm{T}}=\left(\frac{3}{2}\right)^6\boldsymbol{E}$.

小结

(1) 求抽象矩阵的特征值和特征向量，通常有两种方法，利用定义和利用一些常用结论.

(2) 矩阵相似对角化的一个重要应用是求矩阵的幂，设方阵 $\boldsymbol{A}$ 可以相似对角化，则存在可逆矩阵 $\boldsymbol{P}$ 和对角矩阵 $\boldsymbol{\Lambda}$ 使得 $\boldsymbol{P}^{-1}\boldsymbol{\Lambda P}=\boldsymbol{\Lambda}$，所以 $\boldsymbol{A}^n=\boldsymbol{P\Lambda}^n\boldsymbol{P}^{-1}$，由于 $\boldsymbol{\Lambda}$ 为对角阵，$\boldsymbol{A}^n$ 容易求得，从而通过 $\boldsymbol{P\Lambda}^n\boldsymbol{P}^{-1}$可求得 $\boldsymbol{A}^n$.

例9 A 是 n 阶实对称幂等矩阵(即 $A^2=A$)，且 $r(A)=r$，$0<r\leqslant n$.

(1) 证明：存在正交矩阵 Q，使得 $Q^{-1}AQ=\mathrm{diag}(1,1,\cdots,1,0,\cdots,0)$(其中含有 r 个1)；

(2) 求 $|A-2E|$ 的值.

(1) 证　设 $Ax=\lambda x$，因为 A 是幂等矩阵，即 $A^2=A$，则

$$(A^2-A)x=A^2x-Ax=\lambda^2x-\lambda x=(\lambda^2-\lambda)x=0,$$

因为 $x\neq 0$，所以 $\lambda^2-\lambda=\lambda(\lambda-1)=0$，故 A 的特征值是0或1.

又因 A 是实对称矩阵，所以存在正交矩阵 Q，使得

$$Q^{-1}AQ=Q^{\mathrm{T}}AQ=\Lambda=\begin{pmatrix}E_r & O\\ O & O\end{pmatrix},$$

其中，r 是矩阵 A 的秩. 因此，结论成立.

(2) 解　方法1　$|A-2E|=|P\Lambda P^{-1}-2E|=|P(\Lambda-2E)P^{-1}|$

$$=|P|\cdot|\Lambda-2E|\cdot|P^{-1}|=|\Lambda-2E|$$

$$=\left|\begin{pmatrix}E_r & O\\ O & O\end{pmatrix}-\begin{pmatrix}2E_r & O\\ O & 2E_{n-r}\end{pmatrix}\right|=(-1)^n2^{n-r}.$$

方法2　因为 $|\lambda E-A|=(\lambda-1)^r\lambda^{n-r}$，所以

$$\begin{aligned}|A-2E|&=|-(2E-A)|=(-1)^n|2E-A|\\&=(-1)^n(2-1)^r2^{n-r}\\&=(-1)^n2^{n-r}.\end{aligned}$$

小结

(1) 关键是把矩阵方程式转化为特征值变量的方程式，从而解出特征值.

(2) 方法1主要利用了矩阵对角化的性质，而方法2则是利用了矩阵的特征值与其多项式特征值之间的关系.

例10 设3阶实对称矩阵 A 的秩为2，$\lambda_1=\lambda_2=6$ 是 A 的二重特征值，若 $\alpha_1=(1,1,0)^{\mathrm{T}}$，$\alpha_2=(2,1,1)^{\mathrm{T}}$，$\alpha_3=(-1,2,-3)^{\mathrm{T}}$ 都是 A 的对应于特征值6的特征向量，求：

(1) A 的另一特征值和对应的特征向量；

(2) 矩阵 A.

解　(1) 因为 $\lambda_1=\lambda_2=6$ 是 A 的二重特征值，故 A 的对应于特征值6的线性无关的特征向量有两个，又 $\alpha_1,\alpha_2,\alpha_3$ 的一个极大无关组为 α_1,α_2，故 α_1,α_2 为 A 的对应于特征值6的线性无关的特征向量. 由 $r(A)=2$ 知，$|A|=0$，所以 A 的另一特征值 $\lambda_3=0$. 由于 A 为实对称矩阵，因此 A 的不同特征值对应的特征向量正交. 设 $\lambda_3=0$ 对应的特征向量为 $\alpha=(x_1,x_2,x_3)^{\mathrm{T}}$，则 $\alpha_1^{\mathrm{T}}\alpha=0,\alpha_2^{\mathrm{T}}\alpha=0$，即

$$\begin{cases}x_1+x_2=0,\\2x_1+x_2+x_3=0.\end{cases}$$

解此齐次线性方程组得基础解系为 $\alpha=(-1,1,1)^{\mathrm{T}}$，从而 A 的对应于特征值 $\lambda_3=0$ 的全部特征向量为 $k\alpha=k(-1,1,1)^{\mathrm{T}}$，其中 k 是不为零的任意常数.

(2) 令 $P=(\alpha_1,\alpha_2,\alpha_3)$，则 $P^{-1}AP=\begin{pmatrix}6&0&0\\0&6&0\\0&0&0\end{pmatrix}$，又 $P^{-1}=\begin{pmatrix}0&1&-1\\ \frac{1}{3}&-\frac{1}{3}&\frac{2}{3}\\ -\frac{1}{3}&\frac{1}{3}&\frac{1}{3}\end{pmatrix}$，故

$$A = P\begin{pmatrix}6&0&0\\0&6&0\\0&0&0\end{pmatrix}P^{-1} = \begin{pmatrix}4&2&2\\2&4&-2\\2&-2&4\end{pmatrix}$$

三、习题精练

1. 设 A 是 n 阶对称阵，B 是反对称阵，则下列矩阵中不能正交相似对角化的是(　　).

(A) $AB-BA$

(B) $A^{T}(B+B^{T})A$

(C) BAB

(D) ABA

2. 设 A 是 4 阶实对称矩阵，且 $A^2+A=0$，若 $r(A)=3$，则 A 相似于(　　).

(A) $\begin{pmatrix}1&&&\\&1&&\\&&1&\\&&&0\end{pmatrix}$　　(B) $\begin{pmatrix}1&&&\\&1&&\\&&-1&\\&&&0\end{pmatrix}$

(C) $\begin{pmatrix}1&&&\\&-1&&\\&&-1&\\&&&0\end{pmatrix}$　　(D) $\begin{pmatrix}-1&&&\\&-1&&\\&&-1&\\&&&0\end{pmatrix}$

3. 设 3 阶实对称矩阵 A 的特征值是 1，2，3，矩阵 A 的属于特征值 1，2 的特征向量分别是 $\alpha_1=(-1,-1,1)^{T}$, $\alpha_2=(1,-2,-1)^{T}$，则

(1) 求 A 的属于特征值 3 的特征向量；

(2) 求矩阵 A.

4. 设 A 为 3 阶实对称矩阵，A 的秩为 2，且 $A\begin{pmatrix}1&1\\0&0\\-1&1\end{pmatrix}=\begin{pmatrix}-1&1\\0&0\\1&1\end{pmatrix}$，求：

(1) A 的所有特征值和特征向量；

(2) 矩阵 A.

5. 设 3 阶实对称矩阵 A 的特征值为 $\lambda_1=1,\lambda_2=2,\lambda_3=-2$，且 $\alpha_1=(1,-1,1)^{T}$ 是 A 的对应于 λ_1 的一个特征向量，记 $B=A^5-4A^3+E$，其中 E 为 3 阶单位矩阵.

(1) 验证 α_1 是矩阵 B 的特征向量，并求 B 的全部特征值和特征向量；

(2) 求矩阵 B.

6. 设 $A=\begin{pmatrix}1&2&2\\2&1&2\\2&2&1\end{pmatrix}$，求 A 的特征值及对应的特征向量，矩阵 A 是否与对角矩阵相似，若相似，写出对角阵 Λ，并计算 $A^{10}\begin{pmatrix}2\\3\\1\end{pmatrix}$.

四、习题解答

1. 解　实矩阵 $\boldsymbol{A}$ 可正交相似对角化的充要条件是 $\boldsymbol{A}$ 有 n 个相互正交的特征向量，$\boldsymbol{A}$ 是实对称矩阵，选项(A)(B)(C)均为对称阵.

选项(D)中，$(\boldsymbol{ABA})^{\mathrm{T}}=\boldsymbol{A}^{\mathrm{T}}\boldsymbol{B}^{\mathrm{T}}\boldsymbol{A}^{\mathrm{T}}=-\boldsymbol{ABA}$，从而矩阵 $\boldsymbol{ABA}$ 是反对称矩阵. 故应选(D).

2. 解　令 $\boldsymbol{Ax}=\lambda\boldsymbol{x}$，则 $\boldsymbol{A}^2\boldsymbol{x}=\lambda^2\boldsymbol{x}$，因为 $\boldsymbol{A}^2+\boldsymbol{A}=\boldsymbol{O}$，即 $\boldsymbol{A}^2=-\boldsymbol{A}$，所以 $\boldsymbol{A}^2\boldsymbol{x}=-\boldsymbol{Ax}=-\lambda\boldsymbol{x}$，从而$(\lambda^2+\lambda)\boldsymbol{x}=\boldsymbol{0}$.

注意到 $\boldsymbol{x}$ 是非零向量，所以 $\boldsymbol{A}$ 的特征值为 0 或 -1. 又因为 $\boldsymbol{A}$ 为实对称，故 $\boldsymbol{A}$ 可对角化，所以 $\boldsymbol{A}$ 的秩与 $\boldsymbol{A}$ 的非零特征值个数一致，所以 $\boldsymbol{A}$ 的特征值为 $-1,-1,-1,0$，于是

$$\boldsymbol{A}\text{ 相似于}\begin{pmatrix}-1&&&\\&-1&&\\&&-1&\\&&&0\end{pmatrix}.$$

故应选(D).

点评：由 $f(\boldsymbol{A})=0$ 进而 $f(\lambda)=0$，得到的只是 $\boldsymbol{A}$ 的特征值 λ 的取值范围，并不能具体确定 λ 的重数. 因此本题的解决要再借助另一个重要但总是被忽视的知识点“实对称矩阵一定可以相似对角化”. 本题为2010年考研真题.

3. 解　(1) 设 $\boldsymbol{A}$ 的属于 $\lambda=3$ 的特征向量为 $\boldsymbol{\alpha}_3=(x_1,x_2,x_3)^{\mathrm{T}}$，因为实对称矩阵属于不同特征值的特征向量相互正交，所以

$$\begin{cases}\boldsymbol{\alpha}_1^{\mathrm{T}}\boldsymbol{\alpha}_3=-x_1-x_2+x_3=0,\\ \boldsymbol{\alpha}_2^{\mathrm{T}}\boldsymbol{\alpha}_3=x_1-2x_2-x_3=0,\end{cases}$$

得 $\boldsymbol{A}$ 的对应于 $\lambda=3$ 的特征向量为 $\boldsymbol{\alpha}_3=k(1,0,1)^{\mathrm{T}}$，其中，$k$ 为非零常数.

(2) 令 $\boldsymbol{P}=(\boldsymbol{\alpha}_1,\boldsymbol{\alpha}_2,\boldsymbol{\alpha}_3)=\begin{pmatrix}-1&1&1\\-1&-2&0\\1&-1&1\end{pmatrix}$，则有 $\boldsymbol{P}^{-1}\boldsymbol{AP}=\begin{pmatrix}1&0&0\\0&2&0\\0&0&3\end{pmatrix}=\boldsymbol{\Lambda}$，即 $\boldsymbol{A}=\boldsymbol{P\Lambda P}^{-1}$，

解得 $\boldsymbol{P}^{-1}=\dfrac{1}{6}\begin{pmatrix}-2&-2&2\\1&-2&-1\\3&0&3\end{pmatrix}$，从而

$$\boldsymbol{A}=\boldsymbol{P\Lambda P}^{-1}=\frac{1}{6}\begin{pmatrix}-1&1&1\\-1&-2&0\\1&-1&1\end{pmatrix}\begin{pmatrix}1&0&0\\0&2&0\\0&0&3\end{pmatrix}\begin{pmatrix}-2&-2&2\\1&-2&-1\\3&0&3\end{pmatrix}=\frac{1}{6}\begin{pmatrix}13&-2&5\\-2&10&2\\5&2&13\end{pmatrix}.$$

4. 解　(1) 由于 $\boldsymbol{A}$ 的秩为 2，因此 $|\boldsymbol{A}|=0$，从而 0 是 $\boldsymbol{A}$ 的一个特征值. 由于

$$\boldsymbol{A}\begin{pmatrix}1\\0\\-1\end{pmatrix}=-\begin{pmatrix}1\\0\\-1\end{pmatrix},\ \boldsymbol{A}\begin{pmatrix}1\\0\\1\end{pmatrix}=\begin{pmatrix}1\\0\\1\end{pmatrix},$$

因此 -1 是 $\boldsymbol{A}$ 的一个特征值，且对应于 -1 的全部特征向量为 $k_1(1,0,-1)^{\mathrm{T}}$，其中 k_1 是不为零的任意常数. 1 也是 $\boldsymbol{A}$ 的一个特征值，且对应于 1 的全部特征向量为 $k_2(1,0,1)^{\mathrm{T}}$，其中 k_2 是不为零的任意常数.

由于 $\boldsymbol{A}$ 为实对称矩阵，因此 $\boldsymbol{A}$ 的不同特征值对应的特征向量正交. 设 $\lambda=0$ 对应的特征向

量为 $\boldsymbol{x}=(x_1,x_2,x_3)^{\mathrm{T}}$，则 $(1,0,-1)(x_1,x_2,x_3)^{\mathrm{T}}=0,(1,0,1)(x_1,x_2,x_3)^{\mathrm{T}}=0$，即

$$\begin{cases}x_1-x_3=0,\\x_1+x_3=0,\end{cases}$$

解此齐次线性方程组的基础解系为 $(0,1,0)^{\mathrm{T}}$，从而 $\boldsymbol{A}$ 的对应于特征值 0 的全部特征向量为 $k_3(0,1,0)^{\mathrm{T}}$，其中 k_i 是不为零的任意常数.

(2) 令 $\boldsymbol{P}=\begin{pmatrix}1&1&0\\0&0&1\\-1&1&0\end{pmatrix}$，则 $\boldsymbol{P}$ 为可逆矩阵，使得 $\boldsymbol{P}^{-1}\boldsymbol{AP}=\begin{pmatrix}-1&0&0\\0&1&0\\0&0&0\end{pmatrix}$，从而

$$\boldsymbol{A}=\boldsymbol{P}\begin{pmatrix}-1&0&0\\0&1&0\\0&0&0\end{pmatrix}\boldsymbol{P}^{-1}=\begin{pmatrix}1&1&0\\0&0&1\\-1&1&0\end{pmatrix}\begin{pmatrix}-1&0&0\\0&1&0\\0&0&0\end{pmatrix}\begin{pmatrix}\frac{1}{2}&0&-\frac{1}{2}\\\frac{1}{2}&0&\frac{1}{2}\\0&1&0\end{pmatrix}=\begin{pmatrix}0&0&1\\0&0&0\\1&0&0\end{pmatrix}.$$

5. 解 (1) 由 $\boldsymbol{A\alpha}_1=\lambda_1\boldsymbol{\alpha}_1$，$\boldsymbol{B\alpha}_1=(\boldsymbol{A}^5-4\boldsymbol{A}^3+\boldsymbol{E})\boldsymbol{\alpha}_1=(\lambda_1^5-4\lambda_1^3+1)\boldsymbol{\alpha}_1=-2\boldsymbol{\alpha}_1$，从而 $\boldsymbol{\alpha}_1$ 是矩阵 $\boldsymbol{B}$ 的对应于特征值 -2 的一个特征向量.

由于 $\boldsymbol{A}$ 的全部特征值为 $\lambda_1,\lambda_2,\lambda_3$，因此 $\boldsymbol{B}$ 的全部特征值为 $\lambda_i^5-4\lambda_i^3+1(i=1,2,3)$，即 $\boldsymbol{B}$ 的全部特征值为 $-2,1,1$.

又 $\boldsymbol{B\alpha}_1=-2\boldsymbol{\alpha}_1$，故 $\boldsymbol{B}$ 的对应于特征值 -2 的全部特征向量为 $k_1\boldsymbol{\alpha}_1$，其中 k_1 是不为零的任意常数. 由于 $\boldsymbol{A}$ 是实对称矩阵，因此 $\boldsymbol{B}$ 也是实对称矩阵，从而 $\boldsymbol{B}$ 的不同特征值对应的特征向量正交. 设 $\boldsymbol{B}$ 的特征值 1 对应的特征向量为 $\boldsymbol{\alpha}=(x_1,x_2,x_3)^{\mathrm{T}}$，则 $\boldsymbol{\alpha}_1^{\mathrm{T}}\boldsymbol{\alpha}=0$，即

$$x_1-x_2+x_3=0,$$

解此齐次线性方程组得基础解系为 $\boldsymbol{\alpha}_2=(1,1,0)^{\mathrm{T}},\boldsymbol{\alpha}_3=(-1,0,1)^{\mathrm{T}}$，故 $\boldsymbol{B}$ 的对应于特征值 1 的全部特征向量为 $k_2\boldsymbol{\alpha}_2+k_3\boldsymbol{\alpha}_3$，其中 k_2,k_3 是不全为零的任意常数.

(2) 令 $\boldsymbol{P}=(\boldsymbol{\alpha}_1,\boldsymbol{\alpha}_2,\boldsymbol{\alpha}_3)=\begin{pmatrix}1&1&-1\\-1&1&0\\1&0&1\end{pmatrix}$，则 $\boldsymbol{P}$ 为可逆矩阵，且

$$\boldsymbol{P}^{-1}=\begin{pmatrix}\frac{1}{3}&-\frac{1}{3}&\frac{1}{3}\\\frac{1}{3}&\frac{2}{3}&\frac{1}{3}\\-\frac{1}{3}&\frac{1}{3}&\frac{2}{3}\end{pmatrix},$$

使得 $\boldsymbol{P}^{-1}\boldsymbol{BP}=\begin{pmatrix}-2&0&0\\0&1&0\\0&0&1\end{pmatrix}$，故 $\boldsymbol{B}=\boldsymbol{P}\begin{pmatrix}-2&0&0\\0&1&0\\0&0&1\end{pmatrix}\boldsymbol{P}^{-1}=\begin{pmatrix}0&1&-1\\1&0&1\\-1&1&0\end{pmatrix}$.

6. 解 由 $|\lambda\boldsymbol{E}-\boldsymbol{A}|=\begin{vmatrix}\lambda-1&-2&-2\\-2&\lambda-1&-2\\-2&-2&\lambda-1\end{vmatrix}=(\lambda-5)(\lambda+1)^2$，

解得矩阵 $\boldsymbol{A}$ 的特征值为 $\lambda_1=5$，$\lambda_2=\lambda_3=-1$.

当 $\lambda_1=5$ 时，解 $(5\boldsymbol{E}-\boldsymbol{A})\boldsymbol{x}=\boldsymbol{0}$，解得属于5的全部特征向量为 $k\begin{pmatrix}1\\1\\1\end{pmatrix}$，其中 k 为非零常数.

当 $\lambda_2=\lambda_3=-1$ 时，解 $(-\boldsymbol{E}-\boldsymbol{A})\boldsymbol{x}=\boldsymbol{0}$，解得属于 -1 的全部特征向量为 $k_1\begin{pmatrix}-1\\1\\0\end{pmatrix}+k_2\begin{pmatrix}-1\\0\\1\end{pmatrix}$，其中 k_1,k_2 为不全为零的常数.

由于矩阵 $\boldsymbol{A}$ 有三个线性无关的特征向量，故 $\boldsymbol{A}$ 与对角阵 $\boldsymbol{\Lambda}$ 相似，即存在可逆矩阵 $\boldsymbol{P}$，使 $\boldsymbol{P}^{-1}\boldsymbol{A}\boldsymbol{P}=\boldsymbol{\Lambda}$，其中

$$\boldsymbol{\Lambda}=\begin{pmatrix}5&&\\&-1&\\&&-1\end{pmatrix},\boldsymbol{P}=\begin{pmatrix}1&-1&-1\\1&1&0\\1&0&1\end{pmatrix}.$$

由 $\boldsymbol{P}^{-1}\boldsymbol{A}\boldsymbol{P}=\boldsymbol{\Lambda}$ 得 $\boldsymbol{A}=\boldsymbol{P}\boldsymbol{\Lambda}\boldsymbol{P}^{-1}$，所以

$$\boldsymbol{A}^{10}\begin{pmatrix}2\\3\\1\end{pmatrix}=\boldsymbol{P}\boldsymbol{\Lambda}^{10}\boldsymbol{P}^{-1}\begin{pmatrix}2\\3\\1\end{pmatrix}=\begin{pmatrix}2\times5^{10}\\1+2\times5^{10}\\-1+2\times5^{10}\end{pmatrix}.$$

4.5 专题四

1.（数学一，2024）设 $\boldsymbol{A}$ 是秩为2的3阶矩阵，$\boldsymbol{\alpha}$ 是满足 $\boldsymbol{A\alpha}=\boldsymbol{0}$ 的非零向量，若对满足 $\boldsymbol{\beta}^{\mathrm{T}}\boldsymbol{\alpha}=\boldsymbol{0}$ 的3维列向量 $\boldsymbol{\beta}$，均有 $\boldsymbol{A\beta}=\boldsymbol{\beta}$，则(　　).

(A) $\boldsymbol{A}^3$ 的迹为2　　(B) $\boldsymbol{A}^3$ 的迹为5

(C) $\boldsymbol{A}^2$ 的迹为8　　(D) $\boldsymbol{A}^2$ 的迹为9

解　应选(A).

由 $\boldsymbol{A\alpha}=\boldsymbol{0}$ 且 $\boldsymbol{\alpha}\neq\boldsymbol{0}$，故 $\lambda_1=0$，设非零向量 $\boldsymbol{\beta}_1,\boldsymbol{\beta}_2$ 线性无关(因为与 $\boldsymbol{\alpha}$ 垂直的平面中一定存在两个线性无关的向量)且满足 $\boldsymbol{\beta}_1^{\mathrm{T}}\boldsymbol{\alpha}=\boldsymbol{\beta}_2^{\mathrm{T}}\boldsymbol{\alpha}=\boldsymbol{0}$，则 $\boldsymbol{A\beta}_1=\boldsymbol{\beta}_1,\boldsymbol{A\beta}_2=\boldsymbol{\beta}_2$，又由 $\boldsymbol{\beta}_1,\boldsymbol{\beta}_2$ 线性无关，故 $\lambda=1$ 至少为二重根，故 $\lambda_1=1,\lambda_2=\lambda_3=1$，故 $\boldsymbol{A}^3$ 的特征值为0,1,1，故 $\mathrm{tr}(\boldsymbol{A}^3)=0+1+1=2$，故选(A).

2.（数学二，2024）设 $\boldsymbol{A},\boldsymbol{B}$ 为2阶矩阵，且 $\boldsymbol{AB}=\boldsymbol{BA}$，则“$\boldsymbol{A}$ 有两个不相等的特征值”是“$\boldsymbol{B}$ 可对角化”的(　　).

(A) 充分必要条件　　(B) 充分不必要条件

(C) 必要不充分条件　　(D) 既不是充分条件也不是必要条件

解　应选(B).

设 $\boldsymbol{Aa}=\lambda\boldsymbol{a}$，同左乘 $\boldsymbol{B}$ 得 $\boldsymbol{BAa}=\boldsymbol{B}\lambda\boldsymbol{a}$，即 $\boldsymbol{ABa}=\lambda\boldsymbol{Ba}$.

(1) 若 $\boldsymbol{Ba}\neq\boldsymbol{0}$，则 $\boldsymbol{Ba}$ 为 $\boldsymbol{A}$ 对应于的 λ 特征向量，则 $\boldsymbol{Ba}=k\boldsymbol{a}(k\neq0)$，则 $\boldsymbol{a}$ 为 $\boldsymbol{B}$ 对应于 $\lambda=k$ 的特征向量.

(2) 若 $\boldsymbol{Ba}=\boldsymbol{0}$，则 $\boldsymbol{Ba}=0\boldsymbol{a}$，则 $\boldsymbol{a}$ 为 $\boldsymbol{B}$ 对应于 $\lambda=0$ 的特征向量. 综上所述，$\boldsymbol{a}$ 必为 $\boldsymbol{B}$ 的特

征向量，即$\boldsymbol{A}$的特征向量都是$\boldsymbol{B}$的特征向量；同理$\boldsymbol{B}$的特征向量都是$\boldsymbol{A}$的特征向量. 所以“$\boldsymbol{A}$有两个不相等的特征值”，故$\boldsymbol{A}$有两个线性无关特征向量，所以$\boldsymbol{B}$有两个线性无关特征向量，故“$\boldsymbol{B}$可对角化”.

(3) 反之不对，例如$\boldsymbol{A}=\begin{pmatrix}1&\\&1\end{pmatrix}$，$\boldsymbol{B}=\begin{pmatrix}1&\\&2\end{pmatrix}$但是$\boldsymbol{A}$的特征值是重根，故选(B).

3. (数学三，2024) 设$\boldsymbol{A}$为3阶矩阵，$\boldsymbol{A}^*$为$\boldsymbol{A}$的伴随矩阵，$\boldsymbol{E}$为3阶单位矩阵. 若$r(2\boldsymbol{E}-\boldsymbol{A})=1$，$r(\boldsymbol{E}+\boldsymbol{A})=2$，则$|\boldsymbol{A}^*|=$________.

解　应填16.

由$r(2\boldsymbol{E}-\boldsymbol{A})=1$，故$\lambda=2$至少为二重特征值，由$r(\boldsymbol{E}+\boldsymbol{A})=2$，故$\lambda=-1$至少为一重特征值，故$\lambda_1=\lambda_2=2$，$\lambda_3=1$，则$|\boldsymbol{A}|=-4$，$|\boldsymbol{A}^*|=|\boldsymbol{A}|^2=16$.

4. (数学一，2023) 下列矩阵不能相似对角化的是(　　).

(A)$\begin{pmatrix}1&1&a\\0&2&2\\0&0&3\end{pmatrix}$　(B)$\begin{pmatrix}1&1&a\\1&2&0\\a&0&3\end{pmatrix}$　(C)$\begin{pmatrix}1&1&a\\0&2&0\\0&0&2\end{pmatrix}$　(D)$\begin{pmatrix}1&1&a\\0&2&2\\0&0&2\end{pmatrix}$

解　应选(D).

由于(A)中矩阵的特征值为1,2,3，特征值互不相同，故可相似对角化. (B)中矩阵为实对称矩阵，故可相似对角化. (C)中矩阵的特征值为1,2,2且$\begin{pmatrix}1&1&a\\0&2&0\\0&0&2\end{pmatrix}-2\boldsymbol{E}=\begin{pmatrix}-1&1&a\\0&2&0\\0&0&0\end{pmatrix}$，故可相似对角化.

5. (数学一，2021) 已知$\boldsymbol{\alpha}_1=\begin{pmatrix}1\\0\\1\end{pmatrix}$，$\boldsymbol{\alpha}_2=\begin{pmatrix}1\\2\\1\end{pmatrix}$，$\boldsymbol{\alpha}_3=\begin{pmatrix}3\\1\\2\end{pmatrix}$，记$\boldsymbol{\beta}_1=\boldsymbol{\alpha}_1,\boldsymbol{\beta}_2=\boldsymbol{\alpha}_2-k\boldsymbol{\beta}_1,\boldsymbol{\beta}_3=\boldsymbol{\alpha}_3-l_1\boldsymbol{\beta}_1-l_2\boldsymbol{\beta}_2$，若$\boldsymbol{\beta}_1,\boldsymbol{\beta}_2,\boldsymbol{\beta}_3$两两相交，则$l_1,l_2$依次为(　　).

(A) $-\frac{5}{2}$，$\frac{1}{2}$　(B) $\frac{5}{2}$，$\frac{1}{2}$　(C) $\frac{5}{2}$，$-\frac{1}{2}$　(D) $-\frac{5}{2}$，$-\frac{1}{2}$

解　应选(B).

由题意$\boldsymbol{\beta}_1,\boldsymbol{\beta}_2$正交，故$(\boldsymbol{\beta}_1,\boldsymbol{\beta}_2)=(\boldsymbol{\beta}_1,\boldsymbol{\alpha}_2)-k(\boldsymbol{\beta}_1,\boldsymbol{\beta}_1)=0,k=\frac{(\boldsymbol{\beta}_1,\boldsymbol{\alpha}_2)}{(\boldsymbol{\beta}_1,\boldsymbol{\beta}_1)}=\frac{2}{2}=1$，则$\boldsymbol{\beta}_2=\begin{pmatrix}1\\2\\1\end{pmatrix}-\begin{pmatrix}1\\0\\1\end{pmatrix}=\begin{pmatrix}0\\2\\0\end{pmatrix}$，由$\boldsymbol{\beta}_1,\boldsymbol{\beta}_3$及$\boldsymbol{\beta}_2,\boldsymbol{\beta}_3$正交得

$$(\boldsymbol{\beta}_1,\boldsymbol{\beta}_3)=(\boldsymbol{\beta}_1,\boldsymbol{\alpha}_3)-l_1(\boldsymbol{\beta}_1,\boldsymbol{\beta}_1)-l_2(\boldsymbol{\beta}_1,\boldsymbol{\beta}_2)=0,l_1=\frac{(\boldsymbol{\beta}_1,\boldsymbol{\alpha}_3)}{(\boldsymbol{\beta}_1,\boldsymbol{\beta}_1)}=\frac{5}{2},$$

$$(\boldsymbol{\beta}_2,\boldsymbol{\beta}_3)=(\boldsymbol{\beta}_2,\boldsymbol{\alpha}_3)-l_1(\boldsymbol{\beta}_2,\boldsymbol{\beta}_1)-l_2(\boldsymbol{\beta}_2,\boldsymbol{\beta}_2)=0,l_2=\frac{(\boldsymbol{\beta}_2,\boldsymbol{\alpha}_3)}{(\boldsymbol{\beta}_2,\boldsymbol{\beta}_2)}=\frac{1}{2},$$

故选(B).

6. (数学一，2020) 设$\boldsymbol{A}$为2阶矩阵，$\boldsymbol{P}=(\boldsymbol{\alpha},\boldsymbol{A\alpha})$，其中$\boldsymbol{\alpha}$是非零向量且不是$\boldsymbol{A}$的特征向量.

(1) 证明：$\boldsymbol{P}$为可逆矩阵；

(2) 若$\boldsymbol{A}^2\boldsymbol{\alpha}+\boldsymbol{A\alpha}-6\boldsymbol{\alpha}=\boldsymbol{0}$，求$\boldsymbol{P}^{-1}\boldsymbol{AP}$，并判断$\boldsymbol{A}$是否相似于对角矩阵.

（1）证　若 $\boldsymbol{P}$ 为不可逆矩阵，则 $\boldsymbol{\alpha},\boldsymbol{A\alpha}$ 线性相关，因为 $\boldsymbol{\alpha}\neq\boldsymbol{0}$，所以存在数 λ_0，使得 $\boldsymbol{A\alpha}=\lambda_0\boldsymbol{\alpha}$. 这与不是 $\boldsymbol{A}$ 的特征向量矛盾，所以 $\boldsymbol{P}$ 为可逆矩阵.

（2）解　因为

$$\boldsymbol{AP}=(\boldsymbol{A\alpha},\boldsymbol{A}^2\boldsymbol{\alpha})=(\boldsymbol{A\alpha},6\boldsymbol{\alpha}-\boldsymbol{A\alpha})=(\boldsymbol{\alpha},\boldsymbol{A\alpha})\begin{pmatrix}0&0\\1&-1\end{pmatrix}=\boldsymbol{P}\begin{pmatrix}0&6\\1&-1\end{pmatrix},$$

所以

$$\boldsymbol{P}^{-1}\boldsymbol{AP}=\begin{pmatrix}0&6\\1&-1\end{pmatrix},$$

可知矩阵 $\boldsymbol{A}$ 与 $\begin{pmatrix}0&6\\1&-1\end{pmatrix}$ 相似，则有 $|\lambda\boldsymbol{E}-\boldsymbol{A}|=\begin{vmatrix}\lambda&-6\\-1&\lambda+1\end{vmatrix}=(\lambda-2)(\lambda+3)$ 得 $\boldsymbol{A}$ 的特征值为 $2,-3$，所以 $\boldsymbol{A}$ 相似于对角矩阵 $\begin{pmatrix}2&0\\0&-3\end{pmatrix}$.

7.（数学一，2019）已知矩阵 $\boldsymbol{A}=\begin{pmatrix}-2&2&1\\2&x&-2\\0&0&-2\end{pmatrix}$ 与 $\boldsymbol{B}=\begin{pmatrix}2&1&0\\0&-1&0\\0&0&y\end{pmatrix}$ 相似.

（1）求 x,y；

（2）求可逆矩阵 $\boldsymbol{P}$ 使得 $\boldsymbol{P}^{-1}\boldsymbol{AP}=\boldsymbol{B}$.

解　（1）因为矩阵 $\boldsymbol{A}$ 与 $\boldsymbol{B}$ 相似，所以 $\mathrm{tr}(\boldsymbol{A})=\mathrm{tr}(\boldsymbol{B})$，$|\boldsymbol{A}|=|\boldsymbol{B}|$，即

$$\begin{cases}x-4=y+1,\\4x-8=-2y,\end{cases}$$

解得 $x=3,y=-2$.

（2）矩阵 $\boldsymbol{B}$ 的特征多项式为

$$|\lambda\boldsymbol{E}-\boldsymbol{B}|=(\lambda-2)(\lambda+1)(\lambda+2),$$

所以 $\boldsymbol{B}$ 的特征值为 $2,-1,-2$.

由于 $\boldsymbol{A}$ 与 $\boldsymbol{B}$ 相似，因此 $\boldsymbol{A}$ 的特征值也为 $2,-1,-2$.

$\boldsymbol{A}$ 的属于特征值 2 的特征向量为 $\boldsymbol{\xi}_1=(1,-2,0)^{\mathrm{T}}$；

$\boldsymbol{A}$ 的属于特征值 -1 的特征向量为 $\boldsymbol{\xi}_2=(-2,1,0)^{\mathrm{T}}$；

$\boldsymbol{A}$ 的属于特征值 -2 的特征向量为 $\boldsymbol{\xi}_3=(1,-2,-4)^{\mathrm{T}}$.

记 $\boldsymbol{P}_1=(\boldsymbol{\xi}_1,\boldsymbol{\xi}_2,\boldsymbol{\xi}_3)$，于是

$$\boldsymbol{P}_1^{-1}\boldsymbol{AP}_1=\begin{pmatrix}2&0&0\\0&-1&0\\0&0&-2\end{pmatrix}.$$

$\boldsymbol{B}$ 的属于特征值 2 的特征向量为 $\boldsymbol{\eta}_1=(1,0,0)^{\mathrm{T}}$；

$\boldsymbol{B}$ 的属于特征值 -1 的特征向量为 $\boldsymbol{\eta}_2=(1,-3,0)^{\mathrm{T}}$；

$\boldsymbol{B}$ 的属于特征值 -2 的特征向量为 $\boldsymbol{\eta}_3=(0,0,1)^{\mathrm{T}}$.

记 $\boldsymbol{P}_2=(\boldsymbol{\eta}_1,\boldsymbol{\eta}_2,\boldsymbol{\eta}_3)$，于是 $\boldsymbol{P}_2^{-1}\boldsymbol{BP}_2=\begin{pmatrix}2&0&0\\0&-1&0\\0&0&-2\end{pmatrix}$.

由 $\boldsymbol{P}_1^{-1}\boldsymbol{A}\boldsymbol{P}_1=\boldsymbol{P}_2^{-1}\boldsymbol{B}\boldsymbol{P}_2$，得$(\boldsymbol{P}_1\boldsymbol{P}_2^{-1})\boldsymbol{A}(\boldsymbol{P}_1\boldsymbol{P}_2^{-1})=\boldsymbol{B}$，令

$$\boldsymbol{P}=\boldsymbol{P}_1\boldsymbol{P}_2^{-1}=\begin{pmatrix}1&-2&1\\-2&1&-2\\0&0&-4\end{pmatrix}\begin{pmatrix}1&\frac{1}{3}&0\\0&-\frac{1}{3}&0\\0&0&1\end{pmatrix}=\begin{pmatrix}1&1&1\\-2&-1&-2\\0&0&-4\end{pmatrix},$$

则 $\boldsymbol{P}$ 可逆且 $\boldsymbol{P}^{-1}\boldsymbol{A}\boldsymbol{P}=\boldsymbol{B}$.

第 5 章 二次型

5.1 二次型及其标准形

一、知识要点

1. 二次型及其矩阵

(1) 定义：含有 n 个变量 $x_1,x_2,\cdots,x_n$ 的二次齐次函数 $f(x_1,x_2,\cdots,x_n)=a_{11}x_1^2+a_{22}x_2^2+\cdots+a_{nn}x_n^2+2a_{12}x_1x_2+2a_{13}x_1x_3+\cdots+2a_{(n-1)n}x_{n-1}x_n$，称为二次型．当 a_{ij} 为复数时，f 称为复二次型；当 a_{ij} 为实数时，f 称为实二次型．

(2) 矩阵表示：对于实二次型 $f(x_1,x_2,\cdots,x_n)$ 可以用矩阵表示，即

$$f(x_1,x_2,\cdots,x_n)=(x_1,x_2,\cdots,x_n)\begin{pmatrix}a_{11}&a_{12}&\cdots&a_{1n}\\a_{21}&a_{22}&\cdots&a_{2n}\\\vdots&\vdots&&\vdots\\a_{n1}&a_{n2}&\cdots&a_{nn}\end{pmatrix}\begin{pmatrix}x_1\\x_2\\\vdots\\x_n\end{pmatrix}.$$

记 $\boldsymbol{A}=\begin{pmatrix}a_{11}&a_{12}&\cdots&a_{1n}\\a_{21}&a_{22}&\cdots&a_{2n}\\\vdots&\vdots&&\vdots\\a_{n1}&a_{n2}&\cdots&a_{nn}\end{pmatrix}$，$\boldsymbol{x}=\begin{pmatrix}x_1\\x_2\\\vdots\\x_n\end{pmatrix}$，则二次型可记作 $f=\boldsymbol{x}^{\mathrm{T}}\boldsymbol{A}\boldsymbol{x}$，称 $f=\boldsymbol{x}^{\mathrm{T}}\boldsymbol{A}\boldsymbol{x}$ 为二次型的矩阵形式，对称矩阵 $\boldsymbol{A}$ 叫作二次型 f 的矩阵，也把 f 叫作对称阵 $\boldsymbol{A}$ 的二次型．对称阵 $\boldsymbol{A}$ 的秩就称作二次型 f 的秩．

2. 标准形和规范形

(1) 只含有平方项的二次型 $f=k_1y_1^2+k_2y_2^2+\cdots+k_ny_n^2$，称为二次型的标准形(或法式)．

(2) 如果上式标准形的系数 $k_1,k_2,\cdots,k_n$ 只在三个数 $(-1,0,1)$ 中取值，即使 $f=y_1^2+\cdots+y_p^2-y_{p+1}^2-\cdots-y_r^2$，则称 f 为二次型的规范形．

3. 矩阵的合同

(1) 定义：设 $\boldsymbol{A}$ 和 $\boldsymbol{B}$ 是 n 阶矩阵，若有可逆矩阵 $\boldsymbol{C}$，使 $\boldsymbol{B}=\boldsymbol{C}^{\mathrm{T}}\boldsymbol{A}\boldsymbol{C}$，则称矩阵 $\boldsymbol{A}$ 与 $\boldsymbol{B}$ 合同．

(2) 性质：

① 反身性：对任意方阵 $\boldsymbol{A}$，$\boldsymbol{A}$ 合同于 $\boldsymbol{A}$．

② 对称性：若 $\boldsymbol{A}$ 合同于 $\boldsymbol{B}$，则 $\boldsymbol{B}$ 合同于 $\boldsymbol{A}$．

③ 传递性：若 $\boldsymbol{A}$ 合同于 $\boldsymbol{B}$，$\boldsymbol{B}$ 合同于 $\boldsymbol{C}$，则 $\boldsymbol{A}$ 合同于 $\boldsymbol{C}$．

④ 若 $\boldsymbol{A}$ 是对称矩阵，且 $\boldsymbol{A}$ 与 $\boldsymbol{B}$ 合同，则 $\boldsymbol{B}$ 也是对称矩阵，且 $R(\boldsymbol{A})=R(\boldsymbol{B})$．

4. 正交变换化二次型为标准形或规范形

(1) 任给二次型$f=\sum_{i,j=1}^{n}a_{ij}x_ix_j(a_{ij}=a_{ji})$，总有正交变换$\boldsymbol{x}=\boldsymbol{P}\boldsymbol{y}$，使$f$化为标准形

$$f=\lambda_1y_1^2+\lambda_2y_2^2+\cdots+\lambda_ny_n^2,$$

其中$\lambda_1,\lambda_2,\cdots,\lambda_n$是$f$的矩阵$\boldsymbol{A}=(a_{ij})$的特征值.

(2) 任给n元二次型$f(\boldsymbol{x})=\boldsymbol{x}^{\mathrm{T}}\boldsymbol{A}\boldsymbol{x}(\boldsymbol{A}^{\mathrm{T}}=\boldsymbol{A})$，总有可逆变换$\boldsymbol{x}=\boldsymbol{C}\boldsymbol{z}$，使$f(\boldsymbol{C}\boldsymbol{z})$为规范形.

5. 用正交变换化二次型为标准形的基本步骤

(1) 将二次型表示成矩阵形式$f=\boldsymbol{x}^{\mathrm{T}}\boldsymbol{A}\boldsymbol{x}$，求出$\boldsymbol{A}$；

(2) 求出$\boldsymbol{A}$的所有特征值$\lambda_1,\lambda_2,\cdots,\lambda_n$；

(3) 求出对应于各特征值的线性无关的特征向量$\boldsymbol{\xi}_1,\boldsymbol{\xi}_2,\cdots,\boldsymbol{\xi}_n$；

(4) 将特征向量$\boldsymbol{\xi}_1,\boldsymbol{\xi}_2,\cdots,\boldsymbol{\xi}_n$正交化、单位化，得$\boldsymbol{\eta}_1,\boldsymbol{\eta}_2,\cdots,\boldsymbol{\eta}_n$，记

$$\boldsymbol{C}=(\boldsymbol{\eta}_1,\boldsymbol{\eta}_2,\cdots,\boldsymbol{\eta}_n).$$

(5) 做正交变换$\boldsymbol{x}=\boldsymbol{C}\boldsymbol{y}$，则得$f$的标准形

$$f=\lambda_1y_1^2+\lambda_2y_2^2+\cdots+\lambda_ny_n^2.$$

说明　用正交变换$\boldsymbol{x}=\boldsymbol{C}\boldsymbol{y}$化二次型为标准形，其平方项的系数$\lambda_1,\lambda_2,\cdots,\lambda_n$除次序外是唯一确定的，它们都是二次型矩阵$\boldsymbol{A}$的特征值. 这是因为正交变换既是合同变换又是相似变换，而相似变换有相同的特征值.

6. 用配方法化二次型为标准形

配方法化二次型为标准形的关键是消去交叉项，其要点是利用两数和的平方公式与两数差的平方公式逐步消去非平方项构成新平方项. 分如下两种情况来处理.

(1) 二次型中含有x_i的平方项和交叉项.

先集中含x_i的交叉项，然后再与x_i^2配方，化成完全平方，再对其余的变量重复上述过程直到所有变量都配成平方项为止；令新变量代替各个平方项中的变量，同时用新变量表示旧变量的变换，即可做出可逆的线性变换，这样就得到了标准形.

注　每次只对一个变量配平方，余下的项中不再出现这个变量.

(2) 二次型中没有平方项，只有交叉项.

先利用平方差公式构造可逆线性变换，化二次型为含平方项的二次型，如当x_ix_j的系数$a_{ij}\neq0$时，进行可逆线性变换

$$\begin{cases}x_i=y_i-y_j,\\x_j=y_i+y_j(k\neq i,j),\\x_k=y_k,\end{cases}$$

再按情形(1)来处理.

二、例题分析

例 1　写出二次型的矩阵

$$f(x_1,x_2,x_3)=(x_1,x_2,x_3)\begin{pmatrix}1&2&3\\4&5&6\\7&8&9\end{pmatrix}\begin{pmatrix}x_1\\x_2\\x_3\end{pmatrix}.$$

解 $f(x)=(x_1,x_2,x_3)\begin{pmatrix}1&2&3\\4&5&6\\7&8&9\end{pmatrix}\begin{pmatrix}x_1\\x_2\\x_3\end{pmatrix}$

$=x_1^2+5x_2^2+9x_3^2+6x_1x_2+10x_1x_3+14x_2x_3$

$=(x_1,x_2,x_3)\begin{pmatrix}1&3&5\\3&5&7\\5&7&9\end{pmatrix}\begin{pmatrix}x_1\\x_2\\x_3\end{pmatrix}$,

于是，f 的矩阵 $\boldsymbol{A}=\begin{pmatrix}1&3&5\\3&5&7\\5&7&9\end{pmatrix}$.

注 对任一个 n 阶方阵 $\boldsymbol{A}$，$f=\boldsymbol{x}^{\mathrm{T}}\boldsymbol{A}\boldsymbol{x}$ 均是(n 个变元的)二次型，这可从本题得到验证. 但此二次型 f 的矩阵不一定是 $\boldsymbol{A}$. 由于 f 为一个数(一阶矩阵)，故 $f=f^{\mathrm{T}}$，于是

$$f=\boldsymbol{x}^{\mathrm{T}}\boldsymbol{A}\boldsymbol{x}$$
$$\Rightarrow f=f^{\mathrm{T}}=(\boldsymbol{x}^{\mathrm{T}}\boldsymbol{A}\boldsymbol{x})^{\mathrm{T}}=\boldsymbol{x}^{\mathrm{T}}\boldsymbol{A}^{\mathrm{T}}\boldsymbol{x}$$
$$\Rightarrow f=\boldsymbol{x}^{\mathrm{T}}\frac{\boldsymbol{A}+\boldsymbol{A}^{\mathrm{T}}}{2}\boldsymbol{x}.$$

因为 $\frac{\boldsymbol{A}+\boldsymbol{A}^{\mathrm{T}}}{2}$ 是对称矩阵，故二次型 $f=\boldsymbol{x}^{\mathrm{T}}\boldsymbol{A}\boldsymbol{x}$ 的对称矩阵为 $\frac{\boldsymbol{A}+\boldsymbol{A}^{\mathrm{T}}}{2}$.

方法总结

题中给出的矩阵不是对称阵，需要先化为二次型的一般表达式，再求二次型矩阵，注意二次型与对称阵是一一对应关系.

例 2 二次型 $f(x_1,x_2,x_3)=(x_1+x_2)^2+(x_2-x_3)^2+(x_3+x_1)^2$ 的秩为________.

解 应填 2.

设 $\boldsymbol{A}=\begin{pmatrix}1&1&0\\0&1&-1\\1&0&1\end{pmatrix}$，则 $\boldsymbol{A}\begin{pmatrix}x_1\\x_2\\x_3\end{pmatrix}=\begin{pmatrix}x_1+x_2\\x_2-x_3\\x_3+x_1\end{pmatrix}$，且

$$f(x_1,x_2,x_3)=(x_1+x_2)^2+(x_2-x_3)^2+(x_3+x_1)^2=(x_1,x_2,x_3)\boldsymbol{A}^{\mathrm{T}}\boldsymbol{A}\begin{pmatrix}x_1\\x_2\\x_3\end{pmatrix},$$

从而 $\boldsymbol{A}^{\mathrm{T}}\boldsymbol{A}$ 为二次型的矩阵，又 $r(\boldsymbol{A}^{\mathrm{T}}\boldsymbol{A})=r(\boldsymbol{A})=2$，故二次型的秩为 2.

例 3 设 $\boldsymbol{A},\boldsymbol{B}$ 为 n 阶方阵，对任意的 n 维列向量 $\boldsymbol{x}$，都有 $\boldsymbol{x}^{\mathrm{T}}\boldsymbol{A}\boldsymbol{x}=\boldsymbol{x}^{\mathrm{T}}\boldsymbol{B}\boldsymbol{x}$，则(　　).

(A) $\boldsymbol{A}=\boldsymbol{B}$

(B) $\boldsymbol{A}$ 与 $\boldsymbol{B}$ 等价

(C) 当 $\boldsymbol{A}$ 与 $\boldsymbol{B}$ 为对称矩阵时，$\boldsymbol{A}=\boldsymbol{B}$

(D) 当 $\boldsymbol{A}$ 与 $\boldsymbol{B}$ 为对称矩阵时，也可能有 $\boldsymbol{A}\neq\boldsymbol{B}$

解 应选(C).

设 $\boldsymbol{A}=(a_{ij}),\boldsymbol{B}=(b_{ij})$,

由 $\boldsymbol{x}^{\mathrm{T}}\boldsymbol{A}\boldsymbol{x}=\boldsymbol{x}^{\mathrm{T}}\boldsymbol{B}\boldsymbol{x}$，则对任意 $1\leqslant i\leqslant j\leqslant n$，等式两端 x_{ij} 的系数相等，即

$$a_{ij}+a_{ji}=b_{ij}+b_{ji}.$$

当 $\boldsymbol{A}$ 与 $\boldsymbol{B}$ 为对称矩阵时，有 $2a_{ij}=2b_{ij}$，所以 $\boldsymbol{A}=\boldsymbol{B}$. 故应选(C).

例 4 求正交变换化二次型 $2x_3^2-2x_1x_2+2x_1x_3-2x_2x_3$ 为标准形，并写出所用正交变换.

解 二次型的矩阵 $\boldsymbol{A}=\begin{pmatrix}0&-1&1\\-1&0&-1\\1&-1&2\end{pmatrix}$,

由 $|\lambda\boldsymbol{E}-\boldsymbol{A}|=\begin{vmatrix}\lambda&1&-1\\1&\lambda&1\\-1&1&\lambda-2\end{vmatrix}=(\lambda-1)(\lambda^2-3\lambda)$,

得 $\boldsymbol{A}$ 的特征值是 $3,-1,0$.

当 $\lambda_1=3$ 时，由 $(3\boldsymbol{E}-\boldsymbol{A})\boldsymbol{x}=\boldsymbol{0}$，解得 $\boldsymbol{x}_1=(1,-1,2)^{\mathrm{T}}$;

当 $\lambda_2=-1$ 时，解得 $\boldsymbol{x}_2=(1,2,1)^{\mathrm{T}}$;

当 $\lambda_3=0$ 时，$\boldsymbol{x}_3=(-1,1,1)^{\mathrm{T}}$，特征值无重根.

仅需要将 $\boldsymbol{x}_1,\boldsymbol{x}_2,\boldsymbol{x}_3$ 单位化得

$$\boldsymbol{\eta}_1=\frac{1}{\sqrt{6}}(1,-1,2)^{\mathrm{T}},\boldsymbol{\eta}_2=\frac{1}{\sqrt{2}}(1,2,1)^{\mathrm{T}},\boldsymbol{\eta}_3=\frac{1}{\sqrt{3}}(-1,1,1)^{\mathrm{T}},$$

构造正交矩阵 $\boldsymbol{C}=\begin{pmatrix}\frac{1}{\sqrt{6}}&\frac{1}{\sqrt{2}}&-\frac{1}{\sqrt{3}}\\-\frac{1}{\sqrt{6}}&\frac{2}{\sqrt{2}}&\frac{1}{\sqrt{3}}\\\frac{2}{\sqrt{6}}&\frac{1}{\sqrt{2}}&\frac{1}{\sqrt{3}}\end{pmatrix}$,

令 $\boldsymbol{x}=\boldsymbol{C}\boldsymbol{y}$，二次型 $\boldsymbol{x}^{\mathrm{T}}\boldsymbol{A}\boldsymbol{x}=3\boldsymbol{y}_1^2-\boldsymbol{y}_2^2$ 为所求标准形式.

例 5 已知二次曲面方程 $x^2+ay^2+z^2+2bxy+2xz+2yz=4$，可以经过正交变换 $(x,y,z)^{\mathrm{T}}=\boldsymbol{P}(\xi,\eta,q)^{\mathrm{T}}$ 化为椭圆柱面方程 $\eta^2+4\xi^2=4$，求 a,b 的值和正交矩阵 $\boldsymbol{P}$.

解 二次型的矩阵为 $\boldsymbol{A}=\begin{pmatrix}1&b&1\\b&a&1\\1&1&1\end{pmatrix}$，标准形矩阵 $\boldsymbol{\Lambda}=\begin{pmatrix}0&&\\&1&\\&&4\end{pmatrix}$,

由已知存在正交阵 $\boldsymbol{P}$ 使

$$\boldsymbol{P}^{\mathrm{T}}\boldsymbol{A}\boldsymbol{P}=\boldsymbol{P}^{-1}\boldsymbol{A}\boldsymbol{P}=\begin{pmatrix}0&&\\&1&\\&&4\end{pmatrix}=\boldsymbol{\Lambda}.$$

由相似矩阵性质有 $\mathrm{tr}(\boldsymbol{A})=\mathrm{tr}(\boldsymbol{\Lambda})$，即 $1+a+1=0+1+4\Rightarrow a=3$.

又 $|\boldsymbol{A}|=|\boldsymbol{\Lambda}|$ 即 $\begin{vmatrix}1&b&1\\b&a&1\\1&1&1\end{vmatrix}=-(b-1)^2=\begin{vmatrix}0&0&0\\0&1&0\\0&0&4\end{vmatrix}=0$，得 $b=1$.

从而 $A=\begin{pmatrix}1&1&1\\1&3&1\\1&1&1\end{pmatrix}$，$\Lambda=\begin{pmatrix}0&&\\&1&\\&&4\end{pmatrix}$.

故 A 的特征值为 $\lambda_1=0,\lambda_2=1,\lambda_3=4$.

由 $\lambda_1=0$ 时，由 $(0E-A)x=\mathbf{0}$，得 $x_1=(1,0,-1)^{\mathrm{T}}$；

由 $\lambda_2=1$ 时，由 $(1E-A)x=\mathbf{0}$，得 $x_2=(1,-1,1)^{\mathrm{T}}$；

由 $\lambda_3=4$ 时，由 $(4E-A)x=\mathbf{0}$，得 $x_3=(1,2,1)^{\mathrm{T}}$.

将 x_1,x_2,x_3 单位化得 $\beta_1=\frac{1}{\sqrt{2}}(1,0,-1)^{\mathrm{T}},\beta_2=\frac{1}{\sqrt{3}}(1,-1,1)^{\mathrm{T}},\beta_3=\frac{1}{\sqrt{6}}(1,2,1)^{\mathrm{T}}$，令 $P=(\beta_1,\beta_2,\beta_3)$，即 P 为所求正交矩阵.

方法总结

(1) 利用相似矩阵的性质，若 $A\sim B$，则 $\mathrm{tr}(A)=\mathrm{tr}(B)$ 及 $|A|=|B|$，由此来确定参数 a，b 的值.

(2) 二次型矩阵与其标准形矩阵，即合同又相似.

例6 已知 $\alpha=(1,-2,2)^{\mathrm{T}}$ 是二次型 $f(x_1,x_2,x_3)=ax_1^2+4x_2^2+bx_3^2-4x_1x_2+4x_1x_3-8x_2x_3$ 的矩阵 A 的特征向量，用正交变换化二次型为标准形，并写出所用的正交变换.

解 二次型的矩阵 $A=\begin{pmatrix}a&-2&2\\-2&4&-4\\2&-4&b\end{pmatrix}$，设 $\alpha=(1,-2,2)^{\mathrm{T}}$ 是矩阵 A 的对应于特征值 λ 的特征向量，则 $\begin{pmatrix}a&-2&2\\-2&4&-4\\2&-4&b\end{pmatrix}\begin{pmatrix}1\\-2\\2\end{pmatrix}=\lambda\begin{pmatrix}1\\-2\\2\end{pmatrix}$，从而 $\begin{cases}a+4+4=\lambda,\\-2-8-8=-2\lambda,\\2+8+2b=2\lambda,\end{cases}$ 解之，得 $a=1$，$b=4,\lambda=9$.

当 $a=1,b=4$ 时，$A=\begin{pmatrix}1&-2&2\\-2&4&-4\\2&-4&4\end{pmatrix}$，则

$$|\lambda E-A|=\begin{vmatrix}\lambda-1&2&-2\\2&\lambda-4&4\\-2&4&\lambda-4\end{vmatrix}=\begin{vmatrix}\lambda-1&2&-2\\2&\lambda-4&4\\0&\lambda&\lambda\end{vmatrix}=\lambda^2(\lambda-9),$$

由 $|\lambda E-A|=0$，得矩阵 A 的特征值为 $\lambda_1=\lambda_2=0,\lambda_3=9$.

将 $\lambda=0$ 代入 $(\lambda E-A)x=\mathbf{0}$，得 $(0E-A)x=\mathbf{0}$，由

$$0E-A=\begin{pmatrix}-1&2&-2\\2&-4&4\\-2&4&-4\end{pmatrix}\to\begin{pmatrix}1&-2&2\\0&0&0\\0&0&0\end{pmatrix},$$

得基础解系为 $\alpha_1=(2,1,0)^{\mathrm{T}},\alpha_2=(-2,0,1)^{\mathrm{T}}$，从而 A 的对应于特征值 $\lambda_1=\lambda_2=0$ 的特征向

量为 $\boldsymbol{\alpha}_1=(2,1,0)^{\mathrm{T}},\boldsymbol{\alpha}_2=(-2,0,1)^{\mathrm{T}}$.

$\boldsymbol{A}$ 的对应于特征值 $\lambda_3=9$ 的特征向量为 $\boldsymbol{\alpha}=(1,-2,2)^{\mathrm{T}}$.

将 $\boldsymbol{\alpha}_1,\boldsymbol{\alpha}_2$ 正交化，得

$$\boldsymbol{\beta}_1=\boldsymbol{\alpha}_1=(2,1,0)^{\mathrm{T}},\boldsymbol{\beta}_2=\boldsymbol{\alpha}_2-\frac{(\boldsymbol{\alpha}_2,\boldsymbol{\beta}_1)}{(\boldsymbol{\beta}_1,\boldsymbol{\beta}_1)}\boldsymbol{\beta}_1=\frac{1}{5}(-2,4,5)^{\mathrm{T}},$$

将 $\boldsymbol{\beta}_1,\boldsymbol{\beta}_2,\boldsymbol{\alpha}$ 单位化，得

$$\boldsymbol{\gamma}_1=\frac{1}{\sqrt{5}}(2,1,0)^{\mathrm{T}},\boldsymbol{\gamma}_2=\frac{1}{3\sqrt{5}}(-2,4,5)^{\mathrm{T}},\boldsymbol{\gamma}_3=\frac{1}{3}(1,-2,2)^{\mathrm{T}},$$

取 $\boldsymbol{Q}=(\boldsymbol{\gamma}_1,\boldsymbol{\gamma}_2,\boldsymbol{\gamma}_3)=\begin{pmatrix}\frac{2}{\sqrt{5}} & -\frac{2}{3\sqrt{5}} & \frac{1}{3}\\ \frac{1}{\sqrt{5}} & \frac{4}{3\sqrt{5}} & -\frac{2}{3}\\ 0 & \frac{5}{3\sqrt{5}} & \frac{2}{3}\end{pmatrix}$，则 $\boldsymbol{Q}$ 为正交矩阵，做正交变换 $\boldsymbol{x}=\boldsymbol{Q}\boldsymbol{y}$，从而二次型可化为标准形 $f(x_1,x_2,x_3)=\boldsymbol{x}^{\mathrm{T}}\boldsymbol{A}\boldsymbol{x}=\boldsymbol{y}^{\mathrm{T}}(\boldsymbol{Q}^{\mathrm{T}}\boldsymbol{A}\boldsymbol{Q})\boldsymbol{y}=9y_3^2$.

例 7 已知二次型 $f(x_1,x_2,x_3)=5x_1^2+5x_2^2+Cx_3^2-2x_1x_2+6x_1x_3+6x_2x_3$ 的秩为 2.

（1）求参数 C 及此二次型对应矩阵的特征值；

（2）指出方程 $f(x_1,x_2,x_3)=1$ 表示何种二次曲面.

解 （1）二次型矩阵 $\boldsymbol{A}=\begin{pmatrix}5 & -1 & 3\\ -1 & 5 & -3\\ 3 & -3 & C\end{pmatrix}$,

做初等变换 $\boldsymbol{A}=\begin{pmatrix}5 & -1 & 3\\ -1 & 5 & -3\\ 3 & -3 & C\end{pmatrix}\to\begin{pmatrix}-1 & 5 & -3\\ 0 & 2 & 1\\ 0 & 0 & C-3\end{pmatrix}$，$R(\boldsymbol{A})=2$，解得 $C=3$.

这时 $|\lambda\boldsymbol{E}-\boldsymbol{A}|=\begin{vmatrix}\lambda-5 & 1 & -3\\ 1 & \lambda-5 & 3\\ -3 & 3 & \lambda-3\end{vmatrix}=\lambda(\lambda-4)(\lambda-9)$,

故所求特征值为 $\lambda=0,\lambda=4,\lambda=9$.

（2）因此可知 $f(x_1,x_2,x_3)=1$ 经正交变换后将化为 $4y_2^2+9y_1^2=1$，因此 $f(x_1,x_2,x_3)=1$ 表示椭圆柱面.

例 8 化二次型

$$f(x_1,x_2,x_3)=x_1^2+x_1x_2+x_2x_3+x_1x_3$$

为标准形，并写出所用的线性变换.

解 由于 f 中含变量 x_1 的平方项，故把含 x_1 的项归并起来，配方可得

$$
\begin{aligned}
f(x_1,x_2,x_3) &= x_1^2+x_1x_2+x_2x_3+x_1x_3 \\
&= x_1^2+x_1(x_2+x_3)+\left(\frac{x_2+x_3}{2}\right)^2-\frac{1}{4}x_2^2-\frac{1}{4}x_3^2+\frac{1}{2}x_2x_3 \\
&= \left(x_1+\frac{x_2}{2}+\frac{x_3}{3}\right)^2-\frac{1}{4}(x_2^2+x_3^2-2x_2x_3) \\
&= \left(x_1+\frac{1}{2}x_2+\frac{1}{2}x_3\right)^2-\left(\frac{1}{2}x_2-\frac{1}{2}x_3\right)^2,
\end{aligned}
$$

做可逆线性变换$\begin{cases} y_1=x_1+\dfrac{1}{2}x_2+\dfrac{1}{2}x_3, \\ y_2=\dfrac{1}{2}x_2-\dfrac{1}{2}x_3, \\ y_3=x_3, \end{cases}$ 即$\begin{cases} x_1=y_1-y_2-y_3, \\ x_2=2y_2+y_3, \\ x_3=y_3, \end{cases}$

就将二次型f化为标准形$f=y_1^2-y_2^2$，所用变换矩阵为

$$
\boldsymbol{C}=\begin{pmatrix} 1 & -1 & -1 \\ 0 & 2 & 1 \\ 0 & 0 & 1 \end{pmatrix}(|\boldsymbol{C}|=2\neq 0).
$$

例9 设二次型$f(x_1,x_2,x_3)=ax_1^2+ax_2^2+(a-1)x_3^2+2x_1x_2-2x_2x_3$.

(1) 求二次型f的矩阵的所有特征值；

(2) 若二次型f的规范型为$y_1^2+y_2^2$，求a的值.

解 (1) 二次型f的矩阵$\boldsymbol{A}=\begin{pmatrix} a & 0 & 1 \\ 0 & a & -1 \\ 1 & -1 & a-1 \end{pmatrix}$,

由于$|\lambda\boldsymbol{E}-\boldsymbol{A}|=\begin{vmatrix} \lambda-a & 0 & -1 \\ 0 & \lambda-a & 1 \\ -1 & 1 & \lambda-a+1 \end{vmatrix}=(\lambda-a)[\lambda-(a+1)][\lambda-(a-2)]$，所以$\boldsymbol{A}$的特征值为$\lambda_1=a$，$\lambda_2=a+1$，$\lambda_3=a-2$.

(2) 方法1 因为f的规范型为$y_1^2+y_2^2$，所以$\boldsymbol{A}$合同于$\begin{pmatrix} 1 & 0 & 0 \\ 0 & 1 & 0 \\ 0 & 0 & 0 \end{pmatrix}$.

其秩为2，故$|\boldsymbol{A}|=\lambda_1\lambda_2\lambda_3=0$，于是$a=0$或$a=-1$或$a=2$.

当$a=0$时，$\lambda_1=0$，$\lambda_2=1$，$\lambda_3=-2$，此时f的规范形为$y_1^2-y_2^2$不合题意.

当$a=-1$时，$\lambda_1=-1$，$\lambda_2=0$，$\lambda_3=-3$，此时f的规范形为$-y_1^2-y_2^2$不合题意.

当$a=2$时，$\lambda_1=2$，$\lambda_2=3$，$\lambda_3=0$，此时f的规范形为$y_1^2+y_2^2$符合题意.

综合可知$a=2$.

方法2 由于f的规范形为$y_1^2+y_2^2$，所以$\boldsymbol{A}$的特征值有2个正数，1个为零. 又$a-2<a<a+1$，得$a=2$.

方法总结

(1) “二次型和对称矩阵一一对应”，准确写出二次型的矩阵这几乎是所有二次型的题目都要迈过的第一道坎.

(2) 将二次型 $f=\boldsymbol{x}^{\mathrm{T}}\boldsymbol{A}\boldsymbol{x}$ 化为规范形 $y_1^2+y_2^2+\cdots+y_p^2-y_{p+1}^2-\cdots-y_{p+q}^2$，则正平方项的个数为 $\boldsymbol{A}$ 的正特征值的个数，负平方项的个数为 $\boldsymbol{A}$ 的负特征值的个数，两者之和即为 $\boldsymbol{A}$ 的秩.

例 10　判断下列命题是否正确.

(1) 两个 n 阶矩阵合同的充分必要条件是它们有相同的秩；

(2) 若 $\boldsymbol{B}$ 与对称矩阵 $\boldsymbol{A}$ 合同，则 $\boldsymbol{B}$ 也是对称矩阵；

(3) 若矩阵 $\boldsymbol{A}$ 与 $\boldsymbol{B}$ 合同，则存在唯一的可逆矩阵 $\boldsymbol{P}$，使得 $\boldsymbol{P}^{\mathrm{T}}\boldsymbol{A}\boldsymbol{P}=\boldsymbol{B}$；

(4) 正交矩阵的特征值一定是实数；

(5) 正交矩阵的特征值只能为 1 或 -1.

解　(1)错误. 若两矩阵合同，则它们有相同的秩，但反过来不对. 两矩阵具有相同的秩，但不一定合同. 例如，$\boldsymbol{E}=\begin{pmatrix}1&0\\0&1\end{pmatrix}$，$\boldsymbol{B}=\begin{pmatrix}1&0\\0&-1\end{pmatrix}$，两者具有相同的秩，但它们不合同.

(2) 正确. 设 $\boldsymbol{P}^{\mathrm{T}}\boldsymbol{A}\boldsymbol{P}=\boldsymbol{B}$，且 $\boldsymbol{A}^{\mathrm{T}}=\boldsymbol{A}$，则 $\boldsymbol{B}^{\mathrm{T}}=\boldsymbol{P}^{\mathrm{T}}\boldsymbol{A}^{\mathrm{T}}\boldsymbol{P}=\boldsymbol{P}^{\mathrm{T}}\boldsymbol{A}\boldsymbol{P}=\boldsymbol{B}$，故 $\boldsymbol{B}$ 对称.

(3) 错误. 在化二次型为标准形时，有多种不同的方式，其对应的逆矩阵自然就不同.

(4) 错误. 对称矩阵的特征值一定是实数，但正交矩阵的特征值不一定是实数. 例如 $\boldsymbol{A}=\frac{1}{\sqrt{2}}\begin{pmatrix}1&1\\-1&1\end{pmatrix}$ 的特征值为虚数.

(5) 错误. 正交矩阵的特征值不一定是实数，更不一定只限于为 1 或 -1.

例 11　设 $\boldsymbol{A}=\begin{pmatrix}0&3&0\\3&0&0\\0&0&1\end{pmatrix}$，则下列矩阵中与 $\boldsymbol{A}$ 合同但不相似的矩阵为(　　).

(A) $\begin{pmatrix}4&0&0\\0&0&1\\0&1&0\end{pmatrix}$　　(B) $\begin{pmatrix}1&0&0\\0&3&0\\0&0&-3\end{pmatrix}$

(C) $\begin{pmatrix}0&2&0\\2&4&0\\0&0&-1\end{pmatrix}$　　(D) $\begin{pmatrix}0&2&0\\2&2&0\\0&0&0\end{pmatrix}$

解　应选(A).

方法 1　$|\lambda\boldsymbol{E}-\boldsymbol{A}|=\begin{vmatrix}\lambda&-3&0\\-3&\lambda&0\\0&0&\lambda-1\end{vmatrix}=(\lambda-1)(\lambda-3)(\lambda+3)=0$，由 $|\lambda\boldsymbol{E}-\boldsymbol{A}|=0$ 得 $\boldsymbol{A}$ 的特征值为 1，3，-3.

令 $\boldsymbol{B}=\begin{pmatrix}4&0&0\\0&0&1\\0&1&0\end{pmatrix}$，$|\lambda\boldsymbol{E}-\boldsymbol{B}|=\begin{vmatrix}\lambda-4&0&0\\0&\lambda&-1\\0&-1&\lambda\end{vmatrix}=(\lambda-4)(\lambda-1)(\lambda+1)$，由 $|\lambda\boldsymbol{E}-\boldsymbol{B}|=0$ 得 $\boldsymbol{B}$ 的特征值为 $4,1,-1$ 从而 $\boldsymbol{A}$ 与 $\boldsymbol{B}$ 合同但不相似，故选(A).

方法 2　$|\lambda\boldsymbol{E}-\boldsymbol{A}|=\begin{vmatrix}\lambda&-3&0\\-3&\lambda&0\\0&0&\lambda-1\end{vmatrix}=(\lambda-1)(\lambda-3)(\lambda+3)=0$，由 $|\lambda\boldsymbol{E}-\boldsymbol{A}|=0$ 得

$\boldsymbol{A}$ 的特征值为 $1,3,-3$. 由于 $\boldsymbol{B}=\begin{pmatrix}1&0&0\\0&3&0\\0&0&-3\end{pmatrix}$的特征值与 $\boldsymbol{A}$ 的特征值相同，且 $\boldsymbol{A}$ 与 $\boldsymbol{B}$ 均为实对称矩阵，因此 $\boldsymbol{A}$ 与 $\boldsymbol{B}$ 合同且相似，从而选项(B)不正确. 令 $\boldsymbol{C}=\begin{pmatrix}0&2&0\\2&4&0\\0&0&-1\end{pmatrix}$, $|\lambda\boldsymbol{E}-\boldsymbol{C}|=\begin{vmatrix}\lambda&-2&0\\-2&\lambda-4&0\\0&0&\lambda+1\end{vmatrix}=(\lambda+1)(\lambda^2-4\lambda-4)$，由 $|\lambda\boldsymbol{E}-\boldsymbol{C}|=0$ 得 $\boldsymbol{C}$ 的特征值为 $2+2\sqrt{2},2-2\sqrt{2},-1$. 由于 $\boldsymbol{C}$ 的特征值中正、负个数与 $\boldsymbol{A}$ 的特征值中的正、负个数不同，因此 $\boldsymbol{C}$ 与 $\boldsymbol{A}$ 不合同，从而选项(C)不正确. 令 $\boldsymbol{D}=\begin{pmatrix}0&2&0\\2&2&0\\0&0&0\end{pmatrix}$，因而 $r(\boldsymbol{D})=2\neq3=r(\boldsymbol{A})$，所以 $\boldsymbol{D}$ 与 $\boldsymbol{A}$ 不合同，从而选项(D)不正确，故选(A).

三、习题精练

1. 设 $f(x_1,x_2,x_3,x_4)=x_1^2+3x_2^2-x_3^2+x_1x_2-2x_1x_3+3x_2x_3$，则二次型的矩阵是________，二次型的秩为________.

2. 求二次型 $f(x_1,x_2,x_3)=\boldsymbol{x}^{\mathrm{T}}\begin{pmatrix}1&2&1\\0&1&0\\1&2&1\end{pmatrix}\boldsymbol{x}$ 的秩.

3. 二次型 $f(x_1,x_2,x_3)=x_1^2+6x_1x_2+4x_1x_3+x_2^2+2x_2x_3+tx_3^2$，若其秩为 2，则 t 值应为(　　).

(A) 0　　(B) 2　　(C) $\dfrac{7}{8}$　　(D) 1

4. 设矩阵 $\boldsymbol{A}=\begin{pmatrix}2&2&0\\8&2&0\\0&a&6\end{pmatrix}$可相似对角化.

(1) 求 a;

(2) 用正交变换化二次型 $f(x_1,x_2,x_3)=\boldsymbol{x}^{\mathrm{T}}\boldsymbol{A}\boldsymbol{x}$ 为标准形.

5. 设二次型 $x_1^2+x_2^2+x_3^2-4x_1x_2-4x_1x_3+2ax_2x_3$ 经正交变换化为 $3y_1^2+3y_2^2+by_3^2$，求 a，b 的值及所用的正交变换.

6. 化二次型

$$f(x_1,x_2,x_3)=x_1x_2+2x_1x_3$$

为标准形，并写出所用的线性变换.

7. 设 $\boldsymbol{A}$ 与 $\boldsymbol{B}$ 为实对称矩阵，证明：若 $\boldsymbol{A}$ 与 $\boldsymbol{B}$ 相似，则 $\boldsymbol{A}$ 与 $\boldsymbol{B}$ 合同；反之不成立.

四、习题解答

1. 解　由题设二次型的矩阵为

$$A = \begin{pmatrix} 1 & \frac{1}{2} & -1 & 0 \\ \frac{1}{2} & 3 & \frac{3}{2} & 0 \\ -1 & \frac{3}{2} & -1 & 0 \\ 0 & 0 & 0 & 0 \end{pmatrix},$$

将上述矩阵进行初等行变换化为阶梯形

$$A \to \begin{pmatrix} 1 & \frac{1}{2} & -1 & 0 \\ 0 & \frac{11}{4} & 2 & 0 \\ 0 & 2 & -2 & 0 \\ 0 & 0 & 0 & 0 \end{pmatrix} \to \begin{pmatrix} 1 & \frac{1}{2} & -1 & 0 \\ 0 & 1 & -1 & 0 \\ 0 & 0 & \frac{19}{4} & 0 \\ 0 & 0 & 0 & 0 \end{pmatrix},$$

可知二次型的秩为3.

故应填$\begin{pmatrix} 1 & \frac{1}{2} & -1 & 0 \\ \frac{1}{2} & 3 & \frac{3}{2} & 0 \\ -1 & \frac{3}{2} & -1 & 0 \\ 0 & 0 & 0 & 0 \end{pmatrix}$, 3.

2. 解题思路　本题先把二次型化为函数形式，再写出实对称矩阵，即得二次型的矩阵.

解　根据二次型与二次型矩阵的定义，有

$$f(x_1, x_2, x_3) = \boldsymbol{x}^{\mathrm{T}} \begin{pmatrix} 1 & 2 & 1 \\ 0 & 1 & 0 \\ 1 & 2 & 1 \end{pmatrix} \boldsymbol{x} = x_1^2 + x_2^2 + x_3^2 + 2x_1x_2 + 2x_1x_3 + 2x_2x_3$$

$$= (x_1, x_2, x_3) \begin{pmatrix} 1 & 1 & 1 \\ 1 & 1 & 1 \\ 1 & 1 & 1 \end{pmatrix} \begin{pmatrix} x_1 \\ x_2 \\ x_3 \end{pmatrix},$$

故二次型的矩阵为$\boldsymbol{A} = \begin{pmatrix} 1 & 1 & 1 \\ 1 & 1 & 1 \\ 1 & 1 & 1 \end{pmatrix}$.

易知矩阵$\boldsymbol{A}$的秩为1，所以二次型的秩为1.

3. 解　二次型矩阵为$\begin{pmatrix} 1 & 3 & 2 \\ 3 & 1 & 1 \\ 2 & 1 & t \end{pmatrix} \to \begin{pmatrix} 1 & 3 & 2 \\ 0 & 1 & \frac{5}{8} \\ 0 & 0 & t - \frac{7}{8} \end{pmatrix}$，故当$t = \frac{7}{8}$时，其秩为2. 故应选(C).

4. 解 (1) $|\lambda E-A|=\begin{vmatrix}\lambda-2 & -2 & 0\\ -8 & \lambda-2 & 0\\ 0 & -a & \lambda-6\end{vmatrix}=(\lambda-6)^2(\lambda+2)$，由 $|\lambda E-A|=0$，得 A 的特征值为 6,6，-2. 由于 A 可相似对角化，因此 $r(6E-A)=1$，由

$$6E-A=\begin{pmatrix}4 & -2 & 0\\ -8 & 4 & 0\\ 0 & -a & 0\end{pmatrix}\to\begin{pmatrix}4 & -2 & 0\\ 0 & 0 & 0\\ 0 & -a & 0\end{pmatrix},$$

得 $a=0$.

(2) 由于 $f(x_1,x_2,x_3)=x^{\mathrm{T}}Ax=(x^{\mathrm{T}}Ax)^{\mathrm{T}}=x^{\mathrm{T}}A^{\mathrm{T}}x=\frac{1}{2}(x^{\mathrm{T}}Ax+x^{\mathrm{T}}A^{\mathrm{T}}x)=x^{\mathrm{T}}\frac{A+A^{\mathrm{T}}}{2}x$，

因此二次型的矩阵为 $\frac{A+A^{\mathrm{T}}}{2}=\begin{pmatrix}2 & 5 & 0\\ 5 & 2 & 0\\ 0 & 0 & 6\end{pmatrix}=B$，则

$$|\lambda E-B|=\begin{vmatrix}\lambda-2 & -5 & 0\\ -5 & \lambda-2 & 0\\ 0 & 0 & \lambda-6\end{vmatrix}=(\lambda-6)(\lambda+3)(\lambda-7),$$

由 $|\lambda E-B|=0$，得 B 的特征值为 $\lambda_1=6$，$\lambda_2=-3$，$\lambda_3=7$.

将 $\lambda=6$ 代入 $(\lambda E-B)x=0$，得 $(6E-B)x=0$，由

$$6E-B=\begin{pmatrix}4 & -5 & 0\\ -5 & 4 & 0\\ 0 & 0 & 0\end{pmatrix}\to\begin{pmatrix}1 & 0 & 0\\ 0 & 1 & 0\\ 0 & 0 & 0\end{pmatrix},$$

得基础解系为 $\alpha_1=(0,0,1)^{\mathrm{T}}$，从而 B 的对应于特征值 $\lambda_1=6$ 的特征向量为 $\alpha_1=(0,0,1)^{\mathrm{T}}$.

将 $\lambda=-3$ 代入 $(\lambda E-B)x=0$，得 $(-3E-B)x=0$，由

$$-3E-B=\begin{pmatrix}-5 & -5 & 0\\ -5 & -5 & 0\\ 0 & 0 & -9\end{pmatrix}\to\begin{pmatrix}1 & 1 & 0\\ 0 & 0 & 1\\ 0 & 0 & 0\end{pmatrix},$$

得基础解系为 $\alpha_2=(1,-1,0)^{\mathrm{T}}$，从而 B 的对应于特征值 $\lambda_2=-3$ 的特征向量为 $\alpha_2=(1,-1,0)^{\mathrm{T}}$.

将 $\lambda=7$ 代入 $(\lambda E-B)x=0$，得 $(7E-B)x=0$，由

$$7E-B=\begin{pmatrix}5 & -5 & 0\\ -5 & 5 & 0\\ 0 & 0 & 1\end{pmatrix}\to\begin{pmatrix}1 & -1 & 0\\ 0 & 0 & 1\\ 0 & 0 & 0\end{pmatrix},$$

得基础解系为 $\alpha_3=(1,1,0)^{\mathrm{T}}$，从而 B 的对应于特征值 $\lambda_3=7$ 的特征向量为 $\alpha_3=(1,1,0)^{\mathrm{T}}$.

将 $\alpha_1,\alpha_2,\alpha_3$ 单位化，得

$$\gamma_1=(0,0,1)^{\mathrm{T}},\ \gamma_2=\frac{1}{\sqrt{2}}(1,-1,0)^{\mathrm{T}},\ \gamma_3=\frac{1}{\sqrt{2}}(1,1,0)^{\mathrm{T}},$$

取 $Q=(\gamma_1,\gamma_2,\gamma_3)=\begin{pmatrix}0 & \frac{1}{\sqrt{2}} & \frac{1}{\sqrt{2}}\\ 0 & -\frac{1}{\sqrt{2}} & \frac{1}{\sqrt{2}}\\ 1 & 0 & 0\end{pmatrix}$，则 Q 为正交矩阵，做 $x=Qy$ 正交变换，从而二次型

可化为标准形$f=6y_1^2-3y_2^2+7y_3^2$.

5. 解　二次型的矩阵$A=\begin{pmatrix}1&-2&-2\\-2&1&a\\-2&a&1\end{pmatrix}$，由于二次型经正交变换化为标准形$3y_1^2+3y_2^2+by_3^2$，因此$A$的特征值为3,3,$b$，从而$1+1+1=3+3+b$，故$b=-3$.

由$|3E-A|=\begin{vmatrix}2&2&2\\2&2&-a\\2&-a&2\end{vmatrix}=-2(a+2)^2=0$，得$a=-2$.

将$\lambda=3$代入$(\lambda E-A)x=0$，得$(3E-A)x=0$，由

$$3E-A=\begin{pmatrix}2&2&2\\2&2&2\\2&2&2\end{pmatrix}\to\begin{pmatrix}1&1&1\\0&0&0\\0&0&0\end{pmatrix},$$

得基础解系为$\alpha_1=(1,-1,0)^T$，$\alpha_2=(1,0,-1)^T$，从而A的对应于特征值$\lambda_1=\lambda_2=3$的特征向量为$\alpha_1=(1,-1,0)^T$，$\alpha_2=(1,0,-1)^T$.

将$\lambda=-3$代入$(\lambda E-A)x=0$，得$(-3E-A)x=0$，由

$$-3E-A=\begin{pmatrix}-4&2&2\\2&-4&2\\2&2&-4\end{pmatrix}\to\begin{pmatrix}1&0&-1\\0&1&-1\\0&0&0\end{pmatrix},$$

得基础解系为$\alpha_3=(1,1,1)^T$，从而A的对应于特征值$\lambda_3=3$的特征向量为$\alpha_3=(1,1,1)^T$.

将α_1,α_2正交化，得

$$\beta_1=\alpha_1=(1,-1,0)^T,$$

$$\beta_2=\alpha_2-\frac{(\alpha_2,\beta_1)}{(\beta_1,\beta_1)}\beta_1=(1,0,-1)^T-\frac{1}{2}(1,-1,0)^T=\frac{1}{2}(1,1,-2)^T,$$

将β_1,β_2,α_3单位化，得

$$\gamma_1=\frac{1}{\sqrt2}(1,-1,0)^T,\gamma_2=\frac{1}{\sqrt6}(1,1,-2)^T,\gamma_3=\frac{1}{\sqrt3}(1,1,1)^T,$$

取$Q=(\gamma_1,\gamma_2,\gamma_3)=\begin{pmatrix}\frac{1}{\sqrt2}&\frac{1}{\sqrt6}&\frac{1}{\sqrt3}\\-\frac{1}{\sqrt2}&\frac{1}{\sqrt6}&\frac{1}{\sqrt3}\\0&-\frac{2}{\sqrt6}&\frac{1}{\sqrt3}\end{pmatrix}$，则$Q$为正交矩阵，做正交变换$x=Qy$，从而二次型可化为标准形$3y_1^2+3y_2^2-3y_3^2$.

6. 解　在f中不含平方项. 由于含有x_1x_2乘积项，故令

$$\begin{cases}x_1=y_1+y_2,\\x_2=y_1-y_2,\\x_3=y_3,\end{cases}$$

代入可得

$$f=y_1^2-y_2^2+2y_1y_3+2y_2y_3,$$

再配方，得

$$f=(y_1+y_3)^2-(y_2-y_3)^2.$$

令

$$\begin{cases}z_1=y_1+y_3,\\z_2=y_2-y_3,\\z_3=y_3,\end{cases}\text{即}\begin{cases}y_1=z_1-z_3,\\y_2=z_2+z_3,\\y_3=z_3,\end{cases}$$

即有$f=z_1^2-z_2^2$. 所用变换矩阵为

$$\boldsymbol{C}=\begin{pmatrix}1&1&0\\1&-1&0\\0&0&1\end{pmatrix}\begin{pmatrix}1&0&-1\\0&1&1\\0&0&1\end{pmatrix}=\begin{pmatrix}1&1&0\\1&-1&-2\\0&0&1\end{pmatrix}(|\boldsymbol{C}|=-2\neq 0).$$

7. 证　若$\boldsymbol{A}$与$\boldsymbol{B}$都为实对称矩阵且相似，则存在正交矩阵$\boldsymbol{Q}_1$，$\boldsymbol{Q}_2$，使得

$$\boldsymbol{Q}_1^{\mathrm{T}}\boldsymbol{A}\boldsymbol{Q}_1=\boldsymbol{\Lambda}_1,\ \boldsymbol{Q}_2^{\mathrm{T}}\boldsymbol{B}\boldsymbol{Q}_2=\boldsymbol{\Lambda}_2,$$

由于相似矩阵有相同的特征值，故

$$\boldsymbol{\Lambda}_1=\boldsymbol{\Lambda}_2=\begin{pmatrix}\lambda_1&&\\&\lambda_2&\\&&\lambda_3\end{pmatrix},$$

又因为$\lambda_i(i=1,2,3)$为$\boldsymbol{A}$，$\boldsymbol{B}$的特征值，$\boldsymbol{Q}_i^{\mathrm{T}}=\boldsymbol{Q}_i^{-1}(i=1,2)$，则$\boldsymbol{Q}_1^{\mathrm{T}}\boldsymbol{A}\boldsymbol{Q}_1=\boldsymbol{Q}_2^{\mathrm{T}}\boldsymbol{B}\boldsymbol{Q}_2$，即

$$\boldsymbol{A}=\boldsymbol{Q}_1\boldsymbol{Q}_2^{\mathrm{T}}\boldsymbol{B}\boldsymbol{Q}_2\boldsymbol{Q}_1^{\mathrm{T}}=(\boldsymbol{Q}_2\boldsymbol{Q}_1^{\mathrm{T}})^{\mathrm{T}}\boldsymbol{B}(\boldsymbol{Q}_2\boldsymbol{Q}_1^{\mathrm{T}}),$$

因此$\boldsymbol{A}$与$\boldsymbol{B}$合同，反之不成立.

例如$\boldsymbol{A}=\begin{pmatrix}1&0\\0&1\end{pmatrix}$，$\boldsymbol{B}=\begin{pmatrix}1&0\\0&2\end{pmatrix}$，设$\boldsymbol{C}=\begin{pmatrix}1&0\\1&\frac{1}{\sqrt{2}}\end{pmatrix}$，有$\boldsymbol{C}^{\mathrm{T}}\boldsymbol{B}\boldsymbol{C}=\boldsymbol{A}$，即$\boldsymbol{A}$与$\boldsymbol{B}$合同，但对于任意可逆矩阵$\boldsymbol{C}$，$\boldsymbol{C}^{-1}$，$\boldsymbol{C}^{-1}\boldsymbol{A}\boldsymbol{C}=\boldsymbol{E}\neq\boldsymbol{B}$，故$\boldsymbol{A}$与$\boldsymbol{B}$不相似.

5.2　正定二次型

一、知识要点

1. 惯性定理

设实二次型$f(\boldsymbol{x})=\boldsymbol{x}^{\mathrm{T}}\boldsymbol{A}\boldsymbol{x}$的秩为$r$，若存在可逆变换$\boldsymbol{x}=\boldsymbol{C}\boldsymbol{y}$和$\boldsymbol{x}=\boldsymbol{P}\boldsymbol{z}$使得

$$f=k_1y_1^2+k_2y_2^2+\cdots+k_ry_r^2\quad(k_i\neq 0;\ i=1,2,\cdots,r),$$

$$f=l_1z_1^2+l_2z_2^2+\cdots+l_rz_r^2\quad(l_i\neq 0;\ i=1,2,\cdots,r),$$

则$k_1,k_2,\cdots,k_r$中正数的个数与$l_1,l_2,\cdots,l_r$中正数的个数相等，从而实二次型的规范形是唯一的.

2. 正定二次型

对二次型$f(\boldsymbol{x})=\boldsymbol{x}^{\mathrm{T}}\boldsymbol{A}\boldsymbol{x}$，若$\forall\,\boldsymbol{x}\neq\boldsymbol{0}\in\mathbf{R}^n$，有

(1) $f(\boldsymbol{x})>0$，则称 f 为正定二次型，并称对称矩阵 $\boldsymbol{A}$ 是正定矩阵；

(2) $f(\boldsymbol{x})<0$，则称 f 为负定二次型，并称对称矩阵 $\boldsymbol{A}$ 是负定矩阵；

(3) $f(\boldsymbol{x})\geqslant 0$，且至少存在一个 $\boldsymbol{x}_0\neq\boldsymbol{0}$，使得 $f(\boldsymbol{x}_0)=0$，则称 f 为半正定二次型，并称对称矩阵 $\boldsymbol{A}$ 是半正定矩阵；

(4) $f(\boldsymbol{x})\leqslant 0$，且至少存在一个 $\boldsymbol{x}_0\neq\boldsymbol{0}$，使得 $f(\boldsymbol{x}_0)=0$，则称 f 为半负定二次型，并称对称矩阵 $\boldsymbol{A}$ 是半负定矩阵.

正定和半正定以及负定和半负定二次型，统称为有定二次型.

3. 正定性的判定

(1) 二次型 $f(\boldsymbol{x})=\boldsymbol{x}^{\mathrm{T}}\boldsymbol{A}\boldsymbol{x}$ 为正定二次型 $\Leftrightarrow$ $\boldsymbol{A}$ 为正定矩阵.

(2) 二次型 $f(\boldsymbol{x})=\boldsymbol{x}^{\mathrm{T}}\boldsymbol{A}\boldsymbol{x}$ 为正定二次型 $\Leftrightarrow\forall\boldsymbol{x}\neq\boldsymbol{0}$，$\boldsymbol{x}^{\mathrm{T}}\boldsymbol{A}\boldsymbol{x}>0$.

(3) 二次型 $f(\boldsymbol{x})=\boldsymbol{x}^{\mathrm{T}}\boldsymbol{A}\boldsymbol{x}$ 为正定二次型 $\Leftrightarrow$ $\boldsymbol{A}$ 的 n 个特征值全大于零.

(4) 二次型 $f(\boldsymbol{x})=\boldsymbol{x}^{\mathrm{T}}\boldsymbol{A}\boldsymbol{x}$ 为正定二次型 $\Leftrightarrow$ 存在可逆矩阵 $\boldsymbol{U}$，使得 $\boldsymbol{A}=\boldsymbol{U}^{\mathrm{T}}\boldsymbol{U}$.

(5) 二次型 $f(\boldsymbol{x})=\boldsymbol{x}^{\mathrm{T}}\boldsymbol{A}\boldsymbol{x}$ 为正定二次型 $\Leftrightarrow$ $\boldsymbol{A}$ 与 $\boldsymbol{E}$ 合同，即存在可逆矩阵 $\boldsymbol{C}$，使得 $\boldsymbol{C}^{\mathrm{T}}\boldsymbol{A}\boldsymbol{C}=\boldsymbol{E}$.

(6) 二次型 $f(\boldsymbol{x})=\boldsymbol{x}^{\mathrm{T}}\boldsymbol{A}\boldsymbol{x}$ 为正定二次型 $\Leftrightarrow f(\boldsymbol{x})=\boldsymbol{x}^{\mathrm{T}}\boldsymbol{A}\boldsymbol{x}$ 的标准形中 n 个系数全大于零.

(7) 二次型 $f(\boldsymbol{x})=\boldsymbol{x}^{\mathrm{T}}\boldsymbol{A}\boldsymbol{x}$ 为正定二次型 $\Leftrightarrow$ $\boldsymbol{A}$ 的各阶顺序主子式大于零.

(8) 二次型 $f(\boldsymbol{x})=\boldsymbol{x}^{\mathrm{T}}\boldsymbol{A}\boldsymbol{x}$ 为正定二次型 $\Leftrightarrow$ 对任意自然数 k，存在正定矩阵 $\boldsymbol{B}$，使得 $\boldsymbol{A}=\boldsymbol{B}^k$.

(9) 二次型 $f(\boldsymbol{x})=\boldsymbol{x}^{\mathrm{T}}\boldsymbol{A}\boldsymbol{x}$ 为正定二次型 $\Leftrightarrow$ 存在正交矩阵 $\boldsymbol{Q}$，使得

$$\boldsymbol{Q}^{\mathrm{T}}\boldsymbol{A}\boldsymbol{Q}=\begin{pmatrix}\lambda_1 & & \\ & \ddots & \\ & & \lambda_n\end{pmatrix}(\lambda_i>0;\ i=1,2,\cdots,n).$$

(10) 二次型 $f(\boldsymbol{x})=\boldsymbol{x}^{\mathrm{T}}\boldsymbol{A}\boldsymbol{x}$ 为正定二次型 $\Leftrightarrow$ 正惯性指数为 n.

4. 正定矩阵的性质

(1) 设 $\boldsymbol{A}$ 是正定矩阵，则 $\boldsymbol{A}$ 的主对角元素 $a_{ii}>0(i=1,\ 2,\ \cdots,\ n)$.

(2) 设 $\boldsymbol{A}$ 是正定矩阵，则 $|\boldsymbol{A}|>0$，从而 $\boldsymbol{A}$ 可逆.

(3) 设 $\boldsymbol{A}$ 是正定矩阵，则 $k\boldsymbol{A}(k>0)$，$\boldsymbol{A}^{\mathrm{T}}$，$\boldsymbol{A}^{-1}$，$\boldsymbol{A}^*$ 也是正定矩阵.

(4) 设 $\boldsymbol{A}$，$\boldsymbol{B}$ 是同阶正定矩阵，则 $a\boldsymbol{A}+b\boldsymbol{B}(a\geqslant 0,\ b\geqslant 0,\ a$ 与 b 不同时为零) 也是正定矩阵.

(5) 设 $\boldsymbol{A}$ 是正定矩阵，且 $\boldsymbol{A}$ 与 $\boldsymbol{B}$ 合同，则 $\boldsymbol{B}$ 是正定矩阵.

5. 若 A 为实对称矩阵，则下列条件等价

(1) $\boldsymbol{A}$ 为半正定矩阵；

(2) $\boldsymbol{A}$ 的特征值均大于等于零，且至少有一个等于零；

(3) $\boldsymbol{A}$ 的正惯性指数为 $R(\boldsymbol{A})<n$；

(4) $\boldsymbol{A}\sim\mathbf{diag}(1,1,\cdots,1,0,\cdots,0)$，其中，1 有 $R(\boldsymbol{A})$ 个，$R(\boldsymbol{A})<n$；

(5) 存在非满秩矩阵 $\boldsymbol{B}$，使得 $\boldsymbol{A}=\boldsymbol{B}^{\mathrm{T}}\boldsymbol{B}$.

6. 若满足下列条件之一，则二次型 f 为负定二次型

(1) f 的标准形中的 n 个系数全为负；

(2) 对称矩阵 $\boldsymbol{A}$ 的特征值全小于零；

(3) 对称矩阵 $\boldsymbol{A}$ 的各阶顺序主子式中，奇数阶的全小于零，偶数阶的全大于零.

7. 关于正定矩阵常用的结论

(1) 若$\boldsymbol{A}$，$\boldsymbol{B}$是正定矩阵，则$\boldsymbol{A}+\boldsymbol{B}$也是正定矩阵；

(2) $\boldsymbol{A}=(a_{ij})_{n\times n}$是正定矩阵，则$a_{ii}>0$，但反之不成立.

二、例题分析

例1 二次型$f(x_1,x_2,x_3)=x_2^2+2x_1x_3$的负惯性指数为________.

解 取变换$\begin{cases}x_1=y_1+y_3,\\x_2=y_2,\\x_3=y_1-y_3,\end{cases}$ 由于$\begin{vmatrix}1&0&1\\0&1&0\\1&0&-1\end{vmatrix}\neq0$，因此该变换是可逆变换，且经过此坐标变换二次型化为

$$f=y_2^2+2(y_1+y_3)(y_1-y_3)=2y_1^2+y_2^2-2y_3^2,$$

从而二次型的负惯性指数为1.

例2 设二次型$f(x_1,x_2,x_3)=(x_1+ax_2-2x_3)^2+(2x_2+3x_3)^2+(x_1+3x_2+ax_3)^2$是正定二次型，则$a$的取值为________.

解 由于对于任意的x_1,x_2,x_3，恒有平方和$f(x_1,x_2,x_3)\geqslant0$，其中等号成立的充分必要条件是$\begin{cases}x_1+ax_2-2x_3=0,\\2x_2+3x_3=0,\\x_1+3x_2+ax_3=0,\end{cases}$ 由二次型正定的定义，得f正定$\Leftrightarrow\forall(x_1,x_2,x_3)\neq\boldsymbol{0},f(x_1,x_2,x_3)>0\Leftrightarrow$齐次线性方程组$\begin{cases}x_1+ax_2-2x_3=0,\\2x_2+3x_3=0,\\x_1+3x_2+ax_3=0\end{cases}$ 只有零解$\Leftrightarrow\begin{vmatrix}1&a&-2\\0&2&3\\1&3&a\end{vmatrix}=5a-5\neq0$，故$a$的取值为$a\neq1$.

例3 设二次型$f(x_1,x_2,x_3)=ax_1^2+bx_2^2+ax_3^2+2cx_1x_3$是正定的，则$a,b,c$满足的条件为(　　).

(A) $a>0$，$b+c>0$　　(B) $a>0$，$b>0$

(C) $a>|c|$，$b>0$　　(D) $|a|>c$，$b>0$

解 应选(C).

由于二次型f的矩阵$\boldsymbol{A}=\begin{pmatrix}a&0&c\\0&b&0\\c&0&a\end{pmatrix}$，因此$f$正定$\Leftrightarrow\boldsymbol{A}$正定$\Leftrightarrow\boldsymbol{A}$的各阶顺序主子式均大于零，即$a>0$，$\begin{vmatrix}a&0\\0&b\end{vmatrix}>0$，$|\boldsymbol{A}|>0$，从而$a>|c|$，$b>0$，故选(C).

例4 二次型$\boldsymbol{x}^{\mathrm{T}}\boldsymbol{A}\boldsymbol{x}$正定的充分必要条件是(　　).

(A) 负惯性指数为零　　(B) 存在可逆矩阵$\boldsymbol{P}$，使得$\boldsymbol{P}^{-1}\boldsymbol{A}\boldsymbol{P}=\boldsymbol{E}$

(C) $\boldsymbol{A}$的特征值全大于零　　(D) 存在n阶矩阵$\boldsymbol{C}$，使得$\boldsymbol{A}=\boldsymbol{C}^{\mathrm{T}}\boldsymbol{C}$

解 应选(C).

选项(A)是必要条件，但不是充分条件. 取$f(x_1,x_2,x_3)=x_1^2+2x_2^2$，虽然负惯性指数为零，但二次型$f$不正定，从而选项(A)不正确. 选项(B)是充分条件，但不是必要条件. 取

$\boldsymbol{A}=\begin{pmatrix}1&0\\0&2\end{pmatrix}$，则 $\boldsymbol{A}$ 不和单位矩阵 $\boldsymbol{E}$ 相似，但二次型 $\boldsymbol{x}^{\mathrm{T}}\boldsymbol{A}\boldsymbol{x}$ 正定，从而选项(B)不正确. 选项(D)中的矩阵 $\boldsymbol{C}$ 未必可逆，也就推导不出 $\boldsymbol{A}$ 和单位矩阵 $\boldsymbol{E}$ 合同. 取 $\boldsymbol{C}=\begin{pmatrix}1&1\\1&1\end{pmatrix}$，则 $\boldsymbol{A}=\boldsymbol{C}^{\mathrm{T}}\boldsymbol{C}=\begin{pmatrix}1&1\\1&1\end{pmatrix}\begin{pmatrix}1&1\\1&1\end{pmatrix}=\begin{pmatrix}2&2\\2&2\end{pmatrix}$，但 $\boldsymbol{x}^{\mathrm{T}}\boldsymbol{A}\boldsymbol{x}$ 不正定，从而选项(D)不正确. 故选(C).

例 5　设 $\boldsymbol{A}$ 为 n 阶正定矩阵，$\boldsymbol{E}$ 是 n 阶单位阵，证明：$\boldsymbol{A}+\boldsymbol{E}$ 的行列式大于 1.

证　设 $\boldsymbol{A}$ 的 n 个特征值是 $\lambda_1,\lambda_2,\cdots,\lambda_n$，由于 $\boldsymbol{A}$ 为 n 阶正定矩阵，故特征值全大于 0.

方法 1　因为 $\boldsymbol{A}$ 为 n 阶正定矩阵，故存在正交矩阵 $\boldsymbol{Q}$，使

$$\boldsymbol{Q}^{\mathrm{T}}\boldsymbol{A}\boldsymbol{Q}=\boldsymbol{Q}^{-1}\boldsymbol{A}\boldsymbol{Q}=\boldsymbol{\Lambda}=\begin{pmatrix}\lambda_1&&&\\&\lambda_2&&\\&&\ddots&\\&&&\lambda_n\end{pmatrix},$$

其中，$\lambda_i>0$，λ_i 是 $\boldsymbol{A}$ 的特征值，$i=1,2,\cdots,n$，因此 $\boldsymbol{Q}^{\mathrm{T}}(\boldsymbol{A}+\boldsymbol{E})\boldsymbol{Q}=\boldsymbol{Q}^{\mathrm{T}}\boldsymbol{A}\boldsymbol{Q}+\boldsymbol{Q}^{\mathrm{T}}\boldsymbol{Q}=\boldsymbol{\Lambda}+\boldsymbol{E}$，两端取行列式，得 $|\boldsymbol{A}+\boldsymbol{E}|=|\boldsymbol{Q}^{\mathrm{T}}|\cdot|\boldsymbol{A}+\boldsymbol{E}|\cdot|\boldsymbol{Q}|=|\boldsymbol{Q}^{\mathrm{T}}(\boldsymbol{A}+\boldsymbol{E})\boldsymbol{Q}|=|\boldsymbol{\Lambda}+\boldsymbol{E}|=\prod(\lambda_i+1)$，从而 $|\boldsymbol{A}+\boldsymbol{E}|>1$.

方法 2　由 λ 为 $\boldsymbol{A}$ 的特征值可知，按特征值性质知 $\lambda+1$ 是 $\boldsymbol{A}+\boldsymbol{E}$ 的特征值. 因为 $\boldsymbol{A}+\boldsymbol{E}$ 的特征值是 $\lambda_1+1,\lambda_2+1,\cdots,\lambda_n+1$，它们均大于 1，故 $|\boldsymbol{A}+\boldsymbol{E}|=\prod(\lambda_i+1)>1$.

例 6　判断 n 元二次型 $\sum\limits_{i=1}^{n}x_i^2+\sum\limits_{1\leqslant i<j\leqslant n}x_ix_j$ 的正定性.

解　方法 1　二次型矩阵 $\boldsymbol{A}=\begin{pmatrix}1&\frac{1}{2}&\frac{1}{2}&\cdots&\frac{1}{2}\\\frac{1}{2}&1&\frac{1}{2}&\cdots&\frac{1}{2}\\\frac{1}{2}&\frac{1}{2}&1&\cdots&\frac{1}{2}\\\vdots&\vdots&\vdots&&\vdots\\\frac{1}{2}&\frac{1}{2}&\frac{1}{2}&\cdots&1\end{pmatrix}$，其顺序主子式

$$\Delta_k=\begin{vmatrix}1&\frac{1}{2}&\frac{1}{2}&\cdots&\frac{1}{2}\\\frac{1}{2}&1&\frac{1}{2}&\cdots&\frac{1}{2}\\\frac{1}{2}&\frac{1}{2}&1&\cdots&\frac{1}{2}\\\vdots&\vdots&\vdots&&\vdots\\\frac{1}{2}&\frac{1}{2}&\frac{1}{2}&\cdots&1\end{vmatrix}=\frac{1}{2^k}\begin{vmatrix}2&1&1&\cdots&1\\1&2&1&\cdots&1\\1&1&2&\cdots&1\\\vdots&\vdots&\vdots&&\vdots\\1&1&1&\cdots&2\end{vmatrix}$$

$$= \frac{k+1}{2^k}\begin{vmatrix} 1 & 1 & 1 & \cdots & 1 \\ 1 & 2 & 1 & \cdots & 1 \\ 1 & 1 & 2 & \cdots & 1 \\ \vdots & \vdots & \vdots & & \vdots \\ 1 & 1 & 1 & \cdots & 2 \end{vmatrix} = \frac{k+1}{2^k}\begin{vmatrix} 1 & 1 & 1 & \cdots & 1 \\ & 1 & 1 & & \\ & & 1 & & \\ & & & \ddots & \\ & & & & 1 \end{vmatrix} = \frac{k+1}{2^k}.$$

由于顺序主子式全大于0，所以二次型正定.

方法2　由于

$$\boldsymbol{A} = \frac{1}{2}\begin{pmatrix} 2 & 1 & \cdots & 1 \\ 1 & 2 & \cdots & 1 \\ \vdots & \vdots & & \vdots \\ 1 & 1 & \cdots & 2 \end{pmatrix} = \frac{1}{2}\left[\boldsymbol{E} + \begin{pmatrix} 1 \\ 1 \\ \vdots \\ 1 \end{pmatrix}(1,1,\cdots,1)\right],$$

记 $\boldsymbol{B} = \begin{pmatrix} 1 \\ 1 \\ \vdots \\ 1 \end{pmatrix}(1,1,\cdots,1)$，则 $\boldsymbol{B}^2 = n\boldsymbol{B}$. 那么，$\boldsymbol{B}$ 的特征值是 n 与0，于是 $\boldsymbol{A}$ 的特征值是 $\frac{1}{2}(n+1)$，$\frac{1}{2}$.

由于 $\boldsymbol{A}$ 的特征值全大于0，故 $\boldsymbol{A}$ 正定，即二次型是正定的.

例7　设 $\boldsymbol{A}$ 为3阶实对称矩阵，且满足条件 $\boldsymbol{A}^2+2\boldsymbol{A}=\boldsymbol{O}$，已知 $\boldsymbol{A}$ 的秩为 $R(\boldsymbol{A})=2$.

（1）求 $\boldsymbol{A}$ 的全部特征值；

（2）当 k 为何值时，$\boldsymbol{A}+k\boldsymbol{E}$ 为正定矩阵，其中，$\boldsymbol{E}$ 为3阶单位阵.

解　(1)设 λ 是 $\boldsymbol{A}$ 的任意特征值，$\boldsymbol{\alpha}$ 是 $\boldsymbol{A}$ 的属于 λ 的特征向量，即 $\boldsymbol{A\alpha}=\lambda\boldsymbol{\alpha}$. 两边左乘 $\boldsymbol{A}$，得 $\boldsymbol{A}^2\boldsymbol{\alpha}=\lambda\boldsymbol{A\alpha}=\lambda^2\boldsymbol{\alpha}$，从而可得 $(\boldsymbol{A}^2+2\boldsymbol{A})\boldsymbol{\alpha}=(\lambda^2+2\lambda)\boldsymbol{\alpha}$.

因 $\boldsymbol{A}^2+2\boldsymbol{A}=\boldsymbol{O}$，$\boldsymbol{\alpha}\neq\boldsymbol{0}$，从而有 $\lambda^2+2\lambda=0$，故 $\boldsymbol{A}$ 的特征值 λ 的取值范围为0，-2. 因 $\boldsymbol{A}$ 是实对称矩阵，必相似于对角阵 $\boldsymbol{\Lambda}$，且 $R(\boldsymbol{A})=R(\boldsymbol{\Lambda})=2$，故

$$\boldsymbol{A} \sim \boldsymbol{\Lambda} = \begin{pmatrix} -2 & & \\ & -2 & \\ & & 0 \end{pmatrix},$$

即 $\boldsymbol{A}$ 有特征值 $\lambda_1=\lambda_2=-2,\lambda_3=0$.

(2) $\boldsymbol{A}+k\boldsymbol{E}$ 是实对称矩阵，由(1)知 $\boldsymbol{A}+k\boldsymbol{E}$ 的特征值为 $k-2,k-2,k$. 而 $\boldsymbol{A}+k\boldsymbol{E}$ 正定的充分必要条件是全部特征值均大于零，得 $k-2>0$ 且 $k>0$，故当 $k>2$ 时 $\boldsymbol{A}+k\boldsymbol{E}$ 是正定矩阵.

例8　设 $\boldsymbol{A}$ 为 n 阶正定矩阵，$\boldsymbol{B}$ 为 $n\times m$ 实矩阵. 证明：如果 $R(\boldsymbol{B})=m$，则 m 阶实方阵 $\boldsymbol{B}^{\mathrm{T}}\boldsymbol{AB}$ 必为正定的.

证　首先，由于 $\boldsymbol{A}$ 是正定的，因此 $\boldsymbol{B}^{\mathrm{T}}\boldsymbol{AB}$ 是 m 阶实对称矩阵.

因 $R(\boldsymbol{B})=m$，所以齐次线性方程组 $\boldsymbol{Bx}=\boldsymbol{0}$ 只有零解，即任意非零列向量 $\boldsymbol{x}$，$\boldsymbol{Bx}\neq\boldsymbol{0}$. 但由于 $\boldsymbol{A}$ 是正定的，故 $(\boldsymbol{Bx})^{\mathrm{T}}\boldsymbol{A}(\boldsymbol{Bx})>0$，即 $\boldsymbol{x}^{\mathrm{T}}(\boldsymbol{B}^{\mathrm{T}}\boldsymbol{AB})\boldsymbol{x}>0$.

因此，$\boldsymbol{B}^{\mathrm{T}}\boldsymbol{AB}$ 是正定矩阵.

例 9 已知 $\boldsymbol{A}$ 是 n 阶实对称矩阵，且 $\boldsymbol{AB}+\boldsymbol{BA}^{\mathrm{T}}$ 是正定矩阵，证明：$\boldsymbol{A}$ 是可逆矩阵.

证 对于任意 $\boldsymbol{x}\neq\boldsymbol{0}$，由于 $\boldsymbol{AB}+\boldsymbol{BA}^{\mathrm{T}}$ 是正定矩阵，$\boldsymbol{A}$ 是实对称矩阵，总有

$$\boldsymbol{x}^{\mathrm{T}}(\boldsymbol{AB}+\boldsymbol{BA}^{\mathrm{T}})\boldsymbol{x}=(\boldsymbol{Ax})^{\mathrm{T}}(\boldsymbol{Bx})+(\boldsymbol{Bx})^{\mathrm{T}}(\boldsymbol{Ax})>0.$$

由此，对于任意 $\boldsymbol{x}\neq\boldsymbol{0}$，恒有 $\boldsymbol{Ax}\neq\boldsymbol{0}$，即 $\boldsymbol{Ax}=\boldsymbol{0}$ 只有零解，从而 $\boldsymbol{A}$ 可逆.

三、习题精练

1. 设二次型 $f(x_1,x_2,x_3)=x_1^2+2x_1x_2+2x_2x_3$，则其正惯性指数为________.

2. 下列矩阵中，正定矩阵是(　　).

(A) $\begin{pmatrix}1&2&1\\2&5&0\\1&0&-3\end{pmatrix}$　　(B) $\begin{pmatrix}1&3&4\\3&9&2\\4&2&6\end{pmatrix}$

(C) $\begin{pmatrix}1&2&3\\2&5&7\\3&7&10\end{pmatrix}$　　(D) $\begin{pmatrix}2&-2&0\\-2&5&-1\\0&-1&2\end{pmatrix}$

3. 设 $\boldsymbol{A}$，$\boldsymbol{B}$ 都是 n 阶实对称矩阵，且都正定，则 $\boldsymbol{AB}$ 是(　　).

(A) 实对称矩阵　　(B) 正定矩阵

(C) 可逆矩阵　　(D) 正交矩阵

4. 设 $\boldsymbol{A}$ 是 n 阶实对称的幂等阵($\boldsymbol{A}^2=\boldsymbol{A},\boldsymbol{A}^{\mathrm{T}}=\boldsymbol{A}$)，$r(\boldsymbol{A})=r(0<r<n)$. 证明：$\boldsymbol{A}+\boldsymbol{E}$ 是正定矩阵，且计算 $|\boldsymbol{E}+\boldsymbol{A}+\boldsymbol{A}^2+\cdots+\boldsymbol{A}^k|$.

5. 设有 n 元实二次型

$$f(x_1,x_2,\cdots,x_n)=(x_1+a_1x_2)^2+(x_2+a_2x_3)^2+\cdots+(x_n+a_nx_1)^2,$$

其中，$a_i(i=1,2,\cdots,n)$ 为实数. 试问：当 $a_1,a_2,\cdots,a_n$ 满足什么条件时，二次型 $f(x_1,x_2,\cdots,x_n)$ 为正定二次型?

6. 设 $\boldsymbol{A}$ 为 n 阶正定矩阵，$\boldsymbol{B}$ 为 n 阶实反对称矩阵. 证明：$\boldsymbol{A}-\boldsymbol{B}^2$ 是正定矩阵.

7. $\boldsymbol{A}$，$\boldsymbol{B}$ 均是 n 阶实对称矩阵，其中 $\boldsymbol{A}$ 正定，证明：存在实数 t，使 $t\boldsymbol{A}+\boldsymbol{B}$ 是正定矩阵.

8. 证明：若 $\boldsymbol{A}$，$\boldsymbol{B}$ 是 n 阶正定矩阵，则 $\boldsymbol{AB}$ 正定的充要条件是 $\boldsymbol{AB}=\boldsymbol{BA}$.

9. 设 $\boldsymbol{A}$ 为正定矩阵，$\boldsymbol{M}$ 为满秩矩阵，证明：$\boldsymbol{M}^{\mathrm{T}}\boldsymbol{AM}$ 为正定矩阵.

四、习题解答

1. 解　应填 2. $f(x_1,x_2,x_3)=(x_1+x_2)^2-(x_2-x_3)^2+x_3^2$，故正惯性指数为 2.

2. 解　选项(A)中 $a_{33}=-3<0$，选项(B)中二阶主子式 $\begin{vmatrix}1&3\\3&9\end{vmatrix}=0$，选项(C)中行列式 $|\boldsymbol{A}|=0$，它们均不是正定矩阵，所以应选(D).

或直接地，选项(D)中三个顺序主子式 $|\boldsymbol{A}_1|=2$，$|\boldsymbol{A}_2|=6$，$|\boldsymbol{A}_3|=5$ 全大于零，而知选项(D)正定.

故应该选(D).

3. 解　应选(C).

由于 $\boldsymbol{A}$，$\boldsymbol{B}$ 都是正定矩阵，因此 $|\boldsymbol{A}|>0$，$|\boldsymbol{B}|>0$，从而 $|\boldsymbol{AB}|=|\boldsymbol{A}||\boldsymbol{B}|>0$，即 $|\boldsymbol{AB}|\neq 0$，从而 $\boldsymbol{AB}$ 可逆，故选(C).

4. 证　由 $\boldsymbol{A}^2=\boldsymbol{A}$，所以 $\boldsymbol{A}$ 的特征值为0或1.

从而知 $\boldsymbol{A}+\boldsymbol{E}$ 的特征值的取值范围是1和2，故知 $\boldsymbol{A}+\boldsymbol{E}$ 的全部特征值大于零，又 $(\boldsymbol{A}+\boldsymbol{E})^{\mathrm{T}}=\boldsymbol{A}^{\mathrm{T}}+\boldsymbol{E}=\boldsymbol{A}+\boldsymbol{E}$，所以 $\boldsymbol{A}+\boldsymbol{E}$ 正定.

因 $r(\boldsymbol{A})=r$，故1是 $\boldsymbol{A}$ 的 r 重特征值，0是 $\boldsymbol{A}$ 是 $n-r$ 重特征值.

因 $\boldsymbol{A}^2=\boldsymbol{A}$，故 $\boldsymbol{A}^k=\boldsymbol{A}^{k+1}=\cdots=\boldsymbol{A}^2=\boldsymbol{A}$，则

$$|\boldsymbol{E}+\boldsymbol{A}+\boldsymbol{A}^2+\cdots+\boldsymbol{A}^k|=|\boldsymbol{E}+k\boldsymbol{A}|.$$

又 $\boldsymbol{E}+k\boldsymbol{A}$ 的特征值的取值范围是 $1+k$ 或1，且 $1+k$ 是 $\boldsymbol{E}+k\boldsymbol{A}$ 的 r 重特征值而1是 $\boldsymbol{E}+k\boldsymbol{A}$ 的 $n-r$ 重特征值.

所以 $|\boldsymbol{E}+k\boldsymbol{A}|=(1+k)^r$.

5. 解　方法1　用正定性的定义判别.

显然，对任意的 $x_1,x_2,\cdots,x_n$，均有 $f(x_1,x_2,\cdots,x_n)\geqslant 0$，其等号成立当且仅当

$$\begin{cases} x_1+a_1x_2=0, \\ x_2+a_2x_3=0, \\ \quad\vdots \\ x_{n-1}+a_{n-1}x_n=0, \\ x_n+a_nx_1=0, \end{cases} \tag{1}$$

方程组(1)仅有零解的充分必要条件是其系数行列式

$$|\boldsymbol{B}|=\begin{vmatrix} 1 & a_1 & 0 & \cdots & 0 & 0 \\ 0 & 1 & a_2 & \cdots & 0 & 0 \\ 0 & 0 & 1 & \cdots & 0 & 0 \\ \vdots & \vdots & \vdots & & \vdots & \vdots \\ 0 & 0 & 0 & \cdots & 1 & a_{n-1} \\ a_n & 0 & 0 & \cdots & 0 & 1 \end{vmatrix}=1+(-1)^{n+1}a_1a_2\cdots a_n\neq 0,$$

故当 $a_1a_2\cdots a_n\neq(-1)^n$ 时，方程组(1)只有零解，即对任意的非零向量 $\boldsymbol{x}=(x_1,x_2,\cdots,x_n)^{\mathrm{T}}\neq\boldsymbol{0}$. 方程组(1)中总有一个方程不成立，从而有 $f(x_1,x_2,\cdots,x_n)>0$. 根据正定二次型的定义，此时 $f(x_1,x_2,\cdots,x_n)$ 为正定二次型.

方法2　将二次型表示成矩阵形式，有

$$\begin{aligned} f(x_1,x_2,\cdots,x_n) &= (x_1+a_1x_2)^2+(x_2+a_2x_3)^2+\cdots+(x_{n-1}+a_{n-1}x_n)^2+(x_n+a_nx_1)^2 \\ &= (x_1+a_1x_2,x_2+a_2x_3,\cdots,x_{n-1}+a_{n-1}x_n,x_n+a_nx_1)\begin{pmatrix} x_1+a_1x_2 \\ \vdots \\ x_{n-1}+a_{n-1}x_n \\ x_n+a_nx_1 \end{pmatrix} \\ &= (x_1,x_2,x_3,\cdots,x_n)\begin{pmatrix} 1 & 0 & 0 & \cdots & 0 & a_n \\ a_1 & 1 & 0 & \cdots & 0 & 0 \\ 0 & a_2 & 1 & \cdots & 0 & 0 \\ \vdots & \vdots & \vdots & & \vdots & \vdots \\ 0 & 0 & 0 & \cdots & 1 & 0 \\ 0 & 0 & 0 & \cdots & a_{n-1} & 1 \end{pmatrix}\begin{pmatrix} 1 & a_1 & 0 & \cdots & 0 & 0 \\ 0 & 1 & a_2 & \cdots & 0 & 0 \\ 0 & 0 & 1 & \cdots & 0 & 0 \\ \vdots & \vdots & \vdots & & \vdots & \vdots \\ 0 & 0 & 0 & \cdots & 1 & a_{n-1} \\ a_n & 0 & 0 & \cdots & 0 & 1 \end{pmatrix}\begin{pmatrix} x_1 \\ x_2 \\ \vdots \\ x_n \end{pmatrix}, \end{aligned}$$

记 $\boldsymbol{B}=\begin{pmatrix}1 & a_1 & 0 & \cdots & 0 & 0\\ 0 & 1 & a_2 & \cdots & 0 & 0\\ 0 & 0 & 1 & \cdots & 0 & 0\\ \vdots & \vdots & \vdots & & \vdots & \vdots\\ 0 & 0 & 0 & \cdots & 1 & a_{n-1}\\ a_n & 0 & 0 & \cdots & 0 & 1\end{pmatrix}$，$\boldsymbol{x}=\begin{pmatrix}x_1\\ x_2\\ \vdots\\ x_n\end{pmatrix}$，则

$$f(x_1,x_2,\cdots,x_n)=\boldsymbol{x}^{\mathrm{T}}\boldsymbol{B}^{\mathrm{T}}\boldsymbol{B}\boldsymbol{x}=(\boldsymbol{B}\boldsymbol{x})^{\mathrm{T}}\boldsymbol{B}\boldsymbol{x}\geqslant 0,$$

当 $|\boldsymbol{B}|=1+(-1)^{n+1}a_1a_2\cdots a_n\neq 0$，即 $a_1a_2\cdots a_n\neq(-1)^n$ 时，$\boldsymbol{Bx}=\boldsymbol{0}$ 只有零解，故对任意的非零向量 $\boldsymbol{x}=(x_1,x_2,\cdots,x_n)^{\mathrm{T}}\neq\boldsymbol{0}$，均有 $f(x_1,x_2,\cdots,x_n)=(\boldsymbol{Bx})^{\mathrm{T}}\boldsymbol{Bx}\geqslant 0$，从而由正定二次型的定义，此时 $f(x_1,x_2,\cdots,x_n)$ 为正定二次型.

6. 证　因为 $\boldsymbol{A}$ 是正定矩阵，所以 $\boldsymbol{A}^{\mathrm{T}}=\boldsymbol{A}$，且对任意 n 维实列向量 $\boldsymbol{x}\neq\boldsymbol{0}$，有 $\boldsymbol{x}^{\mathrm{T}}\boldsymbol{Ax}>0$. 又 $\boldsymbol{B}$ 是实反对称矩阵，即 $\boldsymbol{B}^{\mathrm{T}}=-\boldsymbol{B}$，从而有

$$(\boldsymbol{A}-\boldsymbol{B}^2)^{\mathrm{T}}=\boldsymbol{A}^{\mathrm{T}}-(\boldsymbol{B}^{\mathrm{T}})^2=\boldsymbol{A}-(-\boldsymbol{B})^2=\boldsymbol{A}-\boldsymbol{B}^2,$$

即 $\boldsymbol{A}-\boldsymbol{B}^2$ 是实对称矩阵. 又对任意 n 维实列向量 $\boldsymbol{x}\neq\boldsymbol{0}$，有

$$\boldsymbol{x}^{\mathrm{T}}(\boldsymbol{A}-\boldsymbol{B}^2)\boldsymbol{x}=\boldsymbol{x}^{\mathrm{T}}(\boldsymbol{A}+\boldsymbol{B}^{\mathrm{T}}\boldsymbol{B})\boldsymbol{x}=\boldsymbol{x}^{\mathrm{T}}\boldsymbol{Ax}+(\boldsymbol{Bx})^{\mathrm{T}}\boldsymbol{Bx}>0,$$

故 $\boldsymbol{A}-\boldsymbol{B}^2$ 是正定矩阵.

7. 证明思路　利用二次型矩阵的特征值均大于0，证明抽象矩阵的正定性.

证　显然，$t\boldsymbol{A}+\boldsymbol{B}$ 是对称矩阵，由于 $\boldsymbol{A}$ 是正定矩阵，$\boldsymbol{A}$ 与 $\boldsymbol{E}$ 合同，故存在可逆矩阵 $\boldsymbol{C}$，使

$$\boldsymbol{C}^{\mathrm{T}}\boldsymbol{AC}=\boldsymbol{E}.$$

因为 $\boldsymbol{C}^{\mathrm{T}}\boldsymbol{BC}$ 是实对称矩阵，经正交变换可化为对角形，设 $\boldsymbol{D}$ 是正定矩阵，使

$$\boldsymbol{D}^{\mathrm{T}}(\boldsymbol{C}^{\mathrm{T}}\boldsymbol{BC})\boldsymbol{D}=\boldsymbol{D}^{-1}(\boldsymbol{C}^{\mathrm{T}}\boldsymbol{BC})\boldsymbol{D}=\boldsymbol{\Lambda}.$$

令 $\boldsymbol{P}=\boldsymbol{CD}$，则 $\boldsymbol{P}$ 可逆，且

$$\boldsymbol{P}^{\mathrm{T}}(t\boldsymbol{A}+\boldsymbol{B})\boldsymbol{P}=t\boldsymbol{D}^{\mathrm{T}}(\boldsymbol{C}^{\mathrm{T}}\boldsymbol{AC})\boldsymbol{D}+\boldsymbol{\Lambda}=t\boldsymbol{D}^{\mathrm{T}}\boldsymbol{D}+\boldsymbol{\Lambda}=t\boldsymbol{E}+\boldsymbol{\Lambda},$$

于是

$$t\boldsymbol{A}+\boldsymbol{B}\sim\begin{pmatrix}t+\lambda_1 & & & \\ & t+\lambda_2 & & \\ & & \ddots & \\ & & & t+\lambda_n\end{pmatrix},$$

由于存在 t，使得 $t+\lambda_i>0(i=1,2,\cdots,n)$，即 $t\boldsymbol{A}+\boldsymbol{\Lambda}$ 正定，从而 $t\boldsymbol{A}+\boldsymbol{B}$ 正定.

8. 证　由于 $\boldsymbol{A}$，$\boldsymbol{B}$ 都是正定矩阵，从而 $\boldsymbol{A}$，$\boldsymbol{B}$ 是实对称矩阵.

若 $\boldsymbol{AB}$ 正定，则 $\boldsymbol{AB}$ 亦是实对称矩阵，从而

$$(\boldsymbol{AB})^{\mathrm{T}}=\boldsymbol{AB}\quad 即\quad \boldsymbol{AB}=\boldsymbol{BA},$$

若 $\boldsymbol{AB}=\boldsymbol{BA}$，则 $\boldsymbol{AB}$ 是实对称矩阵.

由题设知，存在可逆矩阵 $\boldsymbol{P}$ 及 $\boldsymbol{Q}$，使 $\boldsymbol{A}=\boldsymbol{P}^{\mathrm{T}}\boldsymbol{P}$，$\boldsymbol{B}=\boldsymbol{Q}^{\mathrm{T}}\boldsymbol{Q}$，于是

$$\boldsymbol{AB}=\boldsymbol{P}^{\mathrm{T}}\boldsymbol{PQ}^{\mathrm{T}}\boldsymbol{Q},(\boldsymbol{P}^{\mathrm{T}})^{-1}\boldsymbol{ABP}^{\mathrm{T}}=\boldsymbol{PQ}^{\mathrm{T}}\boldsymbol{QP}^{\mathrm{T}}=(\boldsymbol{QP}^{\mathrm{T}})^{\mathrm{T}}(\boldsymbol{QP}^{\mathrm{T}}),$$

且 $\boldsymbol{QP}^{\mathrm{T}}$ 可逆，故 $(\boldsymbol{P}^{\mathrm{T}})^{-1}\boldsymbol{ABP}^{\mathrm{T}}$ 正定.

而 $\boldsymbol{AB}$ 与 $(\boldsymbol{P}^{\mathrm{T}})^{-1}\boldsymbol{ABP}^{\mathrm{T}}$ 相似，从而 $\boldsymbol{AB}$ 的特征值全为正数，所以 $\boldsymbol{AB}$ 也是正定的.

9. 证　对任意非零向量 $\boldsymbol{x}$，因 $\boldsymbol{M}$ 满秩，故 $\boldsymbol{Mx}\neq\boldsymbol{0}$，从而由 $\boldsymbol{A}$ 正定，有

$$\boldsymbol{x}^{\mathrm{T}}(\boldsymbol{M}^{\mathrm{T}}\boldsymbol{AM})\boldsymbol{x}=(\boldsymbol{Mx})^{\mathrm{T}}\boldsymbol{A}(\boldsymbol{Mx})>0,$$

故 $\boldsymbol{M}^{\mathrm{T}}\boldsymbol{AM}$ 为正定矩阵.

5.3 专题五

1.（数学二，2024）设矩阵 $\boldsymbol{A}=\begin{pmatrix}0&1&a\\1&0&1\end{pmatrix}$，$\boldsymbol{B}=\begin{pmatrix}1&1\\1&1\\b&2\end{pmatrix}$，二次型 $f(x_1,x_2,x_3)=\boldsymbol{x}^{\mathrm{T}}\boldsymbol{BAx}$，已知方程组 $\boldsymbol{Ax}=\boldsymbol{0}$ 的解均是 $\boldsymbol{B}^{\mathrm{T}}\boldsymbol{x}=\boldsymbol{0}$ 的解，但这两个方程组不同解.

（1）求 a，b 的值；

（2）求正交变换 $\boldsymbol{x}=\boldsymbol{Qy}$ 将 $f(x_1,x_2,x_2)$ 化为标准形.

解　（1）由题知 $\boldsymbol{Ax}=\boldsymbol{0}$ 与 $\begin{pmatrix}\boldsymbol{A}\\\boldsymbol{B}^{\mathrm{T}}\end{pmatrix}\boldsymbol{x}=\boldsymbol{0}$ 同解，故 $r\begin{pmatrix}\boldsymbol{A}\\\boldsymbol{B}^{\mathrm{T}}\end{pmatrix}=r(\boldsymbol{A})=2$.

又由 $\begin{pmatrix}\boldsymbol{A}\\\boldsymbol{B}^{\mathrm{T}}\end{pmatrix}=\begin{pmatrix}0&1&a\\1&0&1\\1&1&b\\1&1&2\end{pmatrix}\to\begin{pmatrix}1&0&1\\0&1&a\\0&0&b-a-1\\0&0&1-a\end{pmatrix}$，故 $a=1$，$b=2$；

（2）由（1）知 $\boldsymbol{BA}=\begin{pmatrix}0&1&a\\1&0&1\end{pmatrix}\begin{pmatrix}1&1\\1&1\\b&2\end{pmatrix}=\begin{pmatrix}1&1&2\\1&1&2\\2&2&4\end{pmatrix}$，故二次型矩阵为 $\boldsymbol{C}=\boldsymbol{BA}=\begin{pmatrix}1&1&2\\1&1&2\\2&2&4\end{pmatrix}$.

由 $|\lambda\boldsymbol{E}-\boldsymbol{C}|=\begin{vmatrix}\lambda-1&-1&-2\\-1&\lambda-1&-2\\-2&-2&\lambda-4\end{vmatrix}=0$，得 $\lambda_1=\lambda_2=0$，$\lambda_3=6$.

当 $\lambda_1=\lambda_2=0$ 时，$\boldsymbol{Cx}=\boldsymbol{0}$，得基础解系为 $\boldsymbol{\eta}_1=\begin{pmatrix}-1\\1\\0\end{pmatrix}$，$\boldsymbol{\eta}_2=\begin{pmatrix}-1\\-1\\1\end{pmatrix}$，

当 $\lambda_3=6$ 时，$(6\boldsymbol{E}-\boldsymbol{C})\boldsymbol{x}=\boldsymbol{0}$，得基础解系为 $\boldsymbol{\eta}_3=\begin{pmatrix}1\\1\\2\end{pmatrix}$，

可知 $\boldsymbol{\eta}_1,\boldsymbol{\eta}_2,\boldsymbol{\eta}_3$ 为正交向量组，将其单位化如下

$$\boldsymbol{\gamma}_1=\frac{\boldsymbol{\eta}_1}{\|\boldsymbol{\eta}_1\|}=\frac{1}{\sqrt{2}}\begin{pmatrix}-1\\1\\0\end{pmatrix},\boldsymbol{\gamma}_2=\frac{\boldsymbol{\eta}_2}{\|\boldsymbol{\eta}_2\|}=\frac{1}{\sqrt{3}}\begin{pmatrix}-1\\-1\\1\end{pmatrix},\boldsymbol{\gamma}_3=\frac{\boldsymbol{\eta}_3}{\|\boldsymbol{\eta}_3\|}=\frac{1}{\sqrt{6}}\begin{pmatrix}1\\1\\2\end{pmatrix},$$

故正交矩阵为 $\boldsymbol{Q}=\begin{pmatrix}-\frac{1}{\sqrt{2}}&-\frac{1}{\sqrt{3}}&\frac{1}{\sqrt{6}}\\\frac{1}{\sqrt{2}}&-\frac{1}{\sqrt{3}}&\frac{1}{\sqrt{6}}\\0&\frac{1}{\sqrt{3}}&\frac{2}{\sqrt{6}}\end{pmatrix}$，此时二次型经正交变换 $\boldsymbol{x}=\boldsymbol{Qy}$ 可化为标准形为 $f=6y_3^2$.

2. （数学三，2024）设二次型$f(x_1,x_2,x_3)=\boldsymbol{x}^{\mathrm{T}}\boldsymbol{A}\boldsymbol{x}$在正交变换下可化成$y_1^2-2y_2^2+3y_3^2$，则二次型$f$的矩阵$\boldsymbol{A}$的行列式与迹分别为(　　).

(A) -6，-2　　　(B) 6，-2

(C) -6，2　　　(D) 6，2

解　应选(C).

由题可知，A的特征值为$1,-2,3$，

故$|\boldsymbol{A}|=1\times(-2)\times3=-6$，$\mathrm{tr}(\boldsymbol{A})=1+(-2)+3=2$，故选(C).

3.（数学一，2023）设二次型$f(x_1,x_2,x_3)=x_1^2+2x_2^2+2x_3^2+2x_1x_2-2x_1x_3$，$f(y_1,y_2,y_3)=y_1^2+y_2^2+y_3^2+2y_2y_3$.

(1) 求可逆变换$\boldsymbol{x}=\boldsymbol{P}\boldsymbol{y}$，将$f(x_1,x_2,x_3)$化为$f(y_1,y_2,y_3)$；

(2) 是否存在正交矩阵$\boldsymbol{Q}$，使得$\boldsymbol{x}=\boldsymbol{Q}\boldsymbol{y}$时，将$f(x_1,x_2,x_3)$化为$f(y_1,y_2,y_3)$.

解　(1)由配方法得

$$\begin{aligned}f(x_1,x_2,x_3)&=x_1^2+2x_2^2+2x_3^2+2x_1x_2-2x_1x_3\\&=(x_1+x_2-x_3)^2+(x_2+x_3)^2,\end{aligned}$$

$$f(y_1,y_2,y_3)=y_1^2+y_2^2+y_3^2+2y_2y_3=y_1^2+(y_2+y_3)^2,$$

令$\begin{cases}z_1=x_1+x_2-x_3,\\z_2=x_2+x_3,\\z_3=x_3,\end{cases}$　则$\begin{cases}x_1=z_1-z_2+2z_3,\\x_2=z_2-z_3,\\x_3=z_3,\end{cases}$　即$\boldsymbol{x}=\begin{pmatrix}1&-1&2\\0&1&-1\\0&0&1\end{pmatrix}\boldsymbol{z}$时，规范形为$f=z_1^2+z_2^2$.

令$\begin{cases}z_1=y_1\\z_2=y_2+y_3\\z_3=y_3\end{cases}$，则$\boldsymbol{z}=\begin{pmatrix}1&0&0\\0&1&1\\0&0&1\end{pmatrix}\boldsymbol{y}$时，二次型化为$f=y_1^2+y_2^2+y_3^2+2y_2y_3$.

故可得$\boldsymbol{x}=\begin{pmatrix}1&-1&2\\0&1&-1\\0&0&1\end{pmatrix}\boldsymbol{z}=\begin{pmatrix}1&-1&2\\0&1&-1\\0&0&1\end{pmatrix}\begin{pmatrix}1&0&0\\0&1&1\\0&0&1\end{pmatrix}\boldsymbol{y}=\begin{pmatrix}1&-1&1\\0&1&0\\0&0&1\end{pmatrix}\boldsymbol{y}$时，

$f(x_1,x_2,x_3)$化为$f(y_1,y_2,y_3)$，可逆变换$\boldsymbol{x}=\boldsymbol{P}\boldsymbol{y}$，其中

$$\boldsymbol{P}=\begin{pmatrix}1&-1&1\\0&1&0\\0&0&1\end{pmatrix},\boldsymbol{A}=\begin{pmatrix}1&1&-1\\1&2&0\\-1&0&2\end{pmatrix}.$$

(2) 二次型$f(x_1,x_2,x_3)$的矩阵为

$$|\boldsymbol{A}-\lambda\boldsymbol{E}|=\begin{vmatrix}1-\lambda&1&-1\\1&2-\lambda&0\\-1&0&2-\lambda\end{vmatrix}=(2-\lambda)\begin{vmatrix}1-\lambda&1&-1\\1&2-\lambda&0\\-1&0&2-\lambda\end{vmatrix}$$

$$=(2-\lambda)\begin{vmatrix}1-\lambda&1&0\\1&2-\lambda&1\\-1&0&1\end{vmatrix}=(2-\lambda)\begin{vmatrix}1-\lambda&1&0\\2&2-\lambda&1\\0&0&1\end{vmatrix}$$

$$=\lambda(2-\lambda)(\lambda-3)=0,$$

所以 $\boldsymbol{A}$ 的特征值为 $\lambda_1=0$，$\lambda_2=2$，$\lambda_3=3$，

$$\boldsymbol{B}=\begin{pmatrix}1&0&0\\0&1&1\\0&1&1\end{pmatrix},$$

二次型 $f(y_1,y_2,y_3)$ 的矩阵为

$$|\boldsymbol{B}-\lambda\boldsymbol{E}|=\begin{vmatrix}1-\lambda&0&0\\0&1-\lambda&1\\0&1&1-\lambda\end{vmatrix}=\lambda(1-\lambda)(\lambda-2)=0,$$

所以 $\boldsymbol{B}$ 的特征值为 $r_1=0$，$r_2=1$，$r_3=2$.

故 $\boldsymbol{A}$，$\boldsymbol{B}$ 合同但不相似，故不存在可逆矩阵 $\boldsymbol{C}$ 使得 $\boldsymbol{C}^{-1}\boldsymbol{A}\boldsymbol{C}=\boldsymbol{B}$.

若存在正交矩阵 $\boldsymbol{Q}$，当 $\boldsymbol{x}=\boldsymbol{Q}\boldsymbol{y}$ 时，

$f(x_1,x_2,x_3)=\boldsymbol{x}^{\mathrm{T}}\boldsymbol{A}\boldsymbol{x}\xrightarrow{\boldsymbol{x}=\boldsymbol{Q}\boldsymbol{y}}\boldsymbol{y}^{\mathrm{T}}\boldsymbol{Q}^{\mathrm{T}}\boldsymbol{A}\boldsymbol{Q}\boldsymbol{y}=\boldsymbol{y}^{\mathrm{T}}\boldsymbol{B}\boldsymbol{y}$，即

$\boldsymbol{Q}^{\mathrm{T}}\boldsymbol{A}\boldsymbol{Q}=\boldsymbol{Q}^{-1}\boldsymbol{A}\boldsymbol{Q}=\boldsymbol{B}$，即 $\boldsymbol{A}$，$\boldsymbol{B}$ 相似，矛盾，故不存在正交矩阵 $\boldsymbol{Q}$，使得 $\boldsymbol{x}=\boldsymbol{Q}\boldsymbol{y}$ 时，$f(x_1,x_2,x_3)$ 化为 $f(y_1,y_2,y_3)$.

4.（数学一，2022）已知二次型 $f(x_1,x_2,x_3)=\sum\limits_{i=1}^{3}\sum\limits_{j=1}^{3}ijx_ix_j$.

（1）写出 $f(x_1,x_2,x_3)$ 对应的矩阵；

（2）求正交矩阵 $\boldsymbol{x}=\boldsymbol{Q}\boldsymbol{y}$，将 $f(x_1,x_2,x_3)$ 化为标准形；

（3）求 $f(x_1,x_2,x_3)=0$ 的解.

解 （1）$f(x_1,x_2,x_3)$ 对应的矩阵 $\boldsymbol{A}=\begin{pmatrix}1&2&3\\2&4&6\\3&6&9\end{pmatrix}$.

（2）因为

$$|\lambda\boldsymbol{E}-\boldsymbol{A}|=\begin{vmatrix}\lambda-1&-2&-3\\-2&\lambda-4&-6\\-3&-6&\lambda-9\end{vmatrix}=\lambda^2(\lambda-14),$$

所以 $\boldsymbol{A}$ 的特征值为 $\lambda_1=14$，$\lambda_2=\lambda_3=0$.

当 $\lambda_1=14$ 时，解方程组 $(14\boldsymbol{E}-\boldsymbol{A})\boldsymbol{x}=\boldsymbol{0}$，得特征向量 $\boldsymbol{\xi}_1=\begin{pmatrix}1\\2\\3\end{pmatrix}$，单位化得 $\boldsymbol{\eta}_1=\begin{pmatrix}\frac{1}{\sqrt{14}}\\\frac{2}{\sqrt{14}}\\\frac{3}{\sqrt{14}}\end{pmatrix}$；

当 $\lambda_2=\lambda_3=0$ 时解方程组 $(0\boldsymbol{E}-\boldsymbol{A})\boldsymbol{x}=\boldsymbol{0}$，得两个线性无关的特征向量 $\boldsymbol{\xi}_2=\begin{pmatrix}-2\\1\\0\end{pmatrix}$，$\boldsymbol{\xi}_3=$

$\begin{pmatrix}-3\\0\\1\end{pmatrix}$，正交单位化得 $\boldsymbol{\eta}_2=\begin{pmatrix}-\frac{2}{\sqrt{5}}\\\frac{1}{\sqrt{5}}\\0\end{pmatrix}$，$\boldsymbol{\eta}_3=\begin{pmatrix}-\frac{3}{\sqrt{70}}\\-\frac{6}{\sqrt{70}}\\\frac{5}{\sqrt{70}}\end{pmatrix}$.

令 $\boldsymbol{Q}=(\boldsymbol{\eta}_1,\boldsymbol{\eta}_2,\boldsymbol{\eta}_3)=\begin{pmatrix}\frac{1}{\sqrt{14}}&-\frac{2}{\sqrt{5}}&-\frac{3}{\sqrt{70}}\\\frac{2}{\sqrt{14}}&\frac{1}{\sqrt{5}}&-\frac{6}{\sqrt{70}}\\\frac{3}{\sqrt{14}}&0&\frac{5}{\sqrt{70}}\end{pmatrix}$，则 $\boldsymbol{Q}$ 为正交矩阵，且 $\boldsymbol{Q}^{\mathrm{T}}\boldsymbol{A}\boldsymbol{Q}=\begin{pmatrix}14&0&0\\0&0&0\\0&0&0\end{pmatrix}$.

故在正交变换 $\boldsymbol{x}=\boldsymbol{Q}\boldsymbol{y}$ 下，$f(x_1,x_2,x_3)$ 化为标准形 $14y_1^2$.

(3) 由 $f(x_1,x_2,x_3)=0$ 及(2)的结果，得 $14y_1^2=0$，故 $y_1=0$. 又 $\boldsymbol{y}=\boldsymbol{Q}^{\mathrm{T}}\boldsymbol{x}$，从而 $f(x_1,x_2,x_3)=0$ 的解满足 $x_1+2x_2+3x_3=0$.

故 $\begin{pmatrix}x_1\\x_2\\x_3\end{pmatrix}=k_1\begin{pmatrix}-2\\1\\0\end{pmatrix}+k_2\begin{pmatrix}-3\\0\\1\end{pmatrix}$，其中 k_1，k_2 为任意常数.

5.（数学一，2021）二次型 $f(x_1,x_2,x_3)=(x_1+x_2)^2+(x_2+x_3)^2-(x_3+x_1)^2$ 的正惯性指数和负惯性指数依次为(　　).

(A) 1，1.　　(B) 2，0.　　(C) 2，1.　　(D) 1，2.

解　应选(A).

$$\begin{aligned}f(x_1,x_2,x_3)&=(x_1+x_2)^2+(x_2+x_3)^2-(x_3+x_1)^2\\&=x_1^2+2x_1x_2+x_2^2+x_2^2+2x_2x_3+x_3^2-x_3^2+2x_1x_3-x_1^2\\&=2x_2^2+2x_1x_2+2x_2x_3+2x_1x_3,\end{aligned}$$

二次型 f 的矩阵为 $\boldsymbol{A}=\begin{pmatrix}0&1&1\\1&2&1\\1&1&0\end{pmatrix}$，则其特征多项式为

$$|\lambda\boldsymbol{E}-\boldsymbol{A}|=\begin{vmatrix}\lambda&-1&-1\\-1&\lambda-2&-1\\-1&-1&\lambda\end{vmatrix}=\begin{vmatrix}\lambda+1&0&-\lambda-1\\-1&\lambda-2&-1\\-1&-1&\lambda\end{vmatrix}=\begin{vmatrix}\lambda+1&0&0\\-1&\lambda-2&-2\\-1&-1&\lambda-1\end{vmatrix}$$

$$\begin{aligned}&=(\lambda+1)\begin{vmatrix}1&0&0\\-1&\lambda-2&-2\\-1&-1&\lambda-1\end{vmatrix}\\&=(\lambda+1)[(\lambda-2)(\lambda-1)-2]\\&=\lambda(\lambda+1)(\lambda-3),\end{aligned}$$

则正惯性指数 $p=1$，负惯性指数 $q=1$. 故选(A).

6. (数学一，2021)设矩阵 $\boldsymbol{A}=\begin{pmatrix} a & 1 & -1 \\ 1 & a & -1 \\ -1 & -1 & a \end{pmatrix}$.

(1) 求正交矩阵 $\boldsymbol{P}$，使 $\boldsymbol{P}^{\mathrm{T}}\boldsymbol{A}\boldsymbol{P}$ 为对角矩阵；

(2) 求正定矩阵 $\boldsymbol{C}$，使 $\boldsymbol{C}^2=(a+3)\boldsymbol{E}-\boldsymbol{A}$，其中 $\boldsymbol{E}$ 为3阶单位矩阵.

解 (1)因为 $|\lambda\boldsymbol{E}-\boldsymbol{A}|=\begin{vmatrix} \lambda-a & -1 & 1 \\ -1 & \lambda-a & 1 \\ 1 & 1 & \lambda-a \end{vmatrix}=(\lambda-a+1)^2(\lambda-a-2)$，所以 $\boldsymbol{A}$ 的特征值为 $\lambda_1=\lambda_2=a-1$，$\lambda_3=a+2$.

当 $\lambda_1=\lambda_2=a-1$ 时，解方程组 $[(a-1)\boldsymbol{E}-\boldsymbol{A}]\boldsymbol{x}=\boldsymbol{0}$，得 $\boldsymbol{A}$ 的线性无关的特征向量 $\boldsymbol{\xi}_1=\begin{pmatrix} -1 \\ 1 \\ 0 \end{pmatrix}$，$\boldsymbol{\xi}_2=\begin{pmatrix} 1 \\ 0 \\ 1 \end{pmatrix}$，进行施密特正交单位化得 $\boldsymbol{\eta}_1=\begin{pmatrix} -\frac{\sqrt{2}}{2} \\ \frac{\sqrt{2}}{2} \\ 0 \end{pmatrix}$，$\boldsymbol{\eta}_2=\begin{pmatrix} \frac{\sqrt{6}}{6} \\ \frac{\sqrt{6}}{6} \\ \frac{\sqrt{6}}{3} \end{pmatrix}$.

当 $\lambda_3=a+2$ 时，解方程组 $[(a+2)\boldsymbol{E}-\boldsymbol{A}]\boldsymbol{x}=\boldsymbol{0}$，得 $\boldsymbol{A}$ 的特征向量 $\boldsymbol{\xi}_3=\begin{pmatrix} -1 \\ -1 \\ 1 \end{pmatrix}$，单位化得 $\boldsymbol{\eta}_3=\begin{pmatrix} -\frac{\sqrt{3}}{3} \\ -\frac{\sqrt{3}}{3} \\ \frac{\sqrt{3}}{3} \end{pmatrix}$. 令 $\boldsymbol{P}=(\boldsymbol{\eta}_1,\boldsymbol{\eta}_2,\boldsymbol{\eta}_3)=\begin{pmatrix} -\frac{\sqrt{2}}{2} & \frac{\sqrt{6}}{6} & -\frac{\sqrt{3}}{3} \\ \frac{\sqrt{2}}{2} & \frac{\sqrt{6}}{6} & -\frac{\sqrt{3}}{3} \\ 0 & \frac{\sqrt{6}}{3} & \frac{\sqrt{3}}{3} \end{pmatrix}$，则

$$\boldsymbol{P}^{\mathrm{T}}\boldsymbol{A}\boldsymbol{P}=\begin{pmatrix} a-1 & 0 & 0 \\ 0 & a-1 & 0 \\ 0 & 0 & a+2 \end{pmatrix}.$$

故 $\boldsymbol{P}$ 为所求正交矩阵.

(2) 由(1)知

$$(a+3)\boldsymbol{E}-\boldsymbol{A}=(a+3)\boldsymbol{E}-\boldsymbol{P}\begin{pmatrix} a-1 & 0 & 0 \\ 0 & a-1 & 0 \\ 0 & 0 & a+2 \end{pmatrix}\boldsymbol{P}^{\mathrm{T}}=\boldsymbol{P}\begin{pmatrix} 4 & 0 & 0 \\ 0 & 4 & 0 \\ 0 & 0 & 1 \end{pmatrix}\boldsymbol{P}^{\mathrm{T}}.$$

令 $\boldsymbol{C}=\boldsymbol{P}\begin{pmatrix} 2 & 0 & 0 \\ 0 & 2 & 0 \\ 0 & 0 & 1 \end{pmatrix}\boldsymbol{P}^{\mathrm{T}}$，则 $\boldsymbol{C}^2=(a+3)\boldsymbol{E}-\boldsymbol{A}$. 故所求正定矩阵是

$$C=\begin{pmatrix}-\frac{\sqrt{2}}{2} & \frac{\sqrt{6}}{6} & -\frac{\sqrt{3}}{3}\\ \frac{\sqrt{2}}{2} & \frac{\sqrt{6}}{6} & -\frac{\sqrt{3}}{3}\\ 0 & \frac{\sqrt{6}}{3} & \frac{\sqrt{3}}{3}\end{pmatrix}\begin{pmatrix}2&0&0\\0&2&0\\0&0&1\end{pmatrix}\begin{pmatrix}-\frac{\sqrt{2}}{2} & \frac{\sqrt{6}}{6} & -\frac{\sqrt{3}}{3}\\ \frac{\sqrt{2}}{2} & \frac{\sqrt{6}}{6} & -\frac{\sqrt{3}}{3}\\ 0 & \frac{\sqrt{6}}{3} & \frac{\sqrt{3}}{3}\end{pmatrix}^{\mathrm{T}}=\begin{pmatrix}\frac{5}{3} & -\frac{1}{3} & \frac{1}{3}\\ -\frac{1}{3} & \frac{5}{3} & \frac{1}{3}\\ \frac{1}{3} & \frac{1}{3} & \frac{5}{3}\end{pmatrix}.$$

7. （数学一，2020）设二次型 $f(x_1,x_2)=x_1^2-4x_1x_2+4x_2^2$，经正交变换 $\begin{pmatrix}x_1\\x_2\end{pmatrix}=Q\begin{pmatrix}y_1\\y_2\end{pmatrix}$ 化为二次型 $g(y_1,y_1)=ay_1^2-4y_1y_2+by_2^2$，其中 $a\geqslant b$.

（1）求 a,b 的值；

（2）求正交矩阵 Q.

解　(1)由题意，二次型 $f(x_1,x_2)$ 与 $g(y_1,y_2)$ 的矩阵分别为

$$A=\begin{pmatrix}1&-2\\-2&4\end{pmatrix},B=\begin{pmatrix}a&2\\2&b\end{pmatrix},$$

由于 Q 为正交矩阵，且 $Q^{\mathrm{T}}AQ=B$，于是 A 与 B 相似，所以 $\mathrm{tr}(A)=\mathrm{tr}(B)$，$|A|=|B|$，即

$$\begin{cases}a+b=5,\\ ab-4=0.\end{cases}$$

又 $a\geqslant b$，解得 $a=4$，$b=1$.

（2）由于 $|\lambda E-A|=|\lambda E-B|=\lambda(\lambda-5)$，所以矩阵 A，B 的特征值均为 $\lambda_1=0$，$\lambda_2=5$.

矩阵 A 的属于特征值 $\lambda_1=0$ 的单位特征向量 $\alpha_1=\frac{1}{\sqrt{5}}\begin{pmatrix}2\\1\end{pmatrix}$；

矩阵 A 的属于特征值 $\lambda_2=5$ 的单位特正向量 $\alpha_2=\frac{1}{\sqrt{5}}\begin{pmatrix}1\\-2\end{pmatrix}$.

令 $Q_1=(\alpha_1,\alpha_2)=\frac{1}{\sqrt{5}}\begin{pmatrix}2&1\\1&-2\end{pmatrix}$，则 Q_1 为正交矩阵，且 $Q_1^{\mathrm{T}}AQ_1=\begin{pmatrix}0&0\\0&5\end{pmatrix}$.

由(1)知 $B=\begin{pmatrix}4&2\\2&1\end{pmatrix}$.

矩阵 B 的属于特征值 $\lambda_1=0$ 的单位特征向量 $\beta_1=\frac{1}{\sqrt{5}}\begin{pmatrix}1\\-2\end{pmatrix}$；

矩阵 B 的属于特征值 $\lambda_2=5$ 的单位特征向量 $\beta_2=\frac{1}{\sqrt{5}}\begin{pmatrix}2\\1\end{pmatrix}$.

令 $Q_2=(\beta_1,\beta_2)=\frac{1}{\sqrt{5}}\begin{pmatrix}1&2\\-2&1\end{pmatrix}$，则 Q_2 为正交矩阵，且 $Q_2^{\mathrm{T}}BQ_2=\begin{pmatrix}0&0\\0&5\end{pmatrix}$.

由于 $Q_1^{\mathrm{T}}AQ_1=Q_2^{\mathrm{T}}BQ_2=\begin{pmatrix}0&0\\0&5\end{pmatrix}$，所以 $(Q_1Q_2^{\mathrm{T}})^{\mathrm{T}}A(Q_1Q_2^{\mathrm{T}})=B$，故所求矩阵为

$$Q=Q_1Q_2^{\mathrm{T}}=\frac{1}{5}\begin{pmatrix}4&-3\\-3&-4\end{pmatrix}.$$

8.（数学一，2019）设 $\boldsymbol{A}$ 是 3 阶实对称矩阵，$\boldsymbol{E}$ 是 3 阶单位矩阵. 若 $\boldsymbol{A}^2+\boldsymbol{A}=2\boldsymbol{E}$，且 $|\boldsymbol{A}|=4$，则二次型 $\boldsymbol{x}^{\mathrm{T}}\boldsymbol{A}\boldsymbol{x}$ 的规范形为（　　）.

（A）$y_1^2+y_2^2+y_2^2$　　（B）$y_1^2+y_2^2-y_3^2$

（C）$y_1^2-y_2^2-y_3^2$　　（D）$-y_1^2-y_2^2-y_3^2$

解　应选（C）.

设 $\boldsymbol{A}$ 的特征值为 λ，由 $\boldsymbol{A}^2+\boldsymbol{A}=2\boldsymbol{E}$，可得 $\lambda^2+\lambda=2$，解得 $\lambda=-2$ 或 1. 再由 $|\boldsymbol{A}|=4$，可知 $\lambda_1=\lambda_2=-2$，$\lambda_3=1$，所以规范形为 $y_1^2-y_2^2-y_3^2$，故选（C）.

第 3 篇
综合训练

综合训练题(一)

一、填空题

1. 在6阶行列式中，项 $a_{23}a_{31}a_{42}a_{56}a_{14}a_{65}$ 的符号是________.

2. 设 $D=\begin{vmatrix}3&0&4&0\\1&1&1&1\\0&-7&0&0\\5&3&-2&2\end{vmatrix}$，则 $A_{41}+A_{42}+A_{43}+A_{44}=$________.

$A_{41}+A_{42}-A_{43}-A_{44}=$________，其中 A_{4j} 为元素 $a_{4j}(j=1,2,3,4)$ 的代数余子式.

3. 若 $\begin{vmatrix}a_{11}&a_{12}&a_{13}\\a_{21}&a_{22}&a_{23}\\a_{31}&a_{32}&a_{33}\end{vmatrix}=m$，则 $\begin{vmatrix}a_{31}&a_{32}&a_{33}\\2a_{21}-3a_{31}&2a_{22}-3a_{32}&2a_{23}-3a_{33}\\a_{11}&a_{12}&a_{13}\end{vmatrix}=$________.

4. 如果排列 $x_1x_2\cdots x_n$ 的逆序数为 k，则排列 $x_nx_{n-1}\cdots x_2x_1$ 的逆序数为________.

5. 若 $\begin{vmatrix}1&0&2\\x&3&1\\4&x&5\end{vmatrix}$ 中代数余子式 $A_{12}=-1$，则 $A_{21}=$________.

二、选择题

1. 如果 $D=\begin{vmatrix}a_{11}&a_{12}&a_{13}\\a_{21}&a_{22}&a_{23}\\a_{31}&a_{32}&a_{33}\end{vmatrix}$，$D_1=\begin{vmatrix}2a_{11}&2a_{12}&2a_{13}\\2a_{21}&2a_{22}&2a_{23}\\2a_{31}&2a_{32}&2a_{33}\end{vmatrix}$，则 $D_1=$(　　).

(A) $2D$　　(B) $-2D$　　(C) $8D$　　(D) $-8D$

2. 设 $D_n=\begin{vmatrix}1&1&\cdots&1\\0&2&\cdots&2\\\vdots&\vdots&&\vdots\\0&0&\cdots&n\end{vmatrix}$，则 D_n 中所有元素的代数余子式之和为(　　).

(A) 0　　(B) $n!$　　(C) $-n!$　　(D) $2n!$

3. 行列式 $\begin{vmatrix}0&a&b&0\\a&0&0&b\\0&c&d&0\\c&0&0&d\end{vmatrix}=$(　　).

(A) $(ad-bc)^2$　　(B) $-(ad-bc)^2$　　(C) $a^2d^2-b^2c^2$　　(D) $b^2c^2-a^2d^2$

4. 记 $f(x)=\begin{vmatrix}x-2&x-1&x-2&x-3\\2x-2&2x-1&2x-2&2x-3\\3x-3&3x-2&3x-5&3x-5\\4x&4x-3&5x-7&4x-3\end{vmatrix}$，则 $f(x)=0$ 的根的个数为(　　).

(A) 1　　(B) 2　　(C) 3　　(D) 4

5. 若齐次线性方程组$\begin{cases} x_1+kx_2+x_3=0, \\ 2x_1+x_2+x_3=0, \\ x_1+x_2+x_3=0 \end{cases}$有非零解，则 $k=($　　$)$.

(A) 0　　(B) -1　　(C) 1　　(D) 2

三、解答题

1. 求方程$\begin{vmatrix} 1 & 1 & 1 & 1 \\ 1 & 2 & 4 & 8 \\ 1 & -2 & 4 & -8 \\ 1 & x & x^2 & x^3 \end{vmatrix}=0$ 的解.

2. 计算 4 阶行列式$\begin{vmatrix} 1 & 2 & 3 & 4 \\ 1 & 2^2 & 3^2 & 4^2 \\ 1 & 2^3 & 3^3 & 4^3 \\ 9 & 8 & 7 & 6 \end{vmatrix}$.

3. 计算 4 阶行列式$\begin{vmatrix} 1 & -1 & 1 & x-1 \\ 1 & -1 & x+1 & -1 \\ 1 & x-1 & 1 & -1 \\ x+1 & -1 & 1 & -1 \end{vmatrix}$.

4. 计算 4 阶行列式$\begin{vmatrix} a & 0 & 0 & b \\ 0 & a & b & 0 \\ 0 & b & a & 0 \\ b & 0 & 0 & a \end{vmatrix}$.

5. 计算 4 阶行列式 $\begin{vmatrix} 1 & 2 & 2 & 2 \\ 2 & 2 & 2 & 2 \\ 2 & 2 & 3 & 2 \\ 2 & 2 & 2 & 4 \end{vmatrix}$.

6. 计算 4 阶行列式 $\begin{vmatrix} 0 & 1 & 1 & 1 \\ 1 & 0 & 1 & 1 \\ 1 & 1 & 0 & 1 \\ 1 & 1 & 1 & 0 \end{vmatrix}$.

7. 计算 4 阶行列式 $\begin{vmatrix} x_1 & 1 & 1 & 1 \\ 1 & x_2 & 0 & 0 \\ 1 & 0 & x_3 & 0 \\ 1 & 0 & 0 & x_4 \end{vmatrix}$，其中 $x_1x_2x_3x_4 \neq 0$.

四、证明题

证明：一个 n 阶行列式中等于零的元素的个数如果比 n^2-n 多，则此行列式必等于零.

综合训练题(二)

一、填空题

1. 设 $\boldsymbol{A}$ 为3阶方阵，且 $|\boldsymbol{A}|=4$，则 $\left|\left(\frac{1}{2}\boldsymbol{A}\right)^2\right|=$________，$|(\boldsymbol{A}^*)^{-1}|=$________.

2. 若 n 阶矩阵 $\boldsymbol{A}$ 满足关系式 $\boldsymbol{A}^2+2\boldsymbol{A}-25\boldsymbol{E}=\boldsymbol{O}$，则 $(\boldsymbol{A}-4\boldsymbol{E})^{-1}=$________.

3. 已知 $\boldsymbol{A}^{-1}=\frac{1}{2}\begin{pmatrix}2&0&0\\0&2&4\\0&-2&-5\end{pmatrix}$，则 $\boldsymbol{A}=$________.

4. 设 $\boldsymbol{A}$，$\boldsymbol{B}$ 均为3阶方阵，且满足 $\boldsymbol{AB}-\boldsymbol{A}-\boldsymbol{B}=\boldsymbol{O}$，若 $\boldsymbol{A}=\begin{pmatrix}1&0&1\\0&2&0\\-2&0&1\end{pmatrix}$，则 $|\boldsymbol{B}|=$________.

5. 设 $\boldsymbol{A}$ 为 4×3 矩阵，其秩为2，而 $\boldsymbol{B}=\begin{pmatrix}1&0&2\\0&2&0\\-1&0&3\end{pmatrix}$，则 $R(\boldsymbol{AB})=$________.

二、选择题

1. 设 $\boldsymbol{A},\boldsymbol{B}$ 为 n 阶方阵，$\boldsymbol{A}\neq\boldsymbol{O}$ 且 $\boldsymbol{AB}=\boldsymbol{O}$，则(　　).

(A) $\boldsymbol{B}=\boldsymbol{O}$　(B) $|\boldsymbol{B}|=0$　(C) $\boldsymbol{BA}=\boldsymbol{O}$　(D) $(\boldsymbol{A}+\boldsymbol{B})^2=\boldsymbol{A}^2+\boldsymbol{B}^2$

2. 设 $\boldsymbol{A}$ 是 n 阶可逆矩阵，则 $(-\boldsymbol{A})^*=$(　　).

(A) $-\boldsymbol{A}^*$　(B) $\boldsymbol{A}^*$　(C) $(-1)^n\boldsymbol{A}^*$　(D) $(-1)^{n-1}\boldsymbol{A}^*$

3. 设 $\boldsymbol{A},\boldsymbol{B},\boldsymbol{C}$ 均为 n 阶方阵，且 $\boldsymbol{AB}=\boldsymbol{BC}=\boldsymbol{CA}=\boldsymbol{E}$，则 $\boldsymbol{A}^2+\boldsymbol{B}^2+\boldsymbol{C}^2=$(　　).

(A) $3\boldsymbol{E}$　(B) $2\boldsymbol{E}$　(C) $\boldsymbol{E}$　(D) $\boldsymbol{O}$

4. 设 $\boldsymbol{A}=\begin{pmatrix}a_{11}&a_{12}&a_{13}\\a_{21}&a_{22}&a_{23}\\a_{31}&a_{32}&a_{33}\end{pmatrix}$，$\boldsymbol{B}=\begin{pmatrix}a_{13}&a_{12}&a_{11}+a_{12}\\a_{23}&a_{22}&a_{21}+a_{22}\\a_{33}&a_{32}&a_{31}+a_{32}\end{pmatrix}$，$\boldsymbol{P}_1=\begin{pmatrix}1&0&0\\1&1&0\\0&0&1\end{pmatrix}$，$\boldsymbol{P}_2=\begin{pmatrix}1&1&0\\0&1&0\\0&0&1\end{pmatrix}$，$\boldsymbol{P}_3=\begin{pmatrix}0&0&1\\0&1&0\\1&0&0\end{pmatrix}$，则 $\boldsymbol{B}=$(　　).

(A) $\boldsymbol{P}_2\boldsymbol{A}\boldsymbol{P}_3$　(B) $\boldsymbol{A}\boldsymbol{P}_1\boldsymbol{P}_3$　(C) $\boldsymbol{A}\boldsymbol{P}_3\boldsymbol{P}_1$　(D) $\boldsymbol{A}\boldsymbol{P}_2\boldsymbol{P}_3$

5. 设 $\boldsymbol{A}=\begin{pmatrix}1&2&1\\2&2&-2\\-1&t&5\\1&0&-3\end{pmatrix}$，已知 $R(\boldsymbol{A})=2$，则 $t=$(　　).

(A) 0　(B) -1　(C) 1　(D) 2

三、解答题

1. 当 k 取何值时，$\boldsymbol{A}=\begin{pmatrix}1&0&0\\0&k&1\\1&-1&1\end{pmatrix}$ 可逆，并求其逆矩阵.

2. 设 3 阶方阵 $\boldsymbol{A},\boldsymbol{B}$ 满足关系式 $\boldsymbol{A}^{-1}\boldsymbol{BA}=6\boldsymbol{A}+\boldsymbol{BA}$，且 $\boldsymbol{A}=\begin{pmatrix}\frac{1}{3}&0&0\\0&\frac{1}{4}&0\\0&0&\frac{1}{7}\end{pmatrix}$，求 $\boldsymbol{B}$.

3. 设 $\boldsymbol{A}=(1,2,3)$，$\boldsymbol{B}=\left(1,\frac{1}{2},\frac{1}{3}\right)$，求 $(\boldsymbol{A}^{\mathrm{T}}\boldsymbol{B})^{10}$.

4. 已知矩阵 $\boldsymbol{A}=\begin{pmatrix}0&-1&0\\1&0&0\\0&0&-1\end{pmatrix}$，矩阵 $\boldsymbol{B}=\boldsymbol{P}^{-1}\boldsymbol{AP}$，其中 $\boldsymbol{P}$ 为 3 阶可逆矩阵，求 $\boldsymbol{B}^{2016}-2\boldsymbol{A}^{2}$.

5. 已知矩阵 $\boldsymbol{P}=\begin{pmatrix}2&1&0\\1&1&0\\0&0&2\end{pmatrix}$，$\boldsymbol{\Lambda}=\begin{pmatrix}1&0&0\\0&2&0\\0&0&3\end{pmatrix}$，$\boldsymbol{Q}=\begin{pmatrix}1&-1&0\\-1&2&0\\0&0&\frac{1}{2}\end{pmatrix}$，令 $\boldsymbol{A}=\boldsymbol{P\Lambda Q}$，求 $\boldsymbol{A}^{n}$.

四、证明题

1. 设 $\boldsymbol{A},\boldsymbol{B}$ 为 n 阶方阵，且满足 $\boldsymbol{A}^2=\boldsymbol{A}$，$\boldsymbol{B}^2=\boldsymbol{B}$ 及 $(\boldsymbol{A}+\boldsymbol{B})^2=\boldsymbol{A}^2+\boldsymbol{B}^2$，证明：$\boldsymbol{AB}=\boldsymbol{O}$.

2. 若 $\boldsymbol{A}^2=\boldsymbol{B}^2=\boldsymbol{E}$，且 $|\boldsymbol{A}|+|\boldsymbol{B}|=0$. 证明：$\boldsymbol{A}+\boldsymbol{B}$ 是不可逆矩阵.

3. 设 n 阶方阵 $\boldsymbol{A},\boldsymbol{B}$ 满足 $\boldsymbol{A}+\boldsymbol{B}=\boldsymbol{AB}$，证明：$\boldsymbol{A}-\boldsymbol{E}$ 可逆，并求其逆矩阵.

综合训练题(三)

一、填空题

1. 设 $\boldsymbol{\alpha}_1=(k,1,1)$，$\boldsymbol{\alpha}_2=(0,2,3)$，$\boldsymbol{\alpha}_3=(1,2,1)$，则当 $k=$________时，$\boldsymbol{\alpha}_1,\boldsymbol{\alpha}_2,\boldsymbol{\alpha}_3$ 线性相关.

2. 设 $\boldsymbol{\alpha}_1=(2,1,3,-1)$，$\boldsymbol{\alpha}_2=(3,-1,2,0)$，$\boldsymbol{\alpha}_3=(4,2,6,-2)$，$\boldsymbol{\alpha}_4=(4,-3,1,1)$，则 $R(\boldsymbol{\alpha}_1,\boldsymbol{\alpha}_2,\boldsymbol{\alpha}_3,\boldsymbol{\alpha}_4)=$________.

3. 设 $\boldsymbol{\eta}_1,\boldsymbol{\eta}_2,\boldsymbol{\eta}_3$ 是齐次线性方程组 $\boldsymbol{Ax}=\boldsymbol{0}$ 的基础解系，则 $\lambda\boldsymbol{\eta}_1-\boldsymbol{\eta}_2,\boldsymbol{\eta}_2-\boldsymbol{\eta}_3,\boldsymbol{\eta}_3-\boldsymbol{\eta}_1$ 也是 $\boldsymbol{Ax}=\boldsymbol{0}$ 的基础解系的充要条件是________.

4. 设 $\boldsymbol{A}$ 是 4 阶方阵，且 $R(\boldsymbol{A})=3$，则 $R(\boldsymbol{A}^*)=$________.

5. 设 $\boldsymbol{\alpha}_1,\boldsymbol{\alpha}_2,\boldsymbol{\beta}_1,\boldsymbol{\beta}_2$ 是 3 维列向量，$\boldsymbol{A}=(\boldsymbol{\alpha}_1,\boldsymbol{\alpha}_2,\boldsymbol{\beta}_1)$，$\boldsymbol{B}=(\boldsymbol{\alpha}_1,2\boldsymbol{\alpha}_2,\boldsymbol{\beta}_2)$，且 $|\boldsymbol{A}|=1$，$|\boldsymbol{B}|=2$，则 $|\boldsymbol{A}+\boldsymbol{B}|=$________.

二、选择题

1. 设 $\boldsymbol{\alpha}_1=(1,0,0,k_1)^{\mathrm{T}}$，$\boldsymbol{\alpha}_2=(1,2,0,k_2)^{\mathrm{T}}$，$\boldsymbol{\alpha}_3=(1,2,3,k_3)^{\mathrm{T}}$，$\boldsymbol{\alpha}_4=(1,1,1,k_4)^{\mathrm{T}}$，其中 k_1,k_2,k_3,k_4 是任意实数，则(　　).

(A) $\boldsymbol{\alpha}_1,\boldsymbol{\alpha}_2,\boldsymbol{\alpha}_3$ 线性相关　　(B) $\boldsymbol{\alpha}_1,\boldsymbol{\alpha}_2,\boldsymbol{\alpha}_3$ 线性无关

(C) $\boldsymbol{\alpha}_1,\boldsymbol{\alpha}_2,\boldsymbol{\alpha}_3,\boldsymbol{\alpha}_4$ 线性相关　　(D) $\boldsymbol{\alpha}_1,\boldsymbol{\alpha}_2,\boldsymbol{\alpha}_3,\boldsymbol{\alpha}_4$ 线性无关

2. 已知 $\boldsymbol{B}=\begin{pmatrix}1&2&3\\2&4&t\\3&6&9\end{pmatrix}$，$\boldsymbol{A}$ 为三阶非零方阵，且满足 $\boldsymbol{AB}=\boldsymbol{O}$，则(　　).

(A) $t=6$ 时，$R(\boldsymbol{A})=1$　　(B) $t=6$ 时，$R(\boldsymbol{A})=2$

(C) $t\neq6$ 时，$R(\boldsymbol{A})=1$　　(D) $t\neq6$ 时，$R(\boldsymbol{A})=2$

3. 齐次线性方程组 $\boldsymbol{Ax}=\boldsymbol{0}$ 仅有零解的充要条件为(　　).

(A) $\boldsymbol{A}$ 的行向量组线性无关　　(B) $\boldsymbol{A}$ 的列向量组线性无关

(C) $\boldsymbol{A}$ 的行向量组线性相关　　(D) $\boldsymbol{A}$ 的列向量组线性相关

4. 设 $\boldsymbol{A}$ 是 $m\times n$ 矩阵，且 $m<n$，若 $\boldsymbol{A}$ 的行向量组线性无关，则(　　).

(A) $\boldsymbol{Ax}=\boldsymbol{b}$ 有无穷多解　　(B) $\boldsymbol{Ax}=\boldsymbol{b}$ 仅有唯一解

(C) $\boldsymbol{Ax}=\boldsymbol{b}$ 无解　　(D) $\boldsymbol{Ax}=\boldsymbol{0}$ 仅有零解

5. 设 $\boldsymbol{A}$ 是 n 阶方阵，且 $R(\boldsymbol{A})=n-1$，$\boldsymbol{\alpha}_1,\boldsymbol{\alpha}_2$ 是 $\boldsymbol{Ax}=\boldsymbol{b}$ 的两个不同的解，则 $\boldsymbol{Ax}=\boldsymbol{0}$ 的通解为(　　).

(A) $k\boldsymbol{\alpha}_1$　　(B) $k\boldsymbol{\alpha}_2$　　(C) $k(\boldsymbol{\alpha}_1-\boldsymbol{\alpha}_2)$　　(D) $k(\boldsymbol{\alpha}_1+\boldsymbol{\alpha}_2)$

三、解答题

1. 求 $\boldsymbol{\alpha}_1=(1,1,2,1)^{\mathrm{T}}$，$\boldsymbol{\alpha}_2=(3,1,4,2)^{\mathrm{T}}$，$\boldsymbol{\alpha}_3=(4,2,6,3)^{\mathrm{T}}$，$\boldsymbol{\alpha}_4=(2,2,4,2)^{\mathrm{T}}$，$\boldsymbol{\alpha}_5=(5,3,8,4)^{\mathrm{T}}$ 的秩和一个极大无关组，并将其余向量用此极大无关组线性表示.

2. 设 4 阶方阵 $\boldsymbol{A}=(\boldsymbol{\alpha}_1,\boldsymbol{\alpha}_2,\boldsymbol{\alpha}_3,\boldsymbol{\alpha}_4)$，且 $R(\boldsymbol{A})=2$，若 $\boldsymbol{\alpha}_1+\boldsymbol{\alpha}_2-2\boldsymbol{\alpha}_3+3\boldsymbol{\alpha}_4=\boldsymbol{0}$，$\boldsymbol{\alpha}_1-\boldsymbol{\alpha}_2+3\boldsymbol{\alpha}_4=\boldsymbol{b}$，$\boldsymbol{\alpha}_1+2\boldsymbol{\alpha}_2-\boldsymbol{\alpha}_3+\boldsymbol{\alpha}_4=\boldsymbol{b}$，求 $\boldsymbol{Ax}=\boldsymbol{b}$ 的通解 .

3. 解方程组 $\begin{cases} x_1+x_2+x_3+4x_4-3x_5=0, \\ 2x_1+x_2+3x_3+5x_4-5x_5=0, \\ x_1-x_2+3x_3-2x_4-x_5=0, \\ 3x_1+x_2+5x_3+6x_4-8x_5=0. \end{cases}$

4. 求线性方程组 $\begin{cases} x_1+x_2+x_3+x_4+x_5=2, \\ 2x_1+3x_2+x_3+x_4-3x_5=0, \\ x_1+2x_3+2x_4+6x_5=6, \\ 4x_1+5x_2+3x_3+3x_4-x_5=4 \end{cases}$ 的解 .

5. 当 t 取何值时，方程组 $\begin{cases} x_1+tx_2-x_3=0, \\ x_1-x_2+tx_3=2, \\ 2x_1-x_2+x_3=3 \end{cases}$ 有唯一解、无解、无穷多解？在有无穷多解时求其通解 .

四、证明题

1. 设 $\boldsymbol{\alpha}_1,\boldsymbol{\alpha}_2,\boldsymbol{\alpha}_3$ 线性无关，$\boldsymbol{\beta}_1=\boldsymbol{\alpha}_1-\boldsymbol{\alpha}_2+2\boldsymbol{\alpha}_3$，$\boldsymbol{\beta}_2=2\boldsymbol{\alpha}_1+\boldsymbol{\alpha}_3$，$\boldsymbol{\beta}_3=4\boldsymbol{\alpha}_1+\boldsymbol{\alpha}_2-2\boldsymbol{\alpha}_3$，证明：$\boldsymbol{\beta}_1,\boldsymbol{\beta}_2,\boldsymbol{\beta}_3$ 线性无关.

2. 已知向量组 $\boldsymbol{A}$：$\boldsymbol{\alpha}_1,\boldsymbol{\alpha}_2,\boldsymbol{\alpha}_3$；$\boldsymbol{B}$：$\boldsymbol{\alpha}_1,\boldsymbol{\alpha}_2,\boldsymbol{\alpha}_3,\boldsymbol{\alpha}_4$；$\boldsymbol{C}$：$\boldsymbol{\alpha}_1,\boldsymbol{\alpha}_2,\boldsymbol{\alpha}_3,\boldsymbol{\alpha}_5$. 若各向量组的秩分别为 $R(\boldsymbol{A})=R(\boldsymbol{B})=3$，$R(\boldsymbol{C})=4$，证明：向量组 $\boldsymbol{\alpha}_1,\boldsymbol{\alpha}_2,\boldsymbol{\alpha}_3,\boldsymbol{\alpha}_5-\boldsymbol{\alpha}_4$ 的秩为 4.

3. 设 $\boldsymbol{A}$ 是 n 阶方阵，且 $\boldsymbol{A}^2=\boldsymbol{A}$，证明：若 $R(\boldsymbol{A})=r$，则 $R(\boldsymbol{A}-\boldsymbol{E})=n-r$.

综合训练题(四)

一、填空题

1. 设 0 是矩阵 $\boldsymbol{A}=\begin{pmatrix}1&0&1\\0&2&0\\1&0&a\end{pmatrix}$ 的特征值，则 $a=$________，$\boldsymbol{A}$ 的另一特征值为________.

2. 已知 $\boldsymbol{\alpha}_1=(a,1,1)^{\mathrm{T}}$，$\boldsymbol{\alpha}_2=(-1,b,0)^{\mathrm{T}}$，$\boldsymbol{\alpha}_3=(-1,-1,2)^{\mathrm{T}}$ 是 3 阶实对称矩阵的 3 个不同特征值的特征向量，则 $a=$________，$b=$________.

3. 设 3 阶方阵 $\boldsymbol{A}$ 满足 $|-\boldsymbol{E}+\boldsymbol{A}|=|3\boldsymbol{E}+2\boldsymbol{A}|=|2\boldsymbol{E}+\boldsymbol{A}|=0$，则 $\boldsymbol{A}$ 的特征值为________.

4. 已知 $\boldsymbol{\alpha}_1=\left(\frac{1}{3},-\frac{2}{3},-\frac{2}{3}\right)^{\mathrm{T}}$，$\boldsymbol{\alpha}_2=\left(-\frac{2}{3},\frac{1}{3},-\frac{2}{3}\right)^{\mathrm{T}}$，$\boldsymbol{\alpha}_3=\left(-\frac{2}{3},-\frac{2}{3},\frac{1}{3}\right)^{\mathrm{T}}$ 是 $\mathbf{R}^3$ 的一个标准正交基，则 $\boldsymbol{\xi}=(1,2,3)^{\mathrm{T}}$ 在此基下的坐标为________.

5. 矩阵 $\begin{pmatrix}1&-\frac{1}{2}&\frac{1}{3}\\-\frac{1}{2}&1&\frac{1}{2}\\\frac{1}{3}&\frac{1}{2}&-1\end{pmatrix}$ ________(填“是”或“不是”)正交矩阵.

二、选择题

1. 设 $\boldsymbol{A}=\begin{pmatrix}2&1&1\\1&2&1\\1&1&2\end{pmatrix}$，而 $\boldsymbol{\alpha}=(1,k,1)^{\mathrm{T}}$ 是 $\boldsymbol{A}^{-1}$ 的特征向量，则 $k=$(　　).

(A) -1 或 0　(B) 1 或 0　(C) 1 或 2　(D) 1 或 -2

2. 已知 $\boldsymbol{x}=(1,-2,1)$，$\boldsymbol{y}=(0,1,2)$，$\boldsymbol{A}=\boldsymbol{x}^{\mathrm{T}}\boldsymbol{y}$，则(　　)成立.

(A) $\boldsymbol{A}$ 相似于对角阵　(B) $\boldsymbol{A}$ 的特征值全为零

(C) $|\boldsymbol{A}|\neq 0$　(D) $\boldsymbol{A}$ 只有一个线性无关的特征向量

3. 设二次型 $f(x_1,x_2,x_3)=ax_1^2+2x_2^2-2x_3^2+2bx_1x_3\ (b>0)$，其中二次型的矩阵 $\boldsymbol{A}$ 的特征值之和为 1，特征值之积为 -12，则(　　).

(A) $a=1$，$b=2$　(B) $a=0$，$b=1$

(C) $a=-1$，$b=0$　(D) $a=1$，$b=1$

4. 若 $\boldsymbol{A}=\begin{pmatrix}3&0&0\\0&a&b\\0&2&3\end{pmatrix}$ 与 $\boldsymbol{\Lambda}=\begin{pmatrix}3&0&0\\0&4&0\\0&0&-1\end{pmatrix}$ 相似，则(　　).

(A) $a=2$，$b=0$　(B) $a=0$，$b=2$　(C) $a=2$，$b=3$　(D) $a=0$，$b=3$

5. 设 $\lambda=2$ 是非奇异矩阵 $\boldsymbol{A}$ 的一个特征值，则矩阵 $\left(\frac{1}{3}\boldsymbol{A}^2\right)^{-1}$ 有一个特征值(　　).

(A) $\frac{4}{3}$　(B) $\frac{3}{4}$　(C) $\frac{1}{2}$　(D) $\frac{1}{4}$

三、解答题

1. 已知 3 阶方阵 $\boldsymbol{A}$ 的特征值分别为 $1,2,-3$，求 $|\boldsymbol{A}^*+3\boldsymbol{A}+2\boldsymbol{E}|$.

2. 已知 $\boldsymbol{A}=\begin{pmatrix}1&2&1\\-2&-3&0\\0&0&2\end{pmatrix}$，$\boldsymbol{B}=\begin{pmatrix}1&-1&1\\2&-2&2\\-1&1&-1\end{pmatrix}$.

(1)求 $\boldsymbol{A},\boldsymbol{B}$ 的特征值；

(2)问 $\boldsymbol{A},\boldsymbol{B}$ 能否相似于对角阵，若不能说明理由；若能则求可逆阵 $\boldsymbol{P}$，使得 $\boldsymbol{P}^{-1}\boldsymbol{AP}=\boldsymbol{\Lambda}$，其中 $\boldsymbol{\Lambda}$ 是对角阵.

3. 设三阶实对称矩阵 $\boldsymbol{A}$ 的特征值为 $\lambda_1=-1$，$\lambda_2=\lambda_3=1$，对应于 λ_1 的特征向量为 $\boldsymbol{\alpha}_1=(0,1,1)^{\mathrm{T}}$，求属于特征值 $\lambda_2=\lambda_3$ 的特征向量及 $\boldsymbol{A}$.

4. 设方阵 $\boldsymbol{A}=\begin{pmatrix}1&-2&-4\\-2&x&-2\\-4&-2&1\end{pmatrix}$ 与 $\boldsymbol{\Lambda}=\begin{pmatrix}5&0&0\\0&y&0\\0&0&-4\end{pmatrix}$ 相似，求 x,y.

5. 试求一个正交的相似变换矩阵，将下列对称矩阵化为对角矩阵：

(1) $\begin{pmatrix}2&-2&0\\-2&1&-2\\0&-2&0\end{pmatrix}$；　　(2) $\begin{pmatrix}2&2&-2\\2&5&-4\\-2&-4&5\end{pmatrix}$.

6. 设 $\boldsymbol{A}=\begin{pmatrix} 3 & -2 \\ -2 & 3 \end{pmatrix}$，求 $\varphi(\boldsymbol{A})=\boldsymbol{A}^{10}-5\boldsymbol{A}^{9}$.

四、证明题

1. 设 $\boldsymbol{A}$ 为正交阵，且 $|\boldsymbol{A}|=-1$，证明：$\lambda=-1$ 是 $\boldsymbol{A}$ 的特征值.

2. 设 $\boldsymbol{A},\boldsymbol{B}$ 都是 n 阶方阵，且 $|\boldsymbol{A}|\neq 0$，证明：$\boldsymbol{AB}$ 与 $\boldsymbol{BA}$ 相似.

综合训练题(五)

一、填空题

1. 设二次型$f(x_1,x_2,x_3)=-4x_1x_2+2x_1x_3+2tx_2x_3$的秩为2，则$t=$________.

2. 已知某正惯性指数为3的二次型的矩阵为$\boldsymbol{A}=\begin{pmatrix}2&1&0\\1&1&-2\\0&-2&k\end{pmatrix}$，则$k$的取值范围是________.

3. 设$f(x_1,x_2,x_3)=x_1^2+4x_2^2+4x_3^2+2\lambda x_1x_2-2x_1x_3+4x_2x_3$是正定二次型，则$\lambda$的取值范围是________.

4. 二次型$f(x,y,z)=x^2+4xy+4y^2+2xz+z^2+4yz$的矩阵为________.

5. 设A是3阶实对称矩阵，A的每行元素的和为4，则二次型$f(x_1,x_2,x_3)=\boldsymbol{x}^{\mathrm{T}}\boldsymbol{A}\boldsymbol{x}$在$\boldsymbol{x}_0=(1,1,1)^{\mathrm{T}}$的值为________.

二、选择题

1. 设实二次型$f(x_1,x_2,x_3)=-4x_1x_2+2x_1x_3+2x_2x_3$，则负惯性指数为(　　).

(A) 0　　(B) 1　　(C) 2　　(D) 3

2. 设$\boldsymbol{A},\boldsymbol{B}$均是$n$阶正定矩阵，则$\boldsymbol{AB}$为(　　).

(A) 实对称阵　　(B) 正定矩阵　　(C) 可逆矩阵　　(D) 正交矩阵

3. 设矩阵$\boldsymbol{A}=\begin{pmatrix}0&1&0&0\\1&0&0&0\\0&0&2&1\\0&0&1&2\end{pmatrix}$，下列矩阵中与$\boldsymbol{A}$既相似又合同的是(　　).

(A) $\begin{pmatrix}3&&&\\&1&&\\&&1&\\&&&-1\end{pmatrix}$　　(B) $\begin{pmatrix}3&&&\\&1&&\\&&-1&\\&&&-1\end{pmatrix}$

(C) $\begin{pmatrix}3&&&\\&1&&\\&&-1&\\&&&0\end{pmatrix}$　　(D) $\begin{pmatrix}-3&&&\\&1&&\\&&-1&\\&&&0\end{pmatrix}$

4. n元实二次型正定的充分必要条件是(　　).

(A) 该二次型的秩等于n

(B) 该二次型的负惯性指数等于n

(C) 该二次型的正惯性指数等于二次型矩阵的秩

(D) 该二次型的正惯性指数等于n

5. n阶实对称矩阵$\boldsymbol{A}$正定的充分必要条件是(　　).

(A) 存在可逆矩阵$\boldsymbol{P}$使$\boldsymbol{P}^{-1}\boldsymbol{AP}=\boldsymbol{E}$　　(B) 二次型$\boldsymbol{x}^{\mathrm{T}}\boldsymbol{A}\boldsymbol{x}$的负惯性指数为零

(C) 存在n阶矩阵$\boldsymbol{C}$使$\boldsymbol{A}=\boldsymbol{C}^{\mathrm{T}}\boldsymbol{C}$　　(D) $\boldsymbol{A}$的伴随矩阵$\boldsymbol{A}^*$与$\boldsymbol{E}$合同

三、解答题

1. 已知二次型$f(x_1,x_2,x_3)=2x_1^2+3x_2^2+3x_3^2+2ax_2x_3(a>0)$通过正交变换化为标准形$f=y_1^2+2y_2^2+5y_3^2$，求参数$a$及所用正交变换矩阵.

2. 化二次型$f(x_1,x_2,x_3)=x_1^2-3x_2^2+4x_3^2-2x_1x_2+2x_1x_3-6x_2x_3$为标准形.

3. 已知$\boldsymbol{A}=\begin{pmatrix}2&-2&0\\-2&1&-2\\0&-2&0\end{pmatrix}$，试求二次型$f=\boldsymbol{x}^{\mathrm{T}}\boldsymbol{A}\boldsymbol{x}$的惯性指数，并判断$\boldsymbol{A}$是否是正定矩阵?

4. 判别下列二次型的正定性：

(1) $f=-2x_1^2-6x_2^2-4x_3^2+2x_1x_2+2x_1x_3$；

(2) $f=x_1^2+3x_2^2+9x_3^2+19x_4^2-2x_1x_2+4x_1x_3+2x_1x_4-6x_2x_4-12x_3x_4$.

四、证明题

1. 设$\boldsymbol{A}$是正定矩阵，证明：(1) $\boldsymbol{A}^{-1}$是正定矩阵；(2) $\boldsymbol{A}^*$是正定矩阵.

2. 设对称矩阵$\boldsymbol{A}$为正定矩阵，证明：存在可逆矩阵$\boldsymbol{U}$，使$\boldsymbol{A}=\boldsymbol{U}^{\mathrm{T}}\boldsymbol{U}$.

行列式、矩阵及线性方程组过程性模拟试题(一)

一、填空题

1. 若 $\begin{vmatrix} a_{11} & a_{12} & a_{13} \\ a_{21} & a_{22} & a_{23} \\ a_{31} & a_{32} & a_{33} \end{vmatrix} = m$，则 $\begin{vmatrix} a_{31} & a_{32} & a_{33} \\ 2a_{21}-3a_{31} & 2a_{22}-3a_{32} & 2a_{23}-3a_{33} \\ a_{11} & a_{12} & a_{13} \end{vmatrix} =$________.

2. 设 $\boldsymbol{A}$ 为 2 阶方阵，且 $|\boldsymbol{A}|=2$，则 $|\boldsymbol{A}^*|=$________.

3. 设矩阵 $\boldsymbol{A}=\begin{pmatrix} x & 1 & 1 \\ 1 & x & 1 \\ 1 & 1 & x \end{pmatrix}$，则当 $x=$________时，$R(\boldsymbol{A})=2$.

4. 已知向量组 $\boldsymbol{\alpha}_1,\boldsymbol{\alpha}_2,\boldsymbol{\alpha}_3$ 线性无关，若向量组 $\boldsymbol{\alpha}_1+\boldsymbol{\alpha}_2,\boldsymbol{\alpha}_2+\boldsymbol{\alpha}_3,\boldsymbol{\alpha}_3+k\boldsymbol{\alpha}_1$ 也线性无关，则 k 满足____________.

5. 设 n 阶方阵 $\boldsymbol{A}$ 的各列元素之和为 2，且 $|\boldsymbol{A}|=4$，则它的伴随矩阵 $\boldsymbol{A}^*$ 的各列元素之和为____________.

二、选择题

1. 下列矩阵是对称矩阵的为(　　).

(A) $\begin{pmatrix} 1 & -1 & 4 \\ -1 & 2 & 5 \\ 4 & 5 & 3 \end{pmatrix}$　(B) $\begin{pmatrix} 1 & 1 & 3 \\ -1 & 2 & -6 \\ -3 & 6 & 3 \end{pmatrix}$　(C) $\begin{pmatrix} 0 & -5 \\ 5 & 0 \end{pmatrix}$　(D) $\begin{pmatrix} 5 & -5 \\ 5 & 5 \end{pmatrix}$

2. 4 阶行列式 $\begin{vmatrix} 1 & 2 & 1 & -2 \\ -1 & 1 & 0 & 0 \\ -2 & 0 & 1 & 0 \\ 3 & 0 & 0 & 1 \end{vmatrix} =$(　　).

(A) 12　(B) 10　(C) 13　(D) 11

3. 下列选项中，(　　)不构成实数域上的向量空间.

(A) $W=\{(0,x_2,\cdots,x_n) \mid x_i\in\mathbf{R}, i=2,\cdots,n\}$

(B) $W=\{(x_1,x_2,\cdots,x_n)\in\mathbf{R}^n \mid x_1=x_2\}$

(C) $W=\{(x_1,x_2,\cdots,x_n)\in\mathbf{R}^n \mid x_1=x_2=\cdots=x_n\}$

(D) $W=\{(x_1,x_2,\cdots,x_n)\in\mathbf{R}^n \mid x_1+x_2+\cdots+x_n=2\}$

4. 设向量组 $\boldsymbol{\alpha},\boldsymbol{\beta},\boldsymbol{\gamma}$ 线性无关，向量组 $\boldsymbol{\alpha},\boldsymbol{\beta},\boldsymbol{\gamma},\boldsymbol{\delta}$ 线性相关，则(　　).

(A) $\boldsymbol{\alpha}$ 必可由 $\boldsymbol{\beta},\boldsymbol{\gamma},\boldsymbol{\delta}$ 线性表示　(B) $\boldsymbol{\beta}$ 必不可由 $\boldsymbol{\alpha},\boldsymbol{\gamma},\boldsymbol{\delta}$ 线性表示

(C) $\boldsymbol{\delta}$ 必可由 $\boldsymbol{\alpha},\boldsymbol{\beta},\boldsymbol{\gamma}$ 线性表示　(D) $\boldsymbol{\delta}$ 必不可由 $\boldsymbol{\alpha},\boldsymbol{\beta},\boldsymbol{\gamma}$ 线性表示

5. 设 $\boldsymbol{A}$ 为 $m\times n$ 矩阵，且 $R(\boldsymbol{A})=m<n$. 则下列命题中不正确的是(　　).

(A) $\boldsymbol{A}^{\mathrm{T}}\boldsymbol{x}=\boldsymbol{0}$ 只有零解　(B) $\boldsymbol{A}^{\mathrm{T}}\boldsymbol{A}\boldsymbol{x}=\boldsymbol{0}$ 有无穷多解

(C) $\forall\boldsymbol{b},\boldsymbol{A}^{\mathrm{T}}\boldsymbol{x}=\boldsymbol{b}$ 有唯一解　(D) $\forall\boldsymbol{b},\boldsymbol{A}\boldsymbol{x}=\boldsymbol{b}$ 有无穷多解

三、解答题

1. 计算 4 阶行列式 $D=\begin{vmatrix}1 & 2 & 3 & 4\\ 1 & 2^2 & 3^2 & 4^2\\ 1 & 2^3 & 3^3 & 4^3\\ 4 & 3 & 2 & 1\end{vmatrix}$.

2. 设 $\boldsymbol{A}=\begin{pmatrix}2 & 0 & 0\\ 0 & 1 & 0\\ 0 & 0 & 1\end{pmatrix}$，满足 $\boldsymbol{A}^*\boldsymbol{BA}=8\boldsymbol{BA}-2\boldsymbol{E}$，求矩阵 $\boldsymbol{B}$.

3. 设 $\boldsymbol{A}=\begin{pmatrix}1 & 1 & 1\\ 1 & 1 & -1\\ 1 & -1 & 1\end{pmatrix}$,$\boldsymbol{B}=\begin{pmatrix}1 & 2 & 3\\ -1 & -2 & 4\\ 0 & 5 & 1\end{pmatrix}$，求 $3\boldsymbol{AB}-2\boldsymbol{A}$ 及 $\boldsymbol{A}^{\mathrm{T}}\boldsymbol{B}$.

4. 已知 $\boldsymbol{\alpha}_1,\boldsymbol{\alpha}_2,\boldsymbol{\beta}_1,\boldsymbol{\beta}_2$ 均为 3 维向量，且 $\boldsymbol{\alpha}_1,\boldsymbol{\alpha}_2$ 线性无关，$\boldsymbol{\beta}_1,\boldsymbol{\beta}_2$ 线性无关.

(1)证明：存在非零的 3 维向量 $\boldsymbol{\xi}$，既可由 $\boldsymbol{\alpha}_1,\boldsymbol{\alpha}_2$ 线性表示，又可由 $\boldsymbol{\beta}_1,\boldsymbol{\beta}_2$ 线性表示；

(2)当 $\boldsymbol{\alpha}_1=(1,1,0)^{\mathrm{T}},\boldsymbol{\alpha}_2=(1,-1,1)^{\mathrm{T}},\boldsymbol{\beta}_1=(2,1,1)^{\mathrm{T}},\boldsymbol{\beta}_2=(-1,2,-1)^{\mathrm{T}}$ 时，求(1)中的 $\boldsymbol{\xi}$.

5. 设 $\boldsymbol{\beta}_1=(1,1,0)^{\mathrm{T}},\boldsymbol{\beta}_2=(1,1,1)^{\mathrm{T}},\boldsymbol{\beta}_3=(2,a,b,)^{\mathrm{T}},\boldsymbol{\alpha}_1=(0,1,1)^{\mathrm{T}},\boldsymbol{\alpha}_2=(1,2,1)^{\mathrm{T}},\boldsymbol{\alpha}_3=(1,0,-1)^{\mathrm{T}}$，已知 $\boldsymbol{\beta}_1,\boldsymbol{\beta}_2,\boldsymbol{\beta}_3$ 与 $\boldsymbol{\alpha}_1,\boldsymbol{\alpha}_2,\boldsymbol{\alpha}_3$ 的秩相同，且 $\boldsymbol{\beta}_3$ 可由 $\boldsymbol{\alpha}_1,\boldsymbol{\alpha}_2,\boldsymbol{\alpha}_3$ 线性表示，求 a,b.

四、证明题

设 $\boldsymbol{A},\boldsymbol{B},\boldsymbol{C}$ 均为 n 阶方阵，$|\boldsymbol{E}-\boldsymbol{A}|\neq 0$，若 $\boldsymbol{C}=\boldsymbol{A}+\boldsymbol{C}\boldsymbol{A}$，$\boldsymbol{B}=\boldsymbol{E}+\boldsymbol{A}\boldsymbol{B}$，求证：$\boldsymbol{B}-\boldsymbol{C}=\boldsymbol{E}$.

行列式、矩阵及线性方程组过程性模拟试题(二)

一、填空题

1. 4 阶行列式 $D=\begin{vmatrix} 1 & -1 & 1 & y-1 \\ 1 & -1 & y+1 & -1 \\ 1 & x-1 & 1 & -1 \\ x+1 & -1 & 1 & -1 \end{vmatrix}=$________.

2. 设 3 阶方阵 $\boldsymbol{A}$ 的行列式 $|\boldsymbol{A}|=2$，则 $|\boldsymbol{A}^*|=$________.

3. 如果向量组 $\boldsymbol{\alpha}_1,\boldsymbol{\alpha}_2,\cdots,\boldsymbol{\alpha}_n$ 线性无关，则向量组 $\boldsymbol{\alpha}_1,\boldsymbol{\alpha}_1+\boldsymbol{\alpha}_2,\boldsymbol{\alpha}_1+\boldsymbol{\alpha}_2+\boldsymbol{\alpha}_3,\cdots,\boldsymbol{\alpha}_1+\boldsymbol{\alpha}_2+\cdots+\boldsymbol{\alpha}_n$ ________.（填线性相关或线性无关）

4. 设方程组 $\begin{pmatrix} a & 1 & 1 \\ 1 & a & 1 \\ 1 & 1 & a \end{pmatrix}\begin{pmatrix} x_1 \\ x_2 \\ x_3 \end{pmatrix}=\begin{pmatrix} 1 \\ 1 \\ -2 \end{pmatrix}$ 有无穷多解，则 $a=$________.

5. 已知 3 阶方阵 $\boldsymbol{A}$ 的秩为 2，则其伴随矩阵 $\boldsymbol{A}^*$ 的秩为________.

二、选择题

1. 若 $\begin{vmatrix} a_{11} & a_{12} & a_{13} \\ a_{21} & a_{22} & a_{23} \\ a_{31} & a_{32} & a_{33} \end{vmatrix}=m$，则 $\begin{vmatrix} a_{11} & a_{12} & a_{13} \\ 2a_{21}-3a_{31} & 2a_{22}-3a_{32} & 2a_{23}-3a_{33} \\ a_{31} & a_{32} & a_{33} \end{vmatrix}=$(　　).

(A) m　　(B) $2m$　　(C) $-2m$　　(D) $-3m$

2. 下列矩阵是反对称矩阵的是(　　).

(A) $\begin{pmatrix} 1 & -1 & 4 \\ -1 & 2 & 5 \\ 4 & 5 & 3 \end{pmatrix}$　　(B) $\begin{pmatrix} 1 & 1 & 3 \\ -1 & 2 & -6 \\ -3 & 6 & 3 \end{pmatrix}$

(C) $\begin{pmatrix} 0 & -5 \\ 5 & 0 \end{pmatrix}$　　(D) $\begin{pmatrix} 5 & -5 \\ 5 & 5 \end{pmatrix}$

3. 已知齐次线性方程组 $\begin{cases} x_1+kx_2+x_3=0 \\ 2x_1+x_2+x_3=0 \\ kx_2+x_3=0 \end{cases}$ 有非零解，则 k 满足(　　).

(A) $k\neq1$　　(B) $k=1$　　(C) $k=0$　　(D) $k\neq0$

4. 设 $\boldsymbol{A}$ 为 n 阶方阵，且 $R(\boldsymbol{A})=n-1$，$\boldsymbol{\alpha}_1,\boldsymbol{\alpha}_2$ 是非齐次线性方程组 $\boldsymbol{Ax}=\boldsymbol{b}$ 的两个不同的解，则齐次线性方程组 $\boldsymbol{Ax}=\boldsymbol{0}$ 的通解为(　　).

(A) $k\boldsymbol{\alpha}_1$　　(B) $k(\boldsymbol{\alpha}_1+\boldsymbol{\alpha}_2)$　　(C) $k(\boldsymbol{\alpha}_1-\boldsymbol{\alpha}_2)$　　(D) $k\dfrac{\boldsymbol{\alpha}_1+\boldsymbol{\alpha}_2}{2}$

5. 对任意实数 a,b,c 线性无关的向量组是(　　).

(A) $(1,a,1,1)^{\mathrm{T}}$，$(1,b,1,0)^{\mathrm{T}}$，$(1,c,0,0)^{\mathrm{T}}$

(B) $(b,1,1)^{\mathrm{T}}$，$(2,3,c)^{\mathrm{T}}$，$(a,0,c)^{\mathrm{T}}$

(C) $(a,1,2)^{\mathrm{T}}$，$(2,b,3)^{\mathrm{T}}$，$(0,0,0)^{\mathrm{T}}$

(D) $(1,1,1,a)^{\mathrm{T}}$，$(2,2,2,b)^{\mathrm{T}}$，$(0,0,0,c)^{\mathrm{T}}$

三、解答题

1. 计算4阶行列式 $D=\begin{vmatrix}1&2&3&4\\1&2^2&3^2&4^2\\1&2^3&3^3&4^3\\9&8&7&6\end{vmatrix}$.

2. 设矩阵 $\boldsymbol{A},\boldsymbol{B}$ 满足 $\boldsymbol{A}^*\boldsymbol{B}\boldsymbol{A}=\boldsymbol{B}\boldsymbol{A}+2\boldsymbol{E}$，其中 $\boldsymbol{A}=\begin{pmatrix}\frac{1}{2}&0&0\\0&4&0\\0&0&1\end{pmatrix}$，$\boldsymbol{A}^*$ 为矩阵 $\boldsymbol{A}$ 的伴随矩阵，求矩阵 $\boldsymbol{B}$.

3. 计算下列乘积：

(1) $\begin{pmatrix}4&3&1\\1&-2&3\\5&7&0\end{pmatrix}\begin{pmatrix}7\\2\\1\end{pmatrix}$；　(2) $(1\quad 2\quad 3)\begin{pmatrix}3\\2\\1\end{pmatrix}$；　(3) $\begin{pmatrix}2\\1\\3\end{pmatrix}(-1\quad 2)$；

(4) $\begin{pmatrix}2&1&4&0\\1&-1&3&4\end{pmatrix}\begin{pmatrix}1&3&1\\0&-1&2\\0&-3&1\\4&0&-2\end{pmatrix}$；

(5) $(x_1\quad x_2\quad x_3)\begin{pmatrix}a_{11}&a_{12}&a_{13}\\a_{12}&a_{22}&a_{23}\\a_{13}&a_{23}&a_{33}\end{pmatrix}\begin{pmatrix}x_1\\x_2\\x_3\end{pmatrix}$；

(6) $\begin{pmatrix}1&2&1&0\\0&1&0&1\\0&0&2&1\\0&0&0&3\end{pmatrix}\begin{pmatrix}1&0&3&1\\0&1&2&-1\\0&0&-2&3\\0&0&0&-3\end{pmatrix}$.

4. 设有向量组 $\boldsymbol{\alpha}_1=(1,2,0)^{\mathrm{T}}$，$\boldsymbol{\alpha}_2=(1,a+2,-3a)^{\mathrm{T}}$，$\boldsymbol{\alpha}_3=(-1,-b-2,a+2b)^{\mathrm{T}}$，及向量 $\boldsymbol{\beta}=(1,3,-3)^{\mathrm{T}}$，试讨论 a,b 为何值时，

(1) $\boldsymbol{\beta}$ 不能由 $\boldsymbol{\alpha}_1,\boldsymbol{\alpha}_2,\boldsymbol{\alpha}_3$ 线性表示；

(2) $\boldsymbol{\beta}$ 可由 $\boldsymbol{\alpha}_1,\boldsymbol{\alpha}_2,\boldsymbol{\alpha}_3$ 唯一地线性表示，并求出表示式；

(3) $\boldsymbol{\beta}$ 可由 $\boldsymbol{\alpha}_1,\boldsymbol{\alpha}_2,\boldsymbol{\alpha}_3$ 线性表示，但表示式不唯一，并求出表示式.

5. 解齐次线性方程组 $\begin{cases} x_1+x_2+2x_3-x_4=0, \\ 2x_1+x_2+x_3-x_4=0, \\ 2x_1+2x_2+x_3+2x_4=0. \end{cases}$

四、证明题

设方阵 $\boldsymbol{A}$ 满足 $\boldsymbol{A}^2-\boldsymbol{A}-2\boldsymbol{E}=\boldsymbol{O}$，证明：$\boldsymbol{A}$ 及 $\boldsymbol{A}+2\boldsymbol{E}$ 都可逆，并求 $\boldsymbol{A}^{-1}$ 及 $(\boldsymbol{A}+2\boldsymbol{E})^{-1}$.

行列式、矩阵及线性方程组过程性模拟试题(三)

一、填空题

1. 设 $D=\begin{vmatrix}1&2&3\\1&1&1\\0&1&2\end{vmatrix}$，$A_{ij}$为元素 a_{ij}的代数余子式，则 $A_{31}+A_{32}+A_{33}=$________.

2. 设矩阵 $\boldsymbol{A},\boldsymbol{X}$ 满足 $\boldsymbol{A}^*\boldsymbol{X}=\boldsymbol{A}^{-1}+\boldsymbol{X}$，其中 $\boldsymbol{A}=\begin{pmatrix}2&0\\0&-1\end{pmatrix}$，$\boldsymbol{A}^*$ 为矩阵 $\boldsymbol{A}$ 的伴随矩阵，则矩阵 $\boldsymbol{X}=$________.

3. 设 3 阶矩阵 $\boldsymbol{A}$ 的秩为 2，$\boldsymbol{\alpha}_1,\boldsymbol{\alpha}_2,\boldsymbol{\alpha}_3$ 是非齐次线性方程组 $\boldsymbol{AX}=\boldsymbol{b}$ 的三个解，且$2\boldsymbol{\alpha}_2-\boldsymbol{\alpha}_1=(-2,-1,2)^{\mathrm{T}}$，$\boldsymbol{\alpha}_1+2\boldsymbol{\alpha}_2-2\boldsymbol{\alpha}_3=(2,-1,4)^{\mathrm{T}}$，则方程组 $\boldsymbol{AX}=\boldsymbol{b}$ 的通解为____________.

4. 设 3 阶矩阵 $\boldsymbol{A}=\begin{pmatrix}1&2&-2\\2&1&2\\3&0&4\end{pmatrix}$，三维列向量 $\boldsymbol{\alpha}=(a,1,1)^{\mathrm{T}}$. 已知 $\boldsymbol{A\alpha}$ 与 $\boldsymbol{\alpha}$ 线性相关，则 $a=$________.

二、选择题

1. 设 $\boldsymbol{A},\boldsymbol{B}$ 是两个 n 阶上三角矩阵，则乘积 $\boldsymbol{AB}$ 是(　　).

(A) 上三角矩阵　　(B) 下三角矩阵　　(C) 对角矩阵　　(D) 以上三者都不对

2. 行列式 $\begin{vmatrix}a&b&0\\b&a&0\\1&0&1\end{vmatrix}=0$，则 a,b 应满足(　　).

(A) $a=b$ 或 $a=-b$　　(B) $a=2b$ 且 $b\neq 0$

(C) $b=2a$ 且 $a\neq 0$　　(D) $a=1,b=\frac{1}{2}$

3. 与矩阵 $\boldsymbol{A}=\begin{pmatrix}1&2&0\\2&4&0\\0&0&4\end{pmatrix}$等价的矩阵是(　　).

(A) $\begin{pmatrix}1&0&0\\0&0&0\\0&0&0\end{pmatrix}$　　(B) $\begin{pmatrix}1&0&0\\0&2&0\\0&0&0\end{pmatrix}$　　(C) $\begin{pmatrix}1&0&0\\0&2&0\\0&0&3\end{pmatrix}$　　(D) $\begin{pmatrix}1&0&0\\0&2&0\\0&0&4\end{pmatrix}$

4. 设有向量组 $\boldsymbol{\alpha}_1=(1,-1,2,4)^{\mathrm{T}}$，$\boldsymbol{\alpha}_2=(0,3,1,2)^{\mathrm{T}}$，$\boldsymbol{\alpha}_3=(3,0,7,14)^{\mathrm{T}}$，$\boldsymbol{\alpha}_4=(1,-2,2,0)^{\mathrm{T}}$，$\boldsymbol{\alpha}_5=(2,1,5,10)^{\mathrm{T}}$，则是该向量组极大无关组的是(　　).

(A) $\boldsymbol{\alpha}_1,\boldsymbol{\alpha}_2,\boldsymbol{\alpha}_3$　　(B) $\boldsymbol{\alpha}_1,\boldsymbol{\alpha}_2,\boldsymbol{\alpha}_4$　　(C) $\boldsymbol{\alpha}_1,\boldsymbol{\alpha}_2,\boldsymbol{\alpha}_5$　　(D) $\boldsymbol{\alpha}_1,\boldsymbol{\alpha}_2,\boldsymbol{\alpha}_4,\boldsymbol{\alpha}_5$

5. 设 $\boldsymbol{A}$ 为 3 阶方阵，若 $R(\boldsymbol{A})=2$，则 $\boldsymbol{Ax}=\boldsymbol{0}$ 的基础解系所含向量的个数是(　　).

(A) 0 个　　(B) 1 个　　(C) 2 个　　(D) n 个

三、解答题

1. 计算 4 阶行列式 $\begin{vmatrix} 0 & 1 & 1 & 1 \\ 1 & 0 & 1 & 1 \\ 1 & 1 & 0 & 1 \\ 1 & 1 & 1 & 0 \end{vmatrix}$.

2. 设 $\boldsymbol{A}=\begin{pmatrix} 1 & 0 & 0 \\ 1 & 0 & 1 \\ 0 & 1 & 0 \end{pmatrix}$, (1)证明: $\boldsymbol{A}^n=\boldsymbol{A}^{n-2}+\boldsymbol{A}^2-\boldsymbol{E}$, (2)求 $\boldsymbol{A}^{100}$.

3. 设线性方程组

$$\begin{cases} (a_1+b)x_1+a_2x_2+a_3x_3+\cdots+a_nx_n=0, \\ a_1x_1+(a_2+b)x_2+a_3x_3+\cdots+a_nx_n=0, \\ a_1x_1+a_2x_2+(a_3+b)x_3+\cdots+a_nx_n=0, \\ \qquad\vdots \\ a_1x_1+a_2x_2+a_3x_3+\cdots+(a_n+b)x_n=0, \end{cases}$$

其中 $\sum_{i=1}^{n} a_i \neq 0$. 试讨论 $a_1,a_2,\cdots,a_n$ 和 b 满足什么关系时:

(1)方程组仅有零解;

(2)方程组有非零解. 在有非零解时, 求此方程组的一个基础解系.

4. 解下列矩阵方程:

(1) $\begin{pmatrix} 2 & 5 \\ 1 & 3 \end{pmatrix}\boldsymbol{X}=\begin{pmatrix} 4 & -6 \\ 2 & 1 \end{pmatrix}$;　　(2) $\boldsymbol{X}\begin{pmatrix} 2 & 1 & -1 \\ 2 & 1 & 0 \\ 1 & -1 & 0 \end{pmatrix}=\begin{pmatrix} 1 & -1 & 3 \\ 4 & 3 & 2 \end{pmatrix}$;

(3) $\begin{pmatrix} 1 & 4 \\ -1 & 2 \end{pmatrix}\boldsymbol{X}\begin{pmatrix} 2 & 0 \\ -1 & 1 \end{pmatrix}=\begin{pmatrix} 3 & 1 \\ 0 & -1 \end{pmatrix}$;

(4) $\begin{pmatrix}0 & 1 & 0\\1 & 0 & 0\\0 & 0 & 1\end{pmatrix}\boldsymbol{X}\begin{pmatrix}1 & 0 & 0\\0 & 0 & 1\\0 & 1 & 0\end{pmatrix}=\begin{pmatrix}1 & -4 & 3\\2 & 0 & -1\\1 & -2 & 0\end{pmatrix}$.

5. 解线性方程组$\begin{cases}4x_1+2x_2-x_3=2,\\3x_1-1x_2+2x_3=10,\\11x_1+3x_2=8.\end{cases}$

四、证明题

设$\boldsymbol{A}^k=\boldsymbol{O}$($k$为正整数)，证明：$(\boldsymbol{E}-\boldsymbol{A})^{-1}=\boldsymbol{E}+\boldsymbol{A}+\boldsymbol{A}^2+\cdots+\boldsymbol{A}^{k-1}$.

行列式、矩阵及线性方程组过程性模拟试题(四)

一、填空题

1. 计算 3 阶行列式 $\begin{vmatrix} 103 & 100 & 204 \\ 199 & 200 & 395 \\ 301 & 300 & 600 \end{vmatrix} =$ ________.

2. 设 2 阶矩阵 $\boldsymbol{A}=\begin{pmatrix} 2 & 1 \\ 1 & 1 \end{pmatrix}$，则 $\boldsymbol{A}^{-1}=$ ________.

3. 设 $\boldsymbol{A}=\begin{pmatrix} 1 & 0 & 0 \\ 0 & 1/2 & 3/2 \\ 0 & 1 & 5/2 \end{pmatrix}$，$\boldsymbol{A}^*$ 是 $\boldsymbol{A}$ 的伴随矩阵，则 $(\boldsymbol{A}^*)^{-1}=$ ________.

4. 设 $\boldsymbol{A}$ 是 4×3 矩阵，且 $R(\boldsymbol{A})=3$，$\boldsymbol{B}=\begin{pmatrix} 1 & 0 & 2 \\ 0 & 2 & 0 \\ -1 & 0 & 3 \end{pmatrix}$，则 $R(\boldsymbol{AB})=$ ________.

5. 设 n 维向量 $\boldsymbol{\alpha}=(a,0,\cdots,0,a)^{\mathrm{T}}$，$a<0$；$\boldsymbol{E}$ 为 n 阶单位矩阵，矩阵 $\boldsymbol{A}=\boldsymbol{E}-\boldsymbol{\alpha}\boldsymbol{\alpha}^{\mathrm{T}}$，$\boldsymbol{B}=\boldsymbol{E}+\frac{1}{a}\boldsymbol{\alpha}\boldsymbol{\alpha}^{\mathrm{T}}$，其中 $\boldsymbol{A}$ 的逆矩阵为 $\boldsymbol{B}$，则 $a=$ ________.

二、选择题

1. 设 $\boldsymbol{A}$ 为 3 阶方阵，且 $|\boldsymbol{A}|=2$，则 $|2\boldsymbol{A}|=$(　　).

(A) 4　　(B) 3　　(C) 8　　(D) 16

2. 若 $\begin{vmatrix} a_1 & a_2 & a_3 \\ b_1 & b_2 & b_3 \\ c_1 & c_2 & c_3 \end{vmatrix}=m$，则 $\begin{vmatrix} a_1 & 2c_1-5b_1 & 3b_1 \\ a_2 & 2c_2-5b_2 & 3b_2 \\ a_3 & 2c_3-5b_3 & 3b_3 \end{vmatrix}=$(　　).

(A) $30m$　　(B) $-15m$　　(C) $6m$　　(D) $-6m$

3. 设 $\boldsymbol{A}$ 为 n 阶方阵，且 $R(\boldsymbol{A})=n-1$，$\boldsymbol{\alpha}_1,\boldsymbol{\alpha}_2$ 是非齐次线性方程组 $\boldsymbol{Ax}=\boldsymbol{b}$ 的两个不同的解，则齐次线性方程组 $\boldsymbol{Ax}=\boldsymbol{0}$ 的通解为(　　).

(A) $k\boldsymbol{\alpha}_1$　　(B) $k(\boldsymbol{\alpha}_1+\boldsymbol{\alpha}_2)$　　(C) $k(\boldsymbol{\alpha}_1-\boldsymbol{\alpha}_2)$　　(D) $k\dfrac{\boldsymbol{\alpha}_1+\boldsymbol{\alpha}_2}{2}$

4. 设有向量组 $\boldsymbol{\alpha}_1=(1,-1,2,4)^{\mathrm{T}}$，$\boldsymbol{\alpha}_2=(0,3,1,2)^{\mathrm{T}}$，$\boldsymbol{\alpha}_3=(3,0,7,14)^{\mathrm{T}}$，$\boldsymbol{\alpha}_4=(1,-2,2,0)^{\mathrm{T}}$，$\boldsymbol{\alpha}_5=(2,1,5,10)^{\mathrm{T}}$，则是该向量组极大无关组的是(　　).

(A) $\boldsymbol{\alpha}_1,\boldsymbol{\alpha}_2,\boldsymbol{\alpha}_3$　　(B) $\boldsymbol{\alpha}_1,\boldsymbol{\alpha}_2,\boldsymbol{\alpha}_4$　　(C) $\boldsymbol{\alpha}_1,\boldsymbol{\alpha}_2,\boldsymbol{\alpha}_5$　　(D) $\boldsymbol{\alpha}_1,\boldsymbol{\alpha}_2,\boldsymbol{\alpha}_4,\boldsymbol{\alpha}_5$

三、解答题

1. 计算行列式 $\begin{vmatrix} 1 & 1 & 1 & 1 \\ 1 & 2 & 3 & 4 \\ 1 & 4 & 9 & 16 \\ 1 & 8 & 27 & 64 \end{vmatrix}$ 的值.

2. 已知 $\boldsymbol{A},\boldsymbol{B}$ 为三阶非零方阵，$\boldsymbol{A}=\begin{pmatrix}1&3&9\\2&0&6\\-3&1&-7\end{pmatrix}$，$\boldsymbol{\beta}_1=\begin{pmatrix}0\\1\\-1\end{pmatrix}$，$\boldsymbol{\beta}_2=\begin{pmatrix}a\\2\\1\end{pmatrix}$，$\boldsymbol{\beta}_3=\begin{pmatrix}b\\1\\0\end{pmatrix}$为齐次线性方程组 $\boldsymbol{BX}=\boldsymbol{0}$ 的三个解向量，且 $\boldsymbol{AX}=\boldsymbol{\beta}_3$ 有解.

（1）求 a,b 的值；　（2）求 $\boldsymbol{BX}=\boldsymbol{0}$ 的通解.

3. 设 $\boldsymbol{A}=\begin{pmatrix}1&2\\1&3\end{pmatrix}$，$\boldsymbol{B}=\begin{pmatrix}1&0\\1&2\end{pmatrix}$，问：

（1）$\boldsymbol{AB}=\boldsymbol{BA}$ 吗?

（2）$(\boldsymbol{A}+\boldsymbol{B})^2=\boldsymbol{A}^2+2\boldsymbol{AB}+\boldsymbol{B}^2$ 吗?

（3）$(\boldsymbol{A}+\boldsymbol{B})(\boldsymbol{A}-\boldsymbol{B})=\boldsymbol{A}^2-\boldsymbol{B}^2$ 吗?

4. 求下列矩阵的逆矩阵：

（1）$\begin{pmatrix}1&2\\2&5\end{pmatrix}$；　（2）$\begin{pmatrix}\cos\theta&-\sin\theta\\\sin\theta&\cos\theta\end{pmatrix}$；　（3）$\begin{pmatrix}1&2&-1\\3&4&-2\\5&-4&1\end{pmatrix}$；

（4）$\begin{pmatrix}1&0&0&0\\1&2&0&0\\2&1&3&0\\1&2&1&4\end{pmatrix}$；　（5）$\begin{pmatrix}5&2&0&0\\2&1&0&0\\0&0&8&3\\0&0&5&2\end{pmatrix}$；　（6）$\begin{pmatrix}a_1&&&\\&a_2&&\\&&\ddots&\\&&&a_n\end{pmatrix}(a_1a_2\cdots a_n\neq0)$.

5. 解线性方程组$\begin{cases}2x+3y+z=4,\\ x-2y+4z=-5,\\ 3x+8y-2z=13,\\ 4x-y+9z=-6.\end{cases}$

四、证明题

设 $\boldsymbol{A},\boldsymbol{B}$ 都是 n 阶对称矩阵，证明：$\boldsymbol{AB}$ 是对称矩阵的充分必要条件是 $\boldsymbol{AB}=\boldsymbol{BA}$.

行列式、矩阵及线性方程组过程性模拟试题(五)

一、填空题

1. 行列式 $D=\begin{vmatrix}1&1&7&-1\\3&1&8&0\\-2&1&4&3\\5&1&2&5\end{vmatrix}$，则 $A_{14}+A_{24}+A_{34}+A_{44}=$________，其中 $A_{j4}(j=1,2,3,4)$ 为 D 的第 j 行第 4 列元素的代数余子式.

2. 设矩阵 $\boldsymbol{A}=(1,2,3)$，$\boldsymbol{B}=(1,\frac{1}{2},\frac{1}{3})$，则 $(\boldsymbol{A}^{\mathrm{T}}\boldsymbol{B})^{10}=$________.

3. 设向量组 $\boldsymbol{\alpha}_1=(a,0,c)^{\mathrm{T}}$，$\boldsymbol{\alpha}_2=(b,c,0)^{\mathrm{T}}$，$\boldsymbol{\alpha}_3=(0,a,b)^{\mathrm{T}}$ 线性无关，则 abc 必满足关系式________.

4. 已知四元线性方程组 $\boldsymbol{Ax}=\boldsymbol{b}$ 的三个解是 $\boldsymbol{\xi}_1,\boldsymbol{\xi}_2,\boldsymbol{\xi}_3$，且 $\boldsymbol{\xi}_1=(1,2,3,4)^{\mathrm{T}}$，$\boldsymbol{\xi}_2+\boldsymbol{\xi}_3=(2,4,8,10)^{\mathrm{T}}$，$R(\boldsymbol{A})=3$. 则方程组 $\boldsymbol{Ax}=\boldsymbol{b}$ 的通解是________.

5. 设矩阵 $\boldsymbol{A}=\begin{pmatrix}1&2&3\\2&4&6\\3&6&9\end{pmatrix}$，则 $\boldsymbol{A}^{2014}=$________.

二、选择题

1. 设矩阵 $\boldsymbol{A}=\begin{pmatrix}1&2&1\\2&3&4\\5&6&7\end{pmatrix}$，$\boldsymbol{P}=\begin{pmatrix}0&0&1\\0&1&0\\1&0&0\end{pmatrix}$，则 $\boldsymbol{AP}^9=($　　$)$.

(A) $\begin{pmatrix}1&2&1\\2&3&4\\5&6&7\end{pmatrix}$　(B) $\begin{pmatrix}2&1&1\\3&2&4\\6&5&7\end{pmatrix}$　(C) $\begin{pmatrix}1&2&1\\4&3&2\\7&6&5\end{pmatrix}$　(D) $\begin{pmatrix}1&1&2\\2&4&3\\5&7&6\end{pmatrix}$

2. 设 4 阶行列式的第 2 列元素依次为 $2,m,k,3$，第 2 列元素的余子式依次为 $1,-1,1,-1$，第 4 列元素的代数余子式为 $3,1,4,2$，且行列式的值为 1，则 m,k 的取值为(　　).

(A) $m=-4$，$k=-2$　　(B) $m=4$，$k=-2$

(C) $m=-\frac{12}{5}$，$k=-\frac{12}{5}$　　(D) $m=\frac{12}{5}$，$k=\frac{12}{5}$

3. 若 $\begin{vmatrix}a_{11}&a_{12}&a_{13}\\a_{21}&a_{22}&a_{23}\\a_{31}&a_{32}&a_{33}\end{vmatrix}=m$，则 $\begin{vmatrix}a_{11}&a_{12}&a_{13}\\2a_{21}-3a_{31}&2a_{22}-3a_{32}&2a_{23}-3a_{33}\\a_{31}&a_{32}&a_{33}\end{vmatrix}=($　　$)$.

(A) m　　(B) $2m$　　(C) $-2m$　　(D) $-3m$

4. 设 $\boldsymbol{A}$ 为 3 阶方阵，且 $|\boldsymbol{A}|=2$，则 $|2\boldsymbol{A}|=($　　$)$.

(A) 4　　(B) 3　　(C) 8　　(D) 16

5. 设 $\boldsymbol{A}$ 为 n 阶方阵，若 $R(\boldsymbol{A})=n-2$，则 $\boldsymbol{Ax}=\boldsymbol{0}$ 的基础解系所含向量的个数是(　　).

(A) 0 个　　(B) 1 个　　(C) 2 个　　(D) n 个

三、解答题

1. 计算4阶行列式：$\begin{vmatrix} 1 & 2 & 3 & 4 \\ 4 & 3 & 2 & 1 \\ 0 & -1 & 2 & 3 \\ 1 & 6 & 3 & 2 \end{vmatrix}$.

2. 设 $\boldsymbol{A}=\begin{pmatrix} \lambda & 1 & 0 \\ 0 & \lambda & 1 \\ 0 & 0 & \lambda \end{pmatrix}$，求 $\boldsymbol{A}^k$.

3. 设 $\boldsymbol{A}=\begin{pmatrix} 0 & 3 & 3 \\ 1 & 1 & 0 \\ -1 & 2 & 3 \end{pmatrix}$，$\boldsymbol{AB}=\boldsymbol{A}+2\boldsymbol{B}$，求 $\boldsymbol{B}$.

4. 解线性方程组$\begin{cases} 2x+y-z+w=1, \\ 4x+2y-2z+w=2, \\ 2x+y-z-w=1. \end{cases}$

5. 已知齐次线性方程组$\begin{cases} x_1+kx_2+x_3=0, \\ 2x_1+x_2+x_3=0, \\ kx_2+3x_3=0 \end{cases}$有非零解，求 k.

四、证明题

设 $\boldsymbol{A},\boldsymbol{B}$ 为 n 阶矩阵，且 $\boldsymbol{A}$ 为对称矩阵，证明：$\boldsymbol{B}^{\mathrm{T}}\boldsymbol{A}\boldsymbol{B}$ 也是对称矩阵.

行列式、矩阵及线性方程组过程性模拟试题(六)

一、填空题

1. 3 阶行列式 $D=\begin{vmatrix} a^2 & ab & b^2 \\ 2a & a+b & 2b \\ 1 & 1 & 1 \end{vmatrix}=$ ________.

2. 设 3 阶矩阵 $\boldsymbol{A}=\begin{pmatrix} 1 & a & a \\ a & 1 & a \\ a & a & 1 \end{pmatrix}$，若矩阵 $\boldsymbol{A}$ 的秩为 2，则 $a=$ ________.

3. 若 $\boldsymbol{A}$ 是 5 阶方阵，且 $|\boldsymbol{A}|=4$，则 $\left|\left(\frac{1}{4}\boldsymbol{A}\right)^{-1}-\frac{1}{2}\boldsymbol{A}^*\right|=$ ________.

4. 设 $\boldsymbol{A}$ 为 $m\times n$ 矩阵，$\boldsymbol{B}$ 为 $n\times p$ 矩阵，若 $\boldsymbol{AB}=\boldsymbol{O}$，且 $R(\boldsymbol{B})=n$，则 $\boldsymbol{A}=$ ________.

5. 设 n 阶方阵 $\boldsymbol{A}$ 满足关系式 $\boldsymbol{A}^2+2\boldsymbol{A}-3\boldsymbol{E}=\boldsymbol{O}$，则 $(\boldsymbol{A}+2\boldsymbol{E})^{-1}=$ ________.

二、选择题

1. 如果 $D=\begin{vmatrix} a_{11} & a_{12} & a_{13} \\ a_{21} & a_{22} & a_{23} \\ a_{31} & a_{32} & a_{33} \end{vmatrix}$，$D_1=\begin{vmatrix} 2a_{11} & 2a_{12} & 2a_{13} \\ 2a_{21} & 2a_{22} & 2a_{23} \\ 2a_{31} & 2a_{32} & 2a_{33} \end{vmatrix}$，则 $D_1=$(　　).

(A) $8D$　　(B) $16D$　　(C) $4D$　　(D) $2D$

2. 设 $\boldsymbol{A}$ 为 n 阶方阵，如果 $\boldsymbol{A}$ 经过若干次初等变换后得到 $\boldsymbol{B}$，则必有(　　).

(A) $|\boldsymbol{A}|=|\boldsymbol{B}|$　　(B) $|\boldsymbol{A}|\neq|\boldsymbol{B}|$

(C) 若 $|\boldsymbol{A}|=0$，则一定有 $|\boldsymbol{B}|=0$　　(D) 若 $|\boldsymbol{A}|>0$，则一定有 $|\boldsymbol{B}|>0$

3. 设矩阵 $\boldsymbol{A}=\begin{pmatrix} 1 & 2 & 1 \\ 2 & 3 & 4 \\ 5 & 6 & 7 \end{pmatrix}$，$\boldsymbol{P}=\begin{pmatrix} 0 & 0 & 1 \\ 0 & 1 & 0 \\ 1 & 0 & 0 \end{pmatrix}$，则 $\boldsymbol{P}^9\boldsymbol{A}=$(　　).

(A) $\begin{pmatrix} 1 & 2 & 1 \\ 2 & 3 & 4 \\ 5 & 6 & 7 \end{pmatrix}$　　(B) $\begin{pmatrix} 2 & 1 & 1 \\ 3 & 2 & 4 \\ 6 & 5 & 7 \end{pmatrix}$

(C) $\begin{pmatrix} 5 & 6 & 7 \\ 2 & 3 & 4 \\ 1 & 2 & 1 \end{pmatrix}$　　(D) $\begin{pmatrix} 1 & 1 & 2 \\ 2 & 4 & 3 \\ 5 & 7 & 6 \end{pmatrix}$

4. 对任意实数 a,b,c 线性无关的向量组是(　　).

(A) $(1,a,1,1)^{\mathrm{T}}$，$(1,b,1,0)^{\mathrm{T}}$，$(1,c,0,0)^{\mathrm{T}}$　(B) $(b,1,1)^{\mathrm{T}}$，$(2,3,c)^{\mathrm{T}}$，$(a,0,c)^{\mathrm{T}}$

(C) $(a,1,2)^{\mathrm{T}}$，$(2,b,3)^{\mathrm{T}}$，$(0,0,0)^{\mathrm{T}}$　(D) $(1,1,1,a)^{\mathrm{T}}$，$(2,2,2,b)^{\mathrm{T}}$，$(0,0,0,c)^{\mathrm{T}}$

三、解答题

1. 计算 4 阶行列式 $\begin{vmatrix} 2 & 2 & 2 & 2 \\ -2 & 2 & 2 & 2 \\ -2 & -2 & 2 & 2 \\ -2 & -2 & -2 & 2 \end{vmatrix}$.

2. 解线性方程组 $\begin{cases} x_1 + 2x_2 + x_3 - x_4 = 0, \\ 3x_1 + 6x_2 - x_3 - 3x_4 = 0, \\ 5x_1 + 10x_2 + x_3 - 5x_4 = 0. \end{cases}$

3. 验证 $\boldsymbol{\alpha}_1 = (1,-1,0)^{\mathrm{T}}$, $\boldsymbol{\alpha}_2 = (2,1,3)^{\mathrm{T}}$, $\boldsymbol{\alpha}_3 = (3,1,2)^{\mathrm{T}}$ 为 $\mathbf{R}^3$ 的一组基, 并把 $\boldsymbol{\beta}_1 = (5,0,7)^{\mathrm{T}}$, $\boldsymbol{\beta}_2 = (-9,-8,-13)^{\mathrm{T}}$ 用这组基线性表示.

4. 设 3 阶方阵 $\boldsymbol{A}, \boldsymbol{B}$ 满足关系式 $\boldsymbol{A}^{-1}\boldsymbol{B}\boldsymbol{A} = 6\boldsymbol{A} + \boldsymbol{B}\boldsymbol{A}$, 且 $\boldsymbol{A} = \begin{pmatrix} \frac{1}{3} & 0 & 0 \\ 0 & \frac{1}{4} & 0 \\ 0 & 0 & \frac{1}{7} \end{pmatrix}$, 求 $\boldsymbol{B}$.

5. 设矩阵 $\boldsymbol{A} = (1,2,3)$, $\boldsymbol{B} = \left(1, \frac{1}{2}, \frac{1}{3}\right)$, 计算 $(\boldsymbol{A}^{\mathrm{T}}\boldsymbol{B})^{10}$.

四、证明题

设 m 次多项式 $f(x)=a_0+a_1x+a_2x^2+\cdots+a_mx^m$，记

$$f(\boldsymbol{A})=a_0\boldsymbol{E}+a_1\boldsymbol{A}+a_2\boldsymbol{A}^2+\cdots+a_m\boldsymbol{A}^m,$$

$f(\boldsymbol{A})$称为方阵 $\boldsymbol{A}$ 的 m 次多项式.

(1) 设 $\boldsymbol{\Lambda}=\begin{pmatrix}\lambda_1 & 0\\ 0 & \lambda_2\end{pmatrix}$，证明：$\boldsymbol{\Lambda}^k=\begin{pmatrix}\lambda_1^k & 0\\ 0 & \lambda_2^k\end{pmatrix}$，$f(\boldsymbol{\Lambda})=\begin{pmatrix}f(\lambda_1) & 0\\ 0 & f(\lambda_2)\end{pmatrix}$；

(2)设 $\boldsymbol{A}=\boldsymbol{P\Lambda P}^{-1}$，证明：$\boldsymbol{A}^k=\boldsymbol{P\Lambda}^k\boldsymbol{P}^{-1}$，$f(\boldsymbol{A})=\boldsymbol{P}f(\boldsymbol{\Lambda})\boldsymbol{P}^{-1}$.

实训自测题(一)

一、填空题

1. 行列式$\begin{vmatrix} a & b & c \\ a^2 & b^2 & c^2 \\ a^3 & b^3 & c^3 \end{vmatrix}$ = ____________.

2. 设$\boldsymbol{A}=\begin{pmatrix} 1 & 0 & 0 \\ 2 & 2 & 0 \\ 3 & 4 & 5 \end{pmatrix}$，$\boldsymbol{A}^*$是$\boldsymbol{A}$的伴随矩阵，则$(\boldsymbol{A}^*)^{-1}=$ ____________.

3. 若三阶方阵$\boldsymbol{A}$与$\boldsymbol{B}$相似，矩阵$\boldsymbol{A}$的特征值为$\frac{1}{2},\frac{1}{3},\frac{1}{4}$,则$|\boldsymbol{B}^{-1}-\boldsymbol{E}|=$ ________.

4. 已知二次型$f(x_1,x_2,x_3)=x_1^2+ax_2^2+x_3^2+2bx_1x_2+2x_1x_3+2x_2x_3$可经正交变换$(x_1,x_2,x_3)^{\mathrm{T}}=T(y_1,y_2,y_3)^{\mathrm{T}}$化为$f=y_2^2+4y_3^2$，则$a=$ ________，$b=$ ________.

5. 设$\boldsymbol{\alpha}=(a_1,a_2,\cdots,a_n)$，$\boldsymbol{\beta}=(b_1,b_2,\cdots,b_n)$，且$\boldsymbol{\alpha}\boldsymbol{\beta}^{\mathrm{T}}=2$，$\boldsymbol{A}=\boldsymbol{\beta}^{\mathrm{T}}\boldsymbol{\alpha}$，则$\boldsymbol{A}$必有非零特征值____________.

二、选择题

1. 设$\boldsymbol{A},\boldsymbol{B},\boldsymbol{C}$均为$n$阶方阵，$\boldsymbol{E}$为$n$阶单位矩阵，若$\boldsymbol{B}=\boldsymbol{E}+\boldsymbol{AB}$，$\boldsymbol{C}=\boldsymbol{A}+\boldsymbol{CA}$，则$\boldsymbol{B}-\boldsymbol{C}$为(　　).

(A) $\boldsymbol{E}$　　(B) $-\boldsymbol{E}$　　(C) $\boldsymbol{A}$　　(D) $-\boldsymbol{A}$

2. 设$\boldsymbol{A}=\begin{pmatrix} a_{11} & a_{12} & a_{13} \\ a_{21} & a_{22} & a_{23} \\ a_{31} & a_{32} & a_{33} \end{pmatrix}$，$\boldsymbol{B}=\begin{pmatrix} a_{21} & a_{22}+ka_{23} & a_{23} \\ a_{31} & a_{32}+ka_{33} & a_{33} \\ a_{11} & a_{12}+ka_{13} & a_{13} \end{pmatrix}$，$\boldsymbol{P}_1=\begin{pmatrix} 0 & 1 & 0 \\ 0 & 0 & 1 \\ 1 & 0 & 0 \end{pmatrix}$，$\boldsymbol{P}_2=\begin{pmatrix} 1 & 0 & 0 \\ 0 & 1 & 0 \\ 0 & k & 1 \end{pmatrix}$，则$\boldsymbol{B}$等于(　　).

(A) $\boldsymbol{P}_1\boldsymbol{A}\boldsymbol{P}_2$　　(B) $\boldsymbol{P}_2\boldsymbol{A}\boldsymbol{P}_1$　　(C) $\boldsymbol{P}_2\boldsymbol{P}_1\boldsymbol{A}$　　(D) $\boldsymbol{A}\boldsymbol{P}_2\boldsymbol{P}_1$

3. 设$\lambda=2$是非奇异矩阵$\boldsymbol{A}$的一个特征值，则矩阵$\left(\frac{1}{3}\boldsymbol{A}^2\right)^{-1}$有一个特征值(　　).

(A) $\frac{4}{3}$　　(B) $\frac{3}{4}$　　(C) $\frac{1}{2}$　　(D) $\frac{1}{4}$

4. n阶实对称矩阵$\boldsymbol{A}$合同于矩阵$\boldsymbol{B}$的充分必要条件是(　　).

(A) $r(\boldsymbol{A})=r(\boldsymbol{B})$　　(B) $\boldsymbol{A},\boldsymbol{B}$的正惯性指数相等

(C) $\boldsymbol{A},\boldsymbol{B}$为正定矩阵　　(D) $r(\boldsymbol{A})=r(\boldsymbol{B})$，且$\boldsymbol{A},\boldsymbol{B}$的正惯性指数相等

三、解答题

1. 求4阶行列式$\begin{vmatrix} 1 & 1 & 1 & 3 \\ 2 & 2^2 & 2^3 & 2 \\ 3 & 3^2 & 3^3 & 1 \\ 4 & 4^2 & 4^3 & 0 \end{vmatrix}$.

2. 设 $\boldsymbol{A}$ 是三阶矩阵，$\lambda_1,\lambda_2,\lambda_3$ 为 $\boldsymbol{A}$ 的互不相等的特征值，$\boldsymbol{\alpha}_i(i=1,2,3)$ 是相应于 $\lambda_i(i=1,2,3)$ 的特征向量，令 $\boldsymbol{\beta}=\boldsymbol{\alpha}_1+\boldsymbol{\alpha}_2+\boldsymbol{\alpha}_3$.

(1) 证明：$\boldsymbol{\beta},\boldsymbol{A\beta},\boldsymbol{A}^2\boldsymbol{\beta}$ 线性无关；

(2) 若 $\boldsymbol{A}^3\boldsymbol{\beta}=2\boldsymbol{A\beta}$，求 $\boldsymbol{A}-2\boldsymbol{E}$ 的秩.

3. 已知三元实二次型 $\boldsymbol{X}^{\mathrm{T}}\boldsymbol{AX}$ 经正交变换化成 $2y_1^2-y_2^2-y_3^2$，又知 $\boldsymbol{A}^*\boldsymbol{\alpha}=\boldsymbol{\alpha}$，其中 $\boldsymbol{\alpha}=(1,1,-1)^{\mathrm{T}}$，求 $\boldsymbol{A}$ 及所用的正交变换.

4. 设 $\boldsymbol{A}$ 为 n 阶实对称矩阵，$\boldsymbol{A}^2+2\boldsymbol{A}=\boldsymbol{O}$，若 $R(\boldsymbol{A})=k$，求 $|\boldsymbol{A}+3\boldsymbol{E}|$.

5. 设 $\boldsymbol{A},\boldsymbol{B}$ 是 4 阶矩阵，若满足 $\boldsymbol{AB}+2\boldsymbol{B}=\boldsymbol{O}$，$R(\boldsymbol{B})=2$ 且 $|\boldsymbol{E}+\boldsymbol{A}|=|\boldsymbol{E}+2\boldsymbol{A}|=0$.

(1) 求 $\boldsymbol{A}$ 的特征值；　(2) 证明 $\boldsymbol{A}$ 可对角化；　(3) 计算 $|\boldsymbol{A}+3\boldsymbol{E}|$.

四、证明题

设 λ_1,λ_2 是 n 阶矩阵 $\boldsymbol{A}$ 的特征值，且 $\lambda_1\neq\lambda_2$，$\boldsymbol{\xi}_1,\boldsymbol{\xi}_2$ 分别是 $\boldsymbol{A}$ 对应于 λ_1,λ_2 的特征向量，证明：$\boldsymbol{\xi}_1+\boldsymbol{\xi}_2$ 不是 $\boldsymbol{A}$ 的特征向量.

实训自测题(二)

一、填空题

1. 设$\boldsymbol{A}$为3阶方阵，$\boldsymbol{A}^*$是$\boldsymbol{A}$的伴随矩阵，$|\boldsymbol{A}|=\frac{1}{8}$，则$\left|\left(\frac{1}{3}\boldsymbol{A}\right)^{-1}-8\boldsymbol{A}^*\right|=$________.

2. 当n为奇数时，行列式$\begin{vmatrix} 0 & a_{12} & \cdots & a_{1n} \\ -a_{12} & 0 & \cdots & a_{2n} \\ \vdots & \vdots & & \vdots \\ -a_{1n} & -a_{2n} & \cdots & 0 \end{vmatrix}=$________.

3. 设3阶方阵$\boldsymbol{A}$满足$|\boldsymbol{A}-\boldsymbol{E}|=|\boldsymbol{A}+2\boldsymbol{E}|=|5\boldsymbol{E}+2\boldsymbol{A}|=0$，则$\boldsymbol{A}$的特征值为________.

4. 设实二次型$f(x_1,x_2,x_3)=5x_1^2+5x_2^2+ax_3^2-2x_1x_2+6x_1x_3-6x_2x_3$的秩为2，则参数$a=$______，此二次型的矩阵的特征值为__________.

二、选择题

1. 设$\boldsymbol{A},\boldsymbol{B}$是$n$阶方阵，$\boldsymbol{A}\neq\boldsymbol{O}$且$\boldsymbol{AB}=\boldsymbol{O}$，则(　　).

(A) $\boldsymbol{B}=\boldsymbol{O}$　　(B) $|\boldsymbol{B}|=0$

(C) $\boldsymbol{BA}=\boldsymbol{O}$　　(D) $(\boldsymbol{A}+\boldsymbol{B})^2=\boldsymbol{A}^2+\boldsymbol{B}^2$

2. 设3阶矩阵$\boldsymbol{B}=\begin{pmatrix} 0 & 0 & 1 \\ 0 & 1 & 0 \\ 1 & 0 & 0 \end{pmatrix}$，已知矩阵$\boldsymbol{A}$相似于矩阵$\boldsymbol{B}$，则$R(\boldsymbol{A}-2\boldsymbol{E})+R(\boldsymbol{A}-\boldsymbol{E})=$(　　).

(A) 2　　(B) 3　　(C) 4　　(D) 5

3. 已知$\boldsymbol{\alpha}_1=(-1,1,a,4)^{\mathrm{T}}$，$\boldsymbol{\alpha}_2=(-2,1,5,a)^{\mathrm{T}}$，$\boldsymbol{\alpha}_3=(a,2,10,1)^{\mathrm{T}}$是4阶方阵$\boldsymbol{A}$的三个不同特征值的特征向量，则$a$的取值为(　　).

(A) $a\neq5$　　(B) $a\neq-4$

(C) $a\neq-3$　　(D) $a\neq-3$且$a\neq-4$

4. 设$\boldsymbol{A}$为n阶方阵，若$R(\boldsymbol{A})=n-3$，则$\boldsymbol{Ax}=\boldsymbol{0}$的基础解系所含向量的个数是(　　).

(A) 0个　　(B) 1个　　(C) 2个　　(D) 3个

三、解答题

1. 计算4阶行列式的值$\begin{vmatrix} a_1 & 0 & 0 & b_1 \\ 0 & a_2 & b_2 & 0 \\ 0 & b_3 & a_3 & 0 \\ b_4 & 0 & 0 & a_4 \end{vmatrix}$.

2. 已知$\begin{cases}(a+3)x_1+x_2+2x_3=0,\\2ax_1+(a-1)x_2+x_3=0,\\(a-3)x_1-3x_2+ax_3=0\end{cases}$有非零解，且$\boldsymbol{A}=\begin{pmatrix}3&1&2\\1&a&-2\\2&-2&9\end{pmatrix}$是正定矩阵，求 a，并求 $\boldsymbol{x}^{\mathrm{T}}\boldsymbol{x}=2$ 时，$\boldsymbol{x}^{\mathrm{T}}\boldsymbol{A}\boldsymbol{x}$ 的最大值.

3. 设$\boldsymbol{A}=\begin{pmatrix}1&1&-2\\0&2&3\\0&0&a\end{pmatrix}$与$\boldsymbol{B}=\begin{pmatrix}2&0&0\\2&b&0\\-1&2&-1\end{pmatrix}$相似，求 a 与 b 的值，并求可逆矩阵 $\boldsymbol{P}$ 使 $\boldsymbol{P}^{-1}\boldsymbol{A}\boldsymbol{P}=\boldsymbol{B}$.

4. 设 $\boldsymbol{A}$ 是 3 阶矩阵，$\boldsymbol{\alpha}_1,\boldsymbol{\alpha}_2,\boldsymbol{\alpha}_3$ 是三维行向量，且 $|\boldsymbol{\alpha}_1^{\mathrm{T}},\boldsymbol{\alpha}_2^{\mathrm{T}},\boldsymbol{\alpha}_3^{\mathrm{T}}|\neq0$，满足

$$\boldsymbol{A}\begin{pmatrix}\boldsymbol{\alpha}_1\\\boldsymbol{\alpha}_2\\\boldsymbol{\alpha}_3\end{pmatrix}=\begin{pmatrix}2\boldsymbol{\alpha}_1+4\boldsymbol{\alpha}_2+2\boldsymbol{\alpha}_3\\4\boldsymbol{\alpha}_1+2\boldsymbol{\alpha}_2+2\boldsymbol{\alpha}_3\\2\boldsymbol{\alpha}_1+2\boldsymbol{\alpha}_2+4\boldsymbol{\alpha}_3\end{pmatrix},$$

（1）求 $\boldsymbol{A}$ 的特征值与特征向量，并求可逆矩阵 $\boldsymbol{P}$，使 $\boldsymbol{P}^{-1}\boldsymbol{A}\boldsymbol{P}$ 为对角阵；

（2）求 $|\boldsymbol{A}^*+4\boldsymbol{E}|$.

5. 解线性方程组$\begin{cases}2x_1+3x_2-x_3+5x_4=0,\\3x_1+x_2+2x_3-7x_4=0,\\4x_1+x_2-3x_3+6x_4=0,\\x_1-2x_2+4x_3-7x_4=0.\end{cases}$

四、证明题

设 $\boldsymbol{A}$ 是 m 阶正定矩阵，$\boldsymbol{B}$ 为 $m\times n$ 实矩阵，试证明：$\boldsymbol{B}^{\mathrm{T}}\boldsymbol{A}\boldsymbol{B}$ 为正定矩阵的充分必要条件是 $R(\boldsymbol{B})=n$.

实训自测题(三)

一、填空题

1. 设 $\boldsymbol{A}$ 为3阶方阵，且 $|\boldsymbol{A}|=-2$，则 $\left|\left(\frac{1}{12}\boldsymbol{A}\right)^{-1}+(3\boldsymbol{A})^{*}\right|=$__________.

2. 设3阶方阵 $\boldsymbol{A}$ 满足 $|\boldsymbol{E}-\boldsymbol{A}|=|3\boldsymbol{E}+2\boldsymbol{A}|=|2\boldsymbol{E}+\boldsymbol{A}|=0$，则 $\boldsymbol{A}$ 的特征值为__________.

3. 二次型 $f=6x_1^2+5x_2^2+7x_3^2-4x_1x_2+4x_1x_3$ 是________(填正定或不正定).

4. 设矩阵 $\boldsymbol{A}=\begin{pmatrix}0&1&0&0\\1&0&0&0\\0&0&y&1\\0&0&1&2\end{pmatrix}$，$\boldsymbol{A}$ 的一个特征值为3，则 $y=$__________.

5. 设 n 阶矩阵 $\boldsymbol{A}$ 的元素全为1，则 $\boldsymbol{A}$ 的 n 个特征值是________.

二、选择题

1. 下列命题中，正确的是(　　).

(A) 如果矩阵 $\boldsymbol{AB}=\boldsymbol{E}$，那么 $\boldsymbol{A}$ 可逆，且 $\boldsymbol{A}^{-1}=\boldsymbol{B}$

(B) 如果 n 阶方阵 $\boldsymbol{A}$，$\boldsymbol{B}$ 均可逆，那么 $\boldsymbol{A}+\boldsymbol{B}$ 必可逆

(C) 如果 n 阶方阵 $\boldsymbol{A}$，$\boldsymbol{B}$ 均不可逆，那么 $\boldsymbol{A}+\boldsymbol{B}$ 必不可逆

(D) 如果 n 阶方阵 $\boldsymbol{A}$，$\boldsymbol{B}$ 均不可逆，那么 $\boldsymbol{AB}$ 必不可逆

2. 设 $\boldsymbol{A}$ 为 n 阶可逆矩阵，λ 是 $\boldsymbol{A}$ 的一个特征值，则 $\boldsymbol{A}$ 的伴随矩阵 $\boldsymbol{A}^{*}$ 的特征值之一是(　　).

(A) $\lambda^{-1}|\boldsymbol{A}|^{n}$　　(B) $\lambda^{-1}|\boldsymbol{A}|$　　(C) $\lambda|\boldsymbol{A}|$　　(D) $\lambda|\boldsymbol{A}|^{n}$

3. 设矩阵 $\boldsymbol{A}=\begin{pmatrix}2&-1&-1\\-1&2&-1\\-1&-1&2\end{pmatrix}$，$\boldsymbol{B}=\begin{pmatrix}1&0&0\\0&1&0\\0&0&0\end{pmatrix}$，则 $\boldsymbol{A}$ 与 $\boldsymbol{B}$(　　).

(A)合同且相似　　(B)合同，但不相似

(C)不合同，但相似　　(D)既不合同，也不相似

4. 设 $\boldsymbol{A}$ 是 n 阶对称阵，$\boldsymbol{B}$ 是反对称阵，则下列矩阵中不能正交相似对角化的是

(A) $\boldsymbol{AB}-\boldsymbol{BA}$　　(B) $\boldsymbol{A}^{\mathrm{T}}(\boldsymbol{B}+\boldsymbol{B}^{\mathrm{T}})\boldsymbol{A}$

(C) $\boldsymbol{BAB}$　　(D) $\boldsymbol{ABA}$

5. 下列矩阵中，正定矩阵是________.

(A) $\begin{pmatrix}1&2&1\\2&5&0\\1&0&-3\end{pmatrix}$　　(B) $\begin{pmatrix}1&3&4\\3&9&2\\4&2&6\end{pmatrix}$　　(C) $\begin{pmatrix}1&2&3\\2&5&7\\3&7&10\end{pmatrix}$　　(D) $\begin{pmatrix}2&-2&0\\-2&5&-1\\0&-1&2\end{pmatrix}$

三、解答题

1. 计算4阶行列式 $\begin{vmatrix}0&a&b&0\\a&0&0&b\\0&c&d&0\\c&0&0&d\end{vmatrix}$ 的值.

2. 设二次型$f(x_1,x_2,x_3)=x_1^2+x_2^2+x_3^2-2x_1x_2-2x_1x_3+2\alpha x_2x_3$，通过正交变换化为标准形$f=2y_1^2+2y_2^2+\beta y_3^2$，求常数$\alpha,\beta$及所用正交变换矩阵$\boldsymbol{Q}$，若$\boldsymbol{x}^{\mathrm{T}}\boldsymbol{x}=3$，求$f$的最大值.

3. 设$\boldsymbol{\alpha}_1=(1,-2,1)^{\mathrm{T}}$，$\boldsymbol{\alpha}_2=(-1,a,1)^{\mathrm{T}}$依次是3阶奇异实对称矩阵$\boldsymbol{A}$属于特征值$\lambda_1=1$，$\lambda_2=-1$的特征向量，(1) 求$\boldsymbol{A}$；(2) 求$\boldsymbol{A}^{2009}\boldsymbol{\beta}$，其中$\boldsymbol{\beta}=(1,1,1)^{\mathrm{T}}$.

4. 设$\boldsymbol{A}=\begin{pmatrix}1&-1&1\\-1&-3&-3\\1&-3&4\end{pmatrix}$，求可逆矩阵$\boldsymbol{C}$，使$\boldsymbol{C}^{\mathrm{T}}\boldsymbol{A}\boldsymbol{C}$为对角阵.

5. 解线性方程组$\begin{cases}3x_1+4x_2-5x_3+7x_4=0,\\2x_1-3x_2+3x_3-2x_4=0,\\4x_1+11x_2-13x_3+16x_4=0,\\7x_1-2x_2+x_3+3x_4=0.\end{cases}$

四、证明题

设 n 阶方阵 $\boldsymbol{A} \neq \boldsymbol{O}$，但对某个正数 k，有 $\boldsymbol{A}^k = \boldsymbol{O}$. 证明：（1）$|\boldsymbol{A} + \boldsymbol{E}| = 1$；（2）$\boldsymbol{A}$ 不可能与对角阵相似.

实训自测题(四)

一、填空题

1. 已知 $\boldsymbol{A}=\begin{pmatrix}1&0&0\\0&\frac{1}{2}&\frac{3}{2}\\0&1&\frac{5}{2}\end{pmatrix}$，则 $(\boldsymbol{A}^*)^{-1}=$______.

2. 设 $\boldsymbol{A}=\begin{pmatrix}1&0&0\\1&3&1\\1&3&t\end{pmatrix}$，则当 $t=$______时，$R(\boldsymbol{A})=2$.

3. 设 $\boldsymbol{A},\boldsymbol{B}$ 均为 n 阶方阵，且 $|\boldsymbol{A}|=2$，$|\boldsymbol{B}|=-3$，则 $|2\boldsymbol{A}^*\boldsymbol{B}^{-1}|=$______.

4. 设 3 阶矩阵 $\boldsymbol{A}$ 的特征值为 1，−1，2，则 $|\boldsymbol{A}^*+3\boldsymbol{A}-2\boldsymbol{E}|=$______.

5. 二次型 $f(x_1,x_2,x_3)=x_2^2+2x_1x_3$ 的负惯性指数为______.

二、选择题

1. 已知 3 阶方阵 $\boldsymbol{P}_1=\begin{pmatrix}0&1&0\\1&0&0\\0&0&1\end{pmatrix}$，$\boldsymbol{P}_2=\begin{pmatrix}1&0&0\\0&1&0\\1&0&1\end{pmatrix}$，$\boldsymbol{A}=\begin{pmatrix}a_{11}&a_{12}&a_{13}\\a_{21}&a_{22}&a_{23}\\a_{31}&a_{32}&a_{33}\end{pmatrix}$，

$\boldsymbol{B}=\begin{pmatrix}a_{21}&a_{22}&a_{23}\\a_{11}&a_{12}&a_{13}\\a_{31}+a_{11}&a_{32}+a_{12}&a_{33}+a_{13}\end{pmatrix}$，则必有(　　).

(A) $\boldsymbol{AP}_1\boldsymbol{P}_2=\boldsymbol{B}$　　(B) $\boldsymbol{AP}_2\boldsymbol{P}_1=\boldsymbol{B}$

(C) $\boldsymbol{P}_1\boldsymbol{P}_2\boldsymbol{A}=\boldsymbol{B}$　　(D) $\boldsymbol{P}_2\boldsymbol{P}_1\boldsymbol{A}=\boldsymbol{B}$

2. 设 $\boldsymbol{A}$ 是 n 阶方阵，满足 $\boldsymbol{A}^2=\boldsymbol{E}$，则(　　).

(A) $\boldsymbol{A}$ 的行列式为 1　　(B) $\boldsymbol{A}$ 的特征值全是 1

(C) $\boldsymbol{A}$ 的伴随阵 $\boldsymbol{A}^*=\boldsymbol{A}$　　(D) $\boldsymbol{A}-\boldsymbol{E},\boldsymbol{A}+\boldsymbol{E}$ 不同时可逆

3. 若 $\boldsymbol{A}$ 是 4 阶实对称矩阵，且 $\boldsymbol{A}^4=16\boldsymbol{E}$，$\boldsymbol{A}$ 与数量矩阵不相似，则(　　).

(A) $\boldsymbol{A}$ 只有特征值 −2，2　　(B) $\boldsymbol{A}$ 有 4 个不同特征值

(C) $\boldsymbol{A}$ 有 3 个不同特征值　　(D) $\boldsymbol{A}$ 只有 1 个特征值

4. 设 $\boldsymbol{A}$ 是 4 阶实对称矩阵，且 $\boldsymbol{A}^2+\boldsymbol{A}=\boldsymbol{O}$，若 $R(\boldsymbol{A})=3$，则 $\boldsymbol{A}$ 相似于(　　).

(A) $\begin{pmatrix}1&&&\\&1&&\\&&1&\\&&&0\end{pmatrix}$　　(B) $\begin{pmatrix}1&&&\\&1&&\\&&-1&\\&&&0\end{pmatrix}$

(C) $\begin{pmatrix}1&&&\\&-1&&\\&&-1&\\&&&0\end{pmatrix}$　　(D) $\begin{pmatrix}-1&&&\\&-1&&\\&&-1&\\&&&0\end{pmatrix}$

三、解答题

1. 计算4阶行列式$\begin{vmatrix} 1 & 0 & 0 & 2 \\ 0 & 1 & 2 & 0 \\ 0 & 2 & 1 & 0 \\ 2 & 0 & 0 & 1 \end{vmatrix}$.

2. 设矩阵$\boldsymbol{A}=\begin{pmatrix} a & 1 & c \\ 0 & b & 0 \\ -4 & c & 1-a \end{pmatrix}$有一个特征值$\lambda_1=2$，属于$\boldsymbol{A}$的特征值$\lambda_1=2$的特征向量为$\boldsymbol{x}=(1,2,2)^{\mathrm{T}}$. 求：(1)常数$a,b,c$；(2)$(2\boldsymbol{E}-\boldsymbol{A})^{100}$.

3. 解线性方程组$\begin{cases} 2x+y-z+w=1, \\ 3x-2y+z-3w=4, \\ x+4y-3z+5w=-2. \end{cases}$

4. 求一个正交变换将二次型$f(x_1,x_2,x_3)=2x_1^2+3x_2^2+3x_3^2+4x_2x_3$化成标准形.

四、证明题

设n阶矩阵$\boldsymbol{A}$的伴随矩阵为$\boldsymbol{A}^*$，证明：

(1) 若$|\boldsymbol{A}|=0$，则$|\boldsymbol{A}^*|=0$；

(2) $|\boldsymbol{A}^*|=|\boldsymbol{A}|^{n-1}$.

实训自测题(五)

一、填空题

1. 设矩阵 $\boldsymbol{A}=\begin{pmatrix} k & 1 & 1 & 1 \\ 1 & k & 1 & 1 \\ 1 & 1 & k & 1 \\ 1 & 1 & 1 & k \end{pmatrix}$，且 $R(\boldsymbol{A})=3$，则 $k=$____________.

2. 已知 $\boldsymbol{x}=(1,1,-1)^{\mathrm{T}}$ 是 $\boldsymbol{A}=\begin{pmatrix} 2 & -1 & 2 \\ 5 & a & 3 \\ -1 & b & -2 \end{pmatrix}$ 的一个特征向量，则 $a=$____，$b=$____，及 $\boldsymbol{x}$ 所对应的特征值为________.

3. 已知 $\boldsymbol{\alpha}_1=\left(\frac{1}{3},-\frac{2}{3},-\frac{2}{3}\right)^{\mathrm{T}}$，$\boldsymbol{\alpha}_2=\left(-\frac{2}{3},\frac{1}{3},-\frac{2}{3}\right)^{\mathrm{T}}$，$\boldsymbol{\alpha}_3=\left(-\frac{2}{3},-\frac{2}{3},\frac{1}{3}\right)^{\mathrm{T}}$ 是 $\mathbf{R}^3$ 的一个标准正交基，则 $\boldsymbol{\xi}=(1,2,3)^{\mathrm{T}}$ 在此基下的坐标为______________.

4. 设 $\boldsymbol{A}=\begin{pmatrix} 0 & -1 & 0 \\ 1 & 0 & 0 \\ 0 & 0 & -1 \end{pmatrix}$，$\boldsymbol{B}$ 与 $\boldsymbol{A}$ 相似，则 $\boldsymbol{B}^{2004}-2\boldsymbol{A}^2$ ____________.

5. 设二次型 $f(x_1,x_2,x_3)=x_1^2+2x_1x_2+2x_2x_3$，则其正惯性指数为____________.

二、选择题

1. 设 $\boldsymbol{A}$，$\boldsymbol{B}$ 均为 n 阶方阵，则必有(　　).

(A) $|\boldsymbol{A}+\boldsymbol{B}|=|\boldsymbol{A}|+|\boldsymbol{B}|$　　(B) $\boldsymbol{AB}=\boldsymbol{BA}$

(C) $(\boldsymbol{A}+\boldsymbol{B})^{-1}=\boldsymbol{A}^{-1}+\boldsymbol{B}^{-1}$　　(D) $|\boldsymbol{BA}|=|\boldsymbol{AB}|$

2. 若 $\begin{vmatrix} a_{11} & a_{12} & a_{13} \\ a_{21} & a_{22} & a_{23} \\ a_{31} & a_{32} & a_{33} \end{vmatrix}=m$，则 $\begin{vmatrix} -a_{31} & -a_{32} & -a_{33} \\ 4a_{21}-2a_{31} & 4a_{22}-2a_{32} & 4a_{23}-2a_{33} \\ a_{11} & a_{12} & a_{13} \end{vmatrix}=($　　$)$.

(A) $4m$　　(B) $-4m$　　(C) $8m$　　(D) $-8m$

3. 设 $\boldsymbol{A}$ 为 3 阶方阵，$\boldsymbol{A}$ 的特征值为 $-1,2,4$，则 $\boldsymbol{A}$ 的行列式为(　　).

(A) -5　　(B) 5　　(C) -8　　(D) 8

4. 设 $\boldsymbol{A}$，$\boldsymbol{B}$ 都是 n 阶实对称矩阵，且都正定，则 $\boldsymbol{AB}$ 是(　　).

(A) 实对称矩阵　　(B) 正定矩阵

(C) 可逆矩阵　　(D) 正交矩阵

三、解答题

1. 计算 4 阶行列式 $\begin{vmatrix} 4 & 1 & 2 & 4 \\ 1 & 2 & 0 & 2 \\ 10 & 5 & 2 & 0 \\ 0 & 1 & 1 & 7 \end{vmatrix}$.

2. λ 取何值时，非齐次线性方程组

$$\begin{cases}\lambda x_1 + x_2 + x_3 = 1, \\ x_1 + \lambda x_2 + x_3 = \lambda, \\ x_1 + x_2 + \lambda x_3 = \lambda^2\end{cases}$$

(1)有唯一解；(2)无解；(3)有无穷多个解.

3. 求一个正交变换将二次型

$f(x_1, x_2, x_3, x_4) = x_1^2 + x_2^2 + x_3^2 + x_4^2 + 2x_1x_2 - 2x_1x_4 - 2x_2x_3 + 2x_3x_4$ 化成标准形.

4. 设 $\boldsymbol{A} = \begin{pmatrix} 0 & -1 & 0 \\ 1 & 0 & 0 \\ 0 & 0 & -1 \end{pmatrix}$，$\boldsymbol{B}$ 与 $\boldsymbol{A}$ 相似，求 $\boldsymbol{B}^{2016} - 2\boldsymbol{A}^2$.

5. 判定二次型 $f(x_1, x_2, x_3) = 6x_1^2 + 5x_2^2 + 7x_3^2 - 4x_1x_2 + 4x_1x_3$ 是否正定.

四、证明题

设 $\boldsymbol{\eta}_1, \cdots, \boldsymbol{\eta}_s$ 是非齐次线性方程组 $\boldsymbol{Ax} = \boldsymbol{b}$ 的 s 个解，$k_1, \cdots, k_s$ 为实数，满足 $k_1 + k_2 + \cdots + k_s = 1$. 证明：$\boldsymbol{x} = k_1\boldsymbol{\eta}_1 + k_2\boldsymbol{\eta}_2 + \cdots + k_s\boldsymbol{\eta}_s$ 也是它的解.

实训自测题(六)

一、填空题

1. 设 $\boldsymbol{A}$，$\boldsymbol{B}$，$\boldsymbol{C}$ 均为 n 阶方阵，且 $\boldsymbol{AB}=\boldsymbol{BC}=\boldsymbol{CA}=\boldsymbol{E}$，则 $\boldsymbol{A}^2+\boldsymbol{B}^2-\boldsymbol{C}^2=$________.

2. 已知 $\boldsymbol{A}=\begin{pmatrix}1 & 3 & 2\\ 2 & -1 & 3\\ 3 & 2 & 5\end{pmatrix}$，则 $R(\boldsymbol{A})=$________.

3. 设 n 阶矩阵 $\boldsymbol{A}$ 满足 $\boldsymbol{A}^2+2\boldsymbol{A}=\boldsymbol{E}$，则 $(\boldsymbol{A}+2\boldsymbol{E})^{-1}=$________.

4. 设3阶方阵 $\boldsymbol{A}$ 的特征值为2，-1，0，则矩阵 $\boldsymbol{B}=2\boldsymbol{A}^3-5\boldsymbol{A}^2+3\boldsymbol{E}$ 的特征值为________，$|\boldsymbol{B}|=$__________.

5. 二次型 $f(x_1,x_2,x_3)=x_1^2+2x_2^2+4x_3^2+2x_1x_2+4x_2x_3$ ________.（填正定或不正定）

二、选择题

1. 设 $\boldsymbol{A}$ 是 $n\times m$ 矩阵，$\boldsymbol{C}$ 是 n 阶可逆矩阵，矩阵 $\boldsymbol{A}$ 的秩为 r，矩阵 $\boldsymbol{B}=\boldsymbol{CA}$ 的秩为 r_1，则(　　).

(A) $r>r_1$　　(B) $r<r_1$

(C) $r=r_1$　　(D) r 与 r_1 的关系依 C 而定

2. 设二次型 $f(x_1,x_2,x_3)=ax_1^2+bx_2^2+ax_3^2+2cx_1x_3$ 是正定的，则 a,b,c 满足的条件为(　　).

(A) $a>0$，$b+c>0$　　(B) $a>0$，$b>0$

(C) $a>|c|$，$b>0$　　(D) $|a|>c$，$b>0$

3. 二次型 $\boldsymbol{x}^{\mathrm{T}}\boldsymbol{Ax}$ 正定的充分必要条件是(　　).

(A) 负惯性指数为零　　(B) 存在可逆矩阵 $\boldsymbol{P}$，使得 $\boldsymbol{P}^{-1}\boldsymbol{AP}=\boldsymbol{E}$

(C) $\boldsymbol{A}$ 的特征值全大于零　　(D) 存在 n 阶矩阵 $\boldsymbol{C}$，使得 $\boldsymbol{A}=\boldsymbol{C}^{\mathrm{T}}\boldsymbol{C}$

4. 已知 $\boldsymbol{A}=\begin{pmatrix}1 & 1 & 2\\ 2 & t & 4\\ 3 & 3 & 6\end{pmatrix}$，$\boldsymbol{B}$ 是3阶非零方阵，且满足 $\boldsymbol{AB}=\boldsymbol{O}$，则(　　).

(A) $t=2$ 时，$R(\boldsymbol{B})=1$　　(B) $t\neq2$ 时，$R(\boldsymbol{B})=1$

(C) $t=2$ 时，$R(\boldsymbol{B})=2$　　(D) $t\neq2$ 时，$R(\boldsymbol{B})=2$

三、解答题

1. 计算4阶行列式 $\begin{vmatrix}2 & 1 & 4 & 1\\ 3 & -1 & 2 & 1\\ 1 & 2 & 3 & 2\\ 5 & 0 & 6 & 2\end{vmatrix}$.

2. 问 λ 取何值时，齐次线性方程组$\begin{cases}(1-\lambda)x_1-2x_2+4x_3=0,\\2x_1+(3-\lambda)x_2+x_3=0,\\x_1+x_2+(1-\lambda)x_3=0\end{cases}$有非零解？

3. 判别二次型$f(x_1,x_2,x_3)=-2x_1^2-6x_2^2-4x_3^2+2x_1x_2+2x_1x_3$的正定性.

4. 设$\boldsymbol{A}=\begin{pmatrix}1&a&0&0\\0&1&a&0\\0&0&1&a\\a&0&0&1\end{pmatrix}$，$\boldsymbol{\beta}=(1,-1,0,0)^{\mathrm{T}}$，

（1）计算行列式$|\boldsymbol{A}|$；

（2）当实数 a 为何值时，方程组 $\boldsymbol{Ax}=\boldsymbol{\beta}$ 有无穷多解，并求其通解.

四、证明题

1. 设 $\boldsymbol{\eta}^*$ 是非齐次线性方程组 $\boldsymbol{Ax}=\boldsymbol{b}$ 的一个解，$\boldsymbol{\xi}_1,\cdots,\boldsymbol{\xi}_{n-r}$是对应的齐次线性方程组的一个基础解系，证明：

（1）$\boldsymbol{\eta}^*,\boldsymbol{\xi}_1,\cdots,\boldsymbol{\xi}_{n-r}$线性无关；

（2）$\boldsymbol{\eta}^*,\boldsymbol{\eta}^*+\boldsymbol{\xi}_1,\cdots,\boldsymbol{\eta}^*+\boldsymbol{\xi}_{n-r}$线性无关.

2. 设 $\boldsymbol{A}$ 为正交矩阵，证明：它的伴随矩阵 $\boldsymbol{A}^*$ 也是正交矩阵.

实训自测题(七)

一、填空题

1. 设 A 是 4×3 矩阵，且 $R(A)=1$，而 $B=\begin{pmatrix}1&0&2\\0&2&0\\-1&0&3\end{pmatrix}$，则 $R(AB)=$__________.

2. 设 n 阶矩阵 A 满足 $A^2=2E$，则 $(A-E)^{-1}=$________.

3. 设 A 是 3 阶方阵，A，$A+3E$，$A-5E$ 均不可逆，则 A 的特征值为__________.

4. 二次型 $f=2x_1^2+x_2^2-4x_1x_2-4x_2x_3$ 的正惯性指数为____________.

5. 设 A 为 2 阶矩阵，$\boldsymbol{\alpha}_1,\boldsymbol{\alpha}_2$ 为线性无关的 2 维列向量，$A\boldsymbol{\alpha}_1=\boldsymbol{0}$，$A\boldsymbol{\alpha}_2=2\boldsymbol{\alpha}_1+\boldsymbol{\alpha}_2$，则 A 的非零特征值为________.

二、选择题

1. 设 A 是3 阶方阵，将 A 的第一列和第二列互换得 B，再把 B 的第二列加到第三列得 C，则满足 $AQ=C$ 的可逆矩阵 Q 为(　　).

(A) $\begin{pmatrix}0&1&0\\1&0&0\\1&0&1\end{pmatrix}$　(B) $\begin{pmatrix}0&1&0\\1&0&1\\0&0&1\end{pmatrix}$　(C) $\begin{pmatrix}0&1&0\\1&0&0\\0&1&1\end{pmatrix}$　(D) $\begin{pmatrix}0&1&1\\1&0&0\\0&0&1\end{pmatrix}$

2. 已知矩阵 $A=\begin{pmatrix}2&0&0\\0&2&1\\0&0&1\end{pmatrix}$，$B=\begin{pmatrix}2&1&0\\0&2&0\\0&0&1\end{pmatrix}$，$C=\begin{pmatrix}1&0&0\\0&2&0\\0&0&2\end{pmatrix}$，则(　　).

(A) A 与 C 相似，B 与 C 相似　(B) A 与 C 相似，B 与 C 不相似

(C) A 与 C 不相似，B 与 C 相似　(D) A 与 C 不相似，B 与 C 不相似

3. 设 $A=\begin{pmatrix}1&2\\2&1\end{pmatrix}$，则下列矩阵中与 A 合同的矩阵为(　　).

(A) $\begin{pmatrix}-2&1\\1&-2\end{pmatrix}$　(B) $\begin{pmatrix}2&-1\\-1&2\end{pmatrix}$

(C) $\begin{pmatrix}2&1\\1&2\end{pmatrix}$　(D) $\begin{pmatrix}1&-2\\-2&1\end{pmatrix}$

4. 下列结论中正确的是(　　).

(A) 设 A,B 是 n 阶矩阵，若 A 与 B 非零特征值的个数相等，则 $r(A)=r(B)$

(B) 设 A,B 是 n 阶可逆的对称矩阵，若 A^2 与 B^2 合同，则 A 与 B 合同

(C) 设 A,B 是 n 阶实对称矩阵，若 A 与 B 合同，则 A 与 B 等价

(D) 设 A,B 是 n 阶实对称矩阵，若 A 与 B 等价，则 A 与 B 合同

三、解答题

1. 计算 3 阶行列式 $\begin{vmatrix}-ab&ac&ae\\bd&-cd&de\\bf&cf&-ef\end{vmatrix}$.

2. 非齐次线性方程组$\begin{cases} -2x_1 + x_2 + x_3 = -2, \\ x_1 - 2x_2 + x_3 = \lambda, \\ x_1 + x_2 - 2x_3 = \lambda^2 \end{cases}$ 当 λ 取何值时有解？并求出它的解.

3. 设 $\boldsymbol{A} = \begin{pmatrix} 4 & 1 & -2 \\ 2 & 2 & 1 \\ 3 & 1 & -1 \end{pmatrix}$，$\boldsymbol{B} = \begin{pmatrix} 1 & -3 \\ 2 & 2 \\ 3 & -1 \end{pmatrix}$，求 $\boldsymbol{X}$ 使 $\boldsymbol{AX} = \boldsymbol{B}$.

4. 判别二次型 $f(x_1, x_2, x_3, x_4) = x_1^2 + 3x_2^2 + 9x_3^2 + 19x_4^2 - 2x_1x_2 + 4x_1x_3 + 2x_1x_4 - 6x_2x_4$ 的正定性.

5. 设矩阵 $\boldsymbol{A}$ 与 $\boldsymbol{B}$ 相似，且 $\boldsymbol{A} = \begin{pmatrix} 1 & -1 & 1 \\ 2 & 4 & -2 \\ -3 & -3 & a \end{pmatrix}$，$\boldsymbol{B} = \begin{pmatrix} 2 & 0 & 0 \\ 0 & 2 & 0 \\ 0 & 0 & b \end{pmatrix}$，

（1）求 a, b 的值；

（2）求可逆矩阵 $\boldsymbol{P}$，使 $\boldsymbol{P}^{-1}\boldsymbol{AP} = \boldsymbol{B}$.

四、证明题

1. 设 $\boldsymbol{b}_1 = \boldsymbol{a}_1 + \boldsymbol{a}_2$，$\boldsymbol{b}_2 = \boldsymbol{a}_2 + \boldsymbol{a}_3$，$\boldsymbol{b}_3 = \boldsymbol{a}_3 + \boldsymbol{a}_4$，$\boldsymbol{b}_4 = \boldsymbol{a}_4 + \boldsymbol{a}_1$，证明：向量组 $\boldsymbol{b}_1, \boldsymbol{b}_2, \boldsymbol{b}_3, \boldsymbol{b}_4$ 线性相关.

2. 设 $\boldsymbol{U}$ 为可逆矩阵，$\boldsymbol{A}=\boldsymbol{U}^{\mathrm{T}}\boldsymbol{U}$，证明：$f=\boldsymbol{x}^{\mathrm{T}}\boldsymbol{A}\boldsymbol{x}$ 为正定二次型.

实训自测题(八)

一、填空题

1. 设 $\boldsymbol{B}$ 是 3 阶方阵，且 $|\boldsymbol{A}|=2$，$|\boldsymbol{B}|=-2$，则 $|-|\boldsymbol{A}|\boldsymbol{B}|=$______.

2. 设 $\boldsymbol{A}$ 是 5 阶方阵，且 $R(\boldsymbol{A})=4$，则 $R(\boldsymbol{A}^*)=$______.

3. 设 $\boldsymbol{\alpha}_1=(1,1,1)^{\mathrm{T}}$，$\boldsymbol{\alpha}_2=(0,1,-1)^{\mathrm{T}}$，$\boldsymbol{\alpha}_3=(t,1,1)^{\mathrm{T}}$ 是正交向量组，则 $t=$______.

4. 设 $\boldsymbol{A}$ 是 4 阶实对称矩阵，$\boldsymbol{A}^2-4\boldsymbol{A}-5\boldsymbol{E}=\boldsymbol{O}$，且齐次线性方程组 $(\boldsymbol{E}+\boldsymbol{A})\boldsymbol{x}=\boldsymbol{0}$ 的基础解系含有一个线性无关的解向量，则 $\boldsymbol{A}$ 的特征值为______.

5. 二次型 $f(x_1,x_2,x_3)=2x_2^2+2x_3^2+4x_1x_2-4x_1x_3+8x_2x_3$ 的规范形为______.

二、选择题

1. 已知 $\boldsymbol{A},\boldsymbol{B}$ 均为 n 阶方阵，则必有(　　).

(A) $(\boldsymbol{A}+\boldsymbol{B})^2=\boldsymbol{A}^2+2\boldsymbol{AB}+\boldsymbol{B}^2$

(B) $(\boldsymbol{AB})^{\mathrm{T}}=\boldsymbol{A}^{\mathrm{T}}\boldsymbol{B}^{\mathrm{T}}$

(C) 当 $\boldsymbol{AB}=\boldsymbol{O}$ 时，$\boldsymbol{A}=\boldsymbol{O}$ 或 $\boldsymbol{B}=\boldsymbol{O}$

(D) $|\boldsymbol{A}+\boldsymbol{AB}|=0\Leftrightarrow|\boldsymbol{A}|=0$ 或 $|\boldsymbol{E}+\boldsymbol{B}|=0$

2. 矩阵 $\begin{pmatrix}1&a&1\\a&b&a\\1&a&1\end{pmatrix}$ 与 $\begin{pmatrix}2&0&0\\0&b&0\\0&0&0\end{pmatrix}$ 相似的充要条件为(　　).

(A) $a=0$，$b=2$　　　　(B) $a=0$，b 为任意常数

(C) $a=0$，$b=0$　　　　(D) $a=2$，b 为任意常数

3. 设 $\boldsymbol{A},\boldsymbol{B}$ 为 n 阶方阵，对任意的 n 维列向量 $\boldsymbol{x}$，都有 $\boldsymbol{x}^{\mathrm{T}}\boldsymbol{A}\boldsymbol{x}=\boldsymbol{x}^{\mathrm{T}}\boldsymbol{B}\boldsymbol{x}$，则(　　).

(A) $\boldsymbol{A}=\boldsymbol{B}$

(B) $\boldsymbol{A}$ 与 $\boldsymbol{B}$ 等价

(C) 当 $\boldsymbol{A}$ 与 $\boldsymbol{B}$ 为对称矩阵时，$\boldsymbol{A}=\boldsymbol{B}$

(D) 当 $\boldsymbol{A}$ 与 $\boldsymbol{B}$ 为对称矩阵时，也可能有 $\boldsymbol{A}\neq\boldsymbol{B}$

4. 二次型 $f(x_1,x_2,x_3)=x_1^2+6x_1x_2+4x_1x_3+x_2^2+2x_2x_3+tx_3^2$，若其秩为 2，则 t 值应为(　　).

(A) 0　　　　(B) 2

(C) $\dfrac{7}{8}$　　　　(D) 1

三、解答题

1. 计算 4 阶行列式 $\begin{vmatrix}a&1&0&0\\-1&b&1&0\\0&-1&c&1\\0&0&-1&d\end{vmatrix}$.

2. 设$\boldsymbol{A}=\begin{pmatrix}2 & -2 & 1 & 3\\9 & -5 & 2 & 8\end{pmatrix}$，求一个 4×2 矩阵 $\boldsymbol{B}$，使 $\boldsymbol{AB}=\boldsymbol{O}$，且 $R(\boldsymbol{B})=2$.

3. 设四元非齐次线性方程组的系数矩阵的秩为3，已知 $\boldsymbol{\eta}_1,\boldsymbol{\eta}_2,\boldsymbol{\eta}_3$ 是它的三个解向量，且 $\boldsymbol{\eta}_1=\begin{pmatrix}2\\3\\4\\5\end{pmatrix}$，$\boldsymbol{\eta}_2+\boldsymbol{\eta}_3=\begin{pmatrix}1\\2\\3\\4\end{pmatrix}$. 求该方程组的通解 .

4. 化二次型$f(x_1, x_2,x_3)=x_1^2-3x_2^2+4x_3^2-2x_1x_2+2x_1x_3-6x_2x_3$ 为标准形.

四、证明题

1. 设 $\boldsymbol{b}_1=\boldsymbol{a}_1,\boldsymbol{b}_2=\boldsymbol{a}_1+\boldsymbol{a}_2,\cdots,\boldsymbol{b}_r=\boldsymbol{a}_1+\boldsymbol{a}_2+\cdots+\boldsymbol{a}_r$，且向量组 $\boldsymbol{a}_1,\boldsymbol{a}_2,\cdots,\boldsymbol{a}_r$ 线性无关，证明：向量组 $\boldsymbol{b}_1,\boldsymbol{b}_2,\cdots,\boldsymbol{b}_r$ 线性无关.

2. 设对称矩阵 $\boldsymbol{A}$ 为正定矩阵，证明：存在可逆矩阵 $\boldsymbol{U}$，使 $\boldsymbol{A}=\boldsymbol{U}^{\mathrm{T}}\boldsymbol{U}$.

实训自测题(九)

一、填空题

1. 设 $\boldsymbol{A}$ 是4阶方阵，且 $R(\boldsymbol{A})=3$，则 $R(\boldsymbol{A}^*)=$ ________.

2. 设 $\boldsymbol{\alpha}=(a_1,a_2,\cdots,a_n)$，$\boldsymbol{\beta}=(b_1,b_2,\cdots,b_n)$，且 $\boldsymbol{\alpha\beta}^{\mathrm{T}}=2$，$\boldsymbol{A}=\boldsymbol{\beta}^{\mathrm{T}}\boldsymbol{\alpha}$，则 $\boldsymbol{A}$ 必有非零特征值 ____________.

3. 设 n 阶方阵 $\boldsymbol{A},\boldsymbol{B}$ 相似，$\boldsymbol{A}^2=2\boldsymbol{E}$，则行列式 $|\boldsymbol{AB}+\boldsymbol{A}-\boldsymbol{B}-\boldsymbol{E}|=$ ________.

4. 已知 $\boldsymbol{A}$ 与 $\boldsymbol{B}$ 相似，且

$$\boldsymbol{B}=\begin{pmatrix}1&0&0&0\\0&1&0&0\\0&0&-1&2\\0&0&2&2\end{pmatrix},$$

则 $R(\boldsymbol{A}-\boldsymbol{E})+R(\boldsymbol{A}-3\boldsymbol{E})=$ ________.

二、选择题

1. 已知 $\boldsymbol{A},\boldsymbol{B}$ 均为 n 阶方阵，则下列结论正确的是(　　).

(A) $\boldsymbol{AB}\neq\boldsymbol{O}\Leftrightarrow\boldsymbol{A}\neq\boldsymbol{O}$ 且 $\boldsymbol{B}\neq\boldsymbol{O}$

(B) $|\boldsymbol{A}|=0\Leftrightarrow\boldsymbol{A}=\boldsymbol{O}$

(C) $|\boldsymbol{AB}|=0\Leftrightarrow|\boldsymbol{A}|=0$ 或 $|\boldsymbol{B}|=0$

(D) $\boldsymbol{A}=\boldsymbol{E}\Leftrightarrow|\boldsymbol{A}|=1$

2. 设 $\boldsymbol{A}$ 为 n 阶实对称矩阵，$\boldsymbol{P}$ 是 n 阶可逆矩阵. 已知 n 维列向量 $\boldsymbol{\alpha}$ 是 $\boldsymbol{A}$ 对应于特征值 λ 的特征向量，则矩阵 $(\boldsymbol{P}^{-1}\boldsymbol{AP})^{\mathrm{T}}$ 对应于特征值 λ 的特征向量是(　　).

(A) $\boldsymbol{P}^{-1}\boldsymbol{\alpha}$　　(B) $\boldsymbol{P}^{\mathrm{T}}\boldsymbol{\alpha}$　　(C) $\boldsymbol{P\alpha}$　　(D) $(\boldsymbol{P}^{-1})^{\mathrm{T}}\boldsymbol{\alpha}$

3. 下列矩阵中，与矩阵 $\begin{pmatrix}1&1&0\\0&1&1\\0&0&1\end{pmatrix}$ 相似的为(　　).

(A) $\begin{pmatrix}1&1&-1\\0&1&1\\0&0&1\end{pmatrix}$　　(B) $\begin{pmatrix}1&0&-1\\0&1&1\\0&0&1\end{pmatrix}$

(C) $\begin{pmatrix}1&1&-1\\0&1&0\\0&0&1\end{pmatrix}$　　(D) $\begin{pmatrix}1&0&-1\\0&1&0\\0&0&1\end{pmatrix}$

4. 已知 $\boldsymbol{\alpha}_1=\begin{pmatrix}1\\0\\1\end{pmatrix}$，$\boldsymbol{\alpha}_2=\begin{pmatrix}1\\2\\1\end{pmatrix}$，$\boldsymbol{\alpha}_3=\begin{pmatrix}3\\1\\2\end{pmatrix}$，记 $\boldsymbol{\beta}_1=\boldsymbol{\alpha}_1$，$\boldsymbol{\beta}_2=\boldsymbol{\alpha}_2-k\boldsymbol{\beta}_1$，$\boldsymbol{\beta}_3=\boldsymbol{\alpha}_3-l_1\boldsymbol{\beta}_1-l_2\boldsymbol{\beta}_2$，若 $\boldsymbol{\beta}_1,\boldsymbol{\beta}_2,\boldsymbol{\beta}_3$ 两两相交，则 l_1,l_2 依次为(　　).

(A) $-\dfrac{5}{2},\ \dfrac{1}{2}$　　(B) $\dfrac{5}{2},\ \dfrac{1}{2}$　　(C) $\dfrac{5}{2},\ -\dfrac{1}{2}$　　(D) $-\dfrac{5}{2},\ -\dfrac{1}{2}$

三、解答题

1. 已知3阶方阵 $\boldsymbol{A}$ 的特征值为1，$-\dfrac{1}{2}$，-4，求 $|\boldsymbol{A}^*+2\boldsymbol{A}-3\boldsymbol{E}|$.

2. 求向量组 $\boldsymbol{a}_1=\begin{pmatrix}1\\2\\-1\\4\end{pmatrix}$, $\boldsymbol{a}_2=\begin{pmatrix}9\\100\\10\\4\end{pmatrix}$, $\boldsymbol{a}_3=\begin{pmatrix}-2\\-4\\2\\-8\end{pmatrix}$的秩，并求一个最大线性无关组.

3. 求齐次线性方程组$\begin{cases}2x_1-3x_2-2x_3+x_4=0,\\3x_1+5x_2+4x_3-2x_4=0,\\8x_1+7x_2+6x_3-3x_4=0\end{cases}$的基础解系.

4. 求一个正交变换将二次型 $f=x_1^2+x_2^2+x_3^2+x_4^2+2x_1x_2-2x_1x_4-2x_2x_3+2x_3x_4$ 化成标准形.

四、证明题

设 n 阶矩阵 $\boldsymbol{A}$ 满足 $\boldsymbol{A}^2=\boldsymbol{A}$，$\boldsymbol{E}$ 为 n 阶单位矩阵，证明：$R(\boldsymbol{A})+R(\boldsymbol{A}-\boldsymbol{E})=n$.

实训自测题(十)

一、填空题

1. 设$\boldsymbol{A}$是4阶方阵，且$R(\boldsymbol{A})=2$，则$R(\boldsymbol{A}^*)=$________.

2. 设$\boldsymbol{A}$为n阶矩阵，$|\boldsymbol{A}|\neq 0$，$\boldsymbol{A}^*$为$\boldsymbol{A}$的伴随矩阵，$\boldsymbol{E}$为n阶单位矩阵，若$\boldsymbol{A}$有特征值λ，则$(\boldsymbol{A}^*)^2+\boldsymbol{E}$必有特征值________.

3. 设$\boldsymbol{A}=\begin{pmatrix}0&0&1\\x&1&0\\1&0&0\end{pmatrix}$有三个线性无关的特征向量，则$x=$________.

4. 已知矩阵$\boldsymbol{A}=\begin{pmatrix}2&0&0\\0&0&1\\0&1&a\end{pmatrix}$和矩阵$\boldsymbol{B}=\begin{pmatrix}2&0&0\\0&3&4\\0&-2&b\end{pmatrix}$相似，则参数$a=$________，$b=$________.

二、选择题

1. 已知$\boldsymbol{A},\boldsymbol{B}$均为$n$阶方阵，则(   ).

(A) $\boldsymbol{A}$或$\boldsymbol{B}$可逆，必有$\boldsymbol{AB}$可逆

(B) $\boldsymbol{A}$或$\boldsymbol{B}$不可逆，必有$\boldsymbol{AB}$不可逆

(C) $\boldsymbol{A}$且$\boldsymbol{B}$可逆，必有$\boldsymbol{A}+\boldsymbol{B}$可逆

(D) $\boldsymbol{A}$且$\boldsymbol{B}$不可逆，必有$\boldsymbol{A}+\boldsymbol{B}$不可逆

2. 矩阵$\boldsymbol{A}=\begin{pmatrix}1&-1&1\\2&4&-2\\-3&-3&5\end{pmatrix}$的特征向量是(   ).

(A) $(1,2,-1)^{\mathrm{T}}$　　(B) $(1,-1,2)^{\mathrm{T}}$

(C) $(1,-2,-1)^{\mathrm{T}}$　　(D) $(-1,1,-2)^{\mathrm{T}}$

3. 下列矩阵不能相似对角化的是(   ).

(A) $\begin{pmatrix}1&1&a\\0&2&2\\0&0&3\end{pmatrix}$　(B) $\begin{pmatrix}1&1&a\\1&2&0\\a&0&3\end{pmatrix}$　(C) $\begin{pmatrix}1&1&a\\0&2&0\\0&0&2\end{pmatrix}$　(D) $\begin{pmatrix}1&1&a\\0&2&2\\0&0&2\end{pmatrix}$

4. 二次型$f(x_1,x_2,x_3)=(x_1+x_2)^2+(x_2-x_3)^2+(x_3+x_1)^2$的秩为(   ).

(A) 1　(B) 2　(C) 3　(D) 0

三、解答题

1. 已知4阶方阵$\boldsymbol{A}=(\boldsymbol{\alpha}_1,\boldsymbol{\alpha}_2,\boldsymbol{\alpha}_3,\boldsymbol{\alpha}_4)$，且$R(\boldsymbol{A})=2$，若$\boldsymbol{\alpha}_1+\boldsymbol{\alpha}_2-2\boldsymbol{\alpha}_3+3\boldsymbol{\alpha}_4=\boldsymbol{0}$，$\boldsymbol{\alpha}_1-\boldsymbol{\alpha}_2+3\boldsymbol{\alpha}_4=\boldsymbol{b}$，$\boldsymbol{\alpha}_1+2\boldsymbol{\alpha}_2-\boldsymbol{\alpha}_3+\boldsymbol{\alpha}_4=\boldsymbol{b}$，求线性方程组$\boldsymbol{Ax}=\boldsymbol{b}$的通解.

2. 求向量组 $\boldsymbol{a}_1^{\mathrm{T}}=(1,2,1,3)$，$\boldsymbol{a}_2^{\mathrm{T}}=(4,-1,-5,-6)$，$\boldsymbol{a}_3^{\mathrm{T}}=(1,-3,-4,-7)$的秩，并求一个最大无关组.

3. 求齐次线性方程组$\begin{cases} x_1-8x_2+10x_3+2x_4=0, \\ 2x_1+4x_2+5x_3-x_4=0, \\ 3x_1+8x_2+6x_3-2x_4=0 \end{cases}$的基础解系.

4. 求一个正交变换将二次型$f(x_1,x_2,x_3)=2x_1^2+3x_2^2+3x_3^2+4x_2x_3$ 化成标准形.

四、证明题

1. 设 $\boldsymbol{a}_1,\boldsymbol{a}_2,\cdots,\boldsymbol{a}_n$ 是一组 n 维向量，已知 n 维单位坐标向量 $\boldsymbol{e}_1,\boldsymbol{e}_2,\cdots,\boldsymbol{e}_n$ 能由它们线性表示，证明：$\boldsymbol{a}_1,\boldsymbol{a}_2,\cdots,\boldsymbol{a}_n$ 线性无关.

2. 证明：二次型 $f=\boldsymbol{x}^{\mathrm{T}}\boldsymbol{A}\boldsymbol{x}$ 在 $\|\boldsymbol{x}\|=1$ 时的最大值为矩阵 $\boldsymbol{A}$ 的最大特征值.

综合训练篇参考答案

综合训练题(一)

一、1. +； 2. 0，56； 3. $-2m$； 4. C_n^2-k； 5. 2.

二、1. C； 2. B； 3. B； 4. B； 5. C.

三、1. 1，±2. 2. -120. 3. x^4. 4. $(a^2-b^2)^2$. 5. -4. 6. -3.

7. $\left(x_1-\sum\limits_{i=2}^{4}\frac{1}{x_i}\right)x_2x_3x_4$.

四、略.

综合训练题(二)

一、1. $\frac{1}{4}$，$\frac{1}{16}$； 2. $\boldsymbol{A}+6\boldsymbol{E}$； 3. $\begin{pmatrix}1&0&0\\0&5&4\\0&-2&-2\end{pmatrix}$； 4. 3； 5. 2.

二、1. B； 2. D； 3. A； 4. B； 5. C.

三、1. $k\neq-1$，$\boldsymbol{A}^{-1}=\frac{1}{k+1}\begin{pmatrix}k+1&0&0\\1&1&-1\\-k&1&k\end{pmatrix}$. 2. $\begin{pmatrix}3&0&0\\0&2&0\\0&0&1\end{pmatrix}$. 3. $3^9\begin{pmatrix}1&\frac{1}{2}&\frac{1}{3}\\2&1&\frac{2}{3}\\3&\frac{3}{2}&1\end{pmatrix}$.

4. $\begin{pmatrix}3&0&0\\0&3&0\\0&0&-1\end{pmatrix}$. 5. $\begin{pmatrix}2-2^n&2^{n+1}-2&0\\1-2^n&2^{n+1}-1&0\\0&0&3^n\end{pmatrix}$.

四、1. 略； 2. 略； 3. $(\boldsymbol{A}-\boldsymbol{E})^{-1}=\boldsymbol{B}-\boldsymbol{E}$.

综合训练题(三)

一、1. $\frac{1}{4}$； 2. 2； 3. $\lambda\neq1$； 4. 1； 5. 12.

二、1. B； 2. C； 3. B； 4. A； 5. C.

三、1. 秩为 2；$\boldsymbol{\alpha}_1$，$\boldsymbol{\alpha}_2$ 为极大无关组；$\boldsymbol{\alpha}_3=\boldsymbol{\alpha}_1+\boldsymbol{\alpha}_2$，$\boldsymbol{\alpha}_4=2\boldsymbol{\alpha}_1$，$\boldsymbol{\alpha}_5=2\boldsymbol{\alpha}_1+\boldsymbol{\alpha}_2$.

2. $\boldsymbol{x}=c_1(1,\ 1,\ -2,\ 3)^{\mathrm{T}}+c_2(0,\ -3,\ 1,\ 2)^{\mathrm{T}}+(1,\ -1,\ 0,\ 3)^{\mathrm{T}}$.

3. $\boldsymbol{x}=c_1(-2,\ 1,\ 1,\ 0,\ 0)^{\mathrm{T}}+c_2(-1,\ -3,\ 0,\ 1,\ 0)^{\mathrm{T}}$.

4. $x=\begin{pmatrix}6\\-4\\0\\0\\0\end{pmatrix}+k_1\begin{pmatrix}-2\\1\\1\\0\\0\end{pmatrix}+k_2\begin{pmatrix}-2\\1\\0\\1\\0\end{pmatrix}+k_3\begin{pmatrix}-6\\5\\0\\0\\1\end{pmatrix}$，其中 k_1,k_2,k_3 为任意实数.

5. $t\neq\pm1$ 时，有唯一解；$t=-1$ 时，无解；

$t=1$ 时，有无穷多解，$\boldsymbol{x}=c(0,1,1)^{\mathrm{T}}+(1,-1,0)^{\mathrm{T}}$.

四、略.

综合训练题(四)

一、1. 1，2；　2. 1，1；　3. 1，$-\dfrac{3}{2}$，-2；　4. $(-3,-2,-1)^{\mathrm{T}}$；　5. 不是.

二、1. D；　2. B；　3. A；　4. B；　5. B.

三、1. 25.

2. (1) $\boldsymbol{A}$ 的特征值为 2，-1(二重)，$\boldsymbol{B}$ 的特征值为 -2，0(二重)；

(2) $\boldsymbol{A}$ 不能相似于对角阵，$\boldsymbol{B}$ 可以相似于对角阵，$\boldsymbol{P}=\begin{pmatrix}1&1&1\\1&0&2\\0&-1&-1\end{pmatrix}$.

3. $\boldsymbol{\alpha}_2=(1,0,0)^{\mathrm{T}}$，$\boldsymbol{\alpha}_3=(0,-1,1)^{\mathrm{T}}$，$\boldsymbol{A}=\begin{pmatrix}1&0&0\\0&0&-1\\0&-1&0\end{pmatrix}$.

4. 方阵 $\boldsymbol{A}$ 与 $\boldsymbol{\Lambda}$ 相似，则 $\boldsymbol{A}$ 与 $\boldsymbol{\Lambda}$ 的特征多项式相同，即

$$|\boldsymbol{A}-\lambda\boldsymbol{E}|=|\boldsymbol{\Lambda}-\lambda\boldsymbol{E}|\Rightarrow\begin{vmatrix}1-\lambda&-2&-4\\-2&x-\lambda&-2\\-4&-2&1-\lambda\end{vmatrix}=\begin{vmatrix}5-\lambda&0&0\\0&y-\lambda&0\\0&0&-4-\lambda\end{vmatrix}$$

$$\Rightarrow\begin{cases}x=4,\\y=5.\end{cases}$$

5. (1) $|\boldsymbol{A}-\lambda\boldsymbol{E}|=\begin{vmatrix}2-\lambda&-2&0\\-2&1-\lambda&-2\\0&-2&-\lambda\end{vmatrix}=(1-\lambda)(\lambda-4)(\lambda+2)$,

故得特征值为 $\lambda_1=-2$，$\lambda_2=1$，$\lambda_3=4$.

当 $\lambda_1=-2$ 时，由

$\begin{pmatrix}4&-2&0\\-2&3&-2\\0&-2&2\end{pmatrix}\begin{pmatrix}x_1\\x_2\\x_3\end{pmatrix}=\boldsymbol{0}$ 解得 $\begin{pmatrix}x_1\\x_2\\x_3\end{pmatrix}=k_1\begin{pmatrix}1\\2\\2\end{pmatrix}$，单位特征向量可取：$\boldsymbol{P}_1=\begin{pmatrix}1/3\\2/3\\2/3\end{pmatrix}$；

当 $\lambda_2=1$ 时，由

$$\begin{pmatrix}1&-2&0\\-2&0&-2\\0&-2&-1\end{pmatrix}\begin{pmatrix}x_1\\x_2\\x_3\end{pmatrix}=\mathbf{0}\text{ 解得}\begin{pmatrix}x_1\\x_2\\x_3\end{pmatrix}=k_2\begin{pmatrix}2\\1\\-2\end{pmatrix}\text{，单位特征向量可取：}\boldsymbol{P}_2=\begin{pmatrix}2/3\\1/3\\-2/3\end{pmatrix};$$

当 $\lambda_3=4$ 时，由

$$\begin{pmatrix}-2&-2&0\\-2&-3&-2\\0&-2&-4\end{pmatrix}\begin{pmatrix}x_1\\x_2\\x_3\end{pmatrix}=\mathbf{0}\text{ 解得}\begin{pmatrix}x_1\\x_2\\x_3\end{pmatrix}=k_3\begin{pmatrix}2\\-2\\1\end{pmatrix}\text{，单位特征向量可取：}\boldsymbol{P}_3=\begin{pmatrix}2/3\\-2/3\\1/3\end{pmatrix}\text{；得正}$$

交阵 $\boldsymbol{P}=(\boldsymbol{P}_1,\boldsymbol{P}_2,\boldsymbol{P}_3)=\dfrac{1}{3}\begin{pmatrix}1&2&2\\2&1&-2\\2&-2&1\end{pmatrix}$，$\boldsymbol{P}^{-1}\boldsymbol{AP}=\begin{pmatrix}-2&0&0\\0&1&0\\0&0&4\end{pmatrix}$；

（2）$|\boldsymbol{A}-\lambda\boldsymbol{E}|=\begin{vmatrix}2-\lambda&2&-2\\2&5-\lambda&-4\\-2&-4&5-\lambda\end{vmatrix}=-(\lambda-1)^2(\lambda-10)$，

故得特征值为 $\lambda_1=\lambda_2=1$，$\lambda_3=10$，

当 $\lambda_1=\lambda_2=1$ 时，由

$$\begin{pmatrix}1&2&-2\\2&4&-4\\-2&-4&4\end{pmatrix}\begin{pmatrix}x_1\\x_2\\x_3\end{pmatrix}=\begin{pmatrix}0\\0\\0\end{pmatrix}\text{解得}\begin{pmatrix}x_1\\x_2\\x_2\end{pmatrix}=k_1\begin{pmatrix}-2\\1\\0\end{pmatrix}+k_2\begin{pmatrix}2\\0\\1\end{pmatrix},$$

此两个向量正交，单位化后，得两个单位正交的特征向量

$$\boldsymbol{P}_1=\frac{1}{\sqrt{5}}\begin{pmatrix}-2\\1\\0\end{pmatrix},$$

$$\boldsymbol{P}_2^*=\begin{pmatrix}-2\\1\\0\end{pmatrix}-\frac{-4}{5}\begin{pmatrix}-2\\1\\0\end{pmatrix}=\begin{pmatrix}2/5\\4/5\\1\end{pmatrix}\text{单位化得 }\boldsymbol{P}_2=\frac{\sqrt{5}}{3}\begin{pmatrix}2/5\\4/5\\1\end{pmatrix};$$

当 $\lambda_3=10$ 时，由

$$\begin{pmatrix}-8&2&-2\\2&-5&-4\\-2&-4&-5\end{pmatrix}\begin{pmatrix}x_1\\x_2\\x_3\end{pmatrix}=\begin{pmatrix}0\\0\\0\end{pmatrix}\text{解得}\begin{pmatrix}x_1\\x_2\\x_3\end{pmatrix}=k_3\begin{pmatrix}-1\\-2\\2\end{pmatrix}\text{，单位化 }\boldsymbol{P}_3=\frac{1}{3}\begin{pmatrix}-1\\-2\\2\end{pmatrix}\text{得正交阵 }\boldsymbol{P}=(\boldsymbol{P}_1,\boldsymbol{P}_2,\boldsymbol{P}_3)$$

$$=\begin{pmatrix}-\dfrac{2}{\sqrt{5}}&\dfrac{2\sqrt{5}}{15}&-\dfrac{1}{3}\\\dfrac{1}{\sqrt{5}}&\dfrac{4\sqrt{5}}{15}&-\dfrac{2}{3}\\0&\dfrac{\sqrt{5}}{3}&\dfrac{2}{3}\end{pmatrix};$$

$$\boldsymbol{P}^{-1}\boldsymbol{AP}=\begin{pmatrix}1&0&0\\0&1&0\\0&0&10\end{pmatrix}.$$

6. 因为 $\boldsymbol{A}=\begin{pmatrix}3&-2\\-2&3\end{pmatrix}$是实对称矩阵.

故可找到正交相似变换矩阵 $\boldsymbol{P}=\begin{pmatrix}\frac{1}{\sqrt{2}}&-\frac{1}{\sqrt{2}}\\\frac{1}{\sqrt{2}}&\frac{1}{\sqrt{2}}\end{pmatrix}$,

使得 $\boldsymbol{P}^{-1}\boldsymbol{AP}=\begin{pmatrix}1&0\\0&5\end{pmatrix}=\boldsymbol{\Lambda}$，从而 $\boldsymbol{A}=\boldsymbol{P\Lambda P}^{-1}$，$\boldsymbol{A}^k=\boldsymbol{P\Lambda}^k\boldsymbol{P}^{-1}$，

所以
$$\begin{aligned}\varphi(\boldsymbol{A})&=\boldsymbol{A}^{10}-5\boldsymbol{A}^9=\boldsymbol{P\Lambda}^{10}\boldsymbol{P}^{-1}-5\boldsymbol{P\Lambda}^9\boldsymbol{P}^{-1}\\&=\boldsymbol{P}\begin{pmatrix}1&0\\0&5^{10}\end{pmatrix}\boldsymbol{P}^{-1}-\boldsymbol{P}\begin{pmatrix}5&0\\0&5^{10}\end{pmatrix}\boldsymbol{P}^{-1}=\boldsymbol{P}\begin{pmatrix}-4&0\\0&0\end{pmatrix}\boldsymbol{P}^{-1}\\&=\frac{1}{\sqrt{2}}\begin{pmatrix}1&-1\\1&1\end{pmatrix}\begin{pmatrix}-4&0\\0&0\end{pmatrix}\frac{1}{\sqrt{2}}\begin{pmatrix}1&1\\-1&1\end{pmatrix}\\&=\begin{pmatrix}-2&-2\\-2&-2\end{pmatrix}=-2\begin{pmatrix}1&1\\1&1\end{pmatrix}.\end{aligned}$$

四、略.

综合训练题(五)

一、1. 0；　2. $k>8$；　3. $(-2,1)$；　4. $\begin{pmatrix}1&2&1\\2&4&2\\1&2&1\end{pmatrix}$；　5. 12.

二、1. B；　2. C；　3. A；　4. D；　5. D.

三、1. $a=2$，$\frac{1}{\sqrt{2}}\begin{pmatrix}0&\sqrt{2}&0\\1&0&1\\-1&0&1\end{pmatrix}$.

2. $f=y_1^2-4y_2^2+4y_3^2$.

3. 正惯性指数为2，负惯性指数为1；$\boldsymbol{A}$ 不是正定矩阵.

4. (1) $\boldsymbol{A}=\begin{pmatrix}-2&1&1\\1&-6&0\\1&0&-4\end{pmatrix}$,

$a_{11}=-2<0$，$\begin{vmatrix}-2&1\\1&-6\end{vmatrix}=11>0$，$\begin{vmatrix}-2&1&1\\1&-6&0\\1&0&-4\end{vmatrix}=-38<0$,

故 f 为负定；

(2) $\boldsymbol{A}=\begin{pmatrix}1&-1&2&1\\-1&3&0&-3\\2&0&9&-6\\1&-3&-6&19\end{pmatrix}$, $a_{11}=1>0$, $\begin{vmatrix}1&-1\\-1&3\end{vmatrix}=4>0$,

$\begin{vmatrix}1&-1&2\\-1&3&0\\2&0&9\end{vmatrix}=6>0$, $|\boldsymbol{A}|=24>0$,

故 f 为正定.

四、1. 略. 2. $\boldsymbol{A}$ 正定，则矩阵 $\boldsymbol{A}$ 满秩，且其特征值为全正.

不妨设 $\lambda_1,\cdots,\lambda_n$ 为其特征值，$\lambda_i>0$，$i=1,\cdots,n$，

则存在一正交矩阵 $\boldsymbol{P}$

使 $\boldsymbol{P}^{\mathrm{T}}\boldsymbol{A}\boldsymbol{P}=\boldsymbol{\Lambda}=\begin{pmatrix}\lambda_1&&&\\&\lambda_2&&\\&&\ddots&\\&&&\lambda_n\end{pmatrix}$

$$=\begin{pmatrix}\sqrt{\lambda_1}&&&\\&\sqrt{\lambda_2}&&\\&&\ddots&\\&&&\sqrt{\lambda_n}\end{pmatrix}\times\begin{pmatrix}\sqrt{\lambda_1}&&&\\&\sqrt{\lambda_2}&&\\&&\ddots&\\&&&\sqrt{\lambda_n}\end{pmatrix}=\boldsymbol{Q}\boldsymbol{Q}^{\mathrm{T}},$$

又因 $\boldsymbol{P}$ 为正交矩阵，则 $\boldsymbol{P}$ 可逆，$\boldsymbol{P}^{-1}=\boldsymbol{P}^{\mathrm{T}}$，

所以 $\boldsymbol{A}=\boldsymbol{P}\boldsymbol{Q}\boldsymbol{Q}^{\mathrm{T}}\boldsymbol{P}^{\mathrm{T}}=\boldsymbol{P}\boldsymbol{Q}\cdot(\boldsymbol{P}\boldsymbol{Q})^{\mathrm{T}}$，

令 $(\boldsymbol{P}\boldsymbol{Q})^{\mathrm{T}}=\boldsymbol{U}$，$\boldsymbol{U}$ 可逆，则 $\boldsymbol{A}=\boldsymbol{U}^{\mathrm{T}}\boldsymbol{U}$.

行列式、矩阵及线性方程组过程性模拟试题(一)

一、1. $-2m$；　2. 2；　3. -2；　4. $k\neq-1$；　5. 2.

二、1. A；　2. D；　3. D；　4. C；　5. C.

三、1. -60.　2. $\begin{pmatrix}\frac{1}{7}&0&0\\0&\frac{1}{3}&0\\0&0&\frac{1}{3}\end{pmatrix}$.

3.

$$3\boldsymbol{AB}-2\boldsymbol{A}=3\begin{pmatrix}1&1&1\\1&1&-1\\1&-1&1\end{pmatrix}\begin{pmatrix}1&2&3\\-1&-2&4\\0&5&1\end{pmatrix}-2\begin{pmatrix}1&1&1\\1&1&-1\\1&-1&1\end{pmatrix}$$

$$=3\begin{pmatrix}0&5&8\\0&-5&6\\2&9&0\end{pmatrix}-2\begin{pmatrix}1&1&1\\1&1&-1\\1&-1&1\end{pmatrix}=\begin{pmatrix}-2&13&22\\-2&-17&20\\4&29&-2\end{pmatrix},$$

$$\boldsymbol{A}^{\mathrm{T}}\boldsymbol{B}=\begin{pmatrix}1&1&1\\1&1&-1\\1&-1&1\end{pmatrix}\begin{pmatrix}1&2&3\\-1&-2&4\\0&5&1\end{pmatrix}=\begin{pmatrix}0&5&8\\0&-5&6\\2&9&0\end{pmatrix}.$$

4.（1）由于$\boldsymbol{\alpha}_1,\boldsymbol{\alpha}_2,\boldsymbol{\beta}_1,\boldsymbol{\beta}_2$均为3维向量，则它们线性相关，故存在一组不全为0的数k_1，k_2,k_3,k_4，使

$$k_1\boldsymbol{\alpha}_1+k_2\boldsymbol{\alpha}_2+k_3\boldsymbol{\beta}_1+k_4\boldsymbol{\beta}_2=\boldsymbol{0},$$

设$\boldsymbol{\xi}=k_1\boldsymbol{\alpha}_1+k_2\boldsymbol{\alpha}_2=-(k_3\boldsymbol{\beta}_1+k_4\boldsymbol{\beta}_2)$，则$\boldsymbol{\xi}\neq\boldsymbol{0}$. 否则，若$\boldsymbol{\xi}=\boldsymbol{0}$，由$\boldsymbol{\alpha}_1$，$\boldsymbol{\alpha}_2$线性无关，$\boldsymbol{\beta}_1$，$\boldsymbol{\beta}_2$线性无关，得$k_1=k_2=0$，$k_3=k_4=0$. 这与$k_1,k_2,k_3,k_4$不全为0矛盾，因此，存在非零向量$\boldsymbol{\xi}\neq\boldsymbol{0}$，既可由$\boldsymbol{\alpha}_1$，$\boldsymbol{\alpha}_2$线性表示，又可由$\boldsymbol{\beta}_1$，$\boldsymbol{\beta}_2$线性表示.

（2）求解方程组

$$x_1\boldsymbol{\alpha}_1+x_2\boldsymbol{\alpha}_2+x_3\boldsymbol{\beta}_1+x_4\boldsymbol{\beta}_2=\boldsymbol{0},$$

$$\boldsymbol{A}=(\boldsymbol{\alpha}_1,\boldsymbol{\alpha}_2,\boldsymbol{\beta}_1,\boldsymbol{\beta}_2)=\begin{pmatrix}1&1&2&-1\\1&-1&1&2\\0&1&1&-1\end{pmatrix}\to\begin{pmatrix}1&0&0&-1\\0&1&0&-2\\0&0&1&1\end{pmatrix},$$

得基础解系为$(1,2,-1,1)^{\mathrm{T}}$. 故$\boldsymbol{\xi}=\boldsymbol{\alpha}_1+2\boldsymbol{\alpha}_2=\boldsymbol{\beta}_1-\boldsymbol{\beta}_2=(3,-1,2)^{\mathrm{T}}$.

5. 易知$R(\boldsymbol{\alpha}_1,\boldsymbol{\alpha}_2,\boldsymbol{\alpha}_3)=2$，则$R(\boldsymbol{\beta}_1,\boldsymbol{\beta}_2,\boldsymbol{\beta}_3)=2$，于是

$$|\boldsymbol{\beta}_1,\boldsymbol{\beta}_2,\boldsymbol{\beta}_3|=2-a=0,$$

由于$\boldsymbol{\beta}_3$可由$\boldsymbol{\alpha}_1,\boldsymbol{\alpha}_2,\boldsymbol{\alpha}_3$线性表示，则$R(\boldsymbol{\alpha}_1,\boldsymbol{\alpha}_2,\boldsymbol{\alpha}_3)=R(\boldsymbol{\alpha}_1,\boldsymbol{\alpha}_2,\boldsymbol{\alpha}_3,\boldsymbol{\beta}_3)$，解得$b=0$.
因此$a=2$，$b=0$.

四、由$\boldsymbol{C}=\boldsymbol{A}+\boldsymbol{CA}$，得$\boldsymbol{C}-\boldsymbol{CA}=\boldsymbol{A}$，于是

$$\boldsymbol{C}(\boldsymbol{E}-\boldsymbol{A})=\boldsymbol{A},\boldsymbol{C}=\boldsymbol{A}(\boldsymbol{E}-\boldsymbol{A})^{-1}. \tag{1}$$

由$\boldsymbol{B}=\boldsymbol{E}+\boldsymbol{AB}$，得$\boldsymbol{B}-\boldsymbol{AB}=\boldsymbol{E}$，于是$(\boldsymbol{E}-\boldsymbol{A})\boldsymbol{B}=\boldsymbol{E}$，则有

$$\boldsymbol{B}(\boldsymbol{E}-\boldsymbol{A})=\boldsymbol{E},\boldsymbol{B}=(\boldsymbol{E}-\boldsymbol{A})^{-1}. \tag{2}$$

(2)－(1)得：

$$\boldsymbol{B}-\boldsymbol{C}=(\boldsymbol{E}-\boldsymbol{A})^{-1}-\boldsymbol{A}(\boldsymbol{E}-\boldsymbol{A})^{-1}=(\boldsymbol{E}-\boldsymbol{A})(\boldsymbol{E}-\boldsymbol{A})^{-1}=\boldsymbol{E}.$$

行列式、矩阵及线性方程组过程性模拟试题(二)

一、1. x^2y^2；　2. 4；　3. 线性无关；　4. -2；　5. 1.

二、1. B；　2. C；　3. B；　4. C；　5. A.

三、1. -120.

2. $\begin{pmatrix}\frac{4}{3}&0&0\\0&-1&0\\0&0&2\end{pmatrix}$.

3.

(1) $\begin{pmatrix}4&3&1\\1&-2&3\\5&7&0\end{pmatrix}\begin{pmatrix}7\\2\\1\end{pmatrix}=\begin{pmatrix}4\times7+3\times2+1\times1\\1\times7+(-2)\times2+3\times1\\5\times7+7\times2+0\times1\end{pmatrix}=\begin{pmatrix}35\\6\\49\end{pmatrix}$;

(2) $(1\quad2\quad3)\begin{pmatrix}3\\2\\1\end{pmatrix}=(1\times3+2\times2+3\times1)=(10)$;

(3) $\begin{pmatrix}2\\1\\3\end{pmatrix}(-1\quad2)=\begin{pmatrix}2\times(-1)&2\times2\\1\times(-1)&1\times2\\3\times(-1)&3\times2\end{pmatrix}=\begin{pmatrix}-2&4\\-1&2\\-3&6\end{pmatrix}$;

(4) $\begin{pmatrix}2&1&4&0\\1&-1&3&4\end{pmatrix}\begin{pmatrix}1&3&1\\0&-1&2\\0&-3&1\\4&0&-2\end{pmatrix}=\begin{pmatrix}6&-7&8\\17&-5&-6\end{pmatrix}$;

(5) $(x_1\quad x_2\quad x_3)\begin{pmatrix}a_{11}&a_{12}&a_{13}\\a_{12}&a_{22}&a_{23}\\a_{13}&a_{23}&a_{33}\end{pmatrix}\begin{pmatrix}x_1\\x_2\\x_3\end{pmatrix}$

$=(a_{11}x_1+a_{12}x_2+a_{13}x_3\quad a_{12}x_1+a_{22}x_2+a_{23}x_3\quad a_{13}x_1+a_{23}x_2+a_{33}x_3)\times\begin{pmatrix}x_1\\x_2\\x_3\end{pmatrix}$

$=a_{11}x_1^2+a_{22}x_2^2+a_{33}x_3^2+2a_{12}x_1x_2+2a_{13}x_1x_3+2a_{23}x_2x_3$;

(6) $\begin{pmatrix}1&2&1&0\\0&1&0&1\\0&0&2&1\\0&0&0&3\end{pmatrix}\begin{pmatrix}1&0&3&1\\0&1&2&-1\\0&0&-2&3\\0&0&0&-3\end{pmatrix}=\begin{pmatrix}1&2&5&2\\0&1&2&-4\\0&0&-4&3\\0&0&0&-9\end{pmatrix}$.

4. 求解方程组 $\boldsymbol{x}_1\boldsymbol{\alpha}_1+\boldsymbol{x}_2\boldsymbol{\alpha}_2+\boldsymbol{x}_3\boldsymbol{\alpha}_3=\boldsymbol{\beta}$.

$$(\boldsymbol{A},\boldsymbol{\beta})=(\boldsymbol{\alpha}_1,\boldsymbol{\alpha}_2,\boldsymbol{\alpha}_3,\boldsymbol{\beta})=\begin{pmatrix}1&1&-1&1\\2&a+2&-b-2&3\\0&-3a&a+2b&-3\end{pmatrix}\to\begin{pmatrix}1&1&-1&1\\0&a&-b&1\\0&0&a-b&0\end{pmatrix},$$

(1) 当 $a=0$ 时，$(\boldsymbol{A},\boldsymbol{\beta})\to\begin{pmatrix}1&1&-1&1\\0&0&-b&1\\0&0&-b&0\end{pmatrix}$，此时 $R(\boldsymbol{A})\neq R(\boldsymbol{A},\ \boldsymbol{\beta})$，故 $\boldsymbol{\beta}$ 不能由 $\boldsymbol{\alpha}_1$，$\boldsymbol{\alpha}_2,\boldsymbol{\alpha}_3$ 线性表示；

(2) 当 $a\neq0$ 且 $a\neq b$ 时，$(\boldsymbol{A},\boldsymbol{\beta})\to\begin{pmatrix}1&1&-1&1\\0&a&-b&1\\0&0&1&0\end{pmatrix}\to\begin{pmatrix}1&0&0&1-\frac{1}{a}\\0&1&0&\frac{1}{a}\\0&0&1&0\end{pmatrix}$.

此时，$R(\boldsymbol{A})=R(\boldsymbol{A},\boldsymbol{\beta})=3$，故 $\boldsymbol{\beta}$ 可由 $\boldsymbol{\alpha}_1,\boldsymbol{\alpha}_2,\boldsymbol{\alpha}_3$ 唯一地线性表示，且

$$\boldsymbol{\beta}=\left(1-\frac{1}{a}\right)\boldsymbol{\alpha}_1+\frac{1}{a}\boldsymbol{\alpha}_2+0\boldsymbol{\alpha}_3;$$

(3) 当 $a=b\neq 0$ 时，$(\boldsymbol{A},\boldsymbol{\beta})\to\begin{pmatrix}1&1&-1&1\\0&a&-a&1\\0&0&0&0\end{pmatrix}\to\begin{pmatrix}1&0&0&1-\dfrac{1}{a}\\0&1&-1&\dfrac{1}{a}\\0&0&0&0\end{pmatrix}$.

此时，$R(\boldsymbol{A})=R(\boldsymbol{A},\boldsymbol{\beta})=2<3$，故 $\boldsymbol{\beta}$ 可由 $\boldsymbol{\alpha}_1,\boldsymbol{\alpha}_2,\boldsymbol{\alpha}_3$ 线性表示，但表示式不唯一，且

$$x_1=1-\frac{1}{a},\ x_2=c+\frac{1}{a},\ x_3=c,$$

即

$$\boldsymbol{\beta}=\left(1-\frac{1}{a}\right)\boldsymbol{\alpha}_1+\left(c+\frac{1}{a}\right)\boldsymbol{\alpha}_2+c\boldsymbol{\alpha}_3.$$

5. 对系数矩阵实施行变换：

$$\begin{pmatrix}1&1&2&-1\\2&1&1&-1\\2&2&1&2\end{pmatrix}\sim\begin{pmatrix}1&0&-1&0\\0&1&3&-1\\0&0&1&-\dfrac{4}{3}\end{pmatrix}\text{即得}\begin{cases}x_1=\dfrac{4}{3}x_4,\\x_2=-3x_4,\\x_3=\dfrac{4}{3}x_4,\\x_4=x_4,\end{cases}$$

故方程组的解为$\begin{pmatrix}x_1\\x_2\\x_3\\x_4\end{pmatrix}=k\begin{pmatrix}\dfrac{4}{3}\\-3\\\dfrac{4}{3}\\1\end{pmatrix}$.

四、

由 $\boldsymbol{A}^2-\boldsymbol{A}-2\boldsymbol{E}=\boldsymbol{O}\Rightarrow\boldsymbol{A}(\boldsymbol{A}-\boldsymbol{E})=2\boldsymbol{E}$，即 $\boldsymbol{A}\cdot\dfrac{\boldsymbol{A}-2\boldsymbol{E}}{2}=\boldsymbol{E}$，所以 $\boldsymbol{A}$ 可逆

$\boldsymbol{A}^{-1}=\dfrac{1}{2}(\boldsymbol{A}-\boldsymbol{E})$，

又由 $\boldsymbol{A}^2-\boldsymbol{A}-2\boldsymbol{E}=\boldsymbol{O}$

得 $(\boldsymbol{A}+2\boldsymbol{E})(\boldsymbol{A}-3\boldsymbol{E})=-4\boldsymbol{E}$，即 $(\boldsymbol{A}+2\boldsymbol{E})\dfrac{3\boldsymbol{E}-\boldsymbol{A}}{4}=\boldsymbol{E}$

所以 $\boldsymbol{A}+2\boldsymbol{E}$ 可逆且 $(\boldsymbol{A}+2\boldsymbol{E})^{-1}=\dfrac{1}{4}(3\boldsymbol{E}-\boldsymbol{A})$.

行列式、矩阵及线性方程组过程性模拟试题(三)

一、1. 0；　2. $\begin{pmatrix} -\frac{1}{4} & 0 \\ 0 & -1 \end{pmatrix}$；　3. $\boldsymbol{\alpha}_1+k(2\quad 0\quad 1)^{\mathrm{T}}$；　4. -1.

二、1. A；　2. A；　3. B；　4. B；　5. B.

三、1. -3.

2. (1) 当 $n=3$ 时，容易验证 $\boldsymbol{A}^3=\boldsymbol{A}+\boldsymbol{A}^2-\boldsymbol{E}$ 成立. 假定当 $n=k-1$ 时，结论成立，即 $\boldsymbol{A}^{k-1}=\boldsymbol{A}^{k-3}+\boldsymbol{A}^2-\boldsymbol{E}$，则

$$\begin{aligned}\boldsymbol{A}^k &= \boldsymbol{A}\boldsymbol{A}^{k-1} = \boldsymbol{A}(\boldsymbol{A}^{k-3}+\boldsymbol{A}^2-\boldsymbol{E}) = \boldsymbol{A}^{k-2}+\boldsymbol{A}^3-\boldsymbol{A}\\ &= \boldsymbol{A}^{k-2}+(\boldsymbol{A}+\boldsymbol{A}^2-\boldsymbol{E})+\boldsymbol{A} = \boldsymbol{A}^{k-2}+\boldsymbol{A}^2-\boldsymbol{E},\end{aligned}$$

即 $\boldsymbol{A}^k=\boldsymbol{A}^{k-2}+\boldsymbol{A}^2-\boldsymbol{E}$. 综上，结论成立.

(2)
$$\begin{aligned}\boldsymbol{A}^{100}&=\boldsymbol{A}^{98}+\boldsymbol{A}^2-\boldsymbol{E}=(\boldsymbol{A}^{96}+\boldsymbol{A}^2-\boldsymbol{E})+\boldsymbol{A}^2-\boldsymbol{E}\\&=\boldsymbol{A}^{96}+2(\boldsymbol{A}^2-\boldsymbol{E})=\boldsymbol{A}^{94}+3(\boldsymbol{A}^2-\boldsymbol{E})=\cdots\\&=\boldsymbol{A}^4+48(\boldsymbol{A}^2-\boldsymbol{E})=(\boldsymbol{A}^2+\boldsymbol{A}^2-\boldsymbol{E})+48(\boldsymbol{A}^2-\boldsymbol{E})\\&=50\boldsymbol{A}^2-49\boldsymbol{E},\end{aligned}$$

注意到：$\boldsymbol{A}^2=\begin{pmatrix}1&0&0\\1&1&0\\1&0&1\end{pmatrix}$，则 $\boldsymbol{A}^{100}=\begin{pmatrix}1&0&0\\50&1&0\\50&0&1\end{pmatrix}$.

3.

$$\boldsymbol{A}=\begin{pmatrix}a_1+b & a_2 & a_3 & \cdots & a_{n-1} & a_n\\ a_1 & a_2+b & a_3 & \cdots & a_{n-1} & a_n\\ a_1 & a_2 & a_3+b & \cdots & a_{n-1} & a_n\\ \vdots & \vdots & \vdots & & \vdots & \vdots\\ a_1 & a_2 & a_3 & \cdots & a_{n-1}+b & a_n\\ a_1 & a_2 & a_3 & \cdots & a_{n-1} & a_n+b\end{pmatrix}$$

$$\to\begin{pmatrix}a_1+b & a_2 & a_3 & \cdots & a_{n-1} & a_n\\ -b & b & 0 & \cdots & 0 & 0\\ -b & 0 & b & \cdots & 0 & 0\\ \vdots & \vdots & \vdots & & \vdots & \vdots\\ -b & 0 & 0 & \cdots & b & 0\\ -b & 0 & 0 & \cdots & 0 & b\end{pmatrix}.$$

(1) 当 $b=0$ 时，$R(\boldsymbol{A})=1$，同解方程为

$$a_1x_1+a_2x_2+a_3x_3+\cdots+a_nx_n=0,$$

由于 $\sum_{i=1}^{n}a_i\neq0$，故 $a_1,a_2,\cdots,a_n$ 不全为0，不妨设 $a_1\neq0$，得基础解系为：

$$\boldsymbol{\xi}_1=\left(-\frac{a_2}{a_1},1,0,\cdots,0\right)^{\mathrm{T}},\boldsymbol{\xi}_2=\left(-\frac{a_3}{a_1},0,1,\cdots,0\right)^{\mathrm{T}},\cdots,\boldsymbol{\xi}_{n-1}=\left(-\frac{a_n}{a_1},0,0,\cdots,1\right)^{\mathrm{T}};$$

（2）当 $b\neq 0$ 时，

$$
\boldsymbol{A}\to\begin{pmatrix} a_1+b & a_2 & a_3 & \cdots & a_{n-1} & a_n \\ -1 & 1 & 0 & \cdots & 0 & 0 \\ -1 & 0 & 1 & \cdots & 0 & 0 \\ \vdots & \vdots & \vdots & & \vdots & \vdots \\ -1 & 0 & 0 & \cdots & 1 & 0 \\ -1 & 0 & 0 & \cdots & 0 & 1 \end{pmatrix}\to\begin{pmatrix} \sum\limits_{i=1}^{n} a_i+b & 0 & 0 & \cdots & 0 & 0 \\ -1 & 1 & 0 & \cdots & 0 & 0 \\ -1 & 0 & 1 & \cdots & 0 & 0 \\ \vdots & \vdots & \vdots & & \vdots & \vdots \\ -1 & 0 & 0 & \cdots & 1 & 0 \\ -1 & 0 & 0 & \cdots & 0 & 1 \end{pmatrix},
$$

当 $b=-\sum\limits_{i=1}^{n}a_i, R(\boldsymbol{A})=n-1$，基础解系为

$$
\boldsymbol{\xi}=(1,1,1,\cdots,1)^{\mathrm{T}};
$$

当 $b\neq-\sum\limits_{i=1}^{n}a_i$ 且 $b\neq 0$ 时，方程组有唯一解.

4.

（1）$\boldsymbol{X}=\begin{pmatrix}2&5\\1&3\end{pmatrix}^{-1}\begin{pmatrix}4&-6\\2&1\end{pmatrix}=\begin{pmatrix}3&-5\\-1&2\end{pmatrix}\begin{pmatrix}4&-6\\2&1\end{pmatrix}=\begin{pmatrix}2&-23\\0&8\end{pmatrix}$;

（2）

$$
\boldsymbol{X}=\begin{pmatrix}1&-1&3\\4&3&2\end{pmatrix}\begin{pmatrix}2&1&-1\\2&1&0\\1&-1&0\end{pmatrix}^{-1}
$$

$$
=\frac{1}{3}\begin{pmatrix}1&-1&3\\4&3&2\end{pmatrix}\begin{pmatrix}1&0&1\\-2&3&-2\\-3&3&0\end{pmatrix}
$$

$$
=\begin{pmatrix}-2&2&1\\-\frac{8}{3}&5&-\frac{2}{3}\end{pmatrix};
$$

（3）

$$
\boldsymbol{X}=\begin{pmatrix}1&4\\-1&2\end{pmatrix}^{-1}\begin{pmatrix}3&1\\0&-1\end{pmatrix}\begin{pmatrix}2&0\\-1&1\end{pmatrix}^{-1}=\frac{1}{12}\begin{pmatrix}2&-4\\1&1\end{pmatrix}\begin{pmatrix}3&1\\0&-1\end{pmatrix}\begin{pmatrix}1&0\\1&2\end{pmatrix}
$$

$$
=\frac{1}{12}\begin{pmatrix}6&6\\3&0\end{pmatrix}\begin{pmatrix}1&0\\1&2\end{pmatrix}=\begin{pmatrix}1&1\\\frac{1}{4}&0\end{pmatrix};
$$

（4）

$$
\boldsymbol{X}=\begin{pmatrix}0&1&0\\1&0&0\\0&0&1\end{pmatrix}^{-1}\begin{pmatrix}1&-4&3\\2&0&-1\\1&-2&0\end{pmatrix}\begin{pmatrix}1&0&0\\0&0&1\\0&1&0\end{pmatrix}^{-1}
$$

$$
=\begin{pmatrix}0&1&0\\1&0&0\\0&0&1\end{pmatrix}\begin{pmatrix}1&-4&3\\2&0&-1\\1&-2&0\end{pmatrix}\begin{pmatrix}1&0&0\\0&0&1\\0&1&0\end{pmatrix}=\begin{pmatrix}2&-1&0\\1&3&-4\\1&0&-2\end{pmatrix}.
$$

5. 对系数的增广矩阵施行行变换，有

$$\begin{pmatrix} 4 & 2 & -1 & 2 \\ 3 & -1 & 2 & 10 \\ 11 & 3 & 0 & 8 \end{pmatrix} \sim \begin{pmatrix} 1 & 3 & -3 & -8 \\ 0 & -10 & -11 & 34 \\ 0 & 0 & 0 & -6 \end{pmatrix},$$

$R(\boldsymbol{A})=2$ 而 $R(\boldsymbol{B})=3$，故方程组无解.

四、一方面，$\boldsymbol{E}=(\boldsymbol{E}-\boldsymbol{A})^{-1}(\boldsymbol{E}-\boldsymbol{A})$；

另一方面，由 $\boldsymbol{A}^k=\boldsymbol{O}$ 有

$$\begin{aligned} \boldsymbol{E} &= (\boldsymbol{E}-\boldsymbol{A})+(\boldsymbol{A}-\boldsymbol{A}^2)+\boldsymbol{A}^2-\cdots-\boldsymbol{A}^{k-1}+(\boldsymbol{A}^{k-1}-\boldsymbol{A}^k) \\ &= (\boldsymbol{E}+\boldsymbol{A}+\boldsymbol{A}^2+\cdots+\boldsymbol{A}^{k-1})(\boldsymbol{E}-\boldsymbol{A}) \end{aligned}$$

故 $(\boldsymbol{E}-\boldsymbol{A})^{-1}(\boldsymbol{E}-\boldsymbol{A})=(\boldsymbol{E}+\boldsymbol{A}+\boldsymbol{A}^2+\cdots+\boldsymbol{A}^{k-1})(\boldsymbol{E}-\boldsymbol{A})$.

两端同时右乘 $(\boldsymbol{E}-\boldsymbol{A})^{-1}$，

就有 $(\boldsymbol{E}-\boldsymbol{A})^{-1}=\boldsymbol{E}+\boldsymbol{A}+\boldsymbol{A}^2+\cdots+\boldsymbol{A}^{k-1}$.

行列式、矩阵及线性方程组过程性模拟试题(四)

一、1. 2000； 2. $\begin{pmatrix} 1 & -1 \\ -1 & 2 \end{pmatrix}$； 3. $\begin{pmatrix} -4 & 0 & 0 \\ 0 & -2 & -6 \\ 0 & -4 & -10 \end{pmatrix}$； 4. 3； 5. -1.

二、1. D； 2. D； 3. C； 4. B.

三、1. 12.

2. (1)

$$\boldsymbol{B}=(\boldsymbol{A},\boldsymbol{\beta}_3)=\begin{pmatrix} 1 & 3 & 9 & b \\ 2 & 0 & 6 & 1 \\ -3 & 1 & -7 & 0 \end{pmatrix} \to \begin{pmatrix} 1 & 3 & 9 & b \\ 0 & -6 & -12 & 1-2b \\ 0 & 0 & 0 & 10-2b \end{pmatrix},$$

由于 $\boldsymbol{AX}=\boldsymbol{\beta}_3$ 有解，则 $R(\boldsymbol{A})=R(\boldsymbol{B})$，故 $b=5$.

$$(\boldsymbol{\beta}_1,\boldsymbol{\beta}_2,\boldsymbol{\beta}_3)=\begin{pmatrix} 0 & a & b \\ 1 & 2 & 1 \\ -1 & 1 & 0 \end{pmatrix} \to \begin{pmatrix} -1 & 1 & 0 \\ 1 & 2 & 1 \\ 0 & a & b \end{pmatrix} \to \begin{pmatrix} -1 & 1 & 0 \\ 0 & 3 & 1 \\ 0 & 0 & 3b-a \end{pmatrix},$$

由于 $\boldsymbol{B}\neq\boldsymbol{0}$，则 $R(\boldsymbol{B})\geqslant 1$，因此 $\boldsymbol{BX}=\boldsymbol{0}$ 的基础解系至多含有两个解向，于是 $\boldsymbol{\beta}_1$，$\boldsymbol{\beta}_2$，$\boldsymbol{\beta}_3$ 线性相关，$R(\boldsymbol{\beta}_1,\boldsymbol{\beta}_2,\boldsymbol{\beta}_3)<3$，故 $a=3b=15$.

(2) $\boldsymbol{BX}=\boldsymbol{0}$ 的通解为

$$\boldsymbol{X}=k_1\boldsymbol{\beta}_1+k_2\boldsymbol{\beta}_2=k_1\begin{pmatrix} 0 \\ 1 \\ -1 \end{pmatrix}+k_2\begin{pmatrix} 15 \\ 2 \\ 1 \end{pmatrix}.$$

3. (1) $\boldsymbol{A}=\begin{pmatrix} 1 & 2 \\ 1 & 3 \end{pmatrix}$，$\boldsymbol{B}=\begin{pmatrix} 1 & 0 \\ 1 & 2 \end{pmatrix}$，

则 $\boldsymbol{AB}=\begin{pmatrix} 3 & 4 \\ 4 & 6 \end{pmatrix}$，$\boldsymbol{BA}=\begin{pmatrix} 1 & 2 \\ 3 & 8 \end{pmatrix}$，因此，$\boldsymbol{AB}\neq\boldsymbol{BA}$；

(2) $(\boldsymbol{A}+\boldsymbol{B})^2=\begin{pmatrix}2&2\\2&5\end{pmatrix}\begin{pmatrix}2&2\\2&5\end{pmatrix}=\begin{pmatrix}8&14\\14&29\end{pmatrix}$,

但 $\boldsymbol{A}^2+2\boldsymbol{AB}+\boldsymbol{B}^2=\begin{pmatrix}3&8\\4&11\end{pmatrix}+\begin{pmatrix}6&8\\8&12\end{pmatrix}+\begin{pmatrix}1&0\\3&4\end{pmatrix}=\begin{pmatrix}10&16\\15&27\end{pmatrix}$,

故$(\boldsymbol{A}+\boldsymbol{B})\neq\boldsymbol{A}^2+2\boldsymbol{AB}+\boldsymbol{B}^2$;

(3) $(\boldsymbol{A}+\boldsymbol{B})(\boldsymbol{A}-\boldsymbol{B})=\begin{pmatrix}2&2\\2&5\end{pmatrix}\begin{pmatrix}0&2\\0&1\end{pmatrix}=\begin{pmatrix}0&6\\0&9\end{pmatrix}$,

而
$$\boldsymbol{A}^2-\boldsymbol{B}^2=\begin{pmatrix}3&8\\4&11\end{pmatrix}-\begin{pmatrix}1&0\\3&4\end{pmatrix}=\begin{pmatrix}2&8\\1&7\end{pmatrix},$$

故
$$(\boldsymbol{A}+\boldsymbol{B})(\boldsymbol{A}-\boldsymbol{B})\neq\boldsymbol{A}^2-\boldsymbol{B}^2.$$

4.

(1) $\boldsymbol{A}=\begin{pmatrix}1&2\\2&5\end{pmatrix}$, $|\boldsymbol{A}|=1$,

$A_{11}=5$, $A_{21}=2\times(-1)$, $A_{12}=2\times(-1)$, $A_{22}=1$,

$\boldsymbol{A}^*=\begin{pmatrix}A_{11}&A_{21}\\A_{12}&A_{22}\end{pmatrix}=\begin{pmatrix}5&-2\\-2&1\end{pmatrix}$, $\boldsymbol{A}^{-1}=\dfrac{1}{|\boldsymbol{A}|}\boldsymbol{A}^*$,

故 $\boldsymbol{A}^{-1}=\begin{pmatrix}5&-2\\-2&1\end{pmatrix}$;

(2) $|\boldsymbol{A}|=1\neq0$, 故$\boldsymbol{A}^{-1}$存在,

$A_{11}=\cos\theta$, $A_{21}=\sin\theta$, $A_{12}=-\sin\theta$, $A_{22}=\cos\theta$,

从而 $\boldsymbol{A}^{-1}=\begin{pmatrix}\cos\theta&\sin\theta\\-\sin\theta&\cos\theta\end{pmatrix}$;

(3) $|\boldsymbol{A}|=2$, 故$\boldsymbol{A}^{-1}$存在,

而 $A_{11}=-4$, $A_{21}=2$, $A_{31}=0$,

$A_{12}=-13$, $A_{22}=6$, $A_{32}=-1$,

$A_{13}=-32$, $A_{23}=14$, $A_{33}=-2$,

故 $\boldsymbol{A}^{-1}=\dfrac{1}{|\boldsymbol{A}|}\boldsymbol{A}^*=\begin{pmatrix}-2&1&0\\-\dfrac{13}{2}&3&-\dfrac{1}{2}\\-16&7&-1\end{pmatrix}$;

(4) $\boldsymbol{A}=\begin{pmatrix}1&0&0&0\\1&2&0&0\\2&1&3&0\\1&2&1&4\end{pmatrix}$,

$|\boldsymbol{A}|=24$, $A_{21}=A_{31}=A_{41}=A_{32}=A_{42}=A_{43}=0$,

$A_{11}=24$，$A_{12}=12$，$A_{33}=8$，$A_{44}=6$，

$$A_{12}=(-1)^3\begin{vmatrix}1&0&0\\2&3&0\\1&1&4\end{vmatrix}=-12,\quad A_{13}=(-1)^4\begin{vmatrix}1&2&0\\2&1&0\\1&2&4\end{vmatrix}=-12,$$

$$A_{14}=(-1)^5\begin{vmatrix}1&2&0\\2&1&3\\1&2&1\end{vmatrix}=3,\quad A_{23}=(-1)^5\begin{vmatrix}1&0&0\\2&1&0\\1&2&4\end{vmatrix}=-4,$$

$$A_{24}=(-1)^6\begin{vmatrix}1&0&0\\2&1&3\\1&2&1\end{vmatrix}=-5,\quad A_{34}=(-1)^7\begin{vmatrix}1&0&0\\1&2&0\\1&2&1\end{vmatrix}=-2,$$

$$\boldsymbol{A}^{-1}=\frac{1}{|\boldsymbol{A}|}\boldsymbol{A}^*,$$

$$故\ \boldsymbol{A}^{-1}=\begin{pmatrix}1&0&0&0\\-\frac{1}{2}&\frac{1}{2}&0&0\\-\frac{1}{2}&-\frac{1}{6}&\frac{1}{3}&0\\\frac{1}{8}&-\frac{5}{24}&-\frac{1}{12}&\frac{1}{4}\end{pmatrix};$$

(5) $|\boldsymbol{A}|=1\neq0$　故 $\boldsymbol{A}^{-1}$存在

而　$A_{11}=1$，$A_{21}=-2$，$A_{31}=0$，$A_{41}=0$，

$A_{12}=-2$，$A_{22}=5$，$A_{32}=0$，$A_{42}=0$，

$A_{13}=0$，$A_{23}=0$，$A_{33}=2$，$A_{43}=-3$，

$A_{14}=0$，$A_{24}=0$，$A_{34}=-5$，$A_{44}=8$，

$$从而\ \boldsymbol{A}^{-1}=\begin{pmatrix}1&-2&0&0\\-2&5&0&0\\0&0&2&-3\\0&0&-5&8\end{pmatrix};$$

$$(6)\ \boldsymbol{A}=\begin{pmatrix}a_1&&&\\&a_2&&\\&&\ddots&\\&&&a_n\end{pmatrix},$$

$$由对角矩阵的性质知\quad \boldsymbol{A}^{-1}=\begin{pmatrix}\frac{1}{a_1}&&&\\&\frac{1}{a_2}&&\\&&\ddots&\\&&&\frac{1}{a_n}\end{pmatrix}.$$

5. 对系数的增广矩阵施行行变换：

$$\begin{pmatrix}2&3&1&4\\1&-2&4&-5\\3&8&-2&13\\4&-1&9&-6\end{pmatrix}\sim\begin{pmatrix}1&0&2&-1\\0&1&-1&2\\0&0&0&0\\0&0&0&0\end{pmatrix},$$

即得$\begin{cases}x=-2z-1,\\y=z+2,\\z=z,\end{cases}$ 亦即$\begin{pmatrix}x\\y\\z\end{pmatrix}=k\begin{pmatrix}-2\\1\\1\end{pmatrix}+\begin{pmatrix}-1\\2\\0\end{pmatrix}$.

四、由已知 $\boldsymbol{A}^{\mathrm{T}}=\boldsymbol{A}$，$\boldsymbol{B}^{\mathrm{T}}=B$，

可证充分性：$\boldsymbol{AB}=\boldsymbol{BA}\Rightarrow\boldsymbol{AB}=\boldsymbol{B}^{\mathrm{T}}\boldsymbol{A}^{\mathrm{T}}\Rightarrow\boldsymbol{AB}=(\boldsymbol{AB})^{\mathrm{T}}$，

即 $\boldsymbol{AB}$ 是对称矩阵.

可证必要性：$(\boldsymbol{AB})^{\mathrm{T}}=\boldsymbol{AB}\Rightarrow\boldsymbol{B}^{\mathrm{T}}\boldsymbol{A}^{\mathrm{T}}=\boldsymbol{AB}\Rightarrow\boldsymbol{BA}=\boldsymbol{AB}$.

行列式、矩阵及线性方程组过程性模拟试题(五)

一、1. 0； 2. $3^9\begin{pmatrix}1&\frac{1}{2}&\frac{1}{3}\\2&1&\frac{2}{3}\\3&\frac{3}{2}&1\end{pmatrix}$； 3. $abc\neq0$； 4. $\boldsymbol{x}=(1,2,3,4)^{\mathrm{T}}+k(0,0,1,1)^{\mathrm{T}}$，$k$ 为任意实数； 5. $14^{2013}\begin{pmatrix}1&2&3\\2&4&6\\3&6&9\end{pmatrix}$.

二、1. C； 2. A； 3. B； 4. D； 5. C.

三、1. 40.

2. 首先观察

$$\boldsymbol{A}^2=\begin{pmatrix}\lambda&1&0\\0&\lambda&1\\0&0&\lambda\end{pmatrix}\begin{pmatrix}\lambda&1&0\\0&\lambda&1\\0&0&\lambda\end{pmatrix}=\begin{pmatrix}\lambda^2&2\lambda&1\\0&\lambda^2&2\lambda\\0&0&\lambda^2\end{pmatrix},$$

$$\boldsymbol{A}^3=\boldsymbol{A}^2\cdot\boldsymbol{A}=\begin{pmatrix}\lambda^3&3\lambda^2&3\lambda\\0&\lambda^3&3\lambda^2\\0&0&\lambda^3\end{pmatrix},$$

由此推测 $$\boldsymbol{A}^k=\begin{pmatrix}\lambda^k&k\lambda^{k-1}&\frac{k(k-1)}{2}\lambda^{k-2}\\0&\lambda^k&k\lambda^{k-1}\\0&0&\lambda^k\end{pmatrix}\quad(k\geqslant2).$$

用数学归纳法证明：

当 $k=2$ 时，显然成立.

假设 k 时成立，则 $k+1$ 时，

$$A^{k+1}=A^k\cdot A=\begin{pmatrix}\lambda^k & k\lambda^{k-1} & \frac{k(k-1)}{2}\lambda^{k-2}\\ 0 & \lambda^k & k\lambda^{k-1}\\ 0 & 0 & \lambda^k\end{pmatrix}\begin{pmatrix}\lambda & 1 & 0\\ 0 & \lambda & 1\\ 0 & 0 & \lambda\end{pmatrix}$$

$$=\begin{pmatrix}\lambda^{k+1} & (k+1)\lambda^{k-1} & \frac{(k+1)k}{2}\lambda^{k-1}\\ 0 & \lambda^{k+1} & (k+1)\lambda^{k-1}\\ 0 & 0 & \lambda^{k+1}\end{pmatrix},$$

由数学归纳法原理知：$A^k=\begin{pmatrix}\lambda^k & k\lambda^{k-1} & \frac{k(k-1)}{2}\lambda^{k-2}\\ 0 & \lambda^k & k\lambda^{k-1}\\ 0 & 0 & \lambda^k\end{pmatrix}$.

3. 由 $AB=A+2B$ 可得 $(A-2E)B=A$，

故 $B=(A-2E)^{-1}A=\begin{pmatrix}-2 & 3 & 3\\ 1 & -1 & 0\\ -1 & 2 & 1\end{pmatrix}^{-1}\begin{pmatrix}0 & 3 & 3\\ 1 & 1 & 0\\ -1 & 2 & 3\end{pmatrix}=\begin{pmatrix}0 & 3 & 3\\ -1 & 2 & 3\\ 1 & 1 & 0\end{pmatrix}$.

4. 对系数的增广矩阵施行行变换：

$$\begin{pmatrix}2 & 1 & -1 & 1 & 1\\ 4 & 2 & -2 & 1 & 2\\ 2 & 1 & -1 & -1 & 1\end{pmatrix}\sim\begin{pmatrix}2 & 1 & -1 & 1 & 1\\ 0 & 0 & 0 & 1 & 0\\ 0 & 0 & 0 & 0 & 0\end{pmatrix},$$

即得 $\begin{cases}x=-\frac{1}{2}y+\frac{1}{2}z+\frac{1}{2},\\ y=y,\\ z=z,\\ w=0,\end{cases}$ 即 $\begin{pmatrix}x\\ y\\ z\\ w\end{pmatrix}=k_1\begin{pmatrix}-\frac{1}{2}\\ 1\\ 0\\ 0\end{pmatrix}+k_2\begin{pmatrix}\frac{1}{2}\\ 0\\ 1\\ 0\end{pmatrix}+\begin{pmatrix}\frac{1}{2}\\ 0\\ 0\\ 0\end{pmatrix}$.

5. 由题意知 $\begin{vmatrix}1 & k & 1\\ 2 & 1 & 1\\ 0 & k & 3\end{vmatrix}=0$，得 $k=\frac{3}{5}$.

四、已知：$A^{\mathrm{T}}=A$，

则 $(B^{\mathrm{T}}AB)^{\mathrm{T}}=B^{\mathrm{T}}(B^{\mathrm{T}}A)^{\mathrm{T}}=B^{\mathrm{T}}A^{\mathrm{T}}B=B^{\mathrm{T}}AB$，

从而 $B^{\mathrm{T}}AB$ 也是对称矩阵.

行列式、矩阵及线性方程组过程性模拟试题(六)

一、1. $(a-b)^3$； 2. $-\frac{1}{2}$； 3. 8； 4. O； 5. $\frac{1}{3}A$.

二、1. A； 2. C； 3. C； 4. A.

三、1. 128.

2. 对系数矩阵实施行变换：

$$\begin{pmatrix}1&2&1&-1\\3&6&-1&-3\\5&10&1&-5\end{pmatrix}\sim\begin{pmatrix}1&2&0&-1\\0&0&1&0\\0&0&0&0\end{pmatrix}\text{即得}\begin{cases}x_1=-2x_2+x_4,\\x_2=x_2,\\x_3=0,\\x_4=x_4,\end{cases}$$

故方程组的解为$\begin{pmatrix}x_1\\x_2\\x_3\\x_4\end{pmatrix}=k_1\begin{pmatrix}-2\\1\\0\\0\end{pmatrix}+k_2\begin{pmatrix}1\\0\\0\\1\end{pmatrix}$.

3. 对$(\boldsymbol{\alpha}_1,\boldsymbol{\alpha}_2,\boldsymbol{\alpha}_3,\boldsymbol{\beta}_1,\boldsymbol{\beta}_2)$作初等行变换，

$$(\boldsymbol{\alpha}_1,\boldsymbol{\alpha}_2,\boldsymbol{\alpha}_3,\boldsymbol{\beta}_1,\boldsymbol{\beta}_2)\rightarrow\cdots\rightarrow\begin{pmatrix}1&0&0&2&3\\0&1&0&3&-3\\0&0&1&-1&-2\end{pmatrix},$$

所以向量组$\boldsymbol{\alpha}_1,\boldsymbol{\alpha}_2,\boldsymbol{\alpha}_3$为$\mathbf{R}^3$的标准正交基，且$\boldsymbol{\beta}_1=2\boldsymbol{\alpha}_1+3\boldsymbol{\alpha}_2-\boldsymbol{\alpha}_3,\boldsymbol{\beta}_2=3\boldsymbol{\alpha}_1-3\boldsymbol{\alpha}_2-2\boldsymbol{\alpha}_3$.

4. 由已知$\boldsymbol{A}^{-1}\boldsymbol{BA}-\boldsymbol{EBA}=6\boldsymbol{A}$推出$(\boldsymbol{A}^{-1}-\boldsymbol{E})\boldsymbol{BA}=6\boldsymbol{A}$，所以

$\boldsymbol{B}=6(\boldsymbol{A}^{-1}-\boldsymbol{E})^{-1}$

$$=6\begin{pmatrix}3-1&0&0\\0&4-1&0\\0&0&7-1\end{pmatrix}^{-1}=6\begin{pmatrix}\frac{1}{2}&0&0\\0&\frac{1}{3}&0\\0&0&\frac{1}{6}\end{pmatrix}=\begin{pmatrix}3&0&0\\0&2&0\\0&0&1\end{pmatrix}.$$

5. 因为$(\boldsymbol{A}^{\mathrm{T}}\boldsymbol{B})^{10}=\boldsymbol{A}^{\mathrm{T}}(\boldsymbol{BA}^{\mathrm{T}})^9\boldsymbol{B}$，而$\boldsymbol{BA}^{\mathrm{T}}=\left(1,\ \frac{1}{2},\ \frac{1}{3}\right)\begin{pmatrix}1\\2\\3\end{pmatrix}=3$，

所以$(\boldsymbol{A}^{\mathrm{T}}\boldsymbol{B})^{10}=3^9\boldsymbol{A}^{\mathrm{T}}\boldsymbol{B}=3^9\begin{pmatrix}1\\2\\3\end{pmatrix}\left(1,\ \frac{1}{2},\ \frac{1}{3}\right)=3^9\begin{pmatrix}1&\frac{1}{2}&\frac{1}{3}\\2&1&\frac{2}{3}\\3&\frac{3}{2}&1\end{pmatrix}$.

四、(1)　1)利用数学归纳法．当$k=2$时，

$$\boldsymbol{\Lambda}^2=\begin{pmatrix}\lambda_1&0\\0&\lambda_2\end{pmatrix}\begin{pmatrix}\lambda_1&0\\0&\lambda_2\end{pmatrix}=\begin{pmatrix}\lambda_1^2&0\\0&\lambda_2^2\end{pmatrix},$$

命题成立；

假设k时成立，则$k+1$时，

$$\boldsymbol{\Lambda}^{k+1}=\boldsymbol{\Lambda}^k\boldsymbol{\Lambda}=\begin{pmatrix}\lambda_1^k&0\\0&\lambda_2^k\end{pmatrix}\begin{pmatrix}\lambda_1&0\\0&\lambda_2\end{pmatrix}=\begin{pmatrix}\lambda_1^{k+1}&0\\0&\lambda_2^{k+1}\end{pmatrix},$$

故命题成立.

2)左边$=f(\boldsymbol{\Lambda})=a_0\boldsymbol{E}+a_1\boldsymbol{\Lambda}+a_2\boldsymbol{\Lambda}^2+\cdots+a_m\boldsymbol{\Lambda}^m$

$$=a_0\begin{pmatrix}1&0\\0&1\end{pmatrix}+a_1\begin{pmatrix}\lambda_1&0\\0&\lambda_2\end{pmatrix}+\cdots+a_m\begin{pmatrix}\lambda_1^m&0\\0&\lambda_2^m\end{pmatrix}$$

$$=\begin{pmatrix}a_0+a_1\lambda_1+a_2\lambda_1^2+\cdots+a_m\lambda_1^m&0\\0&a_0+a_1\lambda_2+a_2\lambda_2^2+\cdots+a_m\lambda_2^m\end{pmatrix}$$

$$=\begin{pmatrix}f(\lambda_1)&0\\0&f(\lambda_2)\end{pmatrix}=\text{右边}.$$

(2) 1)利用数学归纳法. 当 $k=2$ 时,

$$\boldsymbol{A}^2=\boldsymbol{P\Lambda P}^{-1}\boldsymbol{P\Lambda P}^{-1}=\boldsymbol{P\Lambda}^2\boldsymbol{P}^{-1}\text{ 成立.}$$

假设 k 时成立，则 $k+1$ 时,

$\boldsymbol{A}^{k+1}=\boldsymbol{A}^k\cdot\boldsymbol{A}=\boldsymbol{P\Lambda}^k\boldsymbol{P}^{-1}\boldsymbol{P\Lambda P}^{-1}=\boldsymbol{P\Lambda}^{k+1}\boldsymbol{P}^{-1}$成立，故命题成立,

即 $\boldsymbol{A}^k=\boldsymbol{P\Lambda}^k\boldsymbol{P}^{-1}$.

2)右边 $=\boldsymbol{P}f(\boldsymbol{\Lambda})\boldsymbol{P}^{-1}$

$$=\boldsymbol{P}(a_0\boldsymbol{E}+a_1\boldsymbol{\Lambda}+a_2\boldsymbol{\Lambda}^2+\cdots+a_m\boldsymbol{\Lambda}^m)\boldsymbol{P}^{-1}$$

$$=a_0\boldsymbol{PEP}^{-1}+a_1\boldsymbol{P\Lambda P}^{-1}+a_2\boldsymbol{P\Lambda}^2\boldsymbol{P}^{-1}+\cdots+a_m\boldsymbol{P\Lambda}^m\boldsymbol{P}^{-1}$$

$$=a_0\boldsymbol{E}+a_1\boldsymbol{A}+a_2\boldsymbol{A}^2+\cdots+a_m\boldsymbol{A}^m=f(\boldsymbol{A})=\text{左边}.$$

实训自测题(一)

一、1. $abc(b-a)(c-a)(c-b)$; 2. $\dfrac{1}{10}\begin{pmatrix}1&0&0\\2&2&0\\3&4&5\end{pmatrix}$; 3. 6; 4. 3, 1; 5. 2.

二、1. A; 2. A; 3. B; 4. D.

三、1. −48.

2. (1)由于 $\boldsymbol{\beta}=\boldsymbol{\alpha}_1+\boldsymbol{\alpha}_2+\boldsymbol{\alpha}_3$，则有

$$\boldsymbol{A\beta}=\boldsymbol{A}(\boldsymbol{\alpha}_1+\boldsymbol{\alpha}_2+\boldsymbol{\alpha}_3)=\lambda_1\boldsymbol{\alpha}_1+\lambda_2\boldsymbol{\alpha}_2+\lambda_3\boldsymbol{\alpha}_3,$$

$$\boldsymbol{A}^2\boldsymbol{\beta}=\boldsymbol{A}^2(\boldsymbol{\alpha}_1+\boldsymbol{\alpha}_2+\boldsymbol{\alpha}_3)=\lambda_1^2\boldsymbol{\alpha}_1+\lambda_2^2\boldsymbol{\alpha}_2+\lambda_3^2\boldsymbol{\alpha}_3,$$

于是

$$(\boldsymbol{\beta},\boldsymbol{A\beta},\boldsymbol{A}^2\boldsymbol{\beta})=(\boldsymbol{\alpha}_1,\boldsymbol{\alpha}_2,\boldsymbol{\alpha}_3)\begin{pmatrix}1&\lambda_1&\lambda_1^2\\1&\lambda_2&\lambda_2^2\\1&\lambda_3&\lambda_3^2\end{pmatrix}.$$

又

$$|\boldsymbol{P}|=\begin{vmatrix}1&\lambda_1&\lambda_1^2\\1&\lambda_2&\lambda_2^2\\1&\lambda_3&\lambda_3^2\end{vmatrix}=(\lambda_2-\lambda_1)(\lambda_3-\lambda_1)(\lambda_3-\lambda_2)\neq 0,$$

因此，$\boldsymbol{P}$ 可逆，且 $\boldsymbol{\alpha}_1,\boldsymbol{\alpha}_2,\boldsymbol{\alpha}_3$ 线性无关，故 $\boldsymbol{\beta},\boldsymbol{A\beta},\boldsymbol{A}^2\boldsymbol{\beta}$ 线性无关.

(2)由于

$$A(\boldsymbol{\beta},A\boldsymbol{\beta},A^2\boldsymbol{\beta}) = (A\boldsymbol{\beta},A^2\boldsymbol{\beta},A^3\boldsymbol{\beta}) = (A\boldsymbol{\beta},A^2\boldsymbol{\beta},2A\boldsymbol{\beta})$$
$$= (\boldsymbol{\beta},A\boldsymbol{\beta},A^2\boldsymbol{\beta})\begin{pmatrix}0&0&0\\1&0&2\\0&1&0\end{pmatrix},$$

记 $\boldsymbol{P}=(\boldsymbol{\beta},A\boldsymbol{\beta},A^2\boldsymbol{\beta})$，则 $\boldsymbol{AP}=\boldsymbol{PB}$，其中

$$\boldsymbol{B} = \begin{pmatrix}0&0&0\\1&0&2\\0&1&0\end{pmatrix},$$

因 $\boldsymbol{\beta},A\boldsymbol{\beta},A^2\boldsymbol{\beta}$ 线性无关知，故 $\boldsymbol{P}$ 可逆，则 $\boldsymbol{P}^{-1}\boldsymbol{AP}=\boldsymbol{B}$. 于是

$$\boldsymbol{P}^{-1}(\boldsymbol{A}-2\boldsymbol{E})\boldsymbol{P} = \boldsymbol{P}^{-1}\boldsymbol{AP}-2\boldsymbol{E} = \boldsymbol{B}-2\boldsymbol{E}.$$

而 $\boldsymbol{B}-2\boldsymbol{E}=\begin{pmatrix}-2&0&0\\1&-2&2\\0&1&-2\end{pmatrix}\to\begin{pmatrix}1&0&0\\0&1&-1\\0&0&-1\end{pmatrix}$，$R(\boldsymbol{B}-2\boldsymbol{E})=3$. 故 $R(\boldsymbol{A}-2\boldsymbol{E})=3$，

3. 易知 $\boldsymbol{A}$ 的特征值为 $\lambda_1=2$，$\lambda_2=\lambda_3=-1$，因此，$|\boldsymbol{A}|=\lambda_1\lambda_2\lambda_3=2$.
又由 $\boldsymbol{A}^*\boldsymbol{\alpha}=\boldsymbol{\alpha}$，得 $\boldsymbol{A}(\boldsymbol{A}^*\boldsymbol{\alpha})=\boldsymbol{A\alpha}$，$|\boldsymbol{A}|\boldsymbol{\alpha}=\boldsymbol{A\alpha}$，$\boldsymbol{A\alpha}=2\boldsymbol{\alpha}$，故 $\boldsymbol{\alpha}$ 为 $\lambda_1=2$ 的特征向量.

设 $\lambda_2=\lambda_3=-1$ 的特征向量为 $\boldsymbol{X}=(x_1,x_2,x_3)^{\mathrm{T}}$，由于 $\boldsymbol{A}$ 为实对称矩阵，故 $\boldsymbol{X}$ 与 $\boldsymbol{\alpha}$ 正交，即

$$x_1+x_2-x_3=0,$$

解得 $\boldsymbol{\alpha}_2=(-1,1,0)^{\mathrm{T}},\boldsymbol{\alpha}_3=(1,0,1)^{\mathrm{T}}$. 取

$$\boldsymbol{\beta}_2=\boldsymbol{\alpha}_2,\boldsymbol{\beta}_3=\boldsymbol{\alpha}_3-\frac{(\boldsymbol{\alpha}_3,\boldsymbol{\beta}_2)}{(\boldsymbol{\beta}_2,\boldsymbol{\beta}_2)}\boldsymbol{\beta}_2=\left(\frac{1}{2},\frac{1}{2},1\right)^{\mathrm{T}},$$

单位化：

$$\boldsymbol{P}_1=\frac{\boldsymbol{\alpha}}{\|\boldsymbol{\alpha}\|}=\left(\frac{1}{\sqrt{3}},\frac{1}{\sqrt{3}},\frac{-1}{\sqrt{3}}\right)^{\mathrm{T}},\ \boldsymbol{P}_2=\frac{\boldsymbol{\beta}_2}{\|\boldsymbol{\beta}_2\|}=\left(\frac{-1}{\sqrt{2}},\frac{1}{\sqrt{2}},0\right)^{\mathrm{T}},\ \boldsymbol{P}_3=\frac{\boldsymbol{\beta}_3}{\|\boldsymbol{\beta}_3\|}=\left(\frac{1}{\sqrt{6}},\frac{1}{\sqrt{6}},\frac{2}{\sqrt{6}}\right)^{\mathrm{T}},$$

取 $\boldsymbol{Q}=(\boldsymbol{P}_1,\boldsymbol{P}_2,\boldsymbol{P}_3)=\begin{pmatrix}\frac{1}{\sqrt{3}}&\frac{-1}{\sqrt{2}}&\frac{1}{\sqrt{6}}\\\frac{1}{\sqrt{3}}&\frac{1}{\sqrt{2}}&\frac{1}{\sqrt{6}}\\\frac{-1}{\sqrt{3}}&0&\frac{2}{\sqrt{6}}\end{pmatrix}$，则 $\boldsymbol{Q}^{-1}\boldsymbol{AQ}=\begin{pmatrix}2&&\\&-1&\\&&-1\end{pmatrix}$，于是

$$\boldsymbol{A}=\boldsymbol{Q}\begin{pmatrix}2&&\\&-1&\\&&-1\end{pmatrix}\boldsymbol{Q}^{-1}=\begin{pmatrix}0&1&-1\\1&0&-1\\-1&-1&0\end{pmatrix},$$

其中 $\boldsymbol{Q}$ 为所求的正交矩阵.

4. 设 λ 是 $\boldsymbol{A}$ 的特征值，$\boldsymbol{\alpha}$ 是相应的特征向量，则 $\boldsymbol{A\alpha}=\lambda\boldsymbol{\alpha}$，于是

$$\boldsymbol{A}^2\boldsymbol{\alpha}=\lambda^2\boldsymbol{\alpha},\quad (\boldsymbol{A}^2+2\boldsymbol{A})\boldsymbol{\alpha}=(\lambda^2+2\lambda)\boldsymbol{\alpha}=\boldsymbol{0},$$

由于 $\boldsymbol{\alpha}\neq\boldsymbol{0}$，故 $\lambda^2+2\lambda=0$，解得 $\lambda=0$ 或 $\lambda=-2$.

由于 $\boldsymbol{A}$ 为 n 阶实对称矩阵，则 $\boldsymbol{A}$ 与 $\boldsymbol{\Lambda}$ 相似，其中

$$\boldsymbol{\Lambda}=\begin{pmatrix}-2 & & & & & \\ & \ddots & & & & \\ & & -2 & & & \\ & & & 0 & & \\ & & & & \ddots & \\ & & & & & 0\end{pmatrix},$$

且 $R(\boldsymbol{\Lambda})=R(\boldsymbol{A})=k$，则 $\lambda=-2$ 为 $\boldsymbol{A}$ 的 k 重特征值，$\lambda=0$ 为 $n-k$ 重特征值，又由 $\boldsymbol{P}^{-1}\boldsymbol{AP}=\boldsymbol{\Lambda}$，有

$$\boldsymbol{P}^{-1}(\boldsymbol{A}+3\boldsymbol{E})\boldsymbol{P}=\boldsymbol{\Lambda}+3\boldsymbol{E}=\begin{pmatrix}1 & & & & & \\ & \ddots & & & & \\ & & 1 & & & \\ & & & 3 & & \\ & & & & \ddots & \\ & & & & & 3\end{pmatrix},$$

因此 $|\boldsymbol{A}+3\boldsymbol{E}|=|\boldsymbol{\Lambda}+3\boldsymbol{E}|=3^{n-k}$.

5. (1) 由于 $|\boldsymbol{E}+\boldsymbol{A}|=|\boldsymbol{E}+2\boldsymbol{A}|=0$，则 $\boldsymbol{A}$ 有特征值 $\lambda_1=-1$，$\lambda_2=-\dfrac{1}{2}$.

由 $\boldsymbol{AB}+2\boldsymbol{B}=\boldsymbol{O}$，得 $(\boldsymbol{A}+2\boldsymbol{E})\boldsymbol{B}=\boldsymbol{O}$.
设 $\boldsymbol{B}=(b_1,b_2,b_3,b_4)$，$R(\boldsymbol{B})=2$，不妨设 b_1,b_2 线性无关，则有

$$(\boldsymbol{A}+2\boldsymbol{E})b_i=0,\quad \boldsymbol{A}b_i=-2b_i(i=1,2),$$

故 $\lambda_3=-2$ 为 $\boldsymbol{A}$ 的特征值(至少二重根).

综上所述，$\boldsymbol{A}$ 的特征值为 $\lambda_1=-1,\lambda_2=-\dfrac{1}{2},\lambda_3=\lambda_4=-2$.

(2) 设 $\lambda_1=-1$，$\lambda_2=-\dfrac{1}{2}$的特征向量为 $\boldsymbol{\alpha}_1,\boldsymbol{\alpha}_2$，则 $\boldsymbol{A}$ 的 4 个线性无关的特征向量为 $\boldsymbol{\alpha}_1$，$\boldsymbol{\alpha}_2,\boldsymbol{b}_1,\boldsymbol{b}_2$，故 $\boldsymbol{A}$ 一定能对角化.

(3) 由于 $\boldsymbol{A}$ 的特征值为 $\lambda_1=-1,\lambda_2=-\dfrac{1}{2},\lambda_3=\lambda_4=-2$，故 $\boldsymbol{A}+3\boldsymbol{E}$ 的特征值为

$$\mu_1=2,\mu_2=\frac{5}{2},\mu_3=\mu_4=1,$$

因此 $|\boldsymbol{A}+3\boldsymbol{E}|=2\times\dfrac{5}{2}\times1\times1=5$.

四、反证法：设 $\boldsymbol{\xi}_1+\boldsymbol{\xi}_2$ 为 $\boldsymbol{A}$ 对应于 λ 的特征向量，则

$$\boldsymbol{A}(\boldsymbol{\xi}_1+\boldsymbol{\xi}_2)=\lambda(\boldsymbol{\xi}_1+\boldsymbol{\xi}_2),$$

又 $\boldsymbol{A\xi}_1=\lambda_1\boldsymbol{\xi}_1$，$\boldsymbol{A\xi}_2=\lambda_2\boldsymbol{\xi}_2$ 故

$$\boldsymbol{A}(\boldsymbol{\xi}_1+\boldsymbol{\xi}_2)=\boldsymbol{A\xi}_1+\boldsymbol{A\xi}_2=\lambda_1\boldsymbol{\xi}_1+\lambda_2\boldsymbol{\xi}_2,$$

于是 $\lambda_1\boldsymbol{\xi}_1+\lambda_2\boldsymbol{\xi}_2=\lambda(\boldsymbol{\xi}_1+\boldsymbol{\xi}_2)$，即

$$(\lambda-\lambda_1)\boldsymbol{\xi}_1+(\lambda-\lambda_2)\boldsymbol{\xi}_2=\boldsymbol{0}.$$

由于 $\boldsymbol{\xi}_1,\boldsymbol{\xi}_2$ 线性无关，则 $\lambda-\lambda_1=0$，$\lambda-\lambda_2=0$. $\lambda=\lambda_1=\lambda_2$ 与 $\lambda_1\neq\lambda_2$ 矛盾.
因此，$\boldsymbol{\xi}_1+\boldsymbol{\xi}_2$ 不是 $\boldsymbol{A}$ 的特征向量.

实训自测题(二)

一、1. 64； 2. 0； 3. 1，-2，$-\frac{5}{2}$； 4. 3，9，4，0.

二、1. B 2. C 3. A 4. D.

三、1. $(a_2a_3-b_2b_3)(a_1a_4-b_1b_4)$.

2. 由于齐次线性方程组有非零解，则

$$\begin{vmatrix} a+3 & 1 & 2 \\ 2a & a-1 & 1 \\ a-3 & -3 & a \end{vmatrix} = a(a+1)(a-3)=0,$$

故 $a=0$ 或 $a=-1$ 及 $a=3$. 由于 $\boldsymbol{A}$ 正定，则由顺序主子式大于0，知 $a>\frac{29}{23}$.

因此，取 $a=3$. 此时

$$|\boldsymbol{A}-\lambda\boldsymbol{E}| = \begin{vmatrix} 3-\lambda & 1 & 2 \\ 1 & 3-\lambda & -2 \\ 2 & -2 & 9-\lambda \end{vmatrix} = (\lambda-4)(\lambda-1)(\lambda-10),$$

故 $\boldsymbol{A}$ 的特征值为 $\lambda_1=1,\lambda_2=4,\lambda_3=10$，于是存在正交变换 $\boldsymbol{x}=\boldsymbol{P}\boldsymbol{y}$，化 $f=\boldsymbol{x}^{\mathrm{T}}\boldsymbol{A}\boldsymbol{x}$ 成标准形为

$$f=y_1^2+4y_2^2+10y_3^2$$

当 $\boldsymbol{x}^{\mathrm{T}}\boldsymbol{x}=2$ 时，$\boldsymbol{y}^{\mathrm{T}}\boldsymbol{y}=\boldsymbol{x}^{\mathrm{T}}\boldsymbol{x}=2$，因而

$$\boldsymbol{x}^{\mathrm{T}}\boldsymbol{A}\boldsymbol{x}=y_1^2+4y_2^2+10y_3^2 \leqslant 10(y_1^2+y_2^2+y_3^2) \leqslant 10\boldsymbol{y}^{\mathrm{T}}\boldsymbol{y}=20,$$

因此，当 $\boldsymbol{x}^{\mathrm{T}}\boldsymbol{x}=2$ 时，$\boldsymbol{x}^{\mathrm{T}}\boldsymbol{A}\boldsymbol{x}$ 的最大值为20.

3. 易知 $\boldsymbol{A}$ 的特征值为1，2，a，$\boldsymbol{B}$ 的特征值为2，b，-1.

由于 $\boldsymbol{A}$ 与 $\boldsymbol{B}$ 相似，则二者的特征值相同，因此

$$a=-1,\ b=1,$$

矩阵 $\boldsymbol{A}$ 关于特征值 $1,2,-1$ 的特征向量依次为

$$\boldsymbol{\alpha}_1=(1,0,0)^{\mathrm{T}},\ \boldsymbol{\alpha}_2=(1,1,0)^{\mathrm{T}},\ \boldsymbol{\alpha}_3=(3,-2,2)^{\mathrm{T}},$$

矩阵 $\boldsymbol{B}$ 关于特征值 $1,2,-1$ 的特征向量依次为

$$\boldsymbol{\beta}_1=(0,1,1)^{\mathrm{T}},\ \boldsymbol{\beta}_2=(1,2,1)^{\mathrm{T}},\ \boldsymbol{\beta}_3=(0,0,1)^{\mathrm{T}},$$

取 $\boldsymbol{P}_1=(\boldsymbol{\alpha}_1,\boldsymbol{\alpha}_2,\boldsymbol{\alpha}_3)=\begin{pmatrix} 1 & 1 & 3 \\ 0 & 1 & -2 \\ 0 & 0 & 2 \end{pmatrix}$，则 $\boldsymbol{P}_1^{-1}\boldsymbol{A}\boldsymbol{P}_1=\begin{pmatrix} 1 & & \\ & 2 & \\ & & -1 \end{pmatrix}$.

取 $\boldsymbol{P}_2=(\boldsymbol{\beta}_1,\boldsymbol{\beta}_2,\boldsymbol{\beta}_3)=\begin{pmatrix} 0 & 1 & 0 \\ 1 & 2 & 0 \\ 1 & 1 & 1 \end{pmatrix}$，则 $\boldsymbol{P}_2^{-1}\boldsymbol{B}\boldsymbol{P}_2=\begin{pmatrix} 1 & & \\ & 2 & \\ & & -1 \end{pmatrix}$.

故 $\boldsymbol{P}_1^{-1}\boldsymbol{A}\boldsymbol{P}_1=\boldsymbol{P}_2^{-1}\boldsymbol{B}\boldsymbol{P}_2$，$\boldsymbol{P}_2\boldsymbol{P}_1^{-1}\boldsymbol{A}\boldsymbol{P}_1\boldsymbol{P}_2^{-1}=\boldsymbol{B}$，则有 $(\boldsymbol{P}_1\boldsymbol{P}_2^{-1})^{-1}\boldsymbol{A}(\boldsymbol{P}_1\boldsymbol{P}_2^{-1})=\boldsymbol{B}$. 取

$$\boldsymbol{P}=\boldsymbol{P}_1\boldsymbol{P}_2^{-1}=\begin{pmatrix} 2 & -2 & 3 \\ -1 & 2 & -2 \\ 2 & -2 & 2 \end{pmatrix},$$

则 $\boldsymbol{P}^{-1}\boldsymbol{A}\boldsymbol{P}=\boldsymbol{B}$.

4. (1) 由题设条件知：

$$\boldsymbol{A}\begin{pmatrix}\boldsymbol{\alpha}_1\\\boldsymbol{\alpha}_2\\\boldsymbol{\alpha}_3\end{pmatrix}=\begin{pmatrix}2&4&2\\4&2&2\\2&2&4\end{pmatrix}\begin{pmatrix}\boldsymbol{\alpha}_1\\\boldsymbol{\alpha}_2\\\boldsymbol{\alpha}_3\end{pmatrix},$$

记 $\boldsymbol{B}=\begin{pmatrix}\boldsymbol{\alpha}_1\\\boldsymbol{\alpha}_2\\\boldsymbol{\alpha}_3\end{pmatrix}$，由于 $|\boldsymbol{\alpha}_1^{\mathrm{T}},\ \boldsymbol{\alpha}_2^{\mathrm{T}},\ \boldsymbol{\alpha}_3^{\mathrm{T}}|\neq 0$，故 $\boldsymbol{B}$ 可逆，于是

$$\boldsymbol{A}=\begin{pmatrix}2&4&2\\4&2&2\\2&2&4\end{pmatrix},$$

又 $|\boldsymbol{A}-\lambda\boldsymbol{E}|=-(8-\lambda)(2-\lambda)(2+\lambda)=0$，$\boldsymbol{A}$ 的特征值为 $\lambda_1=8$，$\lambda_2=2$，$\lambda_3=-2$，相应的特征向量为：$\boldsymbol{\xi}_1=(1,1,1)^{\mathrm{T}}$，$\boldsymbol{\xi}_2=(-1,-1,2)^{\mathrm{T}}$，$\boldsymbol{\xi}_3=(-1,1,0)^{\mathrm{T}}$. 取

$$\boldsymbol{P}=(\boldsymbol{\xi}_1,\boldsymbol{\xi}_2,\boldsymbol{\xi}_3),$$

则

$$\boldsymbol{P}^{-1}\boldsymbol{A}\boldsymbol{P}=\begin{pmatrix}8&&\\&2&\\&&-2\end{pmatrix}.$$

（2）若 λ 为 $\boldsymbol{A}$ 的特征值，则 $\dfrac{|\boldsymbol{A}|}{\lambda}$ 为 $\boldsymbol{A}^*$ 的特征值，于是 $\boldsymbol{A}^*$ 的特征值为 $-4,-16,16$，故 $\boldsymbol{A}^*+4\boldsymbol{E}$ 的特征值为 $0,\ -12,\ 20$，故 $|\boldsymbol{A}^*+4\boldsymbol{E}|=0$.

5. 对系数矩阵实施行变换：

$$\begin{pmatrix}2&3&-1&5\\3&1&2&-7\\4&1&-3&6\\1&-2&4&-7\end{pmatrix}\sim\begin{pmatrix}1&0&0&0\\0&1&0&0\\0&0&1&0\\0&0&0&1\end{pmatrix}\text{即得}\begin{cases}x_1=0,\\x_2=0,\\x_3=0,\\x_4=0,\end{cases}$$

故方程组的解为 $\begin{cases}x_1=0,\\x_2=0,\\x_3=0,\\x_4=0.\end{cases}$

四、（1）必要性（$\Rightarrow$）

由于 $\boldsymbol{B}^{\mathrm{T}}\boldsymbol{A}\boldsymbol{B}$ 为正定矩阵，则任意 $\boldsymbol{x}\neq\boldsymbol{0}$，恒有

$$\boldsymbol{x}^{\mathrm{T}}(\boldsymbol{B}^{\mathrm{T}}\boldsymbol{A}\boldsymbol{B})\boldsymbol{x}=(\boldsymbol{B}\boldsymbol{x})^{\mathrm{T}}\boldsymbol{A}(\boldsymbol{B}\boldsymbol{x})>0,$$

即对任意 $\boldsymbol{x}\neq\boldsymbol{0}$，恒有 $\boldsymbol{B}\boldsymbol{x}\neq\boldsymbol{0}$，因此 $\boldsymbol{B}\boldsymbol{x}=\boldsymbol{0}$ 仅有零解，从而 $R(\boldsymbol{B})=n$.

（2）充分性（$\Leftarrow$）

$$(\boldsymbol{B}^{\mathrm{T}}\boldsymbol{A}\boldsymbol{B})^{\mathrm{T}}=\boldsymbol{B}^{\mathrm{T}}(\boldsymbol{A}^{\mathrm{T}})(\boldsymbol{B}^{\mathrm{T}})^{\mathrm{T}}=\boldsymbol{B}^{\mathrm{T}}\boldsymbol{A}\boldsymbol{B},$$

知 $\boldsymbol{B}^{\mathrm{T}}\boldsymbol{A}\boldsymbol{B}$ 为实对称矩阵.

若 $R(\boldsymbol{B})=n$ 则 $\boldsymbol{B}\boldsymbol{x}=\boldsymbol{0}$ 仅有零解，则当 $\boldsymbol{x}\neq\boldsymbol{0}$ 时，有 $\boldsymbol{B}\boldsymbol{x}=\boldsymbol{0}$，则

$$\boldsymbol{x}^{\mathrm{T}}(\boldsymbol{B}^{\mathrm{T}}\boldsymbol{A}\boldsymbol{B})\boldsymbol{x}=(\boldsymbol{B}\boldsymbol{x})^{\mathrm{T}}\boldsymbol{A}(\boldsymbol{B}\boldsymbol{x})=\boldsymbol{\xi}^{\mathrm{T}}\boldsymbol{A}\boldsymbol{\xi}\quad(\text{其中 }\boldsymbol{\xi}=\boldsymbol{B}\boldsymbol{x}\neq\boldsymbol{0}),$$

由于 $\boldsymbol{A}$ 正定，则 $\boldsymbol{x}^{\mathrm{T}}(\boldsymbol{B}^{\mathrm{T}}\boldsymbol{A}\boldsymbol{B})\boldsymbol{x}=\boldsymbol{\xi}^{\mathrm{T}}\boldsymbol{A}\boldsymbol{\xi}>0$，

故 $\boldsymbol{B}^{\mathrm{T}}\boldsymbol{A}\boldsymbol{B}$ 为正定矩阵.

实训自测题(三)

一、1. 108；　2. $1,-\frac{3}{2},-2$；　3. 正定；　4. 2；　5. n, $0(n-1$ 重$)$.

二、1. D；　2. B；　3. B；　4. D；　5. D.

三、1. $-(ad-bc)^2$.

2. 二次型 f 的矩阵为 $\boldsymbol{A}=\begin{pmatrix}1 & -1 & -1\\ -1 & 1 & \alpha\\ -1 & \alpha & 1\end{pmatrix}$，$\boldsymbol{A}$ 的特征值为 $2,2,\beta$.

$|\boldsymbol{A}-\lambda\boldsymbol{E}|=\begin{vmatrix}1-\lambda & -1 & -1\\ -1 & 1-\lambda & \alpha\\ -1 & \alpha & 1-\lambda\end{vmatrix}=(1-\lambda)^3+2\alpha-2(1-\lambda)-\alpha^2(1-\lambda)=0$，将 $\lambda=2$ 代入得 $\alpha=-1$. 又因 $2+2+\beta=3$，可得 $\beta=-1$.

对于 $\lambda_1=\lambda_2=2$，求解 $(\boldsymbol{A}-2\boldsymbol{E})\boldsymbol{x}=\boldsymbol{0}$ 得：

$$\boldsymbol{\xi}_1=(-1,1,0)^{\mathrm{T}},\ \boldsymbol{\xi}_2=(-1,0,1)^{\mathrm{T}},$$

$$\boldsymbol{\beta}_1=(-1,1,0)^{\mathrm{T}},\ \boldsymbol{\beta}_2=\boldsymbol{\xi}_2-\frac{(\boldsymbol{\beta}_1,\boldsymbol{\xi}_2)}{(\boldsymbol{\beta}_1,\boldsymbol{\beta}_1)}\boldsymbol{\beta}_1=\left(-\frac{1}{2},-\frac{1}{2},1\right)^{\mathrm{T}},$$

取 $\boldsymbol{q}_1=\frac{\boldsymbol{\beta}_1}{\|\boldsymbol{\beta}_1\|}=\left(-\frac{1}{\sqrt{2}},\frac{1}{\sqrt{2}},0\right)^{\mathrm{T}}$，$\boldsymbol{q}_2=\frac{\boldsymbol{\beta}_2}{\|\boldsymbol{\beta}_2\|}=\left(-\frac{1}{\sqrt{6}},-\frac{1}{\sqrt{6}},\frac{2}{\sqrt{6}}\right)^{\mathrm{T}}$.

对于 $\lambda_3=-1$，求解 $(\boldsymbol{A}+\boldsymbol{E})\boldsymbol{x}=\boldsymbol{0}$ 得：

$$\boldsymbol{\xi}_3=(1,1,1)^{\mathrm{T}},\ \boldsymbol{q}_3=\left(\frac{1}{\sqrt{3}},\frac{1}{\sqrt{3}},\frac{1}{\sqrt{3}}\right)^{\mathrm{T}},$$

则正交矩阵

$$\boldsymbol{Q}=(\boldsymbol{q}_1,\boldsymbol{q}_2,\boldsymbol{q}_3)=\begin{pmatrix}-1/\sqrt{2} & -1/\sqrt{6} & 1/\sqrt{3}\\ 1/\sqrt{2} & -1/\sqrt{6} & 1/\sqrt{3}\\ 0 & 2/\sqrt{6} & 1/\sqrt{3}\end{pmatrix},$$

由于二次型 $f=\boldsymbol{x}^{\mathrm{T}}\boldsymbol{A}\boldsymbol{x}$ 经正交变换化成标准型为：

$$f=2y_1^2+2y_2^2-y_3^2,$$

当 $\boldsymbol{x}^{\mathrm{T}}\boldsymbol{x}=3$ 时，$\boldsymbol{y}^{\mathrm{T}}\boldsymbol{y}=\boldsymbol{x}^{\mathrm{T}}\boldsymbol{x}=3$，因而

$$f=2y_1^2+2y_2^2-y_3^2\leqslant 2(y_1^2+y_2^2+y_3^2)\leqslant 2\boldsymbol{y}^{\mathrm{T}}\boldsymbol{y}=6,$$

因此，当 $\boldsymbol{x}^{\mathrm{T}}\boldsymbol{x}=3$ 时，f 的最大值为 6.

3. (1) 由于 $\boldsymbol{A}$ 为实对称矩阵，故 $\boldsymbol{\alpha}_1$ 与 $\boldsymbol{\alpha}_2$ 正交，则 $\boldsymbol{\alpha}_1^{\mathrm{T}}\boldsymbol{\alpha}_2=0$，解得 $a=0$. 又 $\boldsymbol{A}$ 奇异，则 $|\boldsymbol{A}|=\lambda_1\lambda_2\lambda_3=0$，故 $\lambda_3=0$.

设 $\boldsymbol{\alpha}_3=(x_1,x_2,x_3)$ 为 $\boldsymbol{A}$ 相应于 λ_3 的特征向量，则 $\boldsymbol{\alpha}_1^{\mathrm{T}}\boldsymbol{\alpha}_3=0$，$\boldsymbol{\alpha}_2^{\mathrm{T}}\boldsymbol{\alpha}_3=0$.

即 $\begin{cases}x_1-2x_2+x_3=0\\ -x_1+x_3=0\end{cases}$，解得 $\boldsymbol{\alpha}_3=(1,1,1)^{\mathrm{T}}$.

设 $\boldsymbol{P}=(\boldsymbol{\alpha}_1,\boldsymbol{\alpha}_2,\boldsymbol{\alpha}_3)=\begin{pmatrix}1&-1&1\\-2&0&1\\1&1&1\end{pmatrix}$，则 $\boldsymbol{P}^{-1}\boldsymbol{AP}=\begin{pmatrix}1&&\\&-1&\\&&0\end{pmatrix}$，于是

$$\boldsymbol{A}=\boldsymbol{P}\begin{pmatrix}1&&\\&-1&\\&&0\end{pmatrix}\boldsymbol{P}^{-1}=\frac{1}{3}\begin{pmatrix}-1&-1&2\\-1&2&-1\\2&-1&-1\end{pmatrix}.$$

(2)由于 $\boldsymbol{A\beta}=\boldsymbol{A\alpha}_3=\lambda_3\boldsymbol{\alpha}_3$，则

$$\boldsymbol{A}^{2009}\boldsymbol{\beta}=\lambda_3^{2009}\boldsymbol{\alpha}=0\boldsymbol{\alpha}=\mathbf{0}.$$

4. 考虑二次型

$$f(\boldsymbol{x})=\boldsymbol{x}^{\mathrm{T}}\boldsymbol{Ax}=x_1^2-3x_2^2+4x_3^2-2x_1x_2+2x_1x_3-6x_2x_3,$$

配方得

$$f=(x_1-x_2+x_3)^2-(2x_2+x_3)^2+4x_3^2,$$

令 $\begin{cases}y_1=x_1-x_2+x_3,\\y_2=\quad\ \ 2x_2+x_3,\\y_3=\qquad\quad\ \ x_3,\end{cases}$ 即 $\begin{cases}x_1=y_1+\dfrac{1}{2}y_2-\dfrac{3}{2}y_3,\\x_2=\qquad\dfrac{1}{2}y_2-\dfrac{1}{2}y_3,\\x_3=\qquad\qquad\quad y_3,\end{cases}$

f 化成标准形为

$$f=y_1^2-y_2^2+4y_3^2,$$

所用的变换矩阵 $\boldsymbol{C}=\begin{pmatrix}1&1/2&-3/2\\0&1/2&-1/2\\0&0&1\end{pmatrix}$，则 $\boldsymbol{C}^{\mathrm{T}}\boldsymbol{AC}=\begin{pmatrix}1&&\\&-1&\\&&4\end{pmatrix}$.

5. 对系数矩阵实施行变换：

$$\begin{pmatrix}3&4&-5&7\\2&-3&3&-2\\4&11&-13&16\\7&-2&1&3\end{pmatrix}\sim\begin{pmatrix}1&0&-\dfrac{3}{17}&\dfrac{13}{17}\\0&1&-\dfrac{19}{17}&\dfrac{20}{17}\\0&0&0&0\\0&0&0&0\end{pmatrix},$$

即得 $\begin{cases}x_1=\dfrac{3}{17}x_3-\dfrac{13}{17}x_4,\\x_2=\dfrac{19}{17}x_3-\dfrac{20}{17}x_4,\\x_3=x_3,\\x_4=x_4,\end{cases}$

故方程组的解为 $\begin{pmatrix}x_1\\x_2\\x_3\\x_4\end{pmatrix}=k_1\begin{pmatrix}\dfrac{3}{17}\\\dfrac{19}{17}\\1\\0\end{pmatrix}+k_2\begin{pmatrix}-\dfrac{13}{17}\\-\dfrac{20}{17}\\0\\1\end{pmatrix}$.

四、(1) 设 λ 为 $\boldsymbol{A}$ 的特征值，$\boldsymbol{\alpha}$ 为相应的特征向量，则

$$\boldsymbol{A\alpha}=\lambda\boldsymbol{\alpha},\ \boldsymbol{A}^k\boldsymbol{\alpha}=\lambda^k\boldsymbol{\alpha},$$

即 $\lambda^k\boldsymbol{\alpha}=\boldsymbol{0}$，$\lambda^k=0$，$\lambda=0$，故 $\boldsymbol{A}$ 的特征值均为0，又由于

$$(\boldsymbol{A}+\boldsymbol{E})\boldsymbol{\alpha}=(\lambda+1)\boldsymbol{\alpha}=\boldsymbol{\alpha},$$

故 $\boldsymbol{A}+\boldsymbol{E}$ 的特征值全为1，因此 $|\boldsymbol{A}+\boldsymbol{E}|=1$.

(2) 反证法，设 $\boldsymbol{A}$ 与对角阵相似，由于 $\boldsymbol{A}$ 的特征值均为0，故 $\boldsymbol{A}$ 与零矩阵 $\boldsymbol{O}$ 相似，即

$$\boldsymbol{P}^{-1}\boldsymbol{AP}=\boldsymbol{O},\ \boldsymbol{A}=\boldsymbol{POP}^{-1}=\boldsymbol{O},$$

与 $\boldsymbol{A}\neq\boldsymbol{O}$ 矛盾.

实训自测题(四)

一、1. $\begin{pmatrix}-4&0&0\\0&-2&-6\\0&-4&-10\end{pmatrix}$； 2. 1； 3. $-\dfrac{2^{2n-1}}{3}$； 4. 9； 5. 1.

二、1. C； 2. D； 3. A； 4. D.

三、1. 9.

2. 由已知条件得：$(\boldsymbol{A}-2\boldsymbol{E})\boldsymbol{x}=\boldsymbol{0}$，即

$$\begin{pmatrix}a-2&1&c\\0&b-2&0\\-4&c&-a-1\end{pmatrix}\begin{pmatrix}1\\2\\2\end{pmatrix}=\boldsymbol{0},$$

得方程组

$$\begin{cases}a-2+2+2c=0,\\2(b-2)=0,\\-4+2c-2a-2=0,\end{cases}$$

解得 $a=-2$，$b=2$，$c=1$. 此时

$$\boldsymbol{A}=\begin{pmatrix}-2&1&1\\0&2&0\\-4&1&3\end{pmatrix},\ 2\boldsymbol{E}-\boldsymbol{A}=\begin{pmatrix}4&-1&-1\\0&0&0\\4&-1&-1\end{pmatrix},$$

记 $\boldsymbol{B}=2\boldsymbol{E}-\boldsymbol{A}$ 则

$$\boldsymbol{B}^2=3\boldsymbol{B},\ \boldsymbol{B}^3=\boldsymbol{B}^2\boldsymbol{B}=3^2\boldsymbol{B},\ \boldsymbol{B}^{100}=3^{99}\boldsymbol{B},$$

即

$$(2\boldsymbol{E}-\boldsymbol{A})^{100}=\boldsymbol{B}^{100}=3^{99}\boldsymbol{B}=3^{99}\begin{pmatrix}4&-1&-1\\0&0&0\\4&-1&-1\end{pmatrix}.$$

3. 对系数的增广矩阵施行行变换：

$$\begin{pmatrix}2&1&-1&1&1\\3&-2&1&-3&4\\1&4&-3&5&-2\end{pmatrix}\sim\begin{pmatrix}1&4&-3&5&-2\\0&1&-\dfrac{5}{7}&\dfrac{9}{7}&-\dfrac{5}{7}\\0&0&0&0&0\end{pmatrix}\sim$$

$$\begin{pmatrix}1&0&-\dfrac{1}{7}&-\dfrac{1}{7}&\dfrac{6}{7}\\0&1&-\dfrac{5}{7}&\dfrac{9}{7}&-\dfrac{5}{7}\\0&0&0&0&0\end{pmatrix},$$

即得$\begin{cases} x=\dfrac{1}{7}z+\dfrac{1}{7}w+\dfrac{6}{7}, \\ y=\dfrac{5}{7}z-\dfrac{9}{7}w-\dfrac{5}{7}, \\ z=z, \\ w=w, \end{cases}$即$\begin{pmatrix} x \\ y \\ z \\ w \end{pmatrix}=k_1\begin{pmatrix} \frac{1}{7} \\ \frac{5}{7} \\ 1 \\ 0 \end{pmatrix}+k_2\begin{pmatrix} \frac{1}{7} \\ -\frac{9}{7} \\ 0 \\ 1 \end{pmatrix}+\begin{pmatrix} \frac{6}{7} \\ -\frac{5}{7} \\ 0 \\ 0 \end{pmatrix}$.

4. 二次型的矩阵为$\boldsymbol{A}=\begin{pmatrix} 2 & 0 & 0 \\ 0 & 3 & 2 \\ 0 & 2 & 3 \end{pmatrix}$,

$$|\boldsymbol{A}-\lambda\boldsymbol{E}|=\begin{vmatrix} 2-\lambda & 0 & 0 \\ 0 & 3-\lambda & 2 \\ 0 & 2 & 3-\lambda \end{vmatrix}=(2-\lambda)(5-\lambda)(1-\lambda),$$

故$\boldsymbol{A}$的特征值为$\lambda_1=2,\lambda_2=5,\lambda_3=1$.

当$\lambda_1=2$时，解方程$(\boldsymbol{A}-2\boldsymbol{E})\boldsymbol{x}=\boldsymbol{0}$，由

$$\boldsymbol{A}-2\boldsymbol{E}=\begin{pmatrix} 0 & 0 & 0 \\ 0 & 1 & 2 \\ 0 & 2 & 1 \end{pmatrix}\sim\begin{pmatrix} 0 & 1 & 2 \\ 0 & 0 & 1 \\ 0 & 0 & 0 \end{pmatrix},$$

得基础解系$\boldsymbol{\xi}_1=\begin{pmatrix} 1 \\ 0 \\ 0 \end{pmatrix}$. 取$\boldsymbol{P}_1=\begin{pmatrix} 1 \\ 0 \\ 0 \end{pmatrix}$,

由$\lambda_2=5$时，解方程$(\boldsymbol{A}-5\boldsymbol{E})\boldsymbol{x}=\boldsymbol{0}$，由

$$\boldsymbol{A}-5\boldsymbol{E}=\begin{pmatrix} -3 & 0 & 0 \\ 0 & -2 & 2 \\ 0 & 2 & -2 \end{pmatrix}\sim\begin{pmatrix} 1 & 0 & 0 \\ 0 & 1 & -1 \\ 0 & 0 & 0 \end{pmatrix},$$

得基础解系$\boldsymbol{\xi}_2=\begin{pmatrix} 0 \\ 1 \\ 1 \end{pmatrix}$. 取$\boldsymbol{P}_2=\begin{pmatrix} 0 \\ 1/\sqrt{2} \\ 1/\sqrt{2} \end{pmatrix}$,

当$\lambda_3=1$时，解方程$(\boldsymbol{A}-\boldsymbol{E})\boldsymbol{x}=\boldsymbol{0}$，由

$$\boldsymbol{A}-\boldsymbol{E}=\begin{pmatrix} 1 & 0 & 0 \\ 0 & 2 & 2 \\ 0 & 2 & 2 \end{pmatrix}\sim\begin{pmatrix} 1 & 0 & 0 \\ 0 & 1 & 1 \\ 0 & 0 & 0 \end{pmatrix},$$

得基础解系$\boldsymbol{\xi}_3=\begin{pmatrix} 0 \\ -1 \\ 1 \end{pmatrix}$. 取$\boldsymbol{P}_3=\begin{pmatrix} 0 \\ -1/\sqrt{2} \\ 1/\sqrt{2} \end{pmatrix}$,

于是正交变换为

$$\begin{pmatrix} x_1 \\ x_2 \\ x_3 \end{pmatrix}=\begin{pmatrix} 1 & 0 & 0 \\ 0 & 1/\sqrt{2} & -1/\sqrt{2} \\ 0 & 1/\sqrt{2} & 1/\sqrt{2} \end{pmatrix}\begin{pmatrix} y_1 \\ y_2 \\ y_3 \end{pmatrix},$$

且有$f=2y_1^2+5y_2^2+y_3^2$.

四、

（1）用反证法证明. 假设 $|A^*|\neq 0$ 则有 $A^*(A^*)^{-1}=E$，
由此得 $A=AA^*(A^*)^{-1}=|A|E(A^*)^{-1}=O$，因此 $A^*=O$，
这与 $|A^*|\neq 0$ 矛盾，故当 $|A|=0$ 时，
有 $|A^*|=0$；

（2）由于 $A^{-1}=\dfrac{1}{|A|}A^*$，则 $AA^*=|A|E$，
取行列式得到：$|A||A^*|=|A|^n$，
若 $|A|\neq 0$，则 $|A^*|=|A|^{n-1}$，
若 $|A|=0$，由(1)知 $|A^*|=0$，此时命题也成立，故有 $|A^*|=|A|^{n-1}$.

实训自测题(五)

一、1. -3；　2. $-3,0,-1$；　3. $(-3,-2,-1)^{\mathrm{T}}$；　4. $\begin{pmatrix}3&0&0\\0&3&0\\0&0&-1\end{pmatrix}$；　5. 2.

二、1. D；　2. A；　3. C；　4. C.

三、1. $\begin{vmatrix}4&1&2&4\\1&2&0&2\\10&5&2&0\\0&1&1&7\end{vmatrix}\xlongequal[c_4-7c_3]{c_2-c_3}\begin{vmatrix}4&-1&2&-10\\1&2&0&2\\10&3&2&-14\\0&0&1&0\end{vmatrix}$

$$=\begin{vmatrix}4&-1&-10\\1&2&2\\10&3&-14\end{vmatrix}\times(-1)^{4+3}$$

$$=\begin{vmatrix}4&-1&10\\1&2&-2\\10&3&14\end{vmatrix}\xlongequal[c_1+\frac{1}{2}c_3]{c_2+c_3}\begin{vmatrix}9&9&10\\0&0&-2\\17&17&14\end{vmatrix}=0.$$

2.（1）$\begin{vmatrix}\lambda&1&1\\1&\lambda&1\\1&1&\lambda\end{vmatrix}\neq 0$，即 $\lambda\neq 1,-2$ 时，方程组有唯一解.

（2）$R(A)<R(B)$

$$B=\begin{pmatrix}\lambda&1&1&1\\1&\lambda&1&\lambda\\1&1&\lambda&\lambda^2\end{pmatrix}\sim\begin{pmatrix}1&1&\lambda&\lambda^2\\0&\lambda-1&1-\lambda&\lambda(1-\lambda)\\0&0&(1-\lambda)(2+\lambda)&(1-\lambda)(\lambda+1)^2\end{pmatrix},$$

由 $(1-\lambda)(2+\lambda)=0,(1-\lambda)(1+\lambda)^2\neq 0$，
得 $\lambda=-2$ 时，方程组无解.

（3）$R(A)=R(B)<3$，由 $(1-\lambda)(2+\lambda)=(1-\lambda)(1+\lambda)^2=0$，
得 $\lambda=1$ 时，方程组有无穷多个解.

3. 二次型矩阵为 $A=\begin{pmatrix}1&1&0&-1\\1&1&-1&0\\0&-1&1&1\\-1&0&1&1\end{pmatrix}$

$$|A-\lambda E|=\begin{vmatrix}1-\lambda&1&0&-1\\1&1-\lambda&-1&0\\0&-1&1-\lambda&1\\-1&0&1&1-\lambda\end{vmatrix}=(\lambda+1)(\lambda-3)(\lambda-1)^2,$$

故 A 的特征值为 $\lambda_1=-1$，$\lambda_2=3$，$\lambda_3=\lambda_4=1$，

当 $\lambda_1=-1$ 时，可得单位特征向量 $P_1=\begin{pmatrix}\frac{1}{2}\\-\frac{1}{2}\\-\frac{1}{2}\\\frac{1}{2}\end{pmatrix}$,

当 $\lambda_2=3$ 时，可得单位特征向量 $P_2=\begin{pmatrix}\frac{1}{2}\\\frac{1}{2}\\-\frac{1}{2}\\-\frac{1}{2}\end{pmatrix}$,

当 $\lambda_3=\lambda_4=1$ 时，可得单位特征向量 $P_3=\begin{pmatrix}\frac{1}{\sqrt{2}}\\0\\\frac{1}{\sqrt{2}}\\0\end{pmatrix}$, $P_4=\begin{pmatrix}0\\\frac{1}{\sqrt{2}}\\0\\\frac{1}{\sqrt{2}}\end{pmatrix}$.

于是正交变换为

$$\begin{pmatrix}x_1\\x_2\\x_3\\x_4\end{pmatrix}=\begin{pmatrix}\frac{1}{2}&\frac{1}{2}&\frac{1}{\sqrt{2}}&0\\-\frac{1}{2}&\frac{1}{2}&0&\frac{1}{\sqrt{2}}\\-\frac{1}{2}&-\frac{1}{2}&\frac{1}{\sqrt{2}}&0\\\frac{1}{2}&-\frac{1}{2}&0&\frac{1}{\sqrt{2}}\end{pmatrix}\begin{pmatrix}y_1\\y_2\\y_3\\y_4\end{pmatrix},$$

且有 $f=-y_1^2+3y_2^2+y_3^2+y_4^2$.

4. 因为 $\boldsymbol{B}$ 与 $\boldsymbol{A}$ 相似，所以存在 3 阶可逆矩阵 $\boldsymbol{P}$，使得 $\boldsymbol{B}=\boldsymbol{P}^{-1}\boldsymbol{A}\boldsymbol{P}$. 而 $\boldsymbol{A}^2=\begin{pmatrix}-1&0&0\\0&-1&0\\0&0&1\end{pmatrix}$，$\boldsymbol{A}^4=\boldsymbol{E}$，所以 $\boldsymbol{B}^{2016}=\boldsymbol{P}^{-1}\boldsymbol{A}^{2016}\boldsymbol{P}=\boldsymbol{E}$，

故 $\boldsymbol{B}^{2016}-2\boldsymbol{A}^2=\begin{pmatrix}3&0&0\\0&3&0\\0&0&-1\end{pmatrix}$.

5. 由 $\boldsymbol{A}=\begin{pmatrix}6&-2&2\\-2&5&0\\2&0&7\end{pmatrix}$，知 $\boldsymbol{A}$ 的各阶顺序主子式 $|\boldsymbol{A}_1|=6>0$，

$|\boldsymbol{A}_2|=\begin{vmatrix}6&-2\\-2&5\end{vmatrix}=26>0$，

$|\boldsymbol{A}_3|=\begin{vmatrix}6&-2&2\\-2&5&0\\2&0&7\end{vmatrix}=162>0$，于是二次型是正定的.

四、由于 $\boldsymbol{\eta}_1,\cdots,\boldsymbol{\eta}_s$ 是非齐次线性方程组 $\boldsymbol{Ax}=\boldsymbol{b}$ 的 s 个解.
故有　$\boldsymbol{A\eta}_i=\boldsymbol{b}(i=1,\cdots,s)$，

$$\text{而}\ \boldsymbol{A}(k_1\boldsymbol{\eta}_1+k_2\boldsymbol{\eta}_2+\cdots+k_s\boldsymbol{\eta}_s)=k_1\boldsymbol{A\eta}_1+k_2\boldsymbol{A\eta}_2+\cdots+k_s\boldsymbol{A\eta}_s$$
$$=\boldsymbol{b}(k_1+\cdots+k_s)=\boldsymbol{b},$$

即　$\boldsymbol{Ax}=\boldsymbol{b}(\boldsymbol{x}=k_1\boldsymbol{\eta}_1+k_2\boldsymbol{\eta}_2+\cdots+k_s\boldsymbol{\eta}_s)$，
从而 $\boldsymbol{x}$ 也是方程的解.

实训自测题(六)

一、1. $\boldsymbol{E}$；　2. 2；　3. $\boldsymbol{A}$；　4. 3，−1，−4，12；　5. 不正定.

二、1. C；　2. C；　3. C；　4. B.

三、1. $\begin{vmatrix}2&1&4&1\\3&-1&2&1\\1&2&3&2\\5&0&6&2\end{vmatrix}\xlongequal{c_4-c_2}\begin{vmatrix}2&1&4&0\\3&-1&2&2\\1&2&3&0\\5&0&6&2\end{vmatrix}$

$\xlongequal{r_4-r_2}\begin{vmatrix}2&1&4&0\\3&-1&2&2\\1&2&3&0\\2&1&4&0\end{vmatrix}\xlongequal{r_4-r_1}\begin{vmatrix}2&1&4&0\\3&-1&2&2\\1&2&3&0\\0&0&0&0\end{vmatrix}=0.$

2. $$D=\begin{vmatrix}1-\lambda&-2&4\\2&3-\lambda&1\\1&1&1-\lambda\end{vmatrix}=\begin{vmatrix}1-\lambda&-3+\lambda&4\\2&1-\lambda&1\\1&0&1-\lambda\end{vmatrix}$$
$$=(1-\lambda)^3+(\lambda-3)-4(1-\lambda)-2(1-\lambda)(-3-\lambda)$$
$$=(1-\lambda)^3+2(1-\lambda)^2+\lambda-3$$

齐次线性方程组有非零解，则 $D=0$，

得 $$\lambda=0,\ \lambda=2 \text{ 或 } \lambda=3.$$

不难验证，当 $\lambda=0$，$\lambda=2$ 或 $\lambda=3$ 时，该齐次线性方程组确有非零解.

3. $\boldsymbol{A}=\begin{pmatrix}-2&1&1\\1&-6&0\\1&0&-4\end{pmatrix}$,

$a_{11}=-2<0$，$\begin{vmatrix}-2&1\\1&-6\end{vmatrix}=11>0$，$\begin{vmatrix}-2&1&1\\1&-6&0\\1&0&-4\end{vmatrix}=-38<0$，故 f 为负定.

4. (1) $|\boldsymbol{A}|=1-a^4$.

(2) 对增广矩阵 $(\boldsymbol{A},\boldsymbol{\beta})$ 作初等行变换得

$$(\boldsymbol{A},\boldsymbol{\beta})=\begin{pmatrix}1&a&0&0&1\\0&1&a&0&-1\\0&0&1&a&0\\a&0&0&1&0\end{pmatrix}\rightarrow\cdots\rightarrow\begin{pmatrix}1&a&0&0&1\\0&1&a&0&-1\\0&0&1&a&0\\0&0&0&1-a^4&-a-a^2\end{pmatrix},$$

当实数 $1-a^4=0$ 且 $-a-a^2=0$ 时，即 $a=-1$ 时，方程组 $\boldsymbol{Ax}=\boldsymbol{\beta}$ 有无穷多解.

此时 $(\boldsymbol{A},\boldsymbol{\beta})\rightarrow\begin{pmatrix}1&0&0&-1&0\\0&1&0&-1&-1\\0&0&1&-1&0\\0&0&0&0&0\end{pmatrix}$，所以 $\boldsymbol{Ax}=\boldsymbol{\beta}$ 的通解为 $\boldsymbol{x}=(0,-1,0,0)^{\mathrm{T}}+k(1,1,1,1)^{\mathrm{T}}$，其中 k 为任意常数.

四、1. (1) 反证法，假设 $\boldsymbol{\eta}^*,\boldsymbol{\xi}_1,\cdots,\boldsymbol{\xi}_{n-r}$ 线性相关，则存在着不全为 0 的数 $C_0,C_1,\cdots,C_{n-r}$ 使得下式成立：

$$C_0\boldsymbol{\eta}^*+C_1\boldsymbol{\xi}_1+\cdots+C_{n-r}\boldsymbol{\xi}_{n-r}=\boldsymbol{0},\tag{1}$$

其中，$C_0\neq 0$ 否则，$\boldsymbol{\xi}_1,\cdots,\boldsymbol{\xi}_{n-r}$ 线性相关，而与基础解系线性无关产生矛盾.

由于 $\boldsymbol{\eta}^*$ 为特解，$\boldsymbol{\xi}_1,\cdots,\boldsymbol{\xi}_{n-r}$ 为基础解系，故得

$\boldsymbol{A}(C_0\boldsymbol{\eta}^*+C_1\boldsymbol{\xi}_1+\cdots+C_{n-r}\boldsymbol{\xi}_{n-r})=C_0\boldsymbol{A\eta}^*=C_0\boldsymbol{b}$,

而由式(1)可得 $\boldsymbol{A}(C_0\boldsymbol{\eta}^*+C_1\boldsymbol{\xi}_1+\cdots+C_{n-r}\boldsymbol{\xi}_{n-r})=\boldsymbol{0}$,

故 $b=0$，而题中，该方程组为非齐次线性方程组，得 $b\neq 0$,

产生矛盾，假设不成立，故 $\boldsymbol{\eta}^*,\boldsymbol{\xi}_1,\cdots,\boldsymbol{\xi}_{n-r}$ 线性无关.

(2) 反证法，假使 $\boldsymbol{\eta}^*,\boldsymbol{\eta}^*+\boldsymbol{\xi}_1,\cdots,\boldsymbol{\eta}^*+\boldsymbol{\xi}_{n-r}$ 线性相关.

则存在着不全为零的数 $C_0,C_1,\cdots,C_{n-r}$ 使得下式成立：

$$C_0\boldsymbol{\eta}^*+C_1(\boldsymbol{\eta}^*+\boldsymbol{\xi}_1)+\cdots+C_{n-r}(\boldsymbol{\eta}^*+\boldsymbol{\xi}_{n-r})=\boldsymbol{0},\tag{2}$$

即 $(C_0+C_1+\cdots+C_{n-r})\boldsymbol{\eta}^*+C_1\boldsymbol{\xi}_1+\cdots+C_{n-r}\boldsymbol{\xi}_{n-r}=\boldsymbol{0}$,

1) 若 $C_0+C_1+\cdots+C_{n-r}=0$，由于 $\boldsymbol{\xi}_1,\cdots,\boldsymbol{\xi}_{n-r}$ 是线性无关的一组基础解系，故 $C_0=C_1=\cdots=C_{n-r}=0$，由式(2)得 $C_0=0$ 此时

$C_0=C_1=\cdots=C_{n-r}=0$ 与假设矛盾.

2) 若 $C_0+C_1+\cdots+C_{n-r}\neq 0$ 由题(1)知，$\boldsymbol{\eta}^*$，$\boldsymbol{\xi}_1,\cdots$，$\boldsymbol{\xi}_{n-r}$ 线性无关，故 $C_0+C_1+\cdots+$

$C_{n-r}=C_1=C_2=\cdots=C_{n-r}=0$ 与假设矛盾，综上，假设不成立，原命题得证.

2. 因为 $\boldsymbol{A}$ 为正交矩阵，所以 $\boldsymbol{A}\boldsymbol{A}^{\mathrm{T}}=\boldsymbol{E}$，且 $|\boldsymbol{A}|^2=1$，$\boldsymbol{A}$ 可逆，

所以 $\boldsymbol{A}^*=|\boldsymbol{A}|\boldsymbol{A}^{-1}$，

进而

$(\boldsymbol{A}^*)^{\mathrm{T}}\boldsymbol{A}^*=(|\boldsymbol{A}|\boldsymbol{A}^{-1})^{\mathrm{T}}(|\boldsymbol{A}|\boldsymbol{A}^{-1})=|\boldsymbol{A}|^2(\boldsymbol{A}^{-1})^{\mathrm{T}}\boldsymbol{A}^{-1}=(\boldsymbol{A}^{\mathrm{T}})^{-1}\boldsymbol{A}^{-1}=(\boldsymbol{A}\boldsymbol{A}^{\mathrm{T}})^{-1}=\boldsymbol{E}$，所以 $\boldsymbol{A}^*$ 是正交矩阵.

实训自测题(七)

一、1. 1；　2. $\boldsymbol{A}+\boldsymbol{E}$；　3. 5,0,−3；　4. 2；　5. 1.

二、1. D；　2. B；　3. D；　4. C.

三、1. $\begin{vmatrix}-ab & ac & ae\\ bd & -cd & de\\ bf & cf & -ef\end{vmatrix}=adf\begin{vmatrix}-b & c & e\\ b & -c & e\\ b & c & -e\end{vmatrix}$

$$=adfbce\begin{vmatrix}-1 & 1 & 1\\ 1 & -1 & 1\\ 1 & 1 & -1\end{vmatrix}=4abcdef.$$

2. $\boldsymbol{B}=\begin{pmatrix}-2 & 1 & 1 & -2\\ 1 & -2 & 1 & \lambda\\ 1 & 1 & -2 & \lambda^2\end{pmatrix}\sim\begin{pmatrix}1 & -2 & 1 & \lambda\\ 0 & 1 & -1 & -\dfrac{2}{3}(\lambda-1)\\ 0 & 0 & 0 & (\lambda-1)(\lambda+2)\end{pmatrix}$，方程组有解，须 $(1-\lambda)(\lambda+2)=0$，得 $\lambda=1,\lambda=-2$.

当 $\lambda=1$ 时，方程组解为 $\begin{pmatrix}x_1\\x_2\\x_3\end{pmatrix}=k\begin{pmatrix}1\\1\\1\end{pmatrix}+\begin{pmatrix}1\\0\\0\end{pmatrix}$；

当 $\lambda=-2$ 时，方程组解为 $\begin{pmatrix}x_1\\x_2\\x_3\end{pmatrix}=k\begin{pmatrix}1\\1\\1\end{pmatrix}+\begin{pmatrix}2\\2\\0\end{pmatrix}$；

3. $(\boldsymbol{A}\mid\boldsymbol{B})=\left(\begin{array}{ccc|cc}4 & 1 & -2 & 1 & -3\\ 2 & 2 & 1 & 2 & 2\\ 3 & 1 & -1 & 3 & -1\end{array}\right)\xrightarrow{\text{初等行变换}}\left(\begin{array}{ccc|cc}1 & 0 & 0 & 10 & 2\\ 0 & 1 & 0 & -15 & -3\\ 0 & 0 & 1 & 12 & 4\end{array}\right)$，

得 $\boldsymbol{X}=\boldsymbol{A}^{-1}\boldsymbol{B}=\begin{pmatrix}10 & 2\\ -15 & -3\\ 12 & 4\end{pmatrix}$.

4. $\boldsymbol{A}=\begin{pmatrix}1 & -1 & 2 & 1\\ -1 & 3 & 0 & -3\\ 2 & 0 & 9 & -6\\ 1 & -3 & -6 & 19\end{pmatrix}$，$a_{11}=1>0$，$\begin{vmatrix}1 & -1\\ -1 & 3\end{vmatrix}=4>0$，$\begin{vmatrix}1 & -1 & 2\\ -1 & 3 & 0\\ 2 & 0 & 9\end{vmatrix}=6>0$，

$|\boldsymbol{A}|=24>0$. 故 f 为正定.

5. (1) 因为矩阵 $\boldsymbol{A}$ 与 $\boldsymbol{B}$ 相似，所以 $|\boldsymbol{A}|=|\boldsymbol{B}|$，且 $\mathrm{tr}\boldsymbol{A}=\mathrm{tr}\boldsymbol{B}$，得 $a=5, b=6$.

(2) 因为 $\boldsymbol{A}$ 的特征值为 $\lambda_1=\lambda_2=2, \lambda_3=6$. 解线性方程组 $(2\boldsymbol{E}-\boldsymbol{A})\boldsymbol{x}=\boldsymbol{0}$ 得基础解系 $\boldsymbol{\xi}_1=(-1,1,0)^{\mathrm{T}}, \boldsymbol{\xi}_2=(1,0,1)^{\mathrm{T}}$. 解线性方程组 $(6\boldsymbol{E}-\boldsymbol{A})\boldsymbol{x}=\boldsymbol{0}$ 得基础解系 $\boldsymbol{\xi}_3=(1,-2,3)^{\mathrm{T}}$. 取 $\boldsymbol{P}=(\boldsymbol{\xi}_1,\boldsymbol{\xi}_2,\boldsymbol{\xi}_3)$，则 $\boldsymbol{P}^{-1}\boldsymbol{A}\boldsymbol{P}=\boldsymbol{B}$.

四、1. 设有 x_1,x_2,x_3,x_4，使得 $x_1\boldsymbol{b}_1+x_2\boldsymbol{b}_2+x_3\boldsymbol{b}_3+x_4\boldsymbol{b}_4=\boldsymbol{0}$，则

$x_1(\boldsymbol{a}_1+\boldsymbol{a}_2)+x_2(\boldsymbol{a}_2+\boldsymbol{a}_3)+x_3(\boldsymbol{a}_3+\boldsymbol{a}_4)+x_4(\boldsymbol{a}_4+\boldsymbol{a}_1)=\boldsymbol{0}$,

$(x_1+x_4)\boldsymbol{a}_1+(x_1+x_2)\boldsymbol{a}_2+(x_2+x_3)\boldsymbol{a}_3+(x_3+x_4)\boldsymbol{a}_4=\boldsymbol{0}$,

(1) 若 $\boldsymbol{a}_1,\boldsymbol{a}_2,\boldsymbol{a}_3,\boldsymbol{a}_4$ 线性相关，则存在不全为零的数 k_1,k_2,k_3,k_4,

$$k_1=x_1+x_4;k_2=x_1+x_2;k_3=x_2+x_3;k_4=x_3+x_4;$$

由 k_1,k_2,k_3,k_4 不全为零，知 x_1,x_2,x_3,x_4 不全为零，即 $\boldsymbol{b}_1,\boldsymbol{b}_2,\boldsymbol{b}_3,\boldsymbol{b}_4$ 线性相关.

(2) 若 $\boldsymbol{a}_1,\boldsymbol{a}_2,\boldsymbol{a}_3,\boldsymbol{a}_4$ 线性无关，则 $\begin{cases}x_1+x_4=0,\\x_1+x_2=0,\\x_2+x_3=0,\\x_3+x_4=0,\end{cases}\Rightarrow\begin{pmatrix}1&0&0&1\\1&1&0&0\\0&1&1&0\\0&0&1&1\end{pmatrix}\begin{pmatrix}x_1\\x_2\\x_3\\x_4\end{pmatrix}=\boldsymbol{0}$,

由 $\begin{vmatrix}1&0&0&1\\1&1&0&0\\0&1&1&0\\0&0&1&1\end{vmatrix}=0$ 知此齐次方程组存在非零解，则 $\boldsymbol{b}_1,\boldsymbol{b}_2,\boldsymbol{b}_3,\boldsymbol{b}_4$ 线性相关. 综合得证.

2. 设 $\boldsymbol{U}=\begin{pmatrix}a_{11}&a_{12}&\cdots&a_{1n}\\\vdots&\vdots&&\vdots\\a_{n1}&a_{n2}&\cdots&a_{nn}\end{pmatrix}=(\boldsymbol{a}_1,\boldsymbol{a}_2,\cdots,\boldsymbol{a}_n)$，$\boldsymbol{x}=\begin{pmatrix}x_1\\x_1\\\vdots\\x_n\end{pmatrix}$,

$$f=\boldsymbol{x}^{\mathrm{T}}\boldsymbol{A}\boldsymbol{x}=\boldsymbol{x}^{\mathrm{T}}\boldsymbol{U}^{\mathrm{T}}\boldsymbol{U}\boldsymbol{x}=(\boldsymbol{U}\boldsymbol{x})^{\mathrm{T}}(\boldsymbol{U}\boldsymbol{x})$$

$$=(a_{11}x_1+\cdots+a_{1n}x_n,a_{21}x_1+\cdots+a_{2n}x_n,\cdots,a_{n1}x_1+\cdots+a_{nn}x_n)\cdot\begin{pmatrix}a_{11}x_1+\cdots+a_{1n}x_n\\a_{21}x_1+\cdots+a_{2n}x_n\\\vdots\\a_{n1}x_1+\cdots+a_{nn}x_n\end{pmatrix}$$

$$=(a_{11}x_1+\cdots+a_{1n}x_n)^2+(a_{21}x_1+\cdots+a_{2n}x_n)^2+\cdots+(a_{n1}x_1+\cdots+a_{nn}x_n)^2\geqslant0.$$

若上式 $=0$ 成立，则 $\begin{cases}a_{11}x_1+\cdots+a_{1n}x_n=0,\\\quad\vdots\\a_{n1}x_1+\cdots+a_{nn}x_n=0\end{cases}$ 成立.

即对任意 $\boldsymbol{x}=\begin{pmatrix}x_1\\x_1\\\vdots\\x_n\end{pmatrix}$ 使 $\boldsymbol{a}_1x_1+\boldsymbol{a}_2x_2+\cdots+\boldsymbol{a}_nx_n=\boldsymbol{0}$ 成立.

则 $\boldsymbol{a}_1,\boldsymbol{a}_2,\cdots,\boldsymbol{a}_n$ 线性相关，$\boldsymbol{U}$ 的秩小于 n，则 $\boldsymbol{U}$ 不可逆，与题意产生矛盾，于是 $f>0$ 成立.

故 $f=\boldsymbol{x}^{\mathrm{T}}\boldsymbol{A}\boldsymbol{x}$ 为正定二次型.

实训自测题(八)

一、1. 16；　2. 1；　3. -2；　4. $-1,5,5,5$；　5. $z_1^2+z_2^2-z_3^2$.

二、1. D；　2. B；　3. C；　4. C.

三、1. $\begin{vmatrix} a & 1 & 0 & 0 \\ -1 & b & 1 & 0 \\ 0 & -1 & c & 1 \\ 0 & 0 & -1 & d \end{vmatrix} \xlongequal{r_1+ar_2} \begin{vmatrix} 0 & 1+ab & a & 0 \\ -1 & b & 1 & 0 \\ 0 & -1 & c & 1 \\ 0 & 0 & -1 & d \end{vmatrix}$

$=(-1)(-1)^{2+1}\begin{vmatrix} 1+ab & a & 0 \\ -1 & c & 1 \\ 0 & -1 & d \end{vmatrix} \xlongequal{c_3+dc_2} \begin{vmatrix} 1+ab & a & ad \\ -1 & c & 1+cd \\ 0 & -1 & 0 \end{vmatrix}$

$=(-1)(-1)^{3+2}\begin{vmatrix} 1+ab & ad \\ -1 & 1+cd \end{vmatrix}=abcd+ab+cd+ad+1.$

2. 由于 $R(\boldsymbol{B})=2$，所以可设 $\boldsymbol{B}=\begin{pmatrix} 1 & 0 \\ 0 & 1 \\ x_1 & x_2 \\ x_3 & x_4 \end{pmatrix}$，则由

$$\boldsymbol{AB}=\begin{pmatrix} 2 & -2 & 1 & 3 \\ 9 & -5 & 2 & 8 \end{pmatrix}\begin{pmatrix} 1 & 0 \\ 0 & 1 \\ x_1 & x_2 \\ x_3 & x_4 \end{pmatrix}=\begin{pmatrix} 0 & 0 \\ 0 & 0 \end{pmatrix}$$ 可得

$$\begin{pmatrix} 1 & 0 & 3 & 0 \\ 0 & 1 & 0 & 3 \\ 2 & 0 & 8 & 0 \\ 0 & 2 & 0 & 8 \end{pmatrix}\begin{pmatrix} x_1 \\ x_2 \\ x_3 \\ x_4 \end{pmatrix}=\begin{pmatrix} -2 \\ 2 \\ -9 \\ 5 \end{pmatrix}$$，解此非齐次线性方程组可得唯一解

$$\begin{pmatrix} x_1 \\ x_2 \\ x_3 \\ x_4 \end{pmatrix}=\begin{pmatrix} \frac{11}{2} \\ \frac{1}{2} \\ -\frac{5}{2} \\ \frac{1}{2} \end{pmatrix}$$，故应求矩阵 $\boldsymbol{B}=\begin{pmatrix} 1 & 0 \\ 0 & 1 \\ \frac{11}{2} & \frac{1}{2} \\ -\frac{5}{2} & \frac{1}{2} \end{pmatrix}$.

3. 由于矩阵的秩为 3，$n-r=4-3=1$，一维，故其对应的齐次线性方程组的基础解体系含有一个向量，且由于 $\boldsymbol{\eta}_1,\boldsymbol{\eta}_2,\boldsymbol{\eta}_3$ 均为方程组的解，由非齐次线性方程组解的结构性质得

$$2\boldsymbol{\eta}_1-(\boldsymbol{\eta}_2+\boldsymbol{\eta}_3)=\underset{(\text{齐次解})}{(\boldsymbol{\eta}_1-\boldsymbol{\eta}_2)}+\underset{(\text{齐次解})}{(\boldsymbol{\eta}_1-\boldsymbol{\eta}_3)}=\begin{pmatrix}3\\4\\5\\6\end{pmatrix}=\text{齐次解},$$

为其基础解系向量，故此方程组的通解为 $\boldsymbol{x}=k\begin{pmatrix}3\\4\\5\\6\end{pmatrix}+\begin{pmatrix}2\\3\\4\\5\end{pmatrix}(k\in\mathbf{R})$.

4. $$\begin{aligned}f(x_1,x_2,x_3)&=x_1^2-3x_2^2+4x_3^2-2x_1x_2+2x_1x_3-6x_2x_3\\&=(x_1-x_2+x_3)^2-4x_2^2+3x_3^2-4x_2x_3\\&=(x_1-x_2+x_3)^2-4(x_2+1/2x_3)^2+4x_3^2,\end{aligned}$$

令 $\begin{cases}y_1=x_1-x_2+x_3,\\y_2=x_2+1/2x_3,\\y_3=x_3,\end{cases}$ 所以 $f(y_1,y_2,y_3)=y_1^2-4y_2^2+4y_3^2$.

四、1. 设 $k_1\boldsymbol{b}_1+k_2\boldsymbol{b}_2+\cdots+k_r\boldsymbol{b}_r=\mathbf{0}$,

则 $(k_1+\cdots+k_r)\boldsymbol{a}_1+(k_2+\cdots+k_r)\boldsymbol{a}_2+\cdots+(k_p+\cdots+k_r)\boldsymbol{a}_p+\cdots+k_r\boldsymbol{a}_r=\mathbf{0}$,

因向量组 $\boldsymbol{a}_1,\boldsymbol{a}_2,\cdots,\boldsymbol{a}_r$ 线性无关，故

$$\begin{cases}k_1+k_2+\cdots+k_r=0\\ \quad k_2+\cdots+k_r=0\\ \quad\vdots\\ \quad k_r=0\end{cases}\Leftrightarrow\begin{pmatrix}1&\cdots&\cdots&1\\0&1&\cdots&1\\\vdots&\vdots&&\vdots\\0&\cdots&0&1\end{pmatrix}\begin{pmatrix}k_1\\k_2\\\vdots\\k_r\end{pmatrix}=\begin{pmatrix}0\\0\\\vdots\\0\end{pmatrix},$$

因为 $\begin{vmatrix}1&\cdots&\cdots&1\\0&1&\cdots&1\\\vdots&\vdots&&\vdots\\0&\cdots&0&1\end{vmatrix}=1\neq0$，故方程组只有零解，

则 $k_1=k_2=\cdots=k_r=0$，所以 $\boldsymbol{b}_1,\boldsymbol{b}_2,\cdots,\boldsymbol{b}_r$ 线性无关.

2. $\boldsymbol{A}$ 正定，则矩阵 $\boldsymbol{A}$ 满秩，且其特征值全为正.

不妨设 $\lambda_1,\cdots,\lambda_n$ 为其特征值，$\lambda_i>0,i=1,\cdots,n$,

由定理 8 知，存在一正交矩阵 $\boldsymbol{P}$,

使 $$\boldsymbol{P}^{\mathrm{T}}\boldsymbol{A}\boldsymbol{P}=\boldsymbol{\Lambda}=\begin{pmatrix}\lambda_1&&&\\&\lambda_2&&\\&&\ddots&\\&&&\lambda_n\end{pmatrix}$$

$$=\begin{pmatrix}\sqrt{\lambda_1}&&&\\&\sqrt{\lambda_2}&&\\&&\ddots&\\&&&\sqrt{\lambda_n}\end{pmatrix}\times\begin{pmatrix}\sqrt{\lambda_1}&&&\\&\sqrt{\lambda_2}&&\\&&\ddots&\\&&&\sqrt{\lambda_n}\end{pmatrix},$$

又因 $\boldsymbol{P}$ 为正交矩阵，则 $\boldsymbol{P}$ 可逆，$\boldsymbol{P}^{-1}=\boldsymbol{P}^{\mathrm{T}}$.
所以 $\boldsymbol{A}=\boldsymbol{P}\boldsymbol{Q}\boldsymbol{Q}^{\mathrm{T}}\boldsymbol{P}^{\mathrm{T}}=\boldsymbol{P}\boldsymbol{Q}\cdot(\boldsymbol{P}\boldsymbol{Q})^{\mathrm{T}}$.
令 $(\boldsymbol{P}\boldsymbol{Q})^{\mathrm{T}}=\boldsymbol{U}$, $\boldsymbol{U}$ 可逆，则 $\boldsymbol{A}=\boldsymbol{U}^{\mathrm{T}}\boldsymbol{U}$.

实训自测题(九)

一、1. 1；　2. 2；　3. 1；　4. 5.

二、1. C；　2. B；　3. A；　4. B.

三、1. 因为 $\boldsymbol{A}$ 的特征值为 $1,-\frac{1}{2},-4$，所以 $|\boldsymbol{A}|=2$，故 $\boldsymbol{A}$ 可逆，

所以 $\boldsymbol{A}^*=|\boldsymbol{A}|\boldsymbol{A}^{-1}=2\boldsymbol{A}^{-1}$.

进而 $\boldsymbol{A}^*+2\boldsymbol{A}-3\boldsymbol{E}=2\boldsymbol{A}^{-1}+2\boldsymbol{A}-3\boldsymbol{E}$ 的特征值为 $1,-8,-\frac{23}{2}$，

所以 $|\boldsymbol{A}^*+2\boldsymbol{A}-3\boldsymbol{E}|=92$.

2. $2\boldsymbol{a}_1=\boldsymbol{a}_3\Rightarrow\boldsymbol{a}_1,\boldsymbol{a}_3$ 线性相关，

由 $\begin{pmatrix}\boldsymbol{a}_1^{\mathrm{T}}\\ \boldsymbol{a}_2^{\mathrm{T}}\\ \boldsymbol{a}_3^{\mathrm{T}}\end{pmatrix}=\begin{pmatrix}1&2&-1&4\\9&100&10&4\\-2&-4&2&-8\end{pmatrix}\sim\begin{pmatrix}1&2&-1&4\\0&82&19&-32\\0&0&0&0\end{pmatrix}$,

秩为 2，一组最大线性无关组为 $\boldsymbol{a}_1,\boldsymbol{a}_2$；

3. $\boldsymbol{A}=\begin{pmatrix}2&-3&-2&1\\3&5&4&-2\\8&7&6&-3\end{pmatrix}\xrightarrow{\text{初等行变换}}\begin{pmatrix}1&0&\frac{2}{19}&-\frac{1}{19}\\0&1&\frac{14}{19}&-\frac{7}{19}\\0&0&0&0\end{pmatrix}$,

所以原方程组等价于 $\begin{cases}x_1=-\frac{2}{19}x_3+\frac{1}{19}x_4,\\ x_2=-\frac{14}{19}x_3+\frac{7}{19}x_4,\end{cases}$

取 $x_3=1,x_4=2$，得 $x_1=0,x_2=0$，
取 $x_3=0,x_4=19$，得 $x_1=1,x_2=7$，

因此基础解系为 $\boldsymbol{\xi}_1=\begin{pmatrix}0\\0\\1\\2\end{pmatrix},\boldsymbol{\xi}_2=\begin{pmatrix}1\\7\\0\\19\end{pmatrix}$.

4. 二次型矩阵为 $\boldsymbol{A}=\begin{pmatrix}1&1&0&-1\\1&1&-1&0\\0&-1&1&1\\-1&0&1&1\end{pmatrix}$,

$$|A-\lambda E|=\begin{vmatrix}1-\lambda & 1 & 0 & -1\\ 1 & 1-\lambda & -1 & 0\\ 0 & -1 & 1-\lambda & 1\\ -1 & 0 & 1 & 1-\lambda\end{vmatrix}=(\lambda+1)(\lambda-3)(\lambda-1)^2,$$

故 A 的特征值为 $\lambda_1=-1,\lambda_2=3,\lambda_3=\lambda_4=1$.

当 $\lambda_1=-1$ 时，可得单位特征向量 $P_1=\begin{pmatrix}\frac{1}{2}\\ -\frac{1}{2}\\ -\frac{1}{2}\\ \frac{1}{2}\end{pmatrix}$,

当 $\lambda_2=3$ 时，可得单位特征向量 $P_2=\begin{pmatrix}\frac{1}{2}\\ \frac{1}{2}\\ -\frac{1}{2}\\ -\frac{1}{2}\end{pmatrix}$,

当 $\lambda_3=\lambda_4=1$ 时，可得单位特征向量 $P_3=\begin{pmatrix}\frac{1}{\sqrt{2}}\\ 0\\ \frac{1}{\sqrt{2}}\\ 0\end{pmatrix},P_4=\begin{pmatrix}0\\ \frac{1}{\sqrt{2}}\\ 0\\ \frac{1}{\sqrt{2}}\end{pmatrix}$.

于是正交变换为

$$\begin{pmatrix}x_1\\ x_2\\ x_3\\ x_4\end{pmatrix}=\begin{pmatrix}\frac{1}{2} & \frac{1}{2} & \frac{1}{\sqrt{2}} & 0\\ -\frac{1}{2} & \frac{1}{2} & 0 & \frac{1}{\sqrt{2}}\\ -\frac{1}{2} & -\frac{1}{2} & \frac{1}{\sqrt{2}} & 0\\ \frac{1}{2} & -\frac{1}{2} & 0 & \frac{1}{\sqrt{2}}\end{pmatrix}\begin{pmatrix}y_1\\ y_2\\ y_3\\ y_4\end{pmatrix},$$

且有 $f=-y_1^2+3y_2^2+y_3^2+y_4^2$.

四、因为 $A(A-E)=A^2-A=A-A=O$,

所以 $R(A)+R(A-E)\leqslant n$,

又 因为 $R(A-E)=R(E-A)$,

可知

$R(\boldsymbol{A})+R(\boldsymbol{A}-\boldsymbol{E})=R(\boldsymbol{A})+R(\boldsymbol{E}-\boldsymbol{A})\geqslant R(\boldsymbol{A}+\boldsymbol{E}-\boldsymbol{A})=R(\boldsymbol{E})=n$，
由此 $R(\boldsymbol{A})+R(\boldsymbol{A}-\boldsymbol{E})=n$.

实训自测题（十）

一、1. 0；　2. $\left(\frac{|\boldsymbol{A}|}{\lambda}\right)^2+1$；　3. 0；　4. 0，$-3$.

二、1. B；　2. C；　3. D；　4. B.

三、1. 因为 $\boldsymbol{\alpha}_1+\boldsymbol{\alpha}_2-2\boldsymbol{\alpha}_3+3\boldsymbol{\alpha}_4=\boldsymbol{0}$，所以 $\boldsymbol{\xi}_1=(1,1,-2,3)^{\mathrm{T}}$ 是 $\boldsymbol{Ax}=\boldsymbol{0}$ 的解，又 $\boldsymbol{\alpha}_1-\boldsymbol{\alpha}_2+3\boldsymbol{\alpha}_4=\boldsymbol{b}$，所以 $\boldsymbol{\eta}_1=(1,-1,0,3)^{\mathrm{T}}$ 是 $\boldsymbol{Ax}=\boldsymbol{b}$ 的解，由 $\boldsymbol{\alpha}_1+2\boldsymbol{\alpha}_2-\boldsymbol{\alpha}_3+\boldsymbol{\alpha}_4=\boldsymbol{b}$，所以 $\boldsymbol{\eta}_2=(1,2,-1,1)^{\mathrm{T}}$ 是 $\boldsymbol{Ax}=\boldsymbol{b}$ 的解，$\boldsymbol{\xi}_2=\boldsymbol{\eta}_1-\boldsymbol{\eta}_2=(0,-3,1,2)^{\mathrm{T}}$ 是 $\boldsymbol{Ax}=\boldsymbol{0}$ 的解，且 $\boldsymbol{\xi}_1,\boldsymbol{\xi}_2$ 线性无关，而 $\boldsymbol{Ax}=\boldsymbol{0}$ 的解空间是 2 维的，所以 $k_1\boldsymbol{\xi}_1+k_2\boldsymbol{\xi}_2+\boldsymbol{\eta}_1$ 是 $\boldsymbol{Ax}=\boldsymbol{b}$ 的通解.

2. $$\begin{pmatrix}\boldsymbol{a}_1^{\mathrm{T}}\\ \boldsymbol{a}_2^{\mathrm{T}}\\ \boldsymbol{a}_3^{\mathrm{T}}\end{pmatrix}=\begin{pmatrix}1&2&1&3\\4&-1&-5&-6\\1&-3&-4&-7\end{pmatrix}\sim\begin{pmatrix}1&2&1&3\\0&-9&-9&-18\\0&-5&-5&-10\end{pmatrix}\sim$$
$$\begin{pmatrix}1&2&1&3\\0&-9&-9&-18\\0&0&0&0\end{pmatrix},$$
秩为 2，最大线性无关组为 $\boldsymbol{a}_1^{\mathrm{T}},\boldsymbol{a}_2^{\mathrm{T}}$.

3. $$\boldsymbol{A}=\begin{pmatrix}1&-8&10&2\\2&4&5&-1\\3&8&6&-2\end{pmatrix}\xrightarrow{\text{初等行变换}}\begin{pmatrix}1&0&4&0\\0&1&-\frac{3}{4}&-\frac{1}{4}\\0&0&0&0\end{pmatrix},$$

所以原方程组等价于 $\begin{cases}x_1=-4x_3,\\ x_2=\frac{3}{4}x_3+\frac{1}{4}x_4,\end{cases}$

取 $x_3=1,x_4=-3$，得 $x_1=-4,x_2=0$，
取 $x_3=0,x_4=4$，得 $x_1=0,x_2=1$，

因此基础解系为 $\boldsymbol{\xi}_1=\begin{pmatrix}-4\\0\\1\\-3\end{pmatrix},\boldsymbol{\xi}_2=\begin{pmatrix}0\\1\\0\\4\end{pmatrix}$.

4. 二次型的矩阵为 $\boldsymbol{A}=\begin{pmatrix}2&0&0\\0&3&2\\0&2&3\end{pmatrix}$，

$$|\boldsymbol{A}-\lambda\boldsymbol{E}|=\begin{vmatrix}2-\lambda&0&0\\0&3-\lambda&2\\0&2&3-\lambda\end{vmatrix}=(2-\lambda)(5-\lambda)(1-\lambda),$$

故 $\boldsymbol{A}$ 的特征值为 $\lambda_1=2,\lambda_2=5,\lambda_3=1$.

当 $\lambda_1=2$ 时，解方程$(\boldsymbol{A}-2\boldsymbol{E})\boldsymbol{x}=\boldsymbol{0}$，由

$$\boldsymbol{A}-2\boldsymbol{E}=\begin{pmatrix}0&0&0\\0&1&2\\0&2&1\end{pmatrix}\sim\begin{pmatrix}0&1&2\\0&0&1\\0&0&0\end{pmatrix},$$

得基础解系 $\boldsymbol{\xi}_1=\begin{pmatrix}1\\0\\0\end{pmatrix}$. 取 $\boldsymbol{P}_1=\begin{pmatrix}1\\0\\0\end{pmatrix}$,

当 $\lambda_2=5$ 时，解方程$(\boldsymbol{A}-5\boldsymbol{E})\boldsymbol{x}=\boldsymbol{0}$，由

$$\boldsymbol{A}-5\boldsymbol{E}=\begin{pmatrix}-3&0&0\\0&-2&2\\0&2&-2\end{pmatrix}\sim\begin{pmatrix}1&0&0\\0&1&-1\\0&0&0\end{pmatrix},$$

得基础解系 $\boldsymbol{\xi}_2=\begin{pmatrix}0\\1\\1\end{pmatrix}$. 取 $\boldsymbol{P}_2=\begin{pmatrix}0\\1/\sqrt{2}\\1/\sqrt{2}\end{pmatrix}$,

当 $\lambda_3=1$ 时，解方程$(\boldsymbol{A}-\boldsymbol{E})\boldsymbol{x}=\boldsymbol{0}$，由

$$\boldsymbol{A}-\boldsymbol{E}=\begin{pmatrix}1&0&0\\0&2&2\\0&2&2\end{pmatrix}\sim\begin{pmatrix}1&0&0\\0&1&1\\0&0&0\end{pmatrix},$$

得基础解系 $\boldsymbol{\xi}_3=\begin{pmatrix}0\\-1\\1\end{pmatrix}$. 取 $\boldsymbol{P}_3=\begin{pmatrix}0\\-1/\sqrt{2}\\1/\sqrt{2}\end{pmatrix}$,

于是正交变换为

$$\begin{pmatrix}x_1\\x_2\\x_3\end{pmatrix}=\begin{pmatrix}1&0&0\\0&1/\sqrt{2}&-1/\sqrt{2}\\0&1/\sqrt{2}&1/\sqrt{2}\end{pmatrix}\begin{pmatrix}y_1\\y_2\\y_3\end{pmatrix},$$

且有 $f=2y_1^2+5y_2^2+y_3^2$.

四、1. n 维单位向量 $\boldsymbol{e}_1,\boldsymbol{e}_2,\cdots,\boldsymbol{e}_n$ 线性无关，不妨设：

$$\boldsymbol{e}_1=k_{11}\boldsymbol{a}_1+k_{12}\boldsymbol{a}_2+\cdots+k_{1n}\boldsymbol{a}_n,$$
$$\boldsymbol{e}_2=k_{21}\boldsymbol{a}_1+k_{22}\boldsymbol{a}_2+\cdots+k_{2n}\boldsymbol{a}_n,$$
$$\vdots$$
$$\boldsymbol{e}_n=k_{n1}\boldsymbol{a}_1+k_{n2}\boldsymbol{a}_2+\cdots+k_{nn}\boldsymbol{a}_n,$$

所以 $\begin{pmatrix}\boldsymbol{e}_1^{\mathrm{T}}\\\boldsymbol{e}_2^{\mathrm{T}}\\\vdots\\\boldsymbol{e}_n^{\mathrm{T}}\end{pmatrix}=\begin{pmatrix}k_{11}&k_{12}&\cdots&k_{1n}\\k_{21}&k_{22}&\cdots&k_{2n}\\\vdots&\vdots&&\vdots\\k_{n1}&k_{n2}&\cdots&k_{nn}\end{pmatrix}\begin{pmatrix}\boldsymbol{a}_1^{\mathrm{T}}\\\boldsymbol{a}_2^{\mathrm{T}}\\\vdots\\\boldsymbol{a}_n^{\mathrm{T}}\end{pmatrix}$,

两边取行列式，得

$$\begin{vmatrix} \boldsymbol{e}_1^{\mathrm{T}} \\ \boldsymbol{e}_2^{\mathrm{T}} \\ \vdots \\ \boldsymbol{e}_n^{\mathrm{T}} \end{vmatrix} = \begin{vmatrix} k_{11} & k_{12} & \cdots & k_{1n} \\ k_{21} & k_{22} & \cdots & k_{2n} \\ \vdots & \vdots & & \vdots \\ k_{n1} & k_{n2} & \cdots & k_{nn} \end{vmatrix} \begin{vmatrix} \boldsymbol{a}_1^{\mathrm{T}} \\ \boldsymbol{a}_2^{\mathrm{T}} \\ \vdots \\ \boldsymbol{a}_n^{\mathrm{T}} \end{vmatrix}，由 \begin{vmatrix} \boldsymbol{e}_1^{\mathrm{T}} \\ \boldsymbol{e}_2^{\mathrm{T}} \\ \vdots \\ \boldsymbol{e}_n^{\mathrm{T}} \end{vmatrix} \neq 0 \Rightarrow \begin{vmatrix} \boldsymbol{a}_1^{\mathrm{T}} \\ \boldsymbol{a}_2^{\mathrm{T}} \\ \vdots \\ \boldsymbol{a}_n^{\mathrm{T}} \end{vmatrix} \neq 0,$$

即 n 维向量组 $\boldsymbol{a}_1,\boldsymbol{a}_2,\cdots,\boldsymbol{a}_n$ 所构成矩阵的秩为 n，故 $\boldsymbol{a}_1,\boldsymbol{a}_2,\cdots,\boldsymbol{a}_n$ 线性无关.

2. $\boldsymbol{A}$ 为实对称矩阵，则有一正交矩阵 $\boldsymbol{T}$，使得

$$\boldsymbol{TAT}^{-1} = \begin{pmatrix} \lambda_1 & & & \\ & \lambda_2 & & \\ & & \ddots & \\ & & & \lambda_n \end{pmatrix} = \boldsymbol{B} \text{ 成立.}$$

其中 $\lambda_1,\lambda_2,\cdots,\lambda_n$ 为 $\boldsymbol{A}$ 的特征值，不妨设 λ_1 最大，

$\boldsymbol{T}$ 为正交矩阵，则 $\boldsymbol{T}^{-1}=\boldsymbol{T}^{\mathrm{T}}$ 且 $|\boldsymbol{T}|=1$，故 $\boldsymbol{A}=\boldsymbol{T}^{-1}\boldsymbol{BT}=\boldsymbol{T}^{\mathrm{T}}\boldsymbol{BT}$，

则 $f=\boldsymbol{x}^{\mathrm{T}}\boldsymbol{Ax}=\boldsymbol{x}^{\mathrm{T}}\boldsymbol{T}^{\mathrm{T}}\boldsymbol{BTx}=\boldsymbol{y}^{\mathrm{T}}\boldsymbol{By}=\lambda_1y_1^2+\lambda_2y_2^2+\cdots+\lambda_ny_n^2$.

其中 $\boldsymbol{y}=\boldsymbol{Tx}$，

当 $\|\boldsymbol{y}\|=\|\boldsymbol{Tx}\|=|\boldsymbol{T}|\,\|\boldsymbol{x}\|=\|\boldsymbol{x}\|=1$ 时，

即 $\sqrt{y_1^2+y_2^2+\cdots+y_n^2}=1$ 即 $y_1^2+y_2^2+\cdots+y_n^2=1$，

$f_{最大}=(\lambda_1y_1^2+\cdots+\lambda_ny_n^2)_{最大}\underset{y_1=1}{=}\lambda_1$，故得证.

参考文献

[1] 范崇金，王锋. 线性代数与空间解析几何［M］. 北京：高等教育出版社，2016.

[2] 张天德，王玮. 线性代数［M］. 北京：人民邮电出版社，2020.

[3] 生玉秋. 线性代数与空间解析几何［M］. 北京：北京大学出版社，2015.

[4] 赵辉. 线性代数［M］. 北京：高等教育出版社，2014.

[5] 黄廷祝，成孝予. 线性代数［M］. 北京：高等教育出版社，2018.

[6] 方文波. 线性代数及其应用［M］. 2 版. 北京：高等教育出版社，2018.

[7] 肖马成. 线性代数(经管类)［M］. 北京：高等教育出版社，2018.

[8] 陈东升. 线性代数与空间解析几何及其应用［M］. 北京：高等教育出版社，2010.

[9] 王长群，李梦如. 线性代数［M］. 2 版. 北京：高等教育出版社，2012.

[10] 曹重光. 线性代数［M］. 赤峰：内蒙古科学技术出版社，1999.

[11] 张海燕，华秀英，巩英海. 高等代数与解析几何［M］. 北京：科学出版社，2016.

[12] 张天德，吕洪波. 线性代数习题精选精解［M］. 济南：山东科学技术出版社，2009.

[13] 林蔚，周双红，国萃，等. 线性代数的工程案例［M］. 哈尔滨：哈尔滨工程大学出版社，2012.